普通高等教育系列教材

Creo 9.0 机械设计基础与实例教程

主编　顾寄南　沈　巍　薛　雪
参编　张文浩　楼　飞　杨　浩

机 械 工 业 出 版 社

Creo作为PTC公司的高端三维CAD/CAM/CAE软件，集成了多个可互操作的应用程序，功能覆盖整个产品开发领域。本书以Creo 9.0简体中文版为基础进行编写，全书共11章，包括二维草绘、拉伸、旋转、扫描、混合、扫描混合、装配、工程图等。

各章首先介绍相关命令的基本功能及操作方法，接着通过实例帮助读者掌握模块的功能和操作步骤。各实例均配备同步操作视频（可扫码观看），读者可按照实例步骤及配套视频，逐步进行操作，完成具体的设计任务，实现对软件的快速掌握。每章末尾均配有习题（除第1章外），以指导读者深入地学习。

本书内容全面，可作为高等院校机械工程相关专业的教材，也可作为工程技术人员掌握Creo应用技术的参考书籍。

本书配有授课电子课件，需要的教师可登录www.cmpedu.com免费注册，审核通过后下载，或联系编辑索取（微信：13146070618，电话：010-88379739）。

图书在版编目（CIP）数据

Creo 9.0机械设计基础与实例教程 / 顾寄南，沈巍，薛雪主编. -- 北京 : 机械工业出版社，2025. 3.
（普通高等教育系列教材）. -- ISBN 978-7-111-77413-6

Ⅰ. TH122-39

中国国家版本馆CIP数据核字第20256D26W1号

机械工业出版社（北京市百万庄大街22号　邮政编码100037）

策划编辑：解　芳　　　责任编辑：解　芳

责任校对：龚思文　李小宝　　　责任印制：李　昂

北京捷迅佳彩印刷有限公司印刷

2025年3月第1版第1次印刷

184mm×260mm · 16.25印张 · 398千字

标准书号：ISBN 978-7-111-77413-6

定价：69.00元

电话服务　　　网络服务

客服电话：010-88361066　　机 工 官 网：www.cmpbook.com

010-88379833　　机 工 官 博：weibo.com/cmp1952

010-68326294　　金 书 网：www.golden-book.com

机工教育服务网：www.cmpedu.com

前　　言

Creo 9.0 由美国参数科技公司（Parametric Technology Corporation，PTC）在 2022 年 5 月发布。该软件为变化飞快的产品设计领域提供了改进的用户界面及可提高生产力的新功能，并且针对拓扑优化、增材与减材制造、计算流体动力学和 CAM 等领域推出了多种关键功能，能够帮助用户在单一设计环境中完成从概念设计到制造的全过程，广泛应用于工业设计、机械制造、航空航天、汽车、模具、电子等行业。

本书以 Creo 9.0 简体中文版为基础进行编写，重点介绍零件设计模块、装配模块及工程图模块。全书共 11 章，包括 Creo 9.0 简介、草绘、拉伸特征零件的建模、旋转特征零件的建模、扫描特征零件的建模、螺旋扫描特征零件的建模、混合特征零件的建模、扫描混合特征零件的建模、其他功能介绍、装配、工程图。各章首先介绍相关命令的基本功能及操作方法，接着通过实例帮助读者掌握模块的功能和操作步骤。各实例均配备同步操作视频（可扫码观看），读者可按照实例步骤及配套视频，逐步进行操作，完成具体的设计任务，实现对软件的快速掌握。每章末尾均配有习题（除第 1 章外），以指导读者深入地学习。

本书中，【】用于表示软件界面上的功能区按钮或命令；“”用于表示系统文本框中包含或弹出的文字。

本书内容全面，可作为高等院校机械工程相关专业的教材，也可作为工程技术人员掌握 Creo 应用技术的参考书籍。课程建议授课 54 学时，教师也可根据实际情况，利用配套操作视频，以翻转课堂的形式将部分内容调整到课外。

本书由顾寄南、沈巍、薛雪主编，张文浩、楼飞、杨浩参编。其中，顾寄南编写第 1 章，沈巍编写第 2~6 章，张文浩、楼飞、杨浩编写第 7 章，薛雪编写第 8~11 章，沈巍完成全书的操作案例视频录制及模型文件整理。本书由顾寄南统稿，黄娟主审。

需要本书实例及课后习题模型的读者，可在机械工业出版社教育服务网下载，方便学习参考。

因编者水平有限，书中难免存在不妥之处，敬请广大读者批评指正。

编　者

目　　录

第 1 章　Creo 9.0 简介

Creo 是由美国参数科技公司（Parametric Technology Corporation，PTC）开发的计算机三维辅助设计软件套件。它整合了 Pro/Engineer 的参数化技术、CoCreate 的直接建模技术和 ProductView 的三维可视化技术，其核心思想是基于特征、单一数据库、全尺寸相关、参数化建模，通过软件的不同应用程序，实现零件设计、产品装配、数控加工、钣金件设计、模具设计、机构分析、焊接、电气设计等功能。

Creo Parametric 9.0(简称 Creo 9.0) 由 PTC 公司在 2022 年 5 月正式发布。该软件为变化飞快的产品设计领域提供了改进的用户界面及可提高生产力的新功能，并且针对拓扑优化、增材与减材制造、计算流体动力学和 CAM 等领域推出了多种关键功能，能够帮助用户在单一设计环境中完成从概念设计到制造的全过程，广泛应用于工业设计、机械制造、汽车、航空航天、模具、电子等行业。

1.1　Creo 9.0 的工作界面介绍及基本操作

本节将介绍 Creo Parametric 9.0 的工作界面及基本操作。读者须明确工作界面中不同栏目或区域的名称，以便在后续的学习中找到对应的功能按钮，并初步掌握鼠标对模型的操作方法。

1.1.1　工作界面介绍

双击“Creo Parametric 9.0.0.0”快捷方式图标，启动软件。Creo Parametric 软件中的不同模块（草绘模块、零件模块、装配模块等）所呈现的工作界面是不同的，现以常用的零件模块为对象，简要介绍软件的工作界面。零件模块的工作界面如图 1-1 所示。

工作界面包括标题栏、快速访问工具栏、功能区、导航器、图形显示区、图形工具栏、状态栏、过滤器等。

1. 标题栏

标题栏显示了活动的模型名称及当前的软件版本，位于工作界面顶部。

2. 快速访问工具栏

快速访问工具栏包括【新建】、【打开】、【保存】、【撤销】、【重做】、【重新生成】、【窗口】、【关闭】等命令按钮，用户可根据需求自定义快速访问工具栏，如图 1-2 所示。使用快捷键是较为高效的操作方法，如新建文件的快捷键为〈Ctrl+N〉，打开文件为〈Ctrl+O〉，保存文件为〈Ctrl+S〉，撤销操作为〈Ctrl+Z〉。

3. 功能区

功能区包含【文件】下拉菜单及命令选项卡（模型、分析、注释、工具等），各命令选项卡中划分了多个面板，如图 1-3 所示。用户可根据使用需求，对功能区进行自定义。

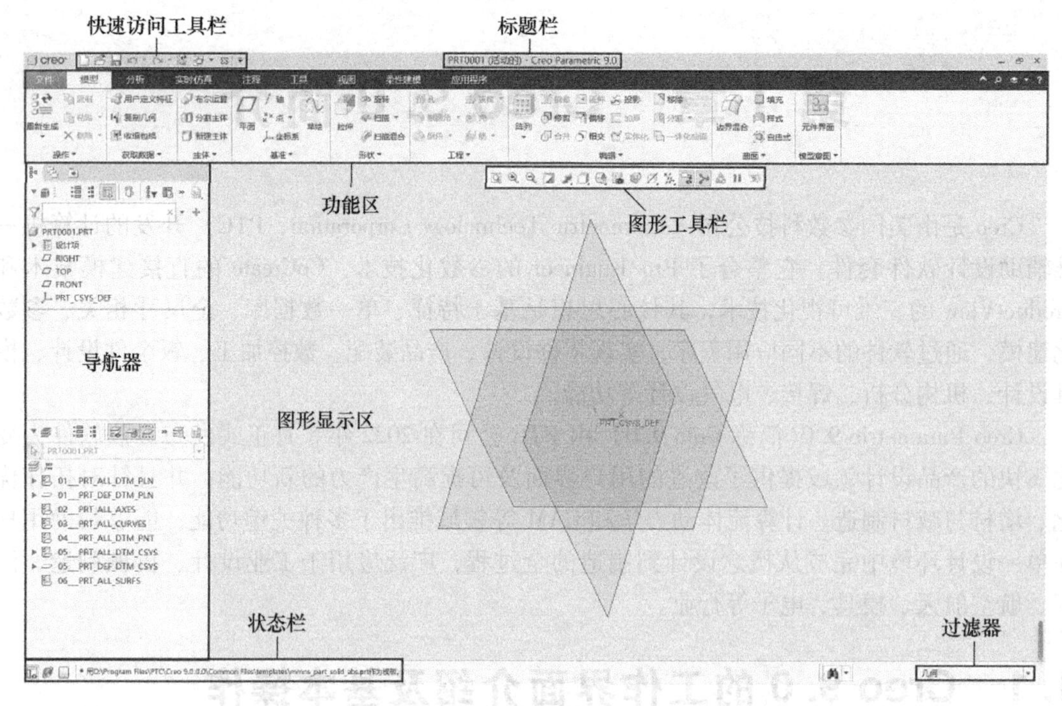

图 1-1　零件模块的工作界面

4. 导航器

导航器包括模型树、文件浏览器、收藏夹等。

1）模型树：以树形结构的形式显示构成零件的所有特征，也体现了零件特征建立的顺序及建模思路。模型树及模型如图 1-4 所示。

2）文件浏览器：用于查看、读取 Creo 文件。

3）收藏夹：用于有效组织、管理 Creo 文件。

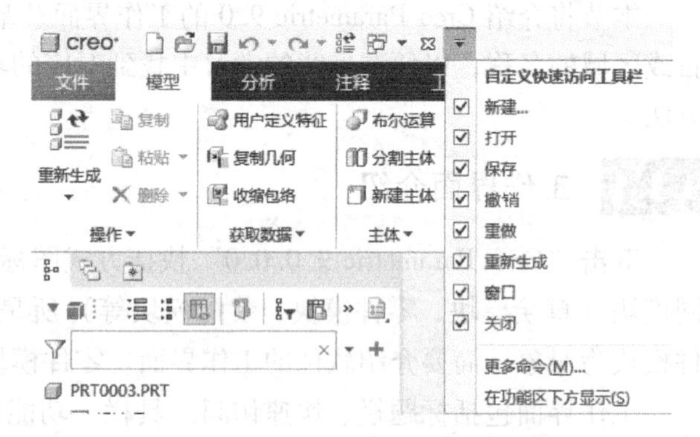

图 1-2　快速访问工具栏

5. 图形显示区

图形显示区用于显示 Creo 模型的图形图像，位于导航器右侧。

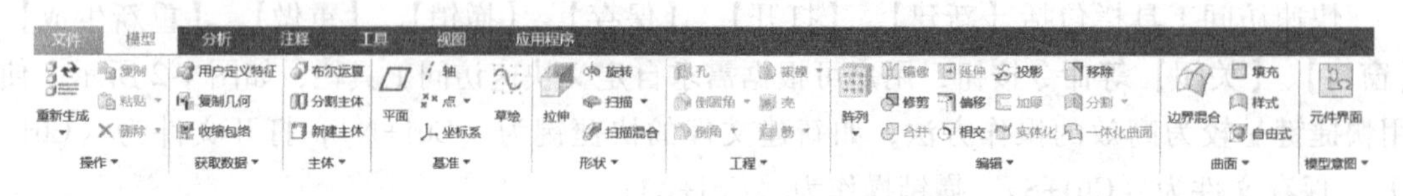

图 1-3　功能区

6. 图形工具栏

图形工具栏由【视图】选项卡中的部分常用命令按钮集合而成，位于图形显示区顶部。

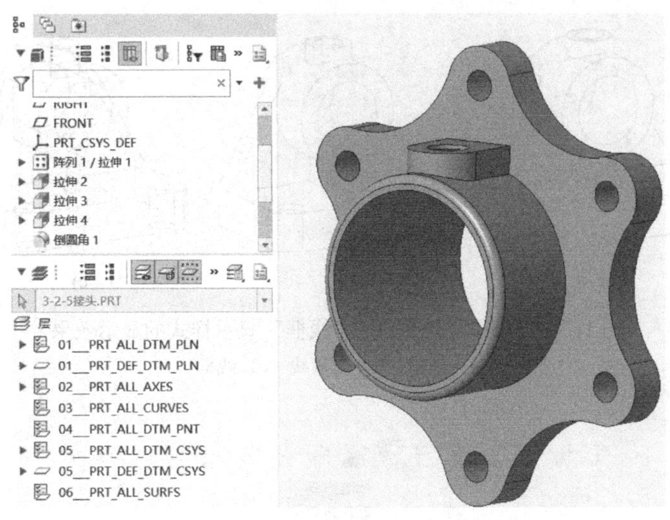

图 1-4　模型树及模型

图形工具栏包括【重新调整】、【放大】、【缩小】、【重画】、【渲染选项】、【显示样式】、【已保存方向】、【视图管理器】、【基准显示过滤器】等命令按钮，下面对图形工具栏的部分常用命令简要说明。

（1）显示样式。

包括“带反射着色”“带边着色”“着色”“消隐”“隐藏线”“线框”，如图 1-5 所示。

系统默认为“着色”显示样式。但在零件设计模块将显示样式切换为“带边着色”后，可更加突出零件的轮廓显示效果，模型的“着色”与“带边着色”显示样式的显示效果如图 1-6 所示。

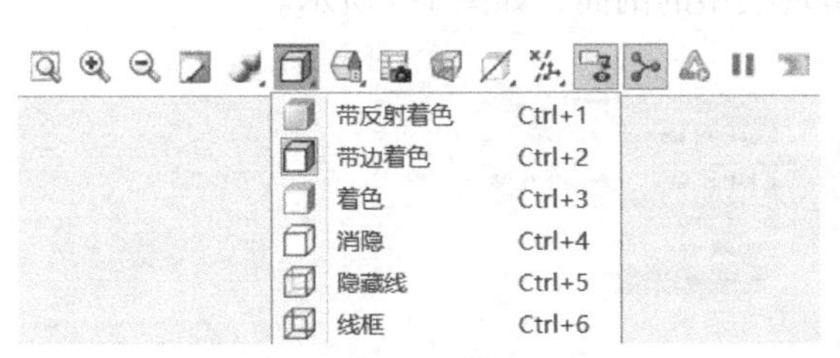

图 1-5　显示样式设置

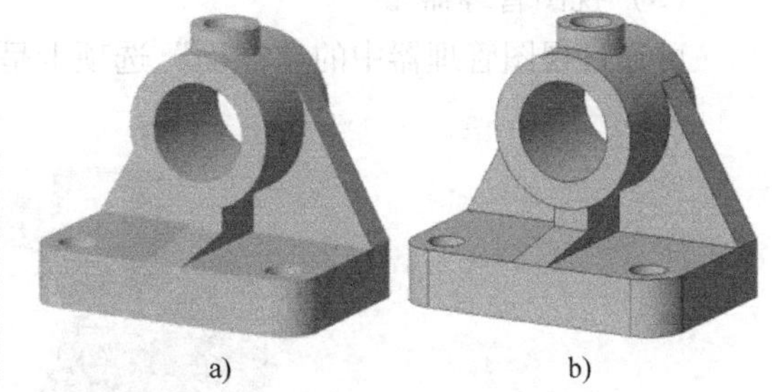

图 1-6　“着色”与“带边着色”显示样式的显示效果
a）着色　b）带边着色

“消隐”“隐藏线”“线框”显示样式可将模型以线条的形式呈现，用户在进行论文写作及专利申报时往往会使用到这些显示样式。“消隐”显示样式只显示可见轮廓线条；“隐藏线”显示样式以深色实线显示可见轮廓线条，以浅色实线显示隐藏线轮廓线条；“线框”显示样式则以深色实线显示全部轮廓线条。模型的“消隐”“隐藏线”“线框”显示样式的显示效果如图 1-7 所示。

（2）已保存方向。

包括“标准方向”“默认方向”和六个视图方向等，如图 1-8 所示。用户可通过快捷键

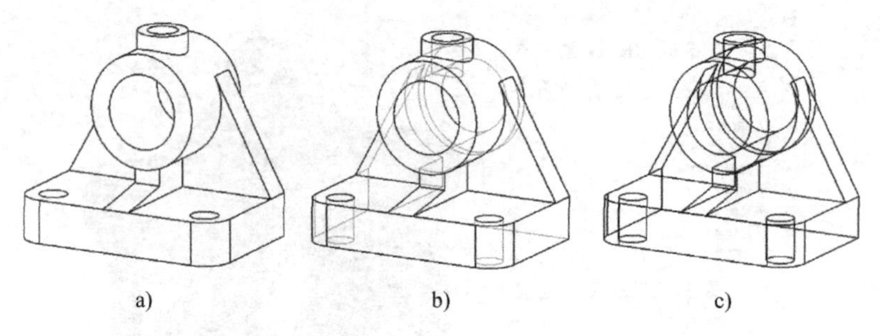

图 1-7 “消隐”“隐藏线”“线框”显示样式的显示效果
a）消隐 b）隐藏线 c）线框

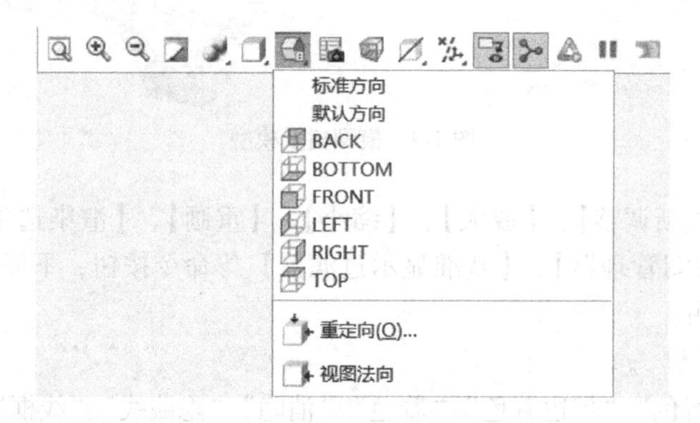

图 1-8 已保存方向

〈Ctrl+D〉快速使模型回到“默认方向”。

（3）视图管理器

可通过视图管理器中的“截面”选项卡呈现模型的剖面，如图 1-9 所示。

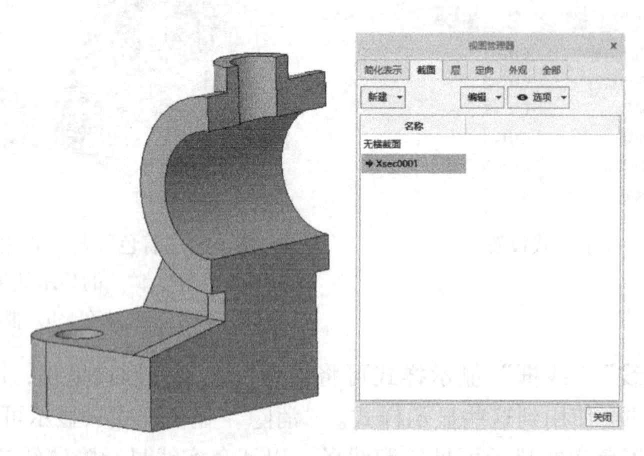

图 1-9 截面显示

（4）基准显示过滤器

包括“轴显示”“点显示”“坐标系显示”“平面显示”“平面填充显示”等，默认为“(全选)”，如图 1-10 所示。

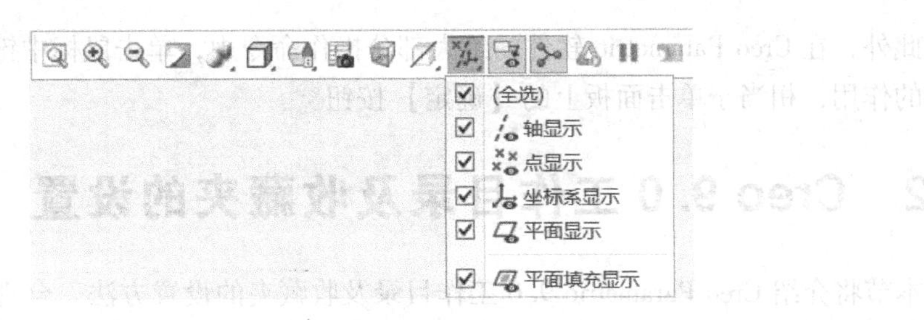

图 1-10　基准显示过滤器

7. 状态栏

位于 Creo 工作界面的底部，包含了界面控制按钮及信息提示区。

（1）界面控制按钮

- 【显示导航区】按钮：用于显示或隐藏导航区域的显示，默认为选中状态。
- 【显示浏览器】按钮：用于显示或隐藏 Creo Parametric 浏览器的显示，默认为非选中状态。
- 【全屏】按钮：可切换全屏显示，默认为非选中状态。通过快捷键〈F11〉也可实现全屏显示的切换，在进行模型观察与展示时，会使用到该命令。

（2）信息提示区

在 Creo Parametric 软件操作过程中，信息提示区将实时地显示当前操作的提示信息或执行结果。在学习 Creo Parametric 软件时，应及时关注信息提示区，加深对命令操作过程的理解，更好地解决学习软件过程中遇到的问题。

8. 过滤器

部分书中也称为“智能选取栏”，通过过滤筛选，方便用户选取需要的模型要素，如图1-11 所示。

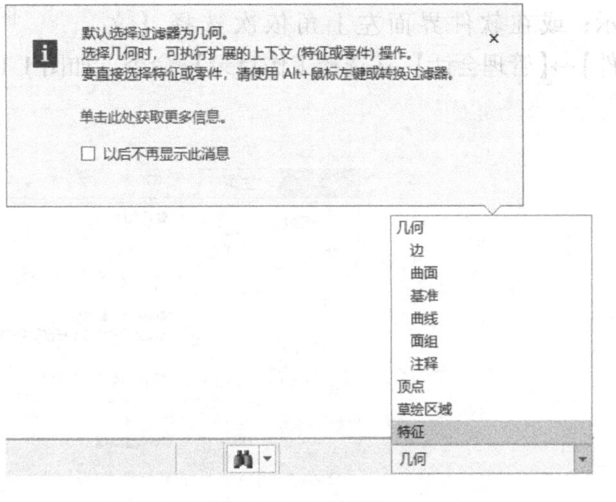

图 1-11　过滤器

1.1.2　鼠标的操作

对于 Creo Parametric 软件而言，鼠标是非常重要的输入设备。在 Creo Parametric 软件中，鼠标的功能及操作方法如下。

1）模型的自由旋转：按住鼠标滚轮，并拖动鼠标旋转模型。

2）模型的法向旋转：按住〈Ctrl〉+鼠标中键，并拖动鼠标水平移动，旋转中心为鼠标的光标位置。

3）模型的放大或缩小：

- 方法 1：滚动鼠标滚轮。
- 方法 2：按住〈Ctrl〉+鼠标中键，并拖动鼠标上下移动。

4）模型的平移：按住〈Shift〉+鼠标中键，拖动鼠标移动模型。

此外，在 Creo Parametric 软件的绝大部分操作命令中，单击鼠标中键均有确定当前操作步骤的作用，相当于单击面板上的【确定】按钮。

1.2 Creo 9.0 工作目录及收藏夹的设置

本节将介绍 Creo Parametric 9.0 工作目录及收藏夹的设置方法。合理地设置工作目录与收藏夹，可帮助读者提高 Creo 文件管理与调用的工作效率。

1.2.1 工作目录的设置

在 Creo Parametric 软件中，工作目录是指 Creo 文件（草绘、零件、装配、工程图等）保存的路径，其有利于文件的管理和规范设计过程。下面介绍工作目录的设置方法。

1. 设置系统当前工作目录

1）双击计算机桌面上的“Creo Parametric 9.0.0.0”快捷方式图标，启动软件。在工作界面左上角“数据”面板中单击【选择工作目录】按钮，如图 1-12 所示；或在软件界面左上角依次选择【文件】→【管理会话】→【选择工作目录】命令，如图 1-13 所示。

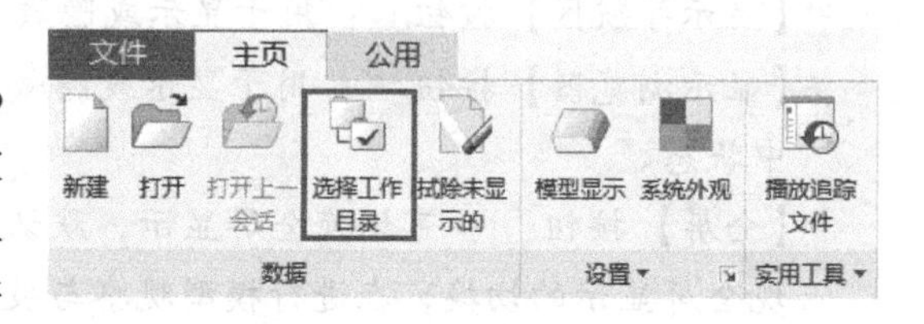

图 1-12 启动“选择工作目录”方式 1

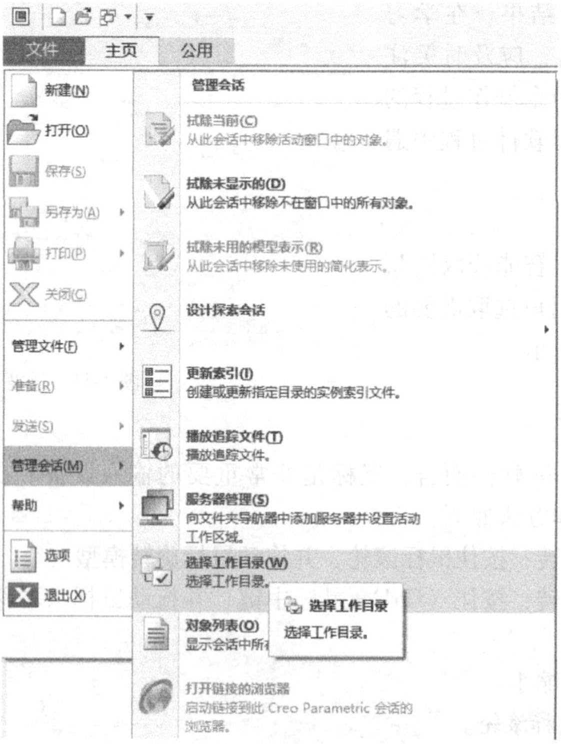

图 1-13 启动“选择工作目录”方式 2

2）在弹出的“选择工作目录”对话框中，选择目标文件夹，单击【确定】按钮，如图1-14所示。

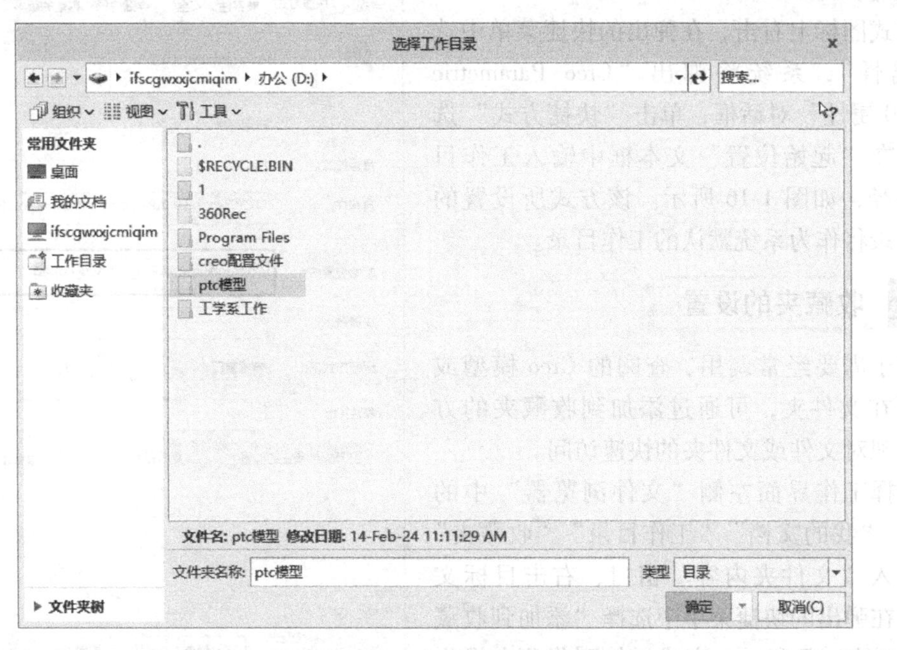

图1-14　设置系统当前工作目录

3）完成当前工作目录的设置后，单击工作界面左侧“文件浏览器”中的“工作目录”，可快速打开工作目录，方便文件的读取，如图1-15所示。当进行文件保存时，系统将默认保存文件至工作目录中。需要注意的是，在关闭软件或重启计算机后，对当前工作目录的设置将失效。

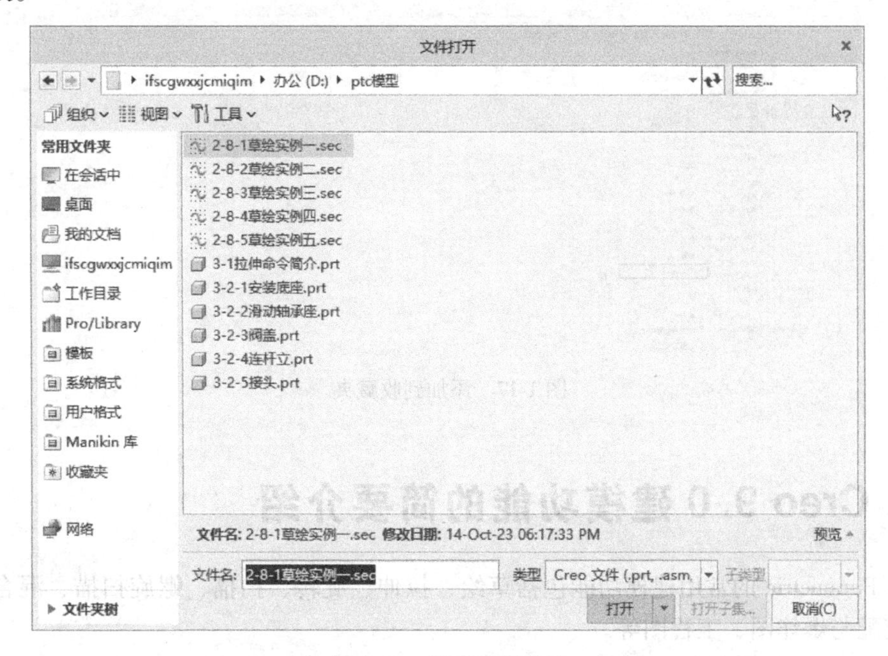

图1-15　打开工作目录

2. 设置系统默认工作目录

关闭软件，在“Creo Parametric 9.0.0.0”快捷方式图标上右击，在弹出的快捷菜单中选择“属性”，系统将弹出“Creo Parametric 9.0.0.0 属性”对话框，单击“快捷方式”选项卡，在“起始位置”文本框中输入工作目录的路径，如图 1-16 所示。该方式所设置的工作目录将作为系统默认的工作目录。

图 1-16　设置系统默认工作目录

1.2.2 收藏夹的设置

对于需要经常调用、查阅的 Creo 模型或模型所在文件夹，可通过添加到收藏夹的方式，实现对文件或文件夹的快速访问。

选择工作界面左侧“文件浏览器”中的“桌面”“我的文档”“工作目录”“收藏夹”均可进入“文件夹内容”窗口，右击目标文件夹，在弹出的快捷菜单中选择“添加到收藏夹”，如图 1-17 所示。完成添加到收藏夹操作后，可通过选择“文件浏览器”中的“收藏夹”快速访问文件。

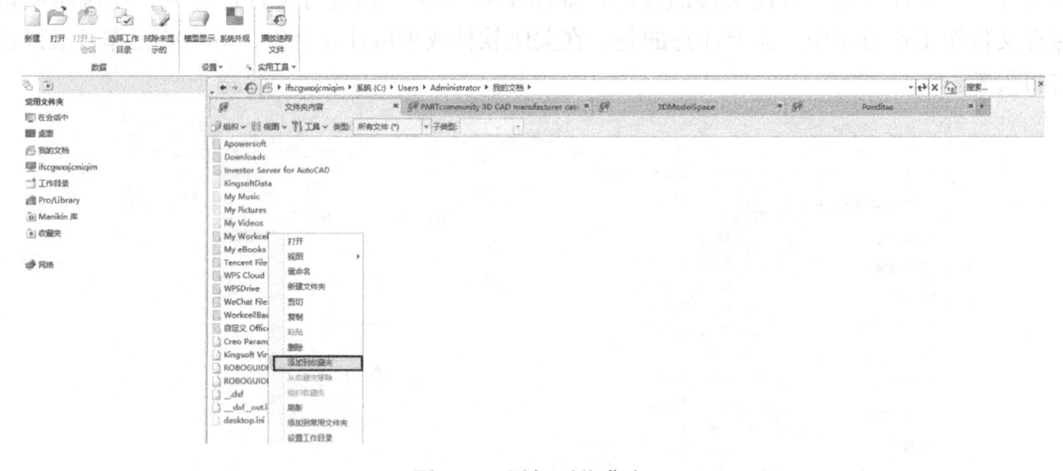

图 1-17　添加到收藏夹

1.3　Creo 9.0 建模功能的简要介绍

Creo Parametric 的常用建模功能包括草绘、拉伸、旋转、扫描、螺旋扫描、混合、扫描混合、装配与爆炸图、工程图等。

1.3.1 草绘

草绘用于 Creo Parametric 软件的二维平面绘制。零件建模离不开草绘，它贯穿于零件设计的整个过程。草绘示例如图 1-18 所示。

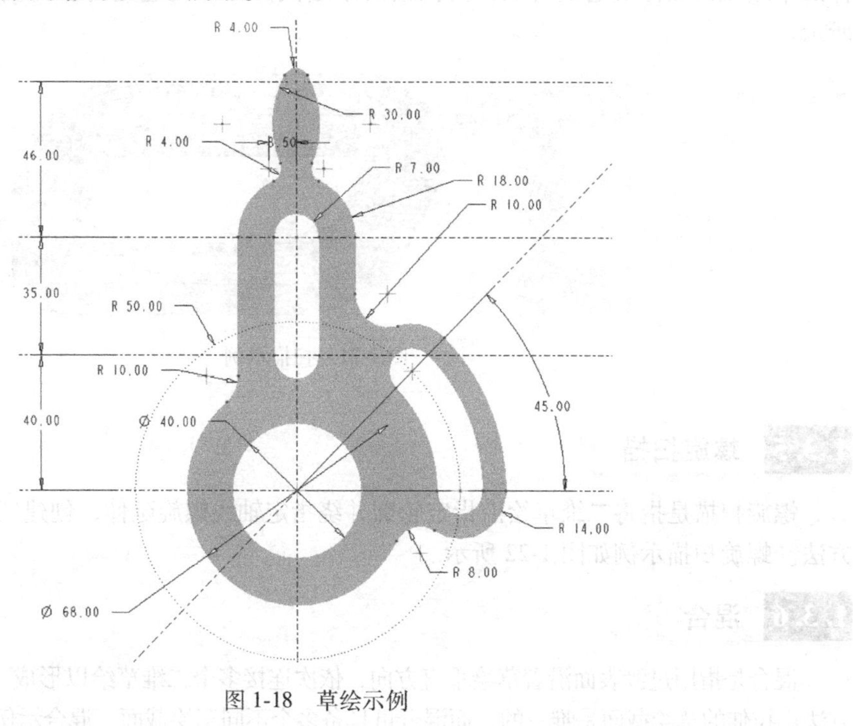

图 1-18　草绘示例

1.3.2 拉伸

拉伸是指将二维草绘沿其垂直方向延伸，创建三维实体的一种建模方法。拉伸示例如图 1-19 所示。

1.3.3 旋转

旋转是指将二维草绘沿指定轴线转动指定角度，创建三维实体的一种建模方法。旋转示例如图 1-20 所示。

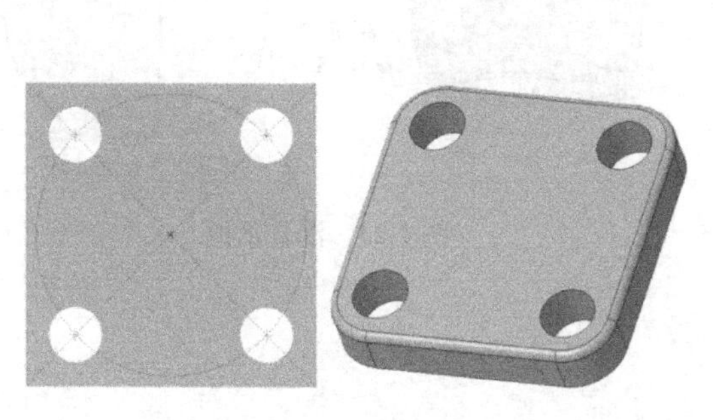

图 1-19　拉伸示例

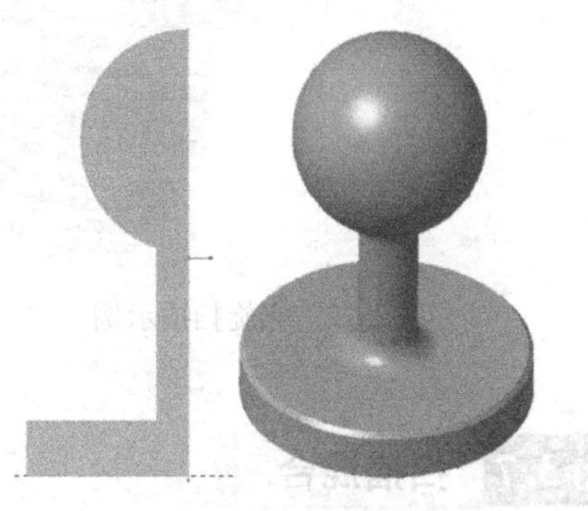

图 1-20　旋转示例

1.3.4 扫描

扫描是指将二维草绘沿指定的一条或多条轨迹延伸，创建三维实体的一种建模方法。拉伸的草绘截面延伸轨迹是直线，而扫描的草绘截面延伸轨迹更为多样。扫描示例如图 1-21 所示。

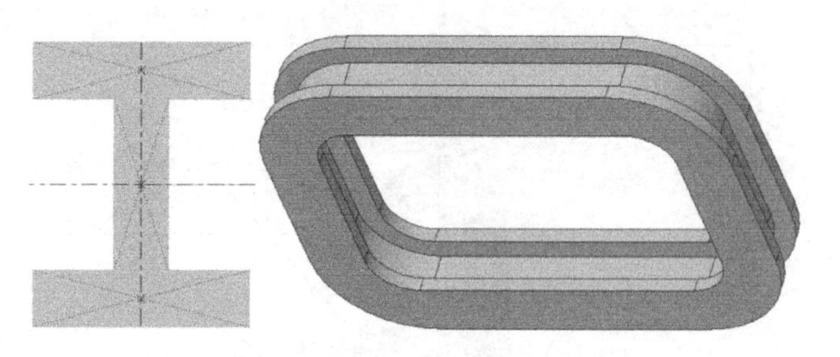

图 1-21 扫描示例

1.3.5 螺旋扫描

螺旋扫描是指将二维草绘沿指定轮廓并绕指定轴线螺旋延伸，创建三维实体的一种建模方法。螺旋扫描示例如图 1-22 所示。

1.3.6 混合

混合是指用过渡表面沿着草绘垂直方向，依次连接多个二维草绘以形成一个连续特征的造型方法。拉伸的草绘截面是唯一的，而混合可具备多个不同草绘截面。混合示例如图 1-23 所示。

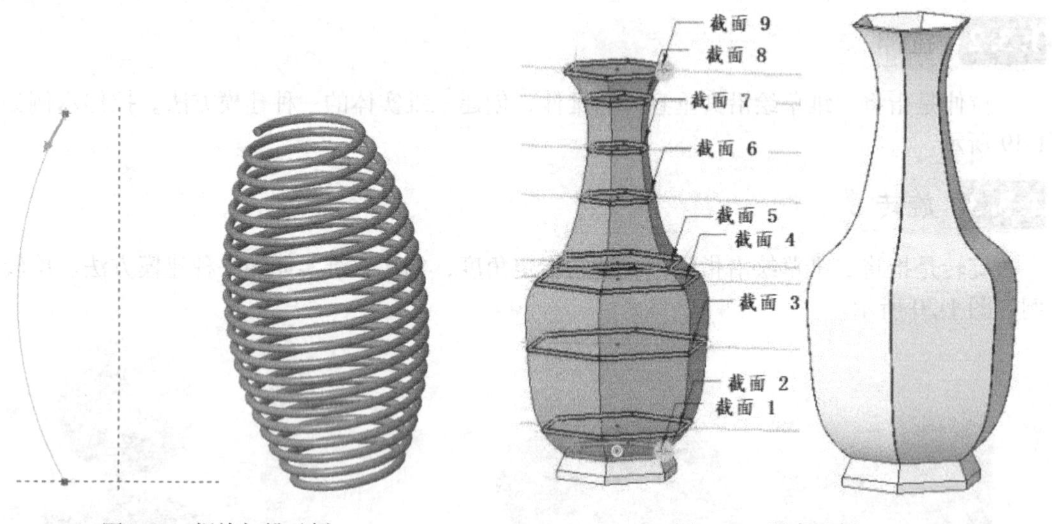

图 1-22 螺旋扫描示例

图 1-23 混合示例

1.3.7 扫描混合

扫描混合是指用过渡表面沿着指定轨迹延伸，依次连接多个二维草绘以形成一个连续特征的造型方法。扫描的草绘截面是唯一的，而扫描混合可具备多个不同草绘截面，它兼具扫描和混合的建模特点。扫描混合示例如图 1-24 所示。

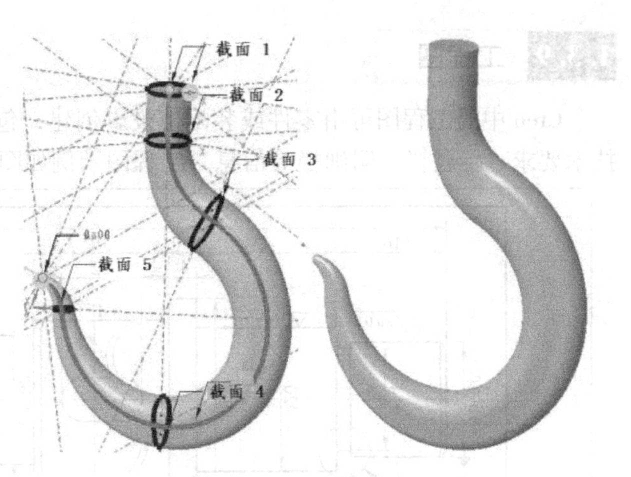

图 1-24　扫描混合示例

1.3.8　装配与爆炸图

装配是指通过建立零件间的约束关系，将各个独立零件或子装配组装成整体的操作方法。装配示例如图 1-25 所示。爆炸图是指通过装配模块的分解视图功能，将装配体分解，以更好地显示零件间的装配关系的操作。爆炸图示例如图 1-26 所示。

图 1-25　装配示例

图 1-26　爆炸图示例

1.3.9 工程图

Creo 中的工程图可由零件或装配体投影创建，包括了零件或装配体的各种视图、尺寸、技术要求、标题栏、明细栏等信息。工程图示例如图 1-27 所示。

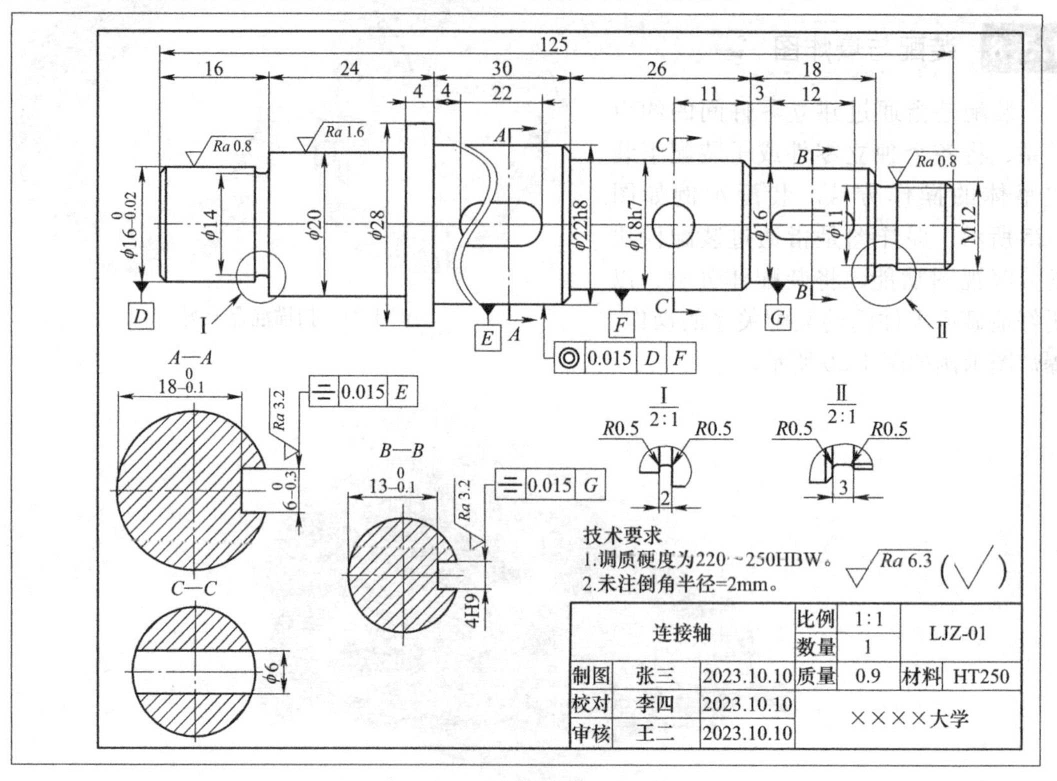

图 1-27 工程图示例

1.4 部分命令功能索引

教材中的部分命令并未以单独章节形式讲授，而是融入各章的综合型实例中，以保障教材实例的综合性要求。读者可通过表 1-1 找到这些命令的具体操作流程。

表 1-1 部分命令功能索引

序号	命令	教材章节
1	显示样式	1.1.1 工作界面介绍
2	视图管理器	1.1.1 工作界面介绍
3	草绘工作界面设置	2.1.2 草绘的环境设置
4	加厚草绘	3.2.1 拉伸实例一：安装底座模型的建立
5	工程孔	
6	创建轴	
7	镜像	

（续）

序号	命令	教材章节
8	倒圆角	3.2.2 拉伸实例二：滑动轴承座模型的建立
9	新建平面	
10	修饰螺纹	3.2.3 拉伸实例三：阀盖模型的建立
11	倒圆角（目的链）	
12	倒角	
13	草绘设置	3.2.4 拉伸实例四：连杆模型的建立
14	轴阵列	3.2.5 拉伸实例五：接头模型的建立
15	草绘器设置	4.2.1 旋转实例一：阶梯轴模型的建立
16	轮廓筋	4.2.2 旋转实例二：法兰盘模型的建立
17	外观编辑器	
18	方向阵列	4.2.3 旋转实例三：大带轮模型的建立
19	自动倒圆角	5.2.2 扫描实例二：马克杯的建模
20	相交（曲线合并）	5.2.3 扫描实例三：弯管的建模
21	特征复制	
22	零件模块保存并调用草绘 sec 文件	
23	偏移坐标系创建点	5.2.4 扫描实例四：圆管支架的建模
24	通过点创建曲线	
25	尺寸函数参数关系	5.2.5 扫描实例五：基于 trajpar 函数的手串模型建立 5.2.6 扫描实例六：基于 trajpar 函数的吸管模型建立 5.2.7 扫描实例七：基于 trajpar 函数的可乐瓶模型建立
26	壳指令	7.2.2 混合实例二：雨伞模型的建立
27	基准点创建	8.2.2 扫描混合实例二：香蕉模型的建立
28	零件、装配模块默认模板的设置	9.1 软件的系统配置修改
29	系统文件 config. pro 的设置	
30	映射键（快捷键）的设置	9.2 映射键的设置
31	工程图配置文件 prodetail. dtl 的修改	11.1 工程图功能简介 11.2 工程图的详细配置
32	破断视图	11.3.1 工程图实例一：轴的工程图创建
33	断面图	
34	局部放大图	
35	半剖视图	11.3.2 工程图实例二：基座的工程图创建
36	全剖视图	
37	局部剖视图	
38	工程图草绘	
39	剖面线/填充	

（续）

序号	命令	教材章节
40	旋转剖视图	11.3.3 工程图实例三：齿轮泵泵体的工程图创建
41	向视图（辅助视图）	
42	局部视图	11.3.4 工程图实例四：安装架的工程图创建
43	移出断面图	
44	工程图图框绘制	11.3.5 工程图实例五：轴的工程图标注
45	标题栏	
46	技术条件	
47	基准轴创建	
48	尺寸创建与编辑	
49	参考基准	
50	几何公差	
51	粗糙度	

第2章　草　　绘

在 Creo Parametric 9.0 软件中，草绘具有极其重要的作用，它贯穿于产品设计和开发的全过程，是创建三维模型的基础。在使用 Creo Parametric 软件进行拉伸、旋转、扫描、混合等特征创建时，均会使用到二维草绘作为特征建立的基础，因此草绘操作的准确性与效率显得尤为重要。

2.1　草绘功能简介

本节将介绍在 Creo Parametric 9.0 中建立草绘及设置草绘环境的方法，合理的草绘环境设置将帮助读者获得效果更好的草绘截面图。

2.1.1　草绘的建立

1）双击“Creo Parametric 9.0.0.0”快捷方式图标，启动软件。单击工具栏中的【新建】按钮，或使用快捷键〈Ctrl+N〉，弹出“新建”对话框，【类型】选择“草绘”，输入文件名“草绘练习”，如图 2-1 所示，单击【确定】按钮。

2）进入草绘工作界面，如图 2-2 所示。

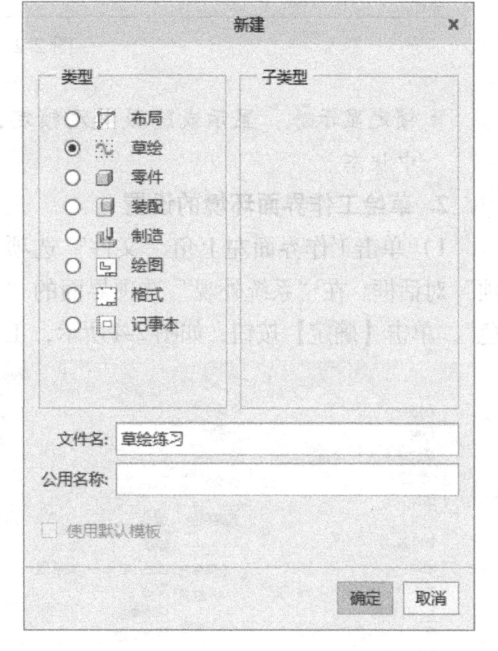

图 2-1　打开“新建”对话框

2.1.2　草绘的环境设置

1. 草绘图元显示的设置

草绘工作界面的顶部设置有“图元显示设置”工具栏，如图 2-3 所示。

下面对“图元显示设置”工具栏中的常用按钮做简要介绍。

1）【重新调整】按钮：单击该按钮，将自动调整缩放等级以全屏显示对象。

2）【放大】按钮：单击该按钮，将放大目标几何，以查看几何的更多细节。

3）【缩小】按钮：单击该按钮，将缩小目标几何，以获得更广阔的几何界面。

4）【草绘显示过滤器】按钮，具体如下。

- 尺寸显示：显示或隐藏草绘尺寸，默认为选中状态。
- 约束显示：显示或隐藏约束符号，默认为选中状态。
- 栅格显示：显示或隐藏草绘栅格，默认为非选中状态。
- 顶点显示：显示或隐藏草绘顶点，默认为选中状态。

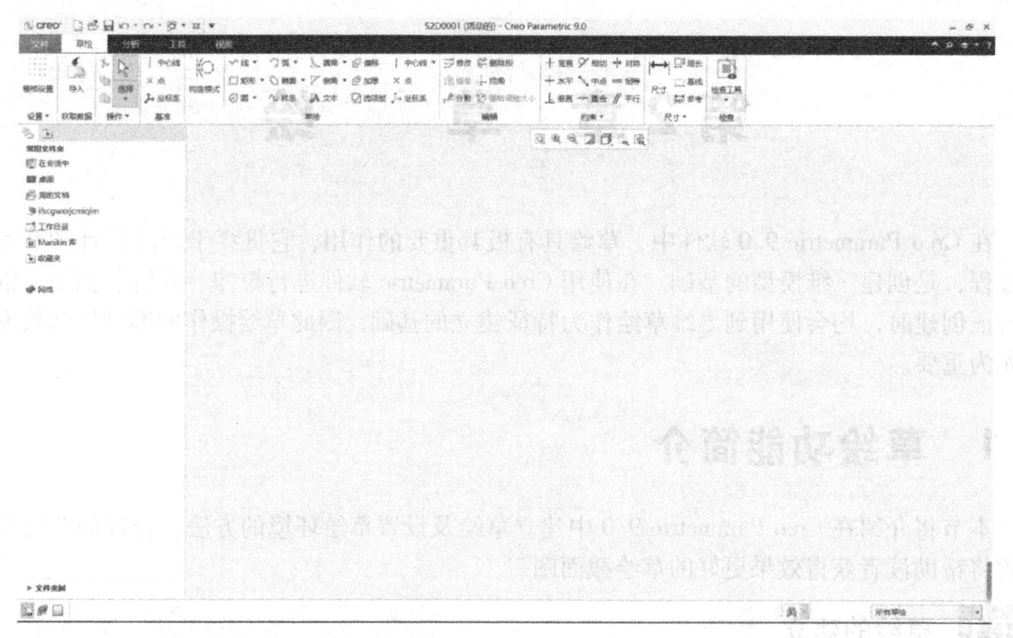

图 2-2 草绘工作界面

图 2-3 “图元显示设置”工具栏

- 锁定显示：显示或隐藏图元锁定，默认为非选中状态。

2. 草绘工作界面环境的设置

1）单击工作界面左上角“文件”选项卡中的【选项】按钮，打开“Creo Parametric 选项”对话框。在“系统外观”选项界面的“系统颜色”下拉列表中，将系统颜色改为“白底黑色”，单击【确定】按钮，如图 2-4 所示，工作界面的背景将由默认的灰色变为白色。

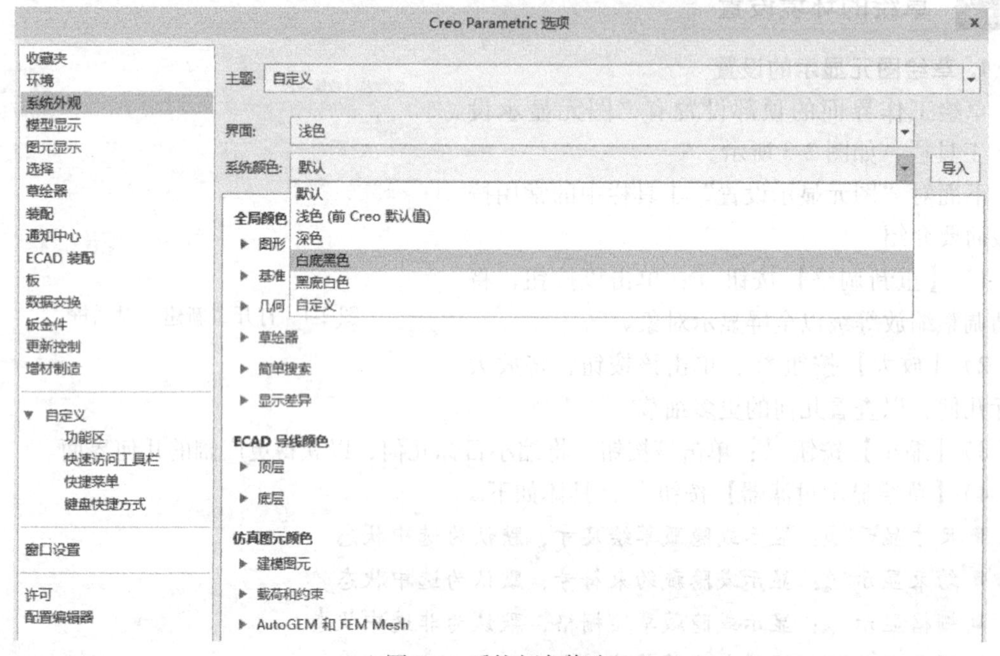

图 2-4 系统颜色修改

2）在“系统外观”选项界面的“草绘器”外观设置中，将“几何”的颜色改为黑色，单击【确定】按钮，如图 2-5 所示，草绘图元的颜色将转变为黑色。

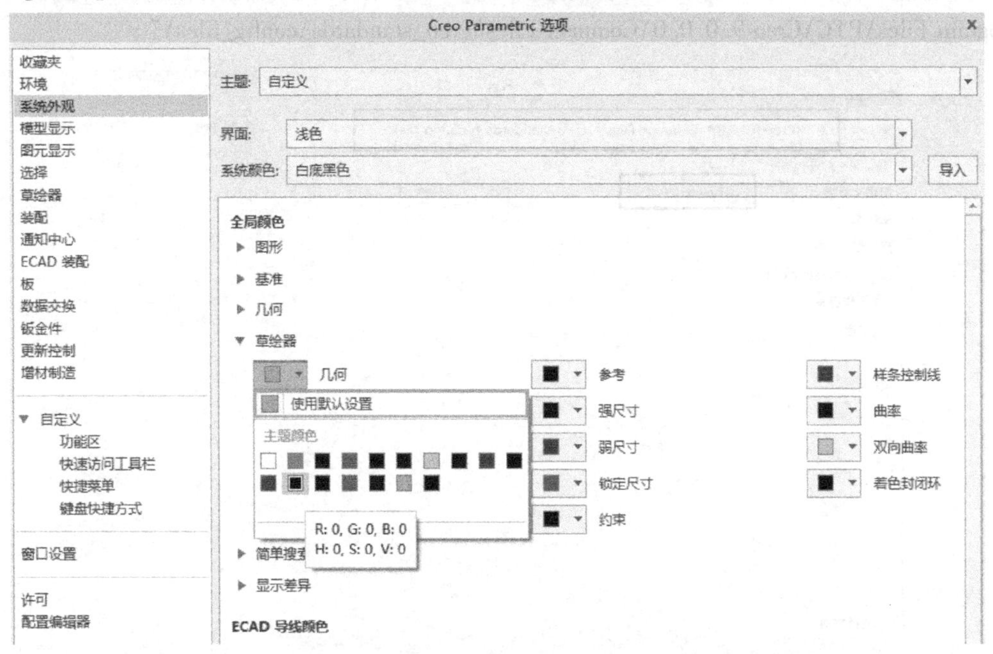

图 2-5　草绘图元的颜色修改

3）单击“Creo Parametric 选项”对话框左下角的【导出】按钮，如图 2-6 所示，将系统外观的修改设定为永久有效。

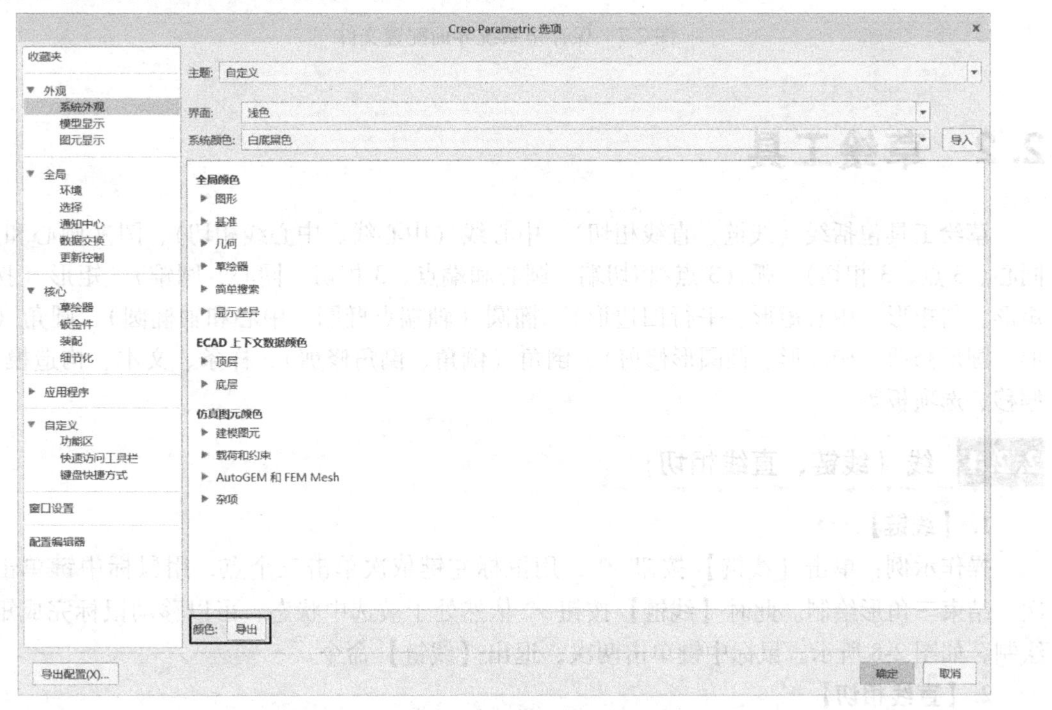

图 2-6　导出颜色设置

4）在弹出的“保存”对话框中选中 syscol. scl，单击【确定】按钮，将修改保存至系统界面配置文件 syscol. scl 中，如图 2-7 所示。syscol. scl 文件的路径一般为“软件安装盘符：\Program Files\PTC\Creo 9. 0. 0. 0\Common Files\creo_standards\config_files\”。

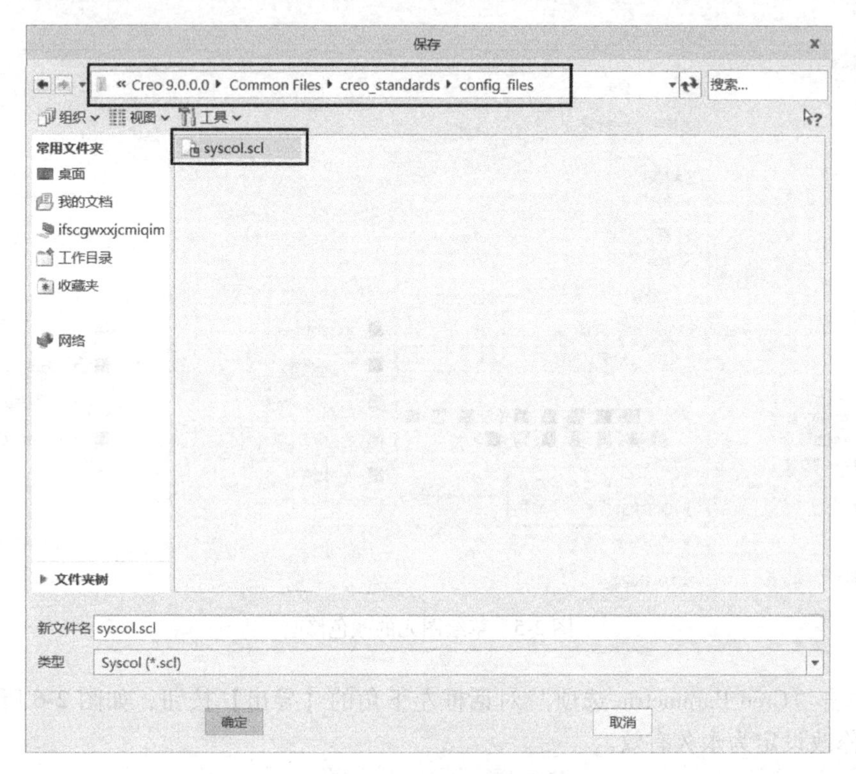

图 2-7　保存至系统界面配置文件

2.2　草绘工具

草绘工具包括线（线链、直线相切）、中心线（中心线、中心线相切）、圆（圆心和点、同心、3 点、3 相切）、弧（3 点/相切端、圆心和端点、3 相切、同心、圆锥）、矩形（拐角矩形、斜矩形、中心矩形、平行四边形）、椭圆（轴端点椭圆、中心和轴椭圆）、圆角（圆形、圆形修剪、椭圆形、椭圆形修剪）、倒角（倒角、倒角修剪）、样条、文本、构造模式、偏移、选项板等。

2.2.1　线（线链、直线相切）

1.【线链】

操作示例：单击【线链】按钮，用鼠标左键依次单击三个点，用鼠标中键单击一次，结束三角形绘制。此时【线链】按钮依然处于被选中状态，可以移动鼠标完成矩形绘制，如图 2-8 所示。鼠标中键单击两次，退出【线链】命令。

2.【直线相切】

操作示例：单击【直线相切】按钮，用鼠标左键依次单击两圆的切点，可绘制两圆公切线，如图 2-9 所示。

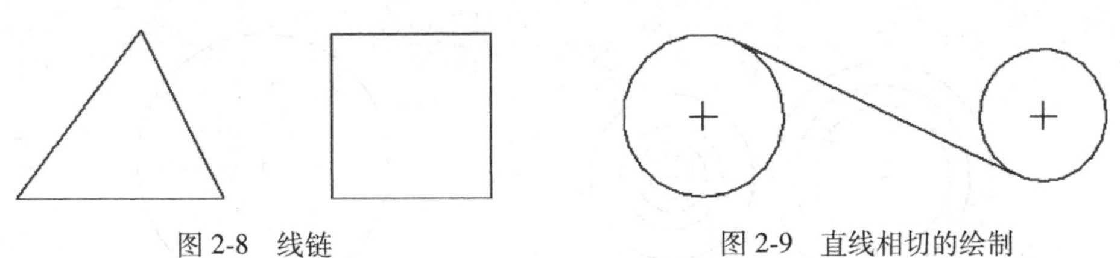

图 2-8　线链　　　　图 2-9　直线相切的绘制

2.2.2 中心线（中心线、中心线相切）

1.【中心线】

操作示例：单击【中心线】按钮，在绘图区域单击鼠标左键确定中心线上一点的位置，拖动鼠标确定中心线的方向，再次单击鼠标左键完成中心线的绘制，如图 2-10 所示。

图 2-10　中心线的绘制

2.【中心线相切】

操作示例：单击【中心线相切】按钮，用鼠标左键依次单击两圆的切点，完成相切中心线的绘制，如图 2-11 所示。

2.2.3 圆（圆心和点、同心、3 点、3 相切）

1.【圆心和点】

操作示例：单击【圆心和点】按钮，用鼠标左键在绘图区域单击确定圆心位置，拖动鼠标确定圆的半径，再次单击鼠标左键完成圆的绘制。移动鼠标可在其他绘图区域继续绘制圆，如图 2-12 所示。

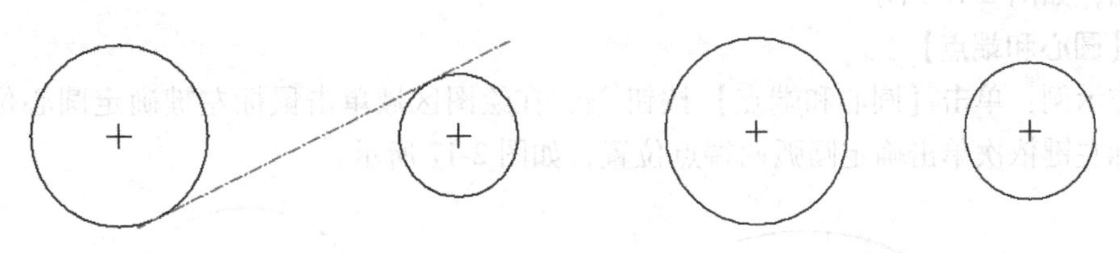

图 2-11　相切中心线的绘制　　　　图 2-12　用“圆心和点”方式创建圆

2.【同心】

操作示例：单击【同心】按钮，单击已绘制的圆确定圆心位置，拖动鼠标确定圆的半径，再次单击鼠标左键完成同心圆的绘制，如图 2-13 所示。

3.【3 点】

操作示例：单击【3 点】按钮，鼠标左键在绘图区域单击两点，确定圆弧大致位置，拖动鼠标确定圆的半径，再次单击鼠标左键完成用“3 点”方式画圆，如图 2-14 所示。

4.【3 相切】

操作示例：单击【3 相切】按钮，如图 2-15 所示，用左键单击直线、圆、圆弧，完成用“3 相切”方式画圆。图 2-15 中呈现了单击不同位置所产生的不同结果。

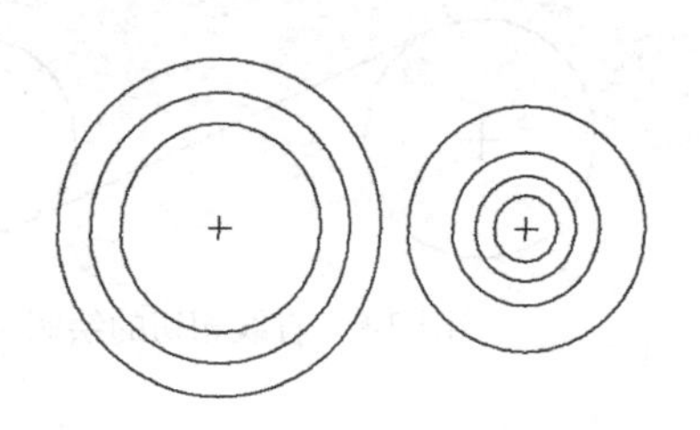

图 2-13　用“同心”方式创建圆

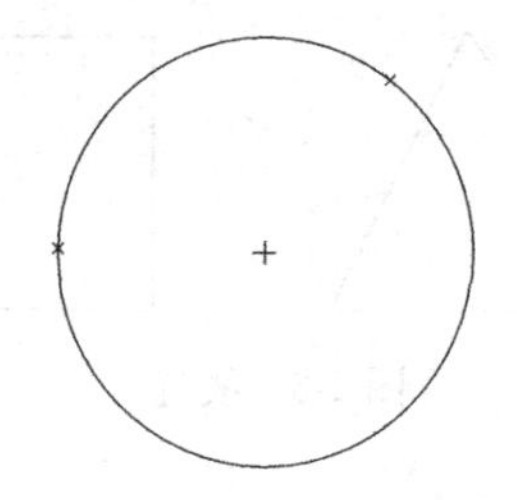

图 2-14　用“3 点”方式创建圆

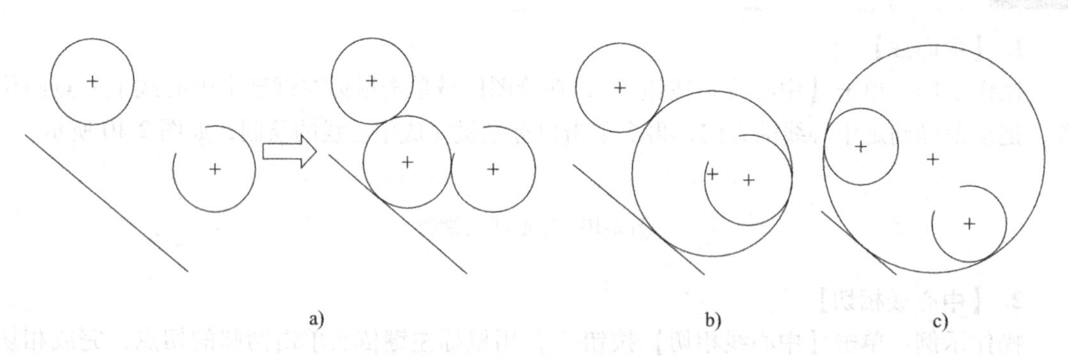

a)　b)　c)

图 2-15　用“3 相切”方式创建圆

2.2.4 弧（3 点/相切端、圆心和端点、3 相切、同心、圆锥）

1.【3 点/相切端】

操作示例：单击【3 点/相切端】按钮，用鼠标左键在绘图区域单击两个点，确定圆弧端点位置，拖动鼠标确定圆心及圆弧半径，再次单击鼠标左键完成用“3 点/相切端”方式画圆弧，如图 2-16 所示。

2.【圆心和端点】

操作示例：单击【圆心和端点】按钮，在绘图区域单击鼠标左键确定圆心位置，接着用鼠标左键依次单击确定圆弧两端点位置，如图 2-17 所示。

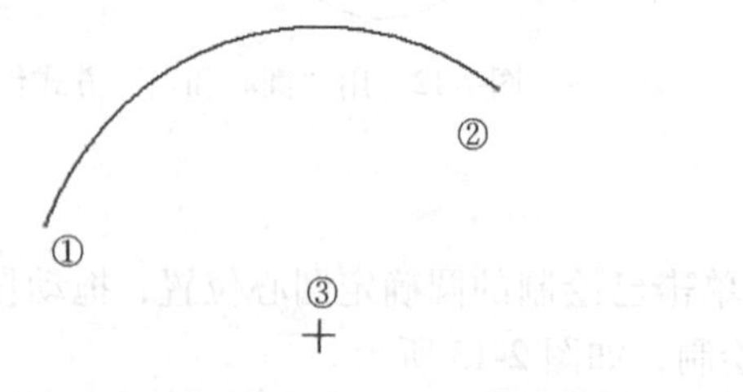

图 2-16　用“3 点/相切端”方式绘制圆弧

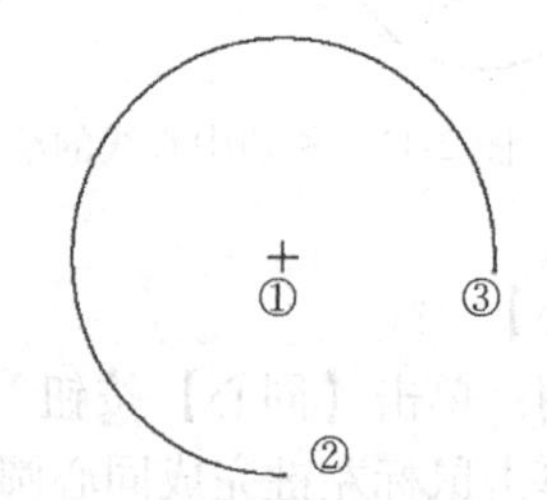

图 2-17　用“圆心和端点”方式创建圆弧

3.【3 相切】

操作示例：单击【3 相切】按钮，单击图 2-18 中的直线、左圆圆弧、右圆圆弧，完成用“3 相切”方式画圆弧。图 2-18 所示为单击不同位置所产生的结果。

4. 【同心】

操作示例：单击【同心】按钮，再单击已绘制的圆弧确定圆心，拖动鼠标确定圆弧半径，用鼠标左键在绘图区域单击同心圆弧的两个端点，完成同心圆弧绘制，如图 2-19 所示。

5. 【圆锥】

操作示例：单击【圆锥】按钮，用鼠标左键在绘图区域单击两点确定圆锥弧两端点，拖动鼠标确定圆锥弧尺寸，再次单击鼠标左键完成圆锥弧的绘制，如图 2-20 所示。

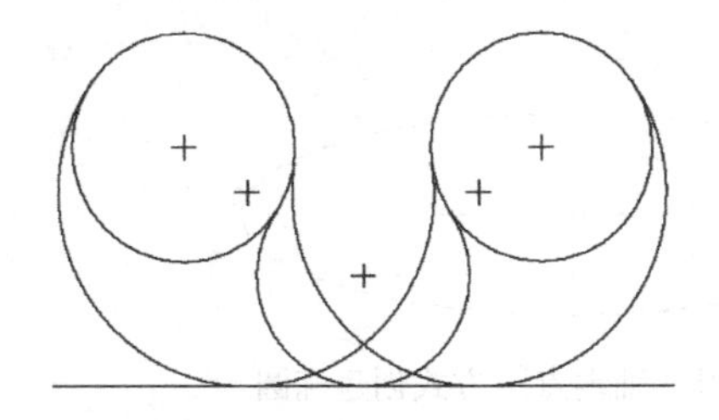

图 2-18　用“3 相切”方式创建圆弧

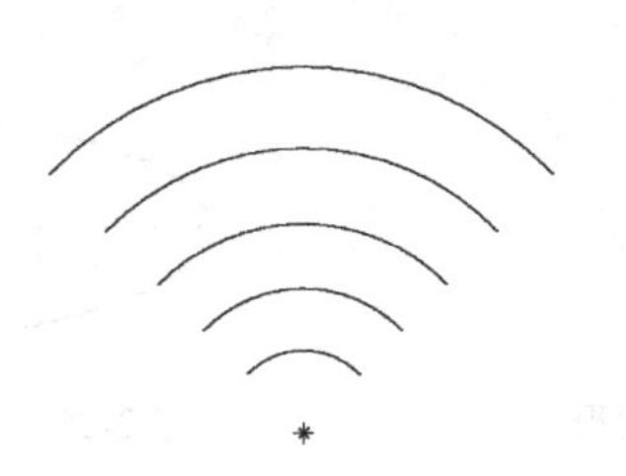

图 2-19　创建同心圆弧

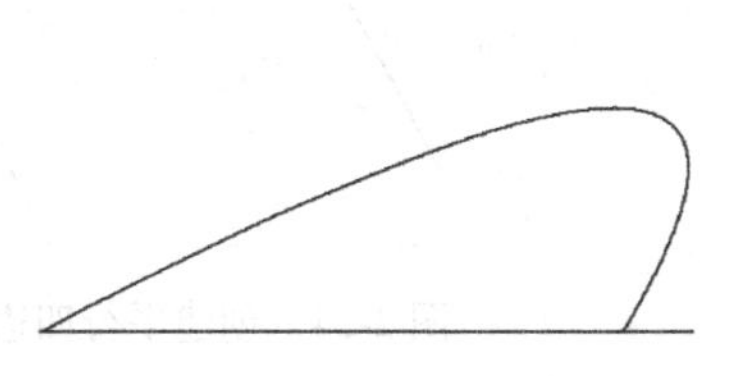

图 2-20　创建圆锥弧

2.2.5 矩形（拐角矩形、斜矩形、中心矩形、平行四边形）

1. 【拐角矩形】

操作示例：单击【拐角矩形】按钮，在绘图区域单击鼠标左键确定矩形的一个拐角，拖动鼠标确定矩形大小，再次单击鼠标左键完成拐角矩形的绘制，如图 2-21 所示。

2. 【斜矩形】

操作示例：单击【斜矩形】按钮，在绘图区域单击鼠标左键确定矩形的一个顶点，拖动鼠标再次单击确定矩形斜边尺寸及方向，拖动鼠标确定矩形另一边边长尺寸，再次单击鼠标左键完成斜矩形的绘制，如图 2-22 所示。

3. 【中心矩形】

操作示例：单击【中心矩形】按钮，在绘图区域单击鼠标左键确定矩形的中心点，拖动鼠标确定矩形尺寸，再次单击鼠标左键完成中心矩形的绘制，如图 2-23 所示。

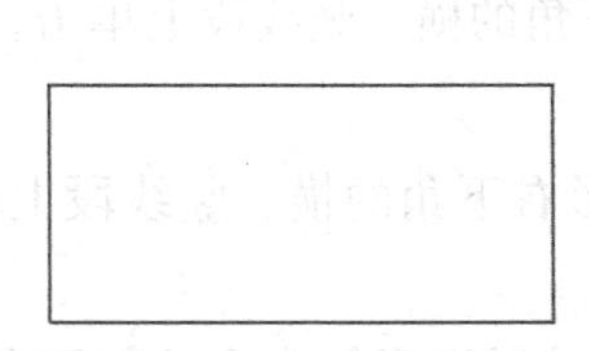

图 2-21　创建拐角矩形

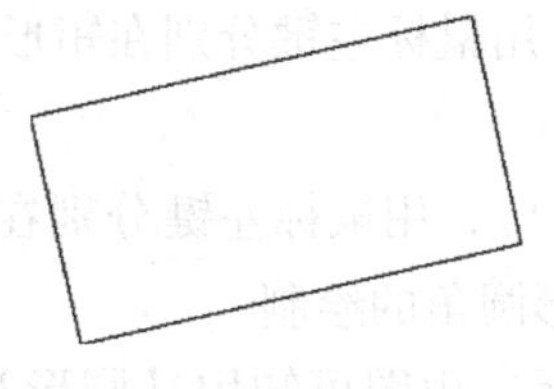

图 2-22　创建斜矩形

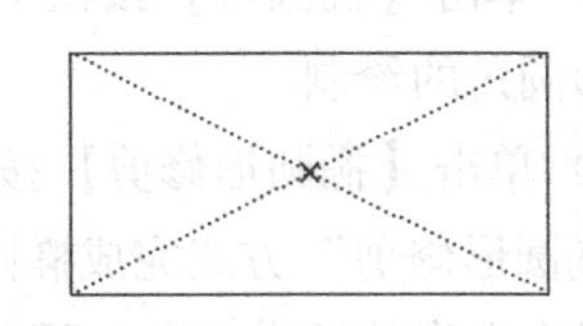

图 2-23　创建中心矩形

> 操作者应根据方便作图的原则，合理使用中心矩形。中心矩形具备对称属性，对于对称的两条直线，往往借助中心矩形绘制，可省去添加约束的环节。

4. 【平行四边形】

操作示例：单击【平行四边形】按钮，在绘图区域单击鼠标左键确定平行四边形的一个顶点，拖动鼠标再次单击确定平行四边形的一条边的尺寸及角度，拖动鼠标确定平行四边形的另一条边的尺寸及角度，再次单击鼠标左键完成平行四边形的绘制，如图 2-24 所示。

2.2.6 椭圆（轴端点椭圆、中心和轴椭圆）

1.【轴端点椭圆】

操作示例：单击【轴端点椭圆】按钮，用鼠标左键在绘图区域单击两点确定椭圆轴的两个端点，拖动鼠标确定椭圆另一个轴的两个端点，再次单击鼠标左键完成用“轴端点”方式创建椭圆，如图 2-25 所示。

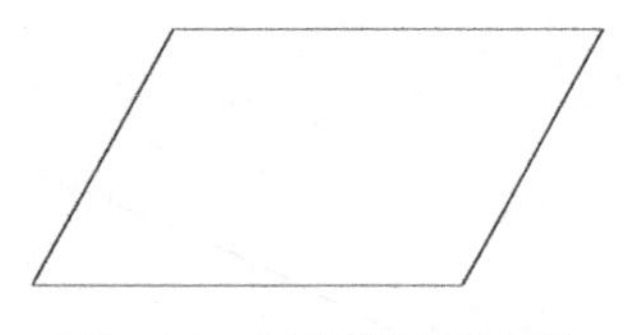
图 2-24　创建平行四边形

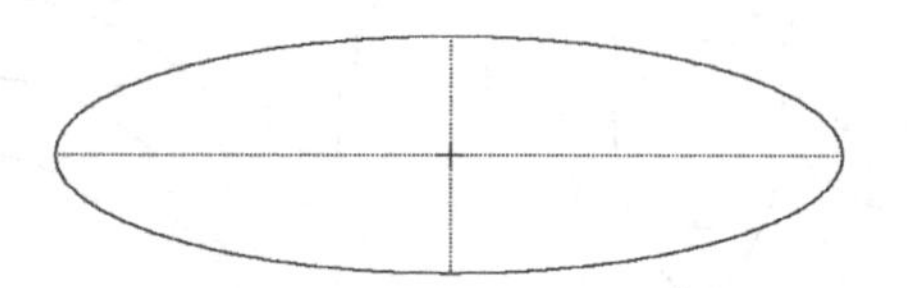
图 2-25　用“轴端点”方式创建椭圆

2.【中心和轴椭圆】

操作示例：单击【中心和轴椭圆】按钮，在绘图区域单击鼠标左键确定椭圆的中心点，拖动鼠标再次单击确定椭圆轴的两个端点，拖动鼠标再次单击确定椭圆另一个轴的两个端点，完成用“中心和轴”方式创建椭圆，如图 2-26 所示。

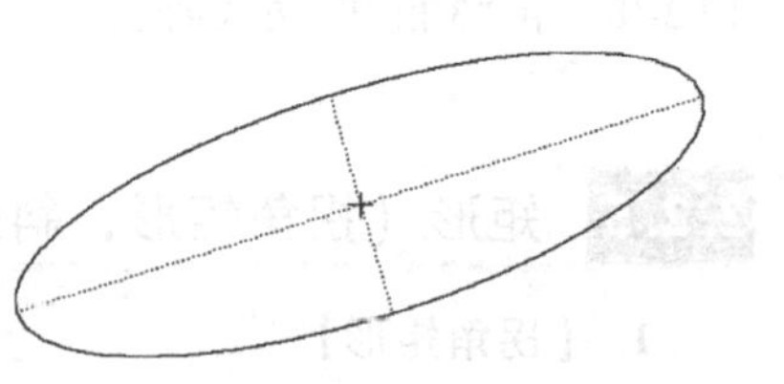
图 2-26　用“中心和轴”方式创建椭圆

2.2.7 圆角（圆形、圆形修剪、椭圆形、椭圆形修剪）

操作示例：

1）单击【圆形】按钮，用鼠标左键分别在矩形左上角的横、竖线段上单击，完成圆形圆角的绘制。

2）单击【圆形修剪】按钮，用鼠标左键分别在矩形右上角的横、竖线段上单击，以“圆形修剪”方式完成圆角的绘制。

3）单击【椭圆形】按钮，用鼠标左键分别在矩形左下角的横、竖线段上单击，完成椭圆形圆角的绘制。

4）单击【椭圆形修剪】按钮，用鼠标左键分别在矩形右下角的横、竖线段上单击，以“椭圆形修剪”方式完成椭圆形圆角的绘制。

以上操作的结果如图 2-27 所示。由图可知用【圆形】及【椭圆形】命令绘制圆角会将倒圆角前的原直线转换为构造线，而用【圆形修剪】及【椭圆形修剪】命令绘制圆角则不会产生构造线。为使视图看起来更清晰，一般使用【圆形修剪】及【椭圆形修剪】圆角命令。

2.2.8 倒角（倒角、倒角修剪）

操作示例：

1）单击【倒角】按钮，用鼠标左键分别在矩形左上角的横、竖线段上单击，完成倒角的绘制。

2）单击【倒角修剪】按钮，用鼠标左键分别在矩形右上角的横、竖线段上单击，以“倒角修剪”方式完成倒角的绘制。

以上操作的结果如图 2-28 所示，一般使用【倒角修剪】命令进行倒角的绘制。

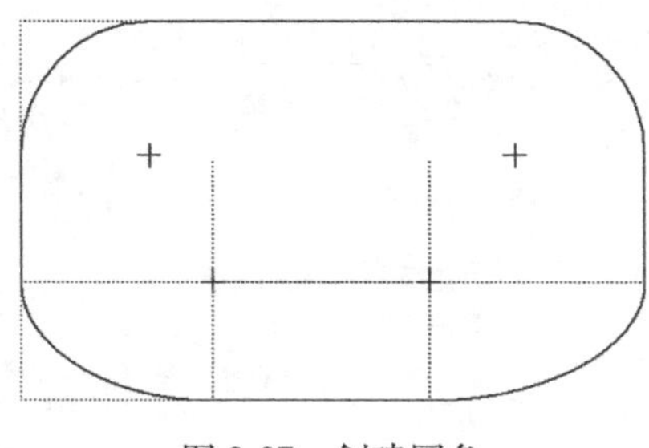

图 2-27 创建圆角

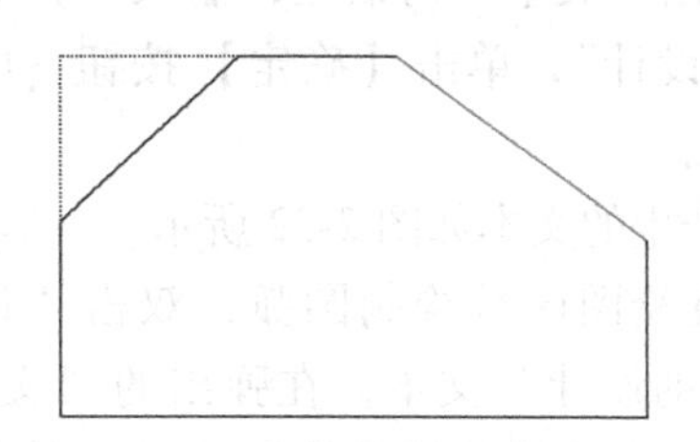

图 2-28 创建倒角

对于带有圆角、倒角的零件，一般不在草绘模块中直接使用【圆角】、【倒角】命令，而是对零件模块的三维模型使用相关功能，这样建模效率更高，且模型树看起来会更加清晰。

2.2.9 样条

操作示例：

1）单击【样条】按钮，用鼠标左键在绘图区域单击确定样条的起点，拖动鼠标再次单击确定样条的第二点，按照此方法创建由四个点构成的样条，单击鼠标中键，完成样条创建，如图 2-29 所示。

2）拖动样条中的点，可改变样条形状；构成样条的点越多，样条形状的可编辑性越强。完成样条绘制后，系统会自动标注出样条首、尾点间的距离尺寸，样条其他点之间的尺寸需要后期标注，以满足设计要求，如图 2-30 所示。

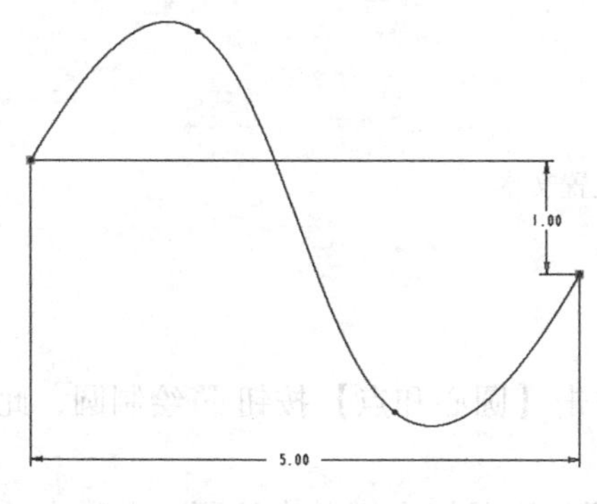

图 2-29 样条的创建

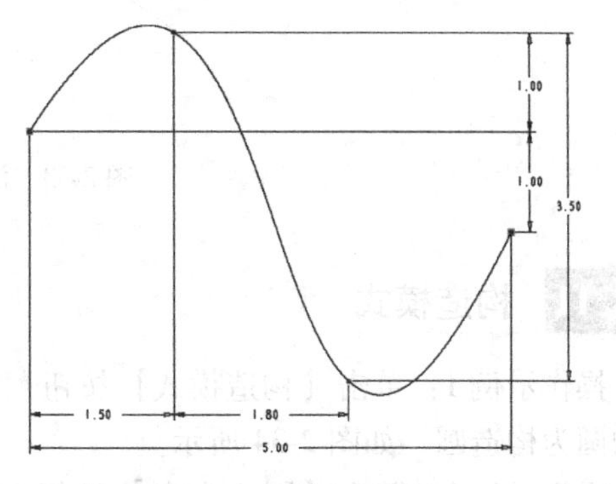

图 2-30 样条的标注

2.2.10 文本

操作示例:

1）单击【文本】按钮 A，在绘图区域单击鼠标左键，确定文本底部位置；向上拖动鼠标，用鼠标左键再次单击，确定文字的高度。弹出“文本”对话框，输入“计算机三维辅助设计”，单击【确定】按钮，如图 2-31 所示。

2）产生的文本如图 2-32 所示。

3）在绘图区域绘制圆弧，双击“计算机三维辅助设计”文本，在弹出的“文本”对话框中选中“沿曲线放置”选项，单击圆弧，放置文本，如图 2-33 所示。

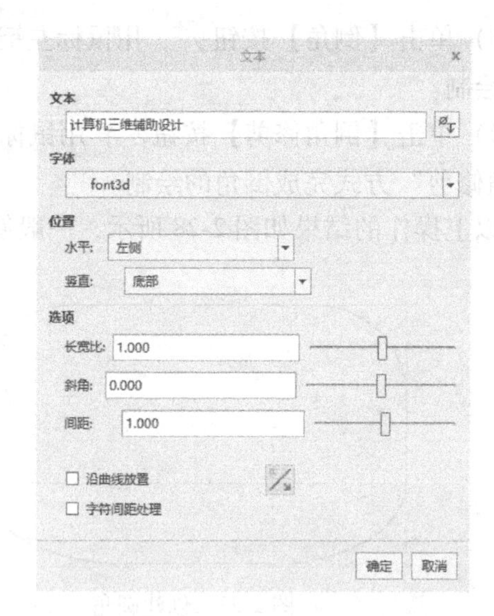

图 2-31 文本对话框

计算机三维辅助设计

3.50

图 2-32 沿直线放置文本

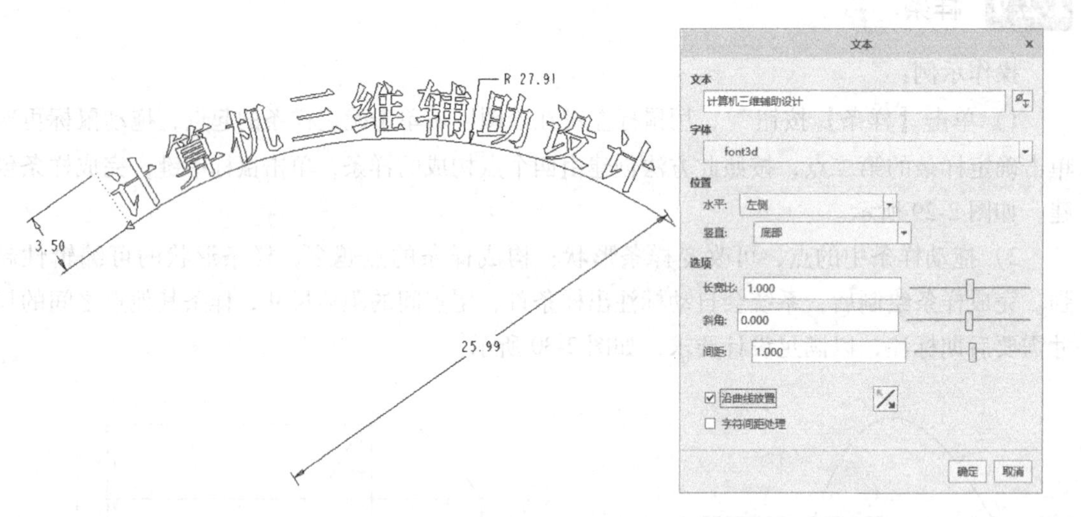

图 2-33 沿曲线放置文本

2.2.11 构造模式

操作示例 1：单击【构造模式】按钮，再单击【圆心和点】按钮绘制圆，此时绘制的圆为构造圆，如图 2-34 所示。

操作示例 2：单击【圆心和点】按钮绘制圆，用鼠标左键单击该圆，在弹出的工具栏中单击【切换构造】按钮，将实线圆转换为构造圆，如图 2-35 所示；也可将构造圆转换为实体圆，方法同上。

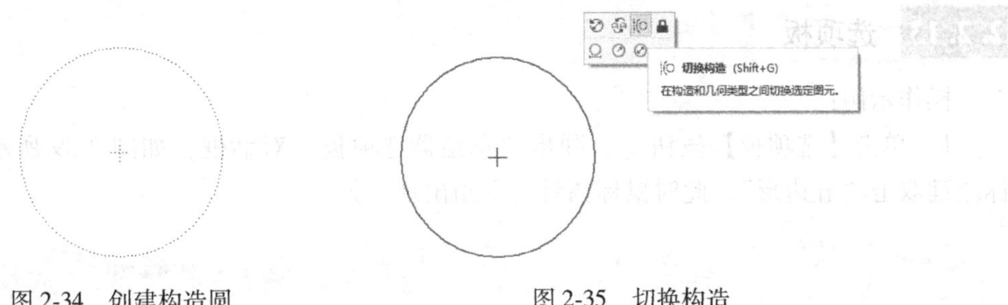

图 2-34　创建构造圆　　　　图 2-35　切换构造

2.2.12 偏移

1. 单一图元的偏移

单击【偏移】按钮，系统弹出对话框，保持对话框默认设置不变，用鼠标左键单击拐角矩形（10mm×6mm）的底边，在弹出的“尺寸”文本框中输入距离“2”，单击鼠标中键确认，完成单一图元的偏移，如图 2-36 所示。

2. 链的偏移

单击【偏移】按钮，系统弹出对话框，保持对话框默认设置不变，用鼠标左键单击拐角矩形（10mm×6mm）的底边，按住〈Shift〉键，单击拐角矩形的顶边，在弹出的文本框中输入距离“2”，完成链的偏移，如图 2-37 所示。由图可知，在底边、顶边路径上的所有线段均按照逆时针方向被默认选中。

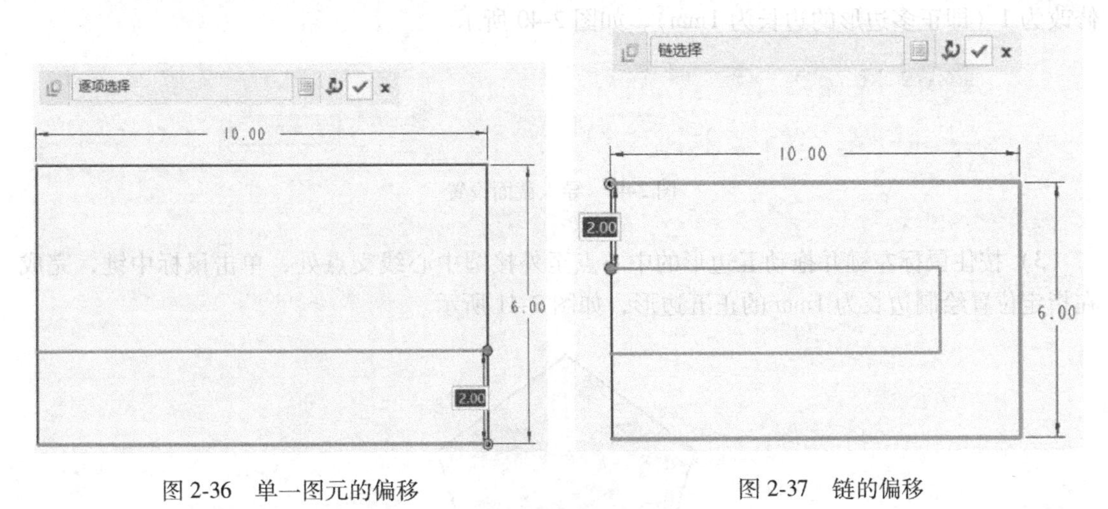

图 2-36　单一图元的偏移　　　　图 2-37　链的偏移

以上操作不适用于中心矩形，请读者注意。

3. 环的偏移

单击【偏移】按钮，系统弹出对话框，保持对话框默认设置不变，用鼠标左键单击拐角矩形（10mm×6mm）的底边，按住〈Shift〉键，单击拐角矩形的左侧边，在弹出的文本框中输入距离“2”，完成环的偏移，如图 2-38 所示。

2.2.13 选项板

操作示例：

1）单击【选项板】按钮，弹出“草绘器选项板”对话框，如图 2-39 所示，使用鼠标左键双击“五边形”，此时鼠标指针右下角出现+号。

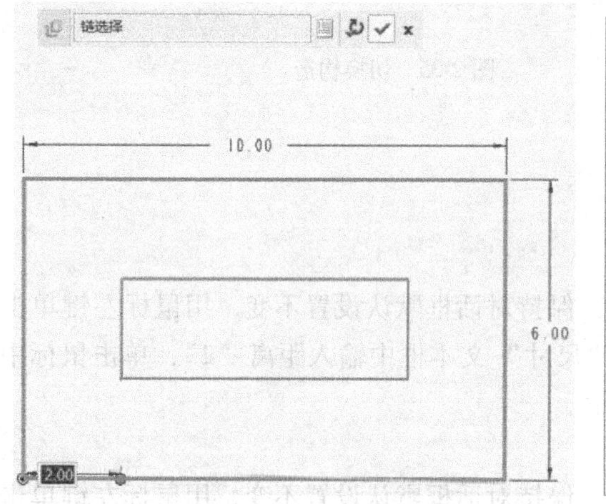

图 2-38 环的偏移

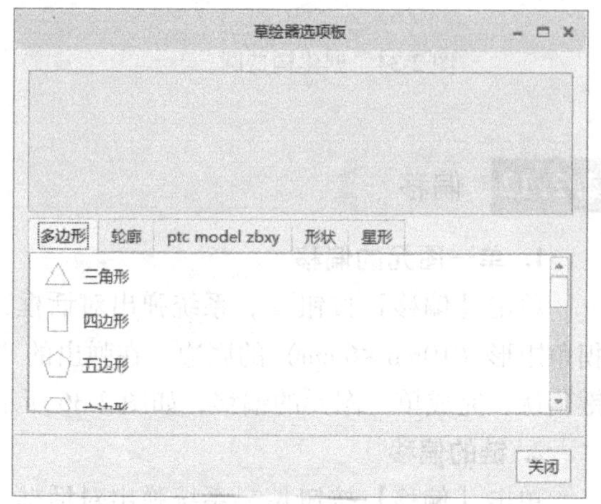

图 2-39 “草绘器选项板”对话框

2）在绘图区域单击鼠标左键初步放置五边形，弹出“导入截面”面板，将边长数值修改为 1（即正多边形的边长为 1mm），如图 2-40 所示。

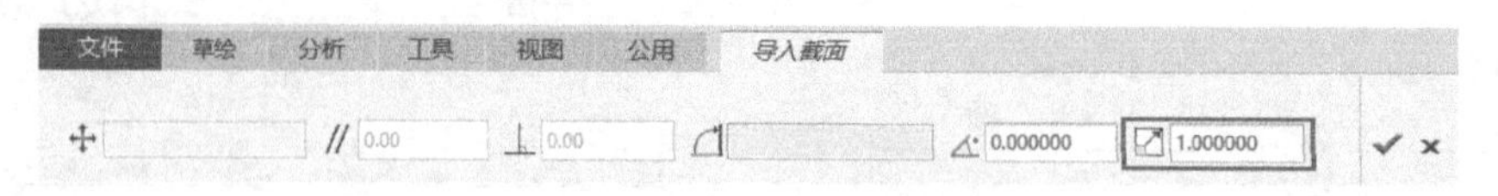

图 2-40 导入截面设置

3）按住鼠标左键并拖动五边形的中心点至外接圆中心线交点处，单击鼠标中键，完成在指定位置绘制边长为 1mm 的正五边形，如图 2-41 所示。

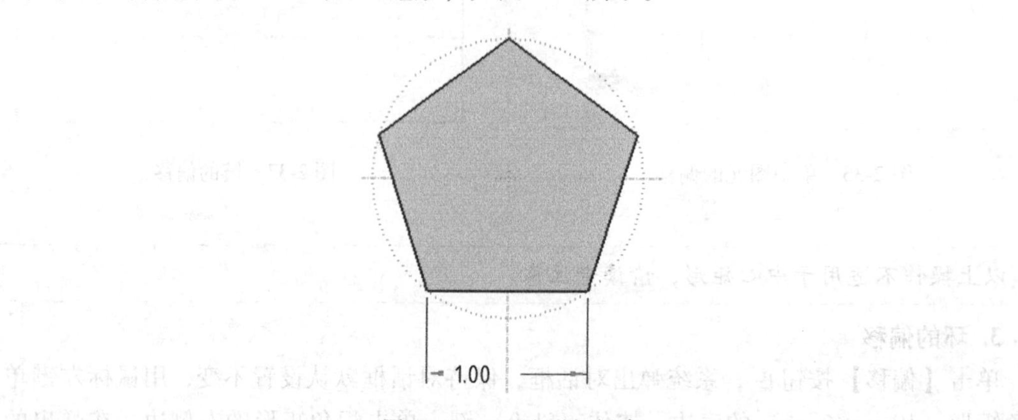

图 2-41 正五边形的创建

2.3 草绘编辑

Creo Parametric 9.0 中的草绘编辑包括删除段、拐角、旋转调整大小、镜像、分割、修改。

2.3.1 删除段

操作示例：单击【删除段】按钮，在绘图区域按住鼠标左键并拖动，此时绘图区域将出现拖动的线条轨迹，如图 2-42 所示。轨迹所扫掠到的图元将在松开鼠标后被删除；也可使用鼠标左键单击需要删除的图元，完成图元的删除。

2.3.2 拐角

操作示例：单击【拐角】按钮，用鼠标左键依次选择两条线段，完成拐角的设置，操作过程及结果如图 2-43 所示。由图可知选择的线段即为最后保留的线段。

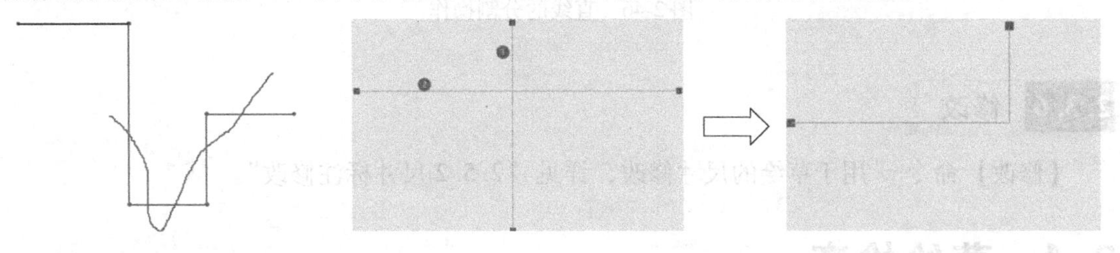

图 2-42　删除段操作　　　　图 2-43　拐角操作

2.3.3 旋转调整大小

操作示例：用鼠标框选中心矩形，单击【旋转调整大小】按钮，在弹出的“旋转调整大小”面板中进行旋转角度、比例的设置，操作过程如图 2-44 所示。

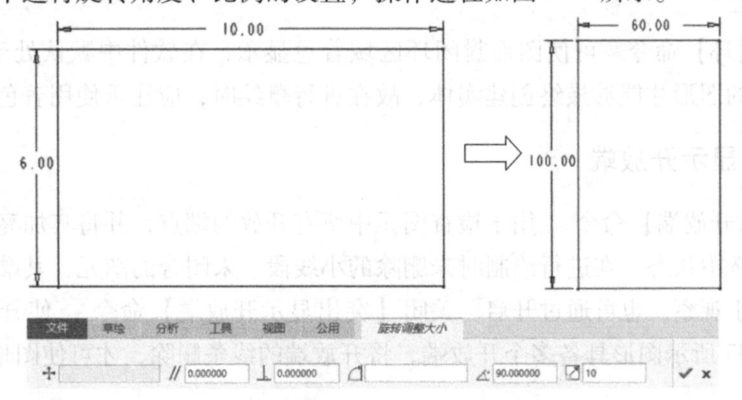

图 2-44　矩形的旋转调整大小操作

2.3.4 镜像

操作示例：用鼠标框选圆，单击【镜像】按钮，接着单击图 2-45 中的竖直中心线完成镜像创建，操作过程及结果如图 2-45 所示。

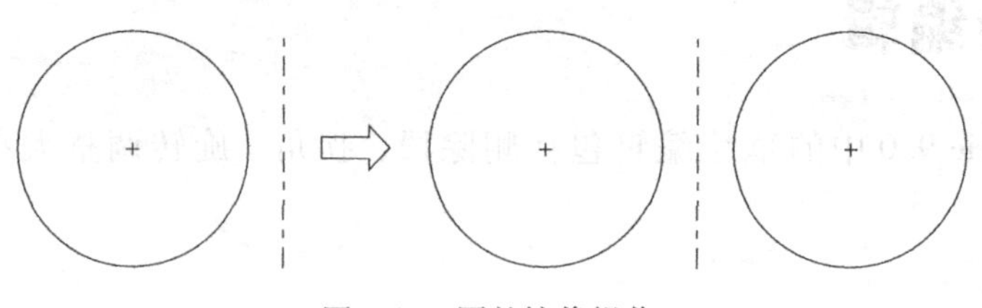

图 2-45　圆的镜像操作

2.3.5 分割

操作示例：单击【分割】按钮，在线段上单击两个点进行直线分割，分割完成后原线段对象变为三个线段对象，如图 2-46 所示。

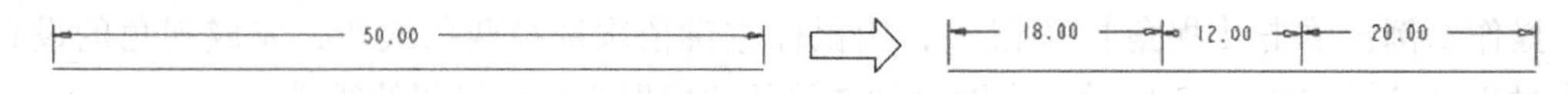

图 2-46　直线的分割操作

2.3.6 修改

【修改】命令用于草绘的尺寸修改，详见“2.5.2 尺寸标注修改”。

2.4 草绘检查

草绘是产生实体的基础，是三维建模中非常重要的环节。一般，不封闭的草绘无法创建实体，因此进行草绘检查尤为必要。

2.4.1 着色封闭环

【着色封闭环】命令可使图形封闭环区域着色显示，在软件中默认处于被选中状态。一般只有封闭的图形才能够最终创建实体，故在进行草绘时，应注重使用着色封闭环功能。

2.4.2 突出显示开放端

【突出显示开放端】命令用于检查图元中所有开放的端点，并将其加亮显示，在软件中默认处于被选中状态。在进行绘制时未删除的小线段、未闭合的图元，其端点都将高亮显示，用户要善于观察。也可通过开启、关闭【突出显示开放端】命令使开放端更加明显呈现。如图 2-47 所示图形具备多个开放端，将开放端的线条删除，才可使图形变为封闭的。

2.4.3 重叠几何

【重叠几何】命令用于检查图元中相互重叠的几何图元，并将其加亮，在软件中处于默认非选中状态。用户如果在同一位置重复绘制图元，将导致无法创建封闭截面，且这样的重复绘制难以被发现，需要借助【重叠几何】命令进行检查。

操作示例：

1）保持【着色封闭环】命令处于默认的被选中状态。

2）绘制矩形，并在矩形的底边上再绘制一条线段。

3）单击【重叠几何】按钮，重叠矩形底边将加亮显示，如图 2-48 所示。

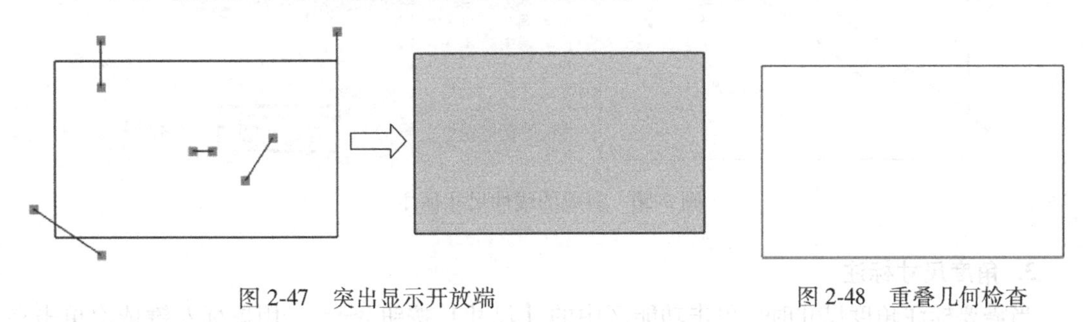

图 2-47 突出显示开放端　　　　图 2-48 重叠几何检查

2.5 草绘尺寸的标注和修改

本节将介绍在 Creo Parametric 9.0 中对草绘进行尺寸标注与修改的方法。其中，尺寸标注及草绘编辑中的尺寸修改选项较多，读者应充分理解并掌握其相关操作。

2.5.1 尺寸标注

在 Creo Parametric 软件的草绘中，当进行图形绘制时，软件会自动标注尺寸，这些未经修改或定义的尺寸呈现淡色，修改或重新定义后的尺寸为深色。

1. 线性尺寸标注

当需要标注线段长度时，单击功能区中的【尺寸】按钮，用鼠标左键单击需要标注的直线，在空白处单击鼠标中键放置尺寸。标注好的尺寸如图 2-49 所示。

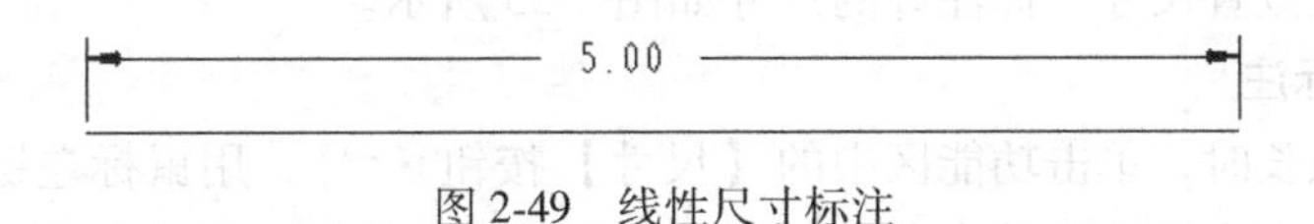

图 2-49 线性尺寸标注

当需要标注斜线的水平或竖直方向的尺寸时，单击功能区中的【尺寸】按钮，用鼠标左键依次单击斜线的两个端点，在空白处单击鼠标中键放置尺寸，便可创建对应的水平、竖直方向尺寸，尺寸的放置位置决定了水平、竖直、线长的类型，具体如图 2-50 所示。其中线长尺寸“5.00”属于重复标注，系统会默认为尺寸冲突，若需要将其作为参考尺寸标注，单击【尺寸>参考（R）】按钮。

2. 直径、半径尺寸标注

当需要标注圆或圆弧的半径、直径尺寸时，单击功能区中的【尺寸】按钮，用鼠标左键单击需要标注的圆或圆弧，在空白处单击鼠标中键放置尺寸，用鼠标左键单击标注半径尺寸，用鼠标左键双击标注直径尺寸。标注好的尺寸如图 2-51 所示。

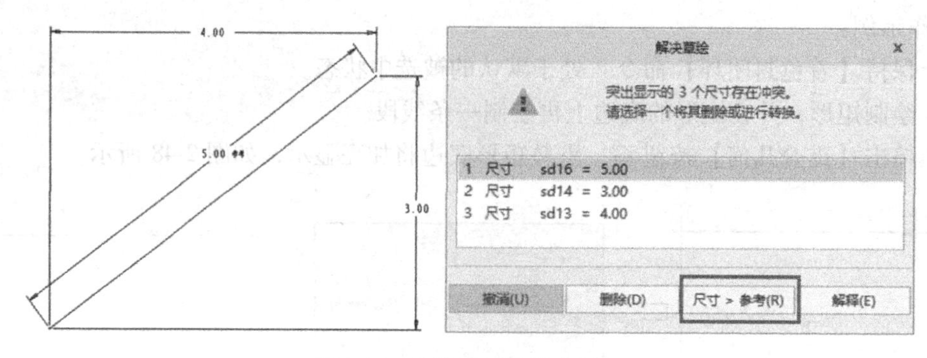

图 2-50　斜线的线性尺寸标注

3. 角度尺寸标注

当需要标注角度尺寸时，单击功能区中的【尺寸】按钮 ，用鼠标左键依次单击夹角两边的线段，在夹角处单击鼠标中键放置尺寸。标注好的尺寸如图 2-52 所示。

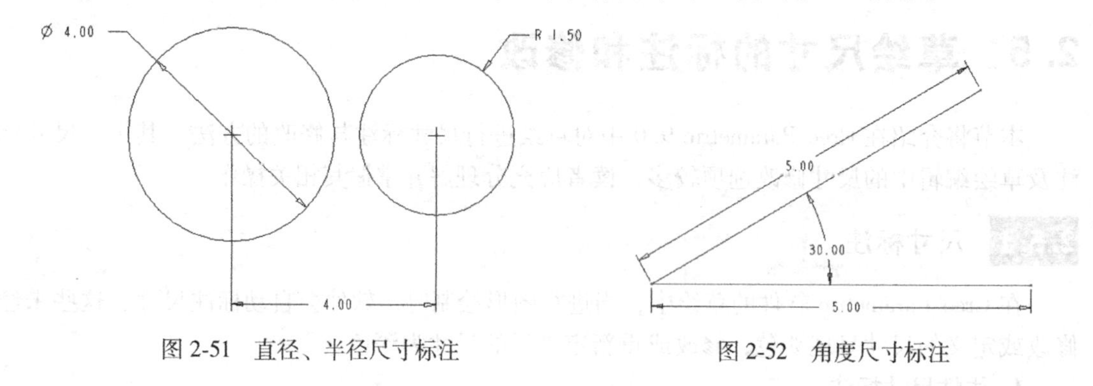

图 2-51　直径、半径尺寸标注　　　　图 2-52　角度尺寸标注

当需要标注曲线（非圆弧，一般由【样条】命令绘制）与直线的夹角角度时，单击功能区中的【尺寸】按钮 ，用鼠标左键依次单击曲线、曲线与直线的交点、直线，在夹角处单击鼠标中键放置尺寸。标注好的尺寸如图 2-53 所示。

4. 弧长尺寸标注

当需要标注弧长时，单击功能区中的【尺寸】按钮 ，用鼠标左键依次单击圆弧的两个端点及圆弧，在合适位置单击鼠标中键放置尺寸。标注好的尺寸如图 2-54 所示。

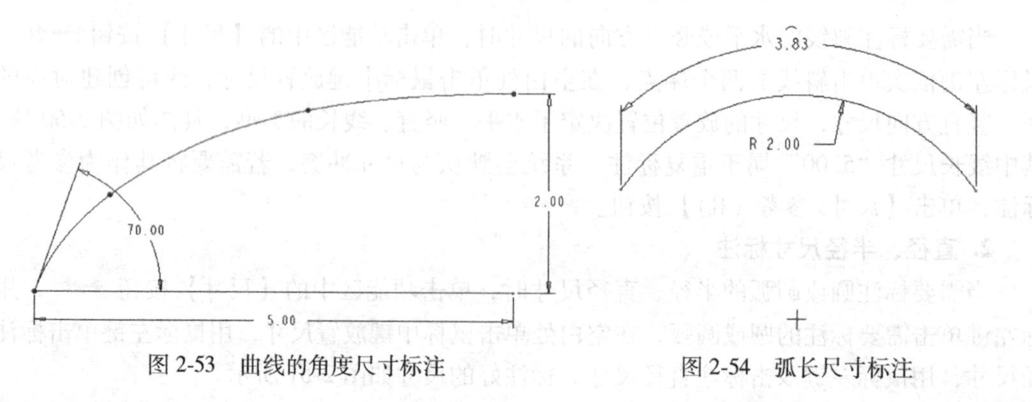

图 2-53　曲线的角度尺寸标注　　　　图 2-54　弧长尺寸标注

5. 周长尺寸标注

当需要标注链（不封闭）或环（封闭）的周长尺寸时，需要选择一个尺寸作为变量尺寸，系统可通过调整该尺寸来获得所需周长。当修改周长尺寸时，系统会相应地修改（用户无法直接修改）此变量尺寸。变量尺寸是从动尺寸，如果删除变量尺寸，则系统会自动删除周长尺寸。下面对图 2-55 所示的草绘进行周长标注，步骤如下。

1）选择由周长尺寸控制总尺寸的几何。单击功能区中的【周长】按钮 周长，界面左下角提示“选择由周长尺寸控制总尺寸的几何”，按住〈Ctrl〉键，用鼠标左键依次单击所有直线与圆角（半径均为 1），单击鼠标中键表示确定。

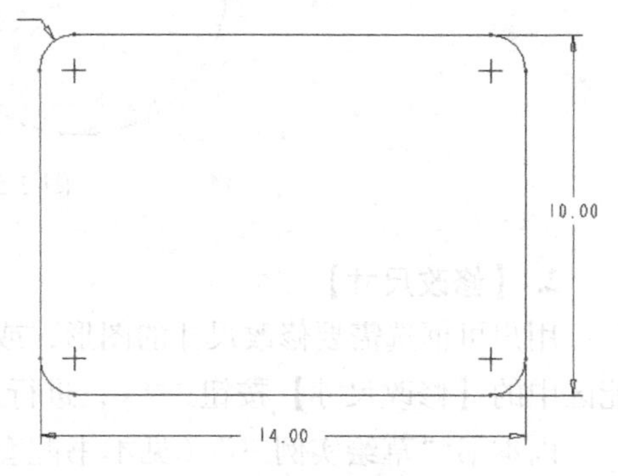

图 2-55　周长尺寸标注草绘

2）选择由周长尺寸驱动的尺寸。界面左下角提示“选择由周长尺寸驱动的尺寸”，单击图 2-55 中的“R 1.00”尺寸，此时绘图区域将自动创建“46. 28”的周长尺寸，尺寸“R 1. 00”变为“R 1. 00 变量”（即圆角半径转变为变量），如图 2-56 所示。

3）此时圆角半径尺寸“R 1. 00”是不允许修改的，修改周长数值才可改变圆角半径尺寸，如图 2-57 所示。

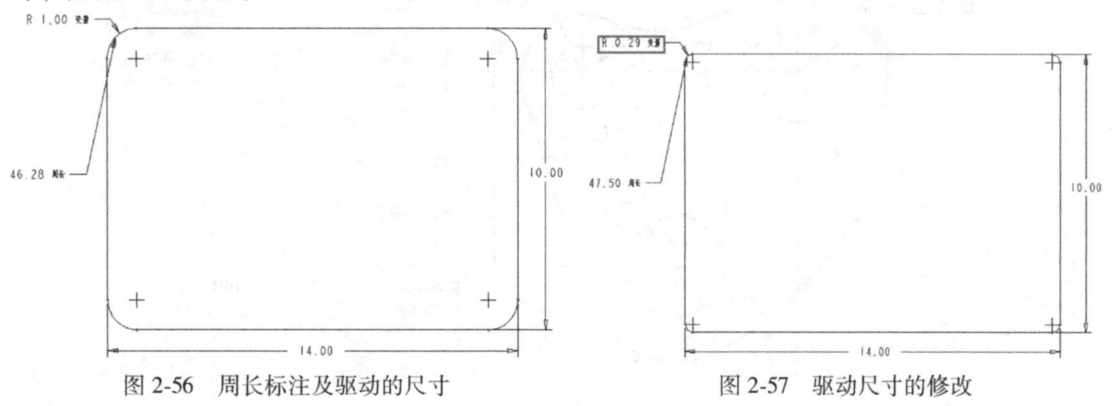

图 2-56　周长标注及驱动的尺寸　　图 2-57　驱动尺寸的修改

2. 5. 2　尺寸标注修改

使用 Creo Parametric 进行草绘时，初步绘制的图元尺寸往往不是所需要的设计尺寸，这时需要进行尺寸修改，下面提供两种尺寸修改方式。

1. 直接修改尺寸

用鼠标左键双击要修改的尺寸，在出现的“尺寸”文本框中输入尺寸数值，单击鼠标中键或按键盘〈Enter〉键，完成尺寸的修改，如图 2-58 所示。

📖 采用直接修改尺寸的方式，会立即驱动图元产生变化，甚至会造成图元变形。有时，部分尺寸会出现无法直接修改的情况，用户可尝试先修改其他尺寸再对该尺寸进行修改，或重新绘制相关尺寸图元。

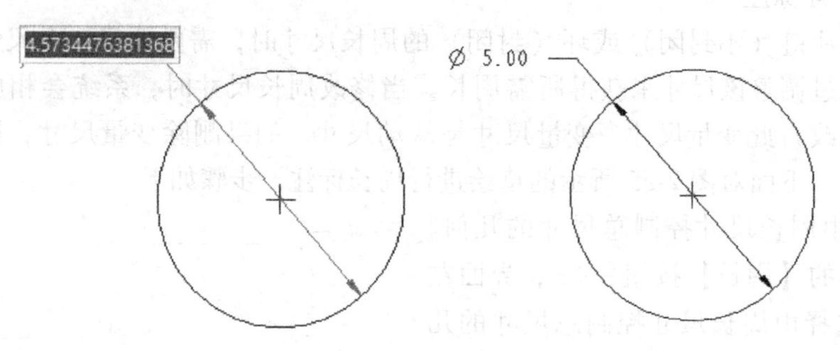

图 2-58　双击修改尺寸

2.【修改尺寸】修改

用户可框选需要修改尺寸的图形，或按住〈Ctrl〉键依次选择需要修改的尺寸，单击功能区中的【修改尺寸】按钮修改，进行尺寸修改。

以本书“草绘实例三”（见本书配套资源）为对象进行相关设置的讲解，框选所有尺寸，单击功能区中的【修改尺寸】按钮修改，如图 2-59 所示。

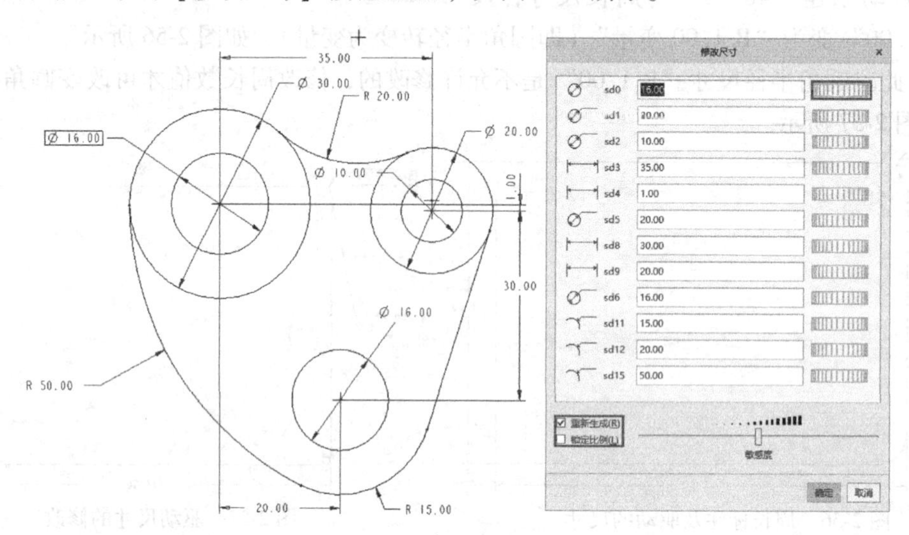

图 2-59　修改尺寸

在“修改尺寸”对话框中，单击相应的尺寸，对应图形区域的尺寸四周会出现方框，方便用户观察，在“修改尺寸”对话框中输入尺寸数值。

- 重新生成：若选中“重新生成”选项，所修改尺寸的图元会立即发生变化；若不选择“重新生成”选项，当完成所有尺寸修改后图形才会产生变化。
- 锁定比例：若选中“锁定比例”选项，当修改了一个尺寸后，其他尺寸会等比例发生变化。当原始尺寸与目标尺寸差异过大时，可通过选中“锁定比例”选项保证图元不变形。
- 灵敏度：可拖拽灵敏度滑块进行灵敏度设置，可在“修改尺寸”对话框中进行尺寸拖动灵敏度修改。

2.6　约束

约束是草绘模块中非常重要的设计工具，它可以建立图元间特定的几何关系，如使图元相切、相等、平行、垂直等，大大提高草绘的效率与准确性。在进行草绘时系统会根据图元的位置关系自动判断、产生约束，也可通过约束按钮自行添加约束，通过单击约束符号并按〈Delete〉键可删除约束，软件提供的 9 个草绘约束及功能见表 2-1。

表 2-1　草绘约束及功能简介

约束名称	按钮	软件中的功能简介
竖直约束	十 竖直	使线条竖直并创建竖直约束，或沿竖直方向对齐两个点并创建竖直对齐约束
水平约束	十 水平	使线条水平并创建水平约束，或沿水平方向对齐两个点并创建水平对齐约束
垂直约束	⊥ 垂直	使两个图元垂直并创建垂直约束
相切约束	相切	使两个图元相切并创建相切约束
中点约束	中点	在线段或圆弧中点处放置一个点并创建中点约束
重合约束	重合	在同一位置上放置点，在图元上放置点或创建共线约束
对称约束	对称	使两个点或端点关于中心线对称并创建对称约束
相等约束	═ 相等	创建等长、等半径、等尺寸或相同曲率约束
平行约束	// 平行	使线条平行并创建平行约束

2.6.1 竖直约束

操作示例 1：单击【竖直约束】按钮十竖直，单击斜线可使斜线变为竖直线，并在图元附近显示竖直约束标识，操作过程如图 2-60 所示。

操作示例 2：单击【竖直约束】按钮十竖直，单击两圆圆心，可将两圆圆心约束在同一条竖直线上，并在图元附近显示竖直约束标识，操作过程如图 2-61 所示。

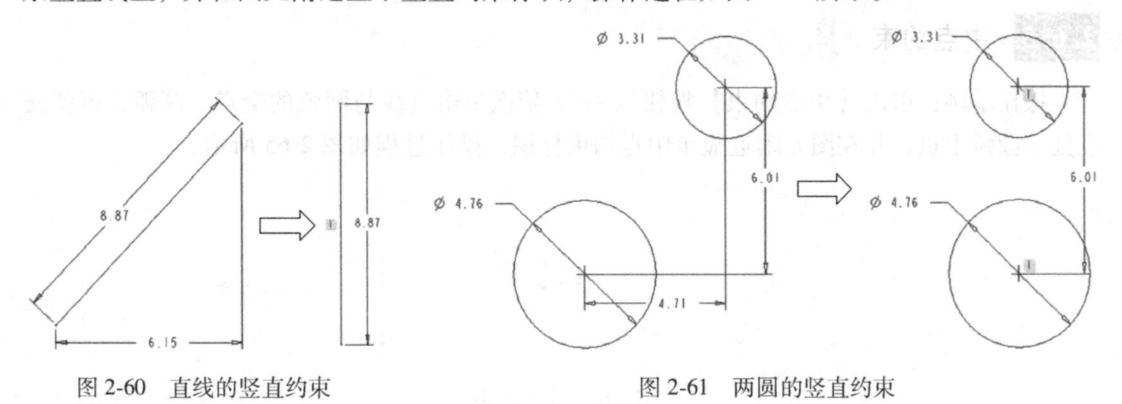

图 2-60　直线的竖直约束　　　　图 2-61　两圆的竖直约束

2.6.2 水平约束

操作示例：单击【水平约束】按钮十水平，单击斜线可使斜线变为水平线，并在图元附近显示水平约束标识，操作过程如图 2-62 所示。

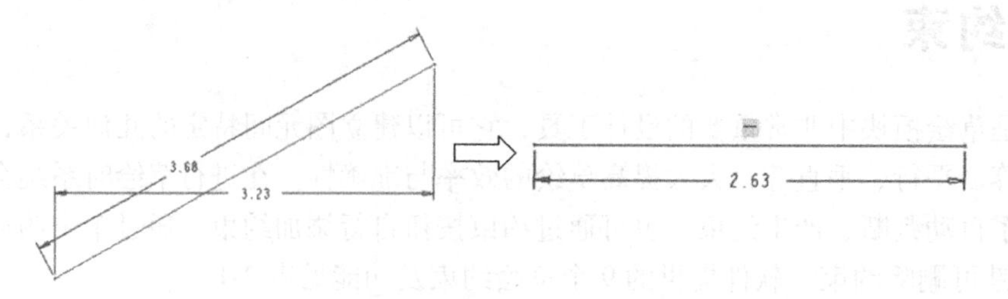

图 2-62　直线的水平约束

2.6.3 垂直约束

操作示例：单击【垂直约束】按钮⊥垂直，单击三角形的两条斜边可使两边夹角成 90°，并在图元附近显示垂直约束标识，操作过程如图 2-63 所示。

2.6.4 相切约束

操作示例：单击【相切约束】按钮 相切，依次单击两段圆弧可使两段圆弧相切，并在图元附近显示相切约束标识，操作过程如图 2-64 所示。

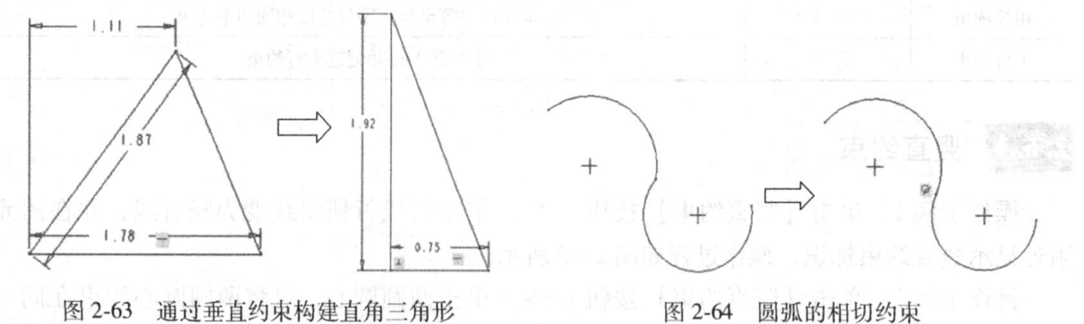

图 2-63　通过垂直约束构建直角三角形　　图 2-64　圆弧的相切约束

2.6.5 中点约束

操作示例：单击【中点约束】按钮 中点，依次单击直线与圆弧的交点、圆弧，可使交点处于圆弧中点，并在图元附近显示中点约束标识，操作过程如图 2-65 所示。

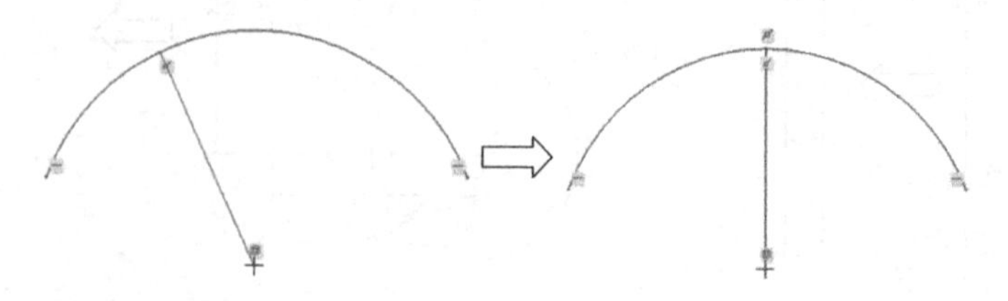

图 2-65　中点约束

2.6.6 重合约束

操作示例 1：单击【重合约束】按钮 重合，依次单击两条线段的右端点，使得两点重合，操作过程如图 2-66 所示。

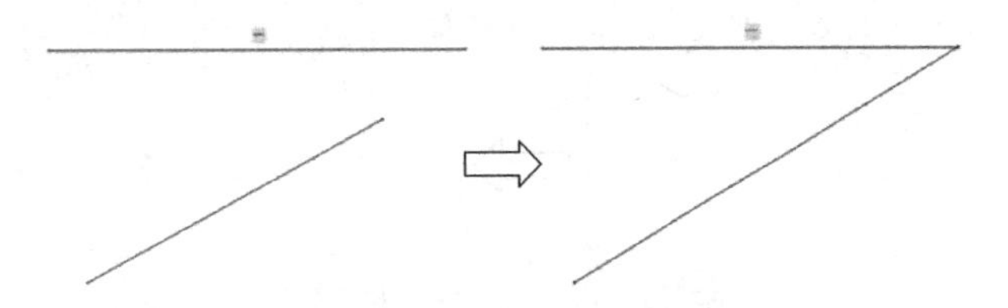

图 2-66 重合约束示例 1

操作示例 2：单击【重合约束】按钮 重合，依次单击斜线右端点、水平线，使斜线右端点与水平线相交，并在图元附近显示重合约束标识，操作过程如图 2-67 所示。

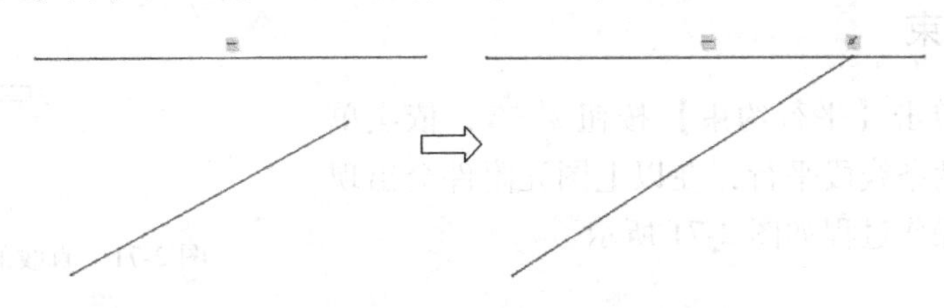

图 2-67 重合约束示例 2

操作示例 3：单击【重合约束】按钮 重合，依次单击斜线、水平线，使斜线与水平线重合，操作过程如图 2-68 所示。

2.6.7 对称约束

操作示例：单击【对称约束】按钮 对称，依次单击左、右两边图元的端点、中心线，使左、右图元关于中心线对称，并在图元附件显示对称约束标识，操作过程如图 2-69 所示。

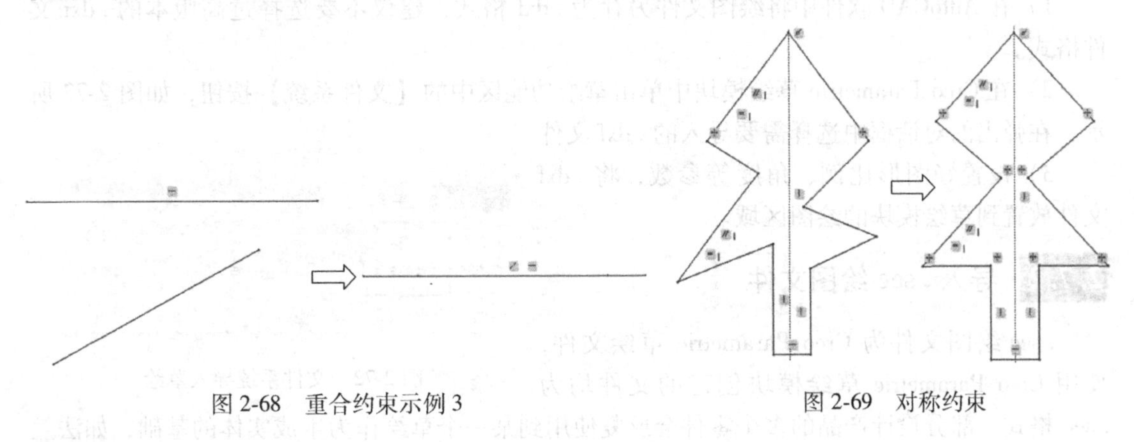

图 2-68 重合约束示例 3　　图 2-69 对称约束

2.6.8 相等约束

操作示例：单击【相等约束】按钮 相等，依次单击 4 个圆，使 4 个圆直径相等，单击鼠标中键（若忽视该步，则圆与圆角半径将相等），再依次单击 4 个圆角，使圆角半径相等，在以上图元附件会出现相等约束符号，操作过程如图 2-70 所示。

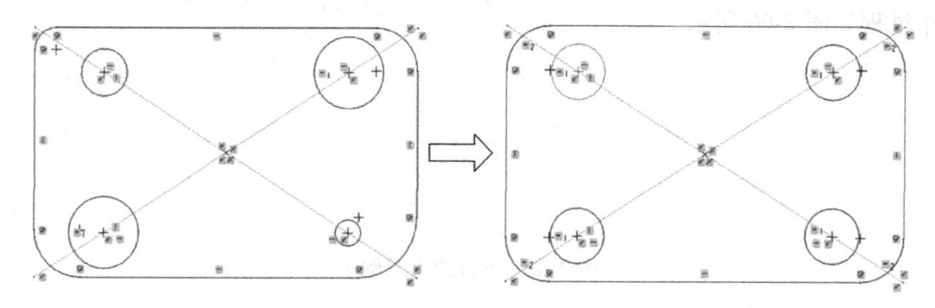

图 2-70　相等约束

2.6.9 平行约束

操作示例：单击【平行约束】按钮 // 平行，依次单击两条线段，使两条线段平行，在以上图元附件会出现平行约束符号，操作过程如图 2-71 所示。

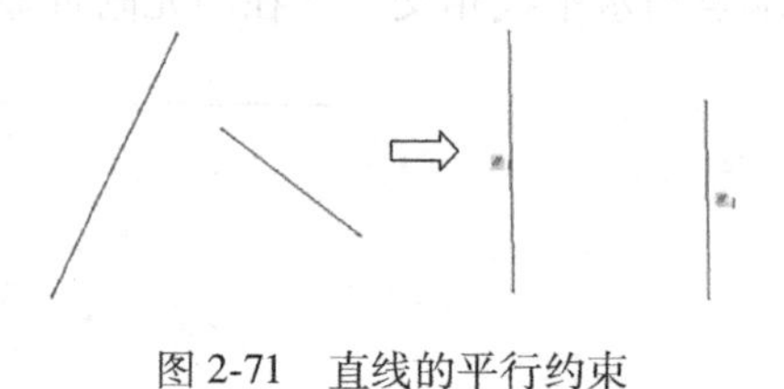

图 2-71　直线的平行约束

2.7 草绘的外部导入

本节介绍将外部的绘图文件导入 Creo Parametric 9.0 的两种方法。通过与 CAD 软件交互的方式，实现外部绘图文件的导入，提升草绘创建与重复使用的效率。

2.7.1 导入 AutoCAD 平面绘图文件

操作实例：

1）在 AutoCAD 软件中将绘图文件另存为 . dxf 格式，建议不要选择过高版本的 . dxf 文件格式。

2）在 Creo Parametric 草绘模块中单击草绘功能区中的【文件系统】按钮，如图 2-72 所示，在弹出的对话框中选择需要导入的 . dxf 文件。

3）设置好图形比例、角度等参数，将 . dxf 文件放置到草绘模块的绘图区域。

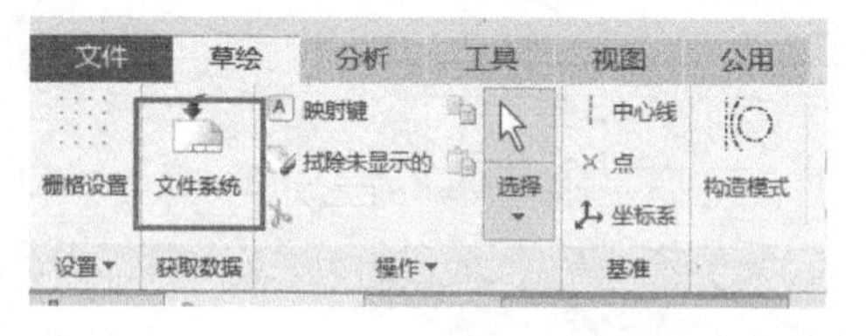

图 2-72　文件系统导入草绘

2.7.2 导入 . sec 绘图文件

. sec 绘图文件为 Creo Parametric 草绘文件，使用 Creo Parametric 草绘模块创建的文件均为 . sec 格式。部分设计产品的多个零件会反复使用到某一个草绘作为生成实体的基础，如法兰与垫片、箱盖与箱底的箱沿部分，此时使用 . sec 文件作为公用草绘，有利于提高建模效率。. sec 文件的导入方式与 . dxf 文件的导入方式一样。

2.8 草绘实例

本节将通过 5 个草绘实例，帮助读者掌握与巩固草绘模块的各个功能。草绘是创建实体特征的基础，熟练、准确的草绘操作将大大提升零件建模的效率。

2.8.1 草绘实例一：法兰的草绘创建

图 2-73 所示为法兰截面的草绘视图。在该例中，读者需要掌握圆的创建、直线相切、删除段、中心线、镜像、尺寸标注等操作，才能完成草绘创建。

2.8.1 草绘实例一：法兰的草绘创建

命令应用：圆、直线相切、删除段、中心线、镜像、尺寸标注等。

创建过程：绘制草绘图形的半边，镜像图形，标注尺寸。

关键点：正确使用约束关系、【镜像】按钮。

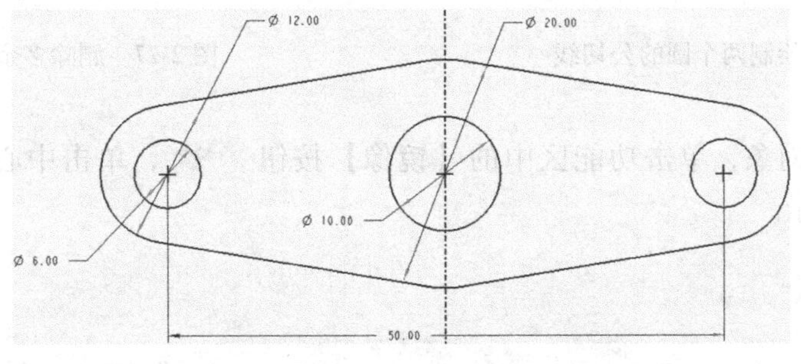

图 2-73 草绘实例一

建模过程：

1）建立一个新文件。建立对象“类型”为“草绘”、“名称”为“法兰草绘”的新文件。

2）进入草绘界面，单击【圆心和点】按钮，进行圆的绘制，如图 2-74 所示。

📖 要借助水平约束保证圆心位置；绘制多个不同尺寸的圆时，要避开相等约束。进行草绘时，可先将第一个图元修改为正确尺寸（如本例中的 ϕ10mm），以方便后续草绘参照。本例未进行中心线绘制，作图效率更高。

3）对图 2-74 进行尺寸修改，修改后的尺寸如图 2-75 所示。

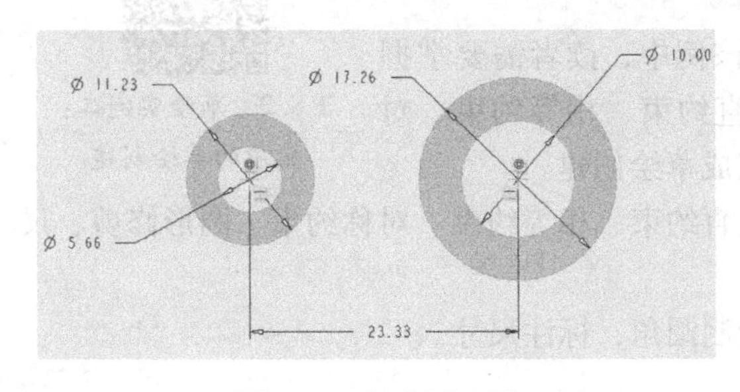

图 2-74 创建同心圆

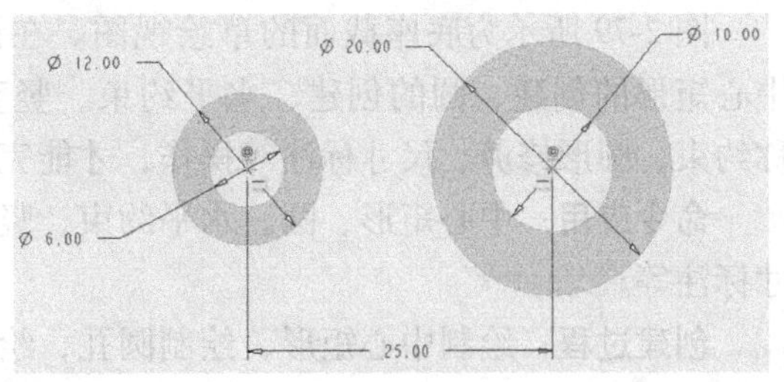

图 2-75 修改同心圆的尺寸

4）绘制连接线段。单击【直线相切】按钮，单击与直线相切的两个圆，生成连接线段，如图 2-76 所示。

5）绘制竖直中心线，并删除多余线段。单击【删除段】按钮，删除多余线段，草绘如图 2-77 所示。

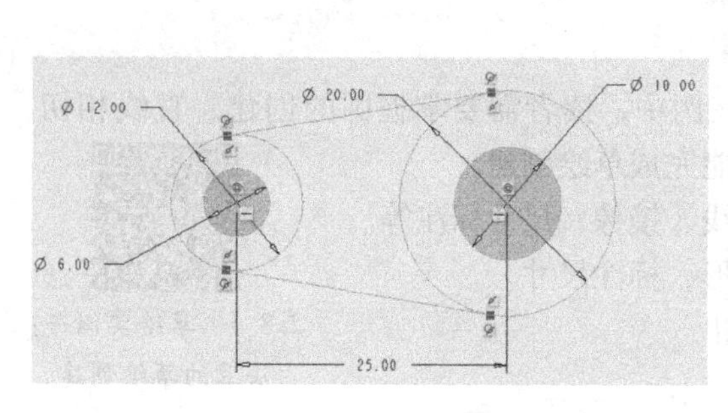

图 2-76　绘制两个圆的公切线

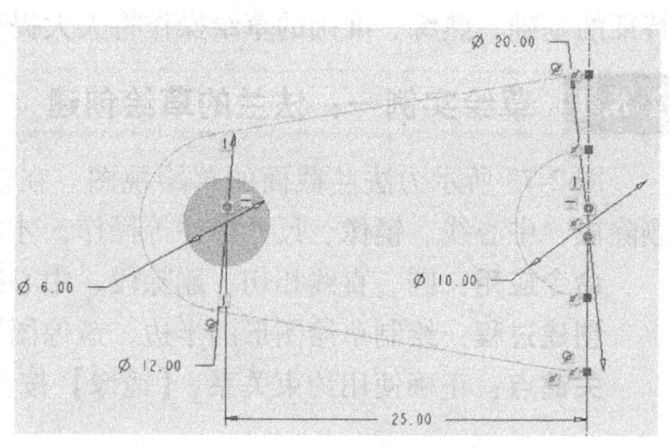

图 2-77　删除多余线段

6）框选镜像对象，单击功能区中的【镜像】按钮，单击中心线，创建完整草绘，如图 2-78 所示。

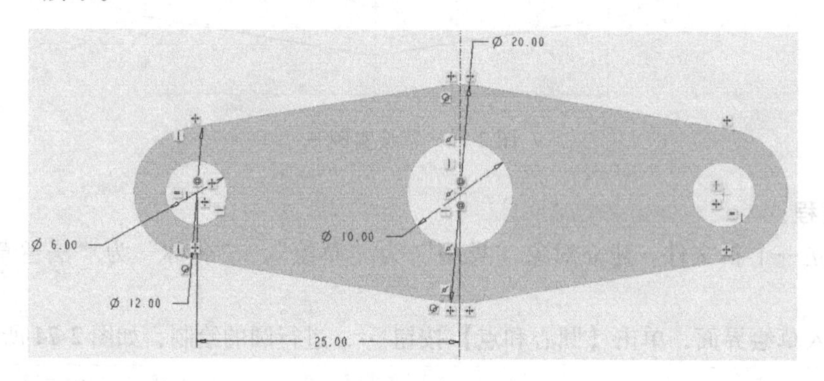

图 2-78　创建草绘的镜像

7）保存当前建立的“法兰草绘”文件。

2.8.2　草绘实例二：底座的草绘创建

2.8.2　草绘实例二：底座的草绘创建

图 2-79 所示为底座截面的草绘视图。在该例中，读者需要掌握中心矩形的创建、圆的创建、水平约束、竖直约束、相等约束、对称约束、圆形修剪、尺寸标注等操作，才能完成草绘创建。

命令应用：中心矩形、圆、水平约束、竖直约束、相等约束、对称约束、圆形修剪、尺寸标注等。

创建过程：绘制中心矩形，绘制圆孔，绘制圆角，标注尺寸。

关键点：正确使用约束关系。

建模过程：

1）建立一个新文件。建立对象“类型”为“草绘”、“名称”为“底座草绘”的新文件。

2）进入草绘界面，绘制基础图形，如图 2-80 所示。绘制 4 个小圆时，要借助【自动约束】命令（水平约束、竖直约束、相等约束），节约作图时间。

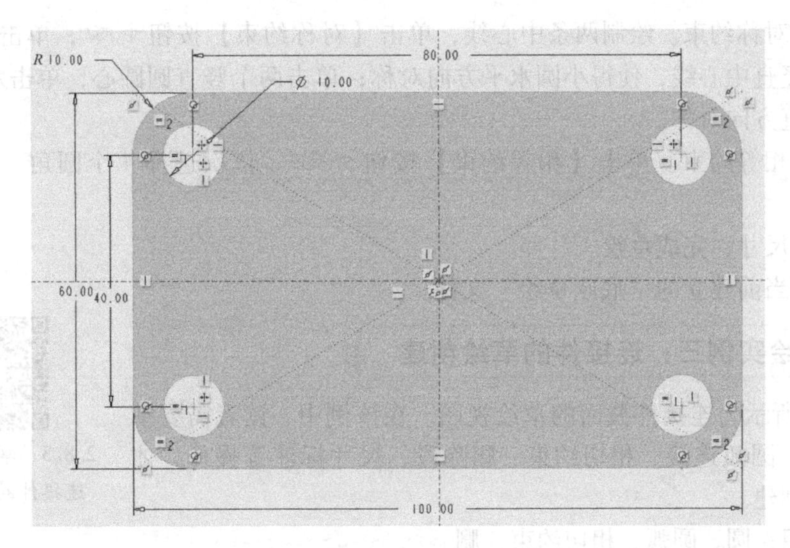

图 2-79 草绘实例二

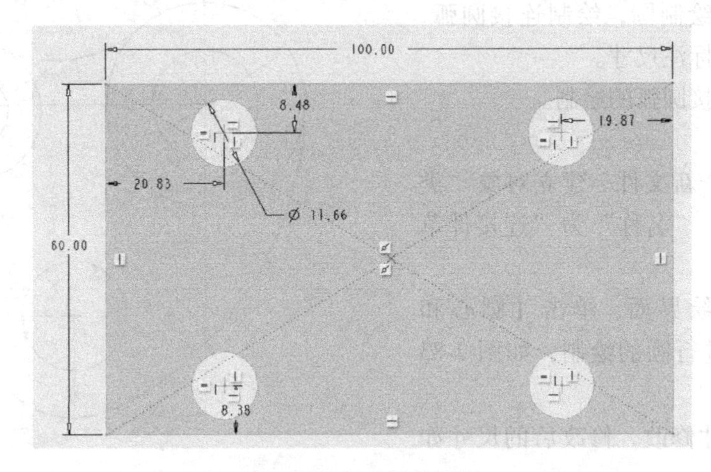

图 2-80 创建基础图形

3）单击【圆形修剪】按钮，创建圆角，如图 2-81 所示。

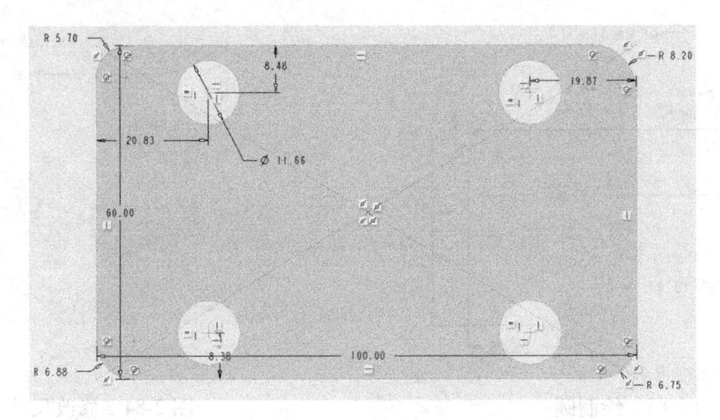

图 2-81 创建圆角

4）添加对称约束。绘制两条中心线，单击【对称约束】按钮 对称，单击两个水平圆圆心，单击竖直中心线，使得小圆水平方向对称；单击两个竖直圆圆心，单击水平中心线，使得小圆竖直方向对称。

5）添加相等约束。单击【相等约束】按钮 相等，依次选择 4 个圆角，使圆角半径相等。

6）修改尺寸，完成草绘。

7）保存当前建立的“底座草绘”文件。

2.8.3 草绘实例三：连接件的草绘创建

2.8.3 草绘实例三：连接件的草绘创建

图 2-82 所示为连接件截面的草绘视图。在该例中，读者需要掌握圆的创建、圆弧连接、相切约束、删除段、尺寸标注等操作，才能完成草绘创建。

命令应用：圆、圆弧、相切约束、删除段、尺寸标注等。

创建过程：绘制圆，绘制连接圆弧，绘制相切直线，标注尺寸。

关键点：连接圆弧的绘制。

建模过程：

1）建立一个新文件。建立对象“类型”为“草绘”、“名称”为“连接件草绘”的新文件。

2）进入草绘界面，单击【圆心和点】按钮 ，进行圆的绘制，如图 2-83 所示。

3）进行尺寸修改，修改后的尺寸如图 2-84 所示。

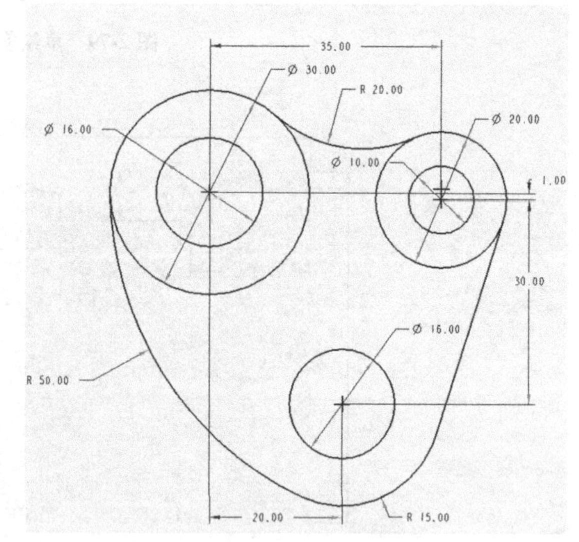

图 2-82 草绘实例三

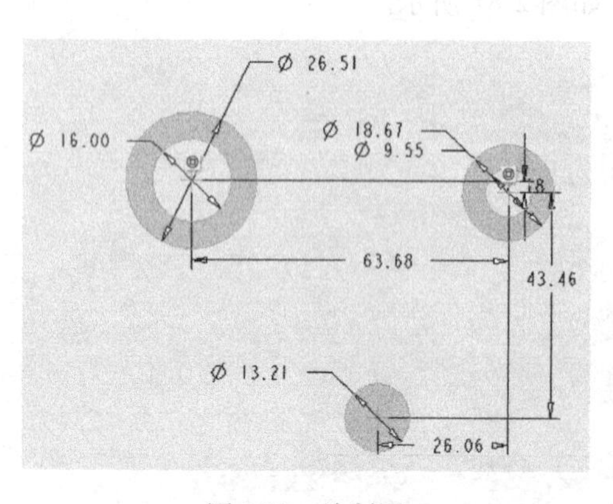

图 2-83 绘制圆

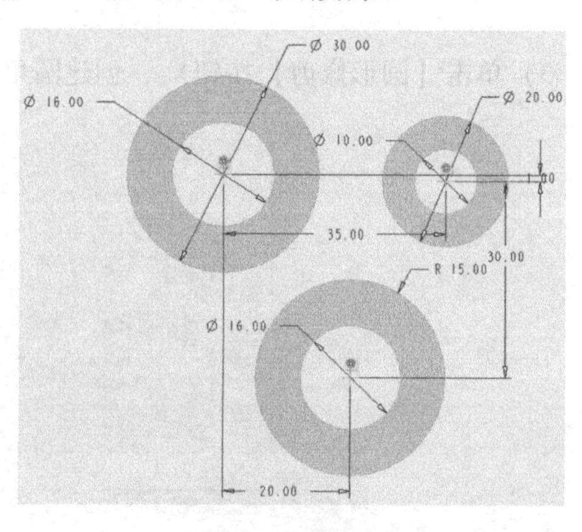

图 2-84 修改尺寸

4）绘制 *R*20 连接圆弧。单击【3 点/相切端】按钮，绘制圆弧，单击【相切约束】按钮，使 *R*20 圆弧与两圆相切，修改尺寸，如图 2-85 所示。

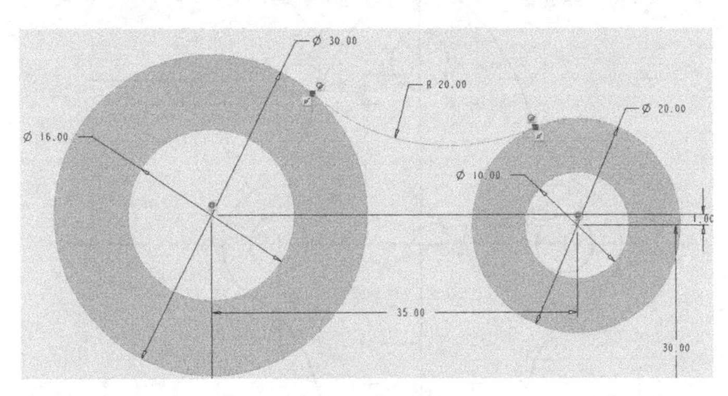

图 2-85 绘制 *R*20 连接圆弧

5）绘制 *R*50 连接圆弧。单击【3 点/相切端】按钮，绘制圆弧，单击【相切约束】按钮，使 *R*50 圆弧与两圆相切，修改尺寸，如图 2-86 所示。

6）绘制连接线段。单击【直线相切】按钮，接着单击与直线相切的两圆切点，创建连接线段。

7）删除多余线段。单击【删除段】按钮，删除多余线段，最终的草绘如图 2-87 所示。

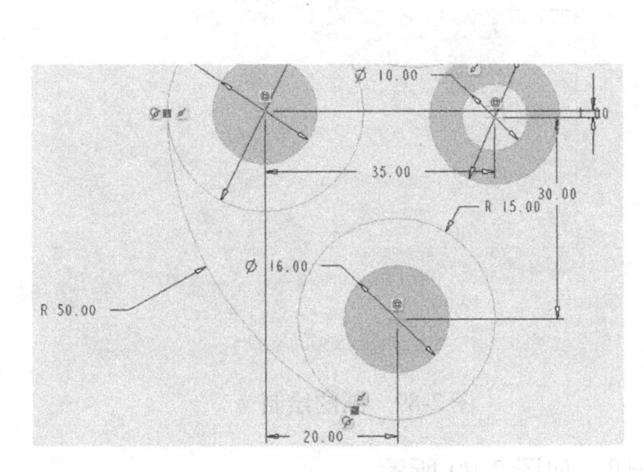

图 2-86 绘制 *R*50 连接圆弧

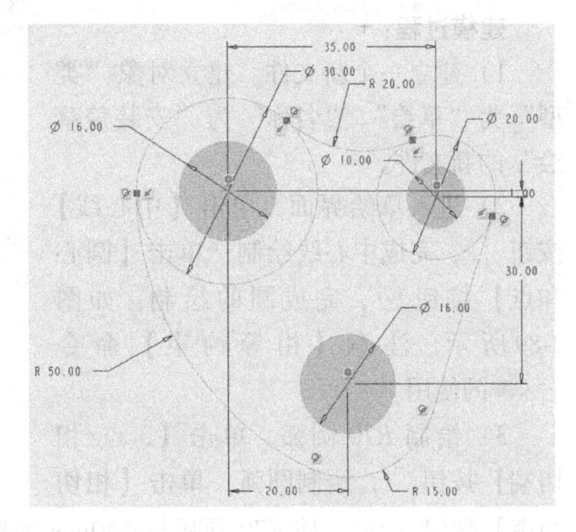

图 2-87 完成草绘实例三

8）保存当前建立的“连接件草绘”文件。

2.8.4 草绘实例四：安装盖的草绘创建

2.8.4 草绘实例四：安装盖的草绘创建

图 2-88 所示为安装盖截面的草绘视图。在该例中，读者需要掌握中心线的创建、圆的创建、圆弧连接、相切约束、删除段、镜像、尺寸标注等操作，才能完成草绘创建。

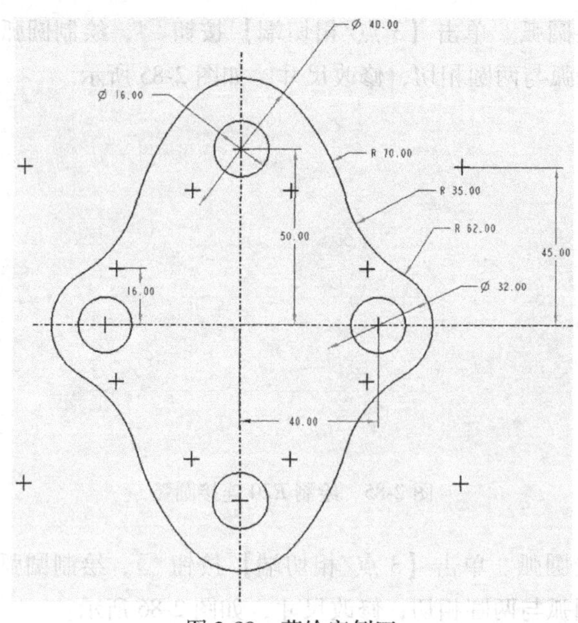

图 2-88　草绘实例四

命令应用：中心线、圆、圆弧、相切约束、删除段、镜像、尺寸标注等。

创建过程：绘制圆，绘制连接圆弧，删除多余线段，镜像，标注尺寸。

关键点：连接圆弧的绘制。

建模过程：

1）建立一个新文件。建立对象“类型”为“草绘”、“名称”为“安装盖草绘”的新文件。

2）进入草绘界面，单击【中心线】按钮 ┆ ，完成中心线绘制；单击【圆心和点】按钮，完成圆的绘制，如图 2-89 所示，注意【相等约束】命令＝相等的使用。

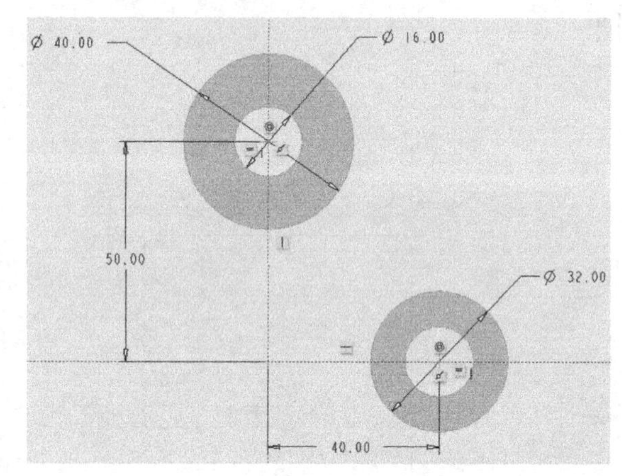

图 2-89　圆的绘制

3）绘制 $R70$ 圆弧。单击【3 点/相切端】按钮，绘制圆弧，单击【相切约束】按钮 相切，使 $R70$ 圆弧与 $\phi40$mm 圆相切，如图 2-90 所示。

先添加相切约束，再修改尺寸；圆弧起点、终点的具体位置近似便可，即图 2-90 方框中的 29.75 这一尺寸不唯一。

4）绘制 $R62$ 圆弧。单击【3 点/相切端】按钮，绘制圆弧，使用【相切约束】按钮 相切，使 $R62$ 圆弧与 $\phi32$mm 圆相切，如图 2-91 所示。

先添加相切约束，再修改尺寸；圆弧起点、终点的具体位置近似便可，即方框中的 24.36 这一尺寸不唯一。

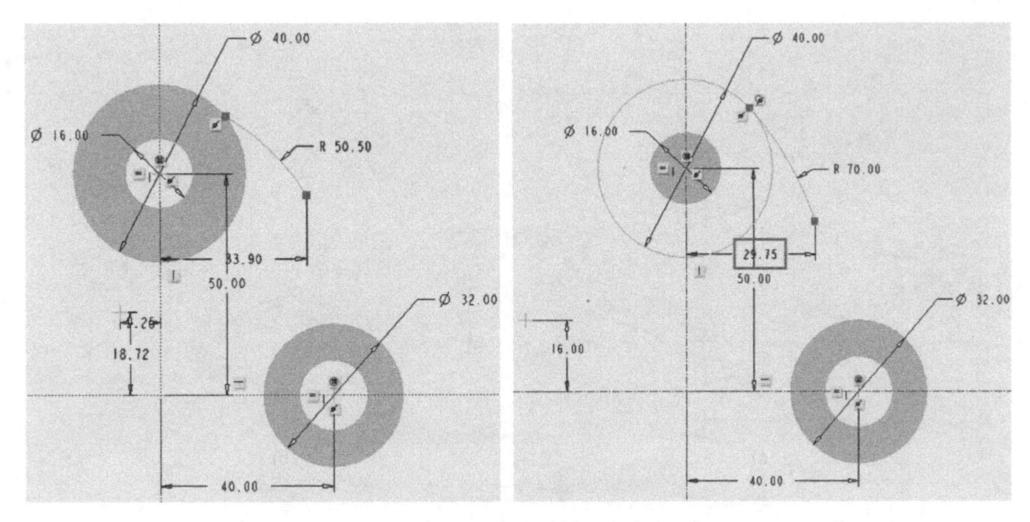

图 2-90 绘制 $R70$ 圆弧

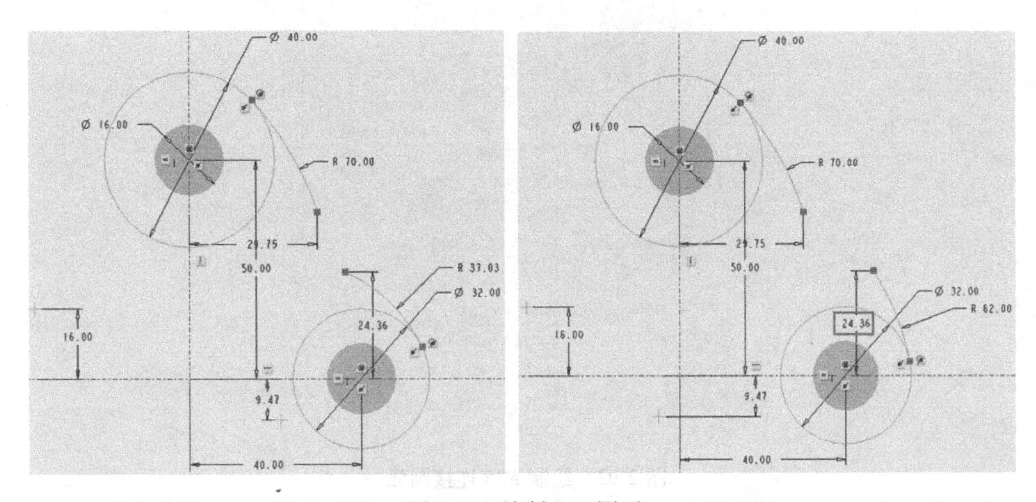

图 2-91 绘制 $R62$ 圆弧

5）绘制 $R35$ 连接圆弧。单击【3 点/相切端】按钮，绘制圆弧，使用【相切约束】按钮，使 $R35$ 圆弧与 $R70$、$R62$ 圆弧相切，如图 2-92 所示。先添加相切约束，再修改尺寸；标注出方框处圆弧圆心位置的高度尺寸。

6）删除多余线段。单击【删除段】按钮，删除多余线段，草绘如图 2-93 所示。

7）镜像图形。框选草绘，单击功能区中的【镜像】按钮，通过两次镜像完成草绘，过程如图 2-94 所示。

8）保存当前建立的“安装盖草绘”文件。

2.8.5 草绘实例五：垫片的草绘创建

2.8.5 草绘实例五：垫片的草绘创建

图 2-95 所示为垫片截面的草绘视图。在该例中，读者需要掌握中心线的创建、圆的创建、构造模式、相切约束、圆弧连接、圆形修剪、删除段、尺寸标注等操作，才能完成草绘创建。

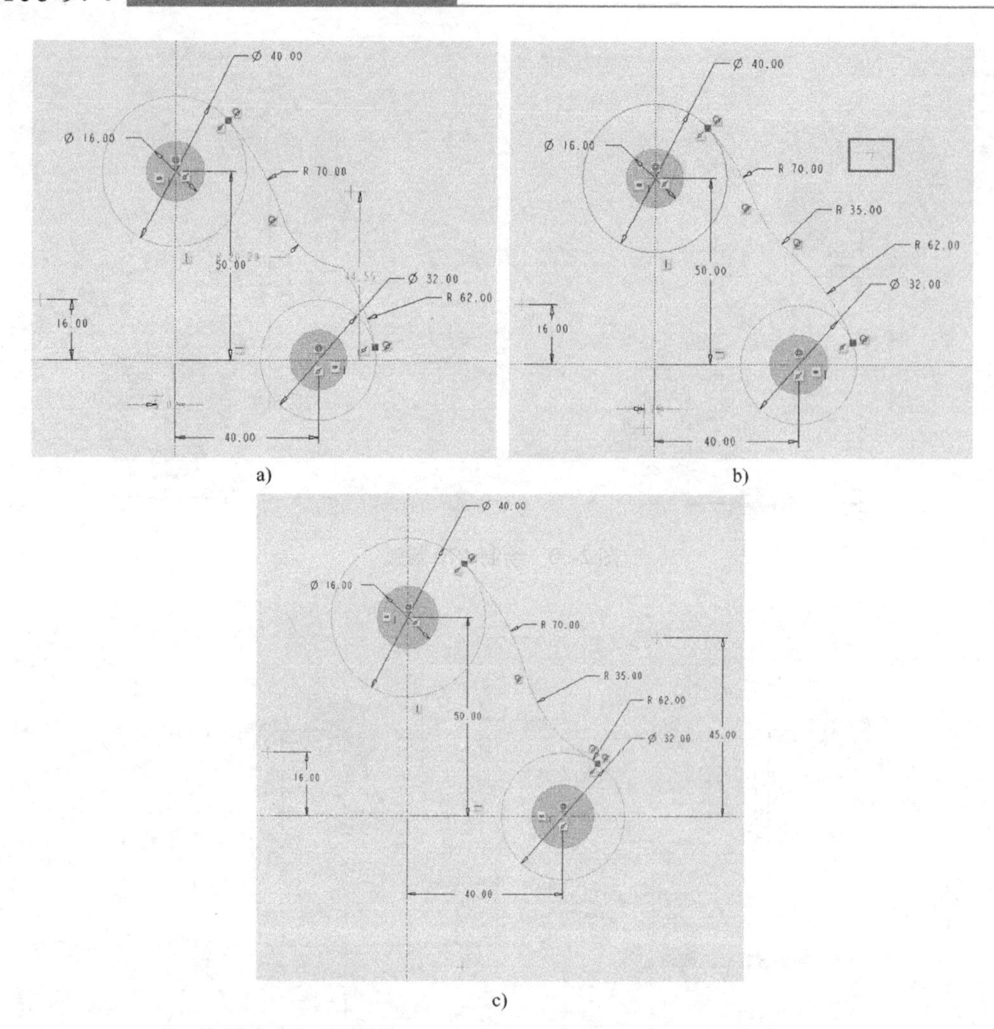

a) b) c)

图 2-92　绘制 R35 连接圆弧

a）绘制中间圆弧　b）相切约束　c）标注圆弧圆心位置的高度尺寸

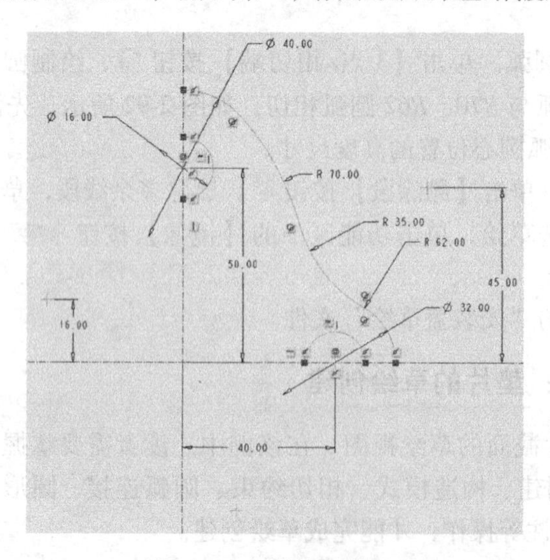

图 2-93　删除多余线段

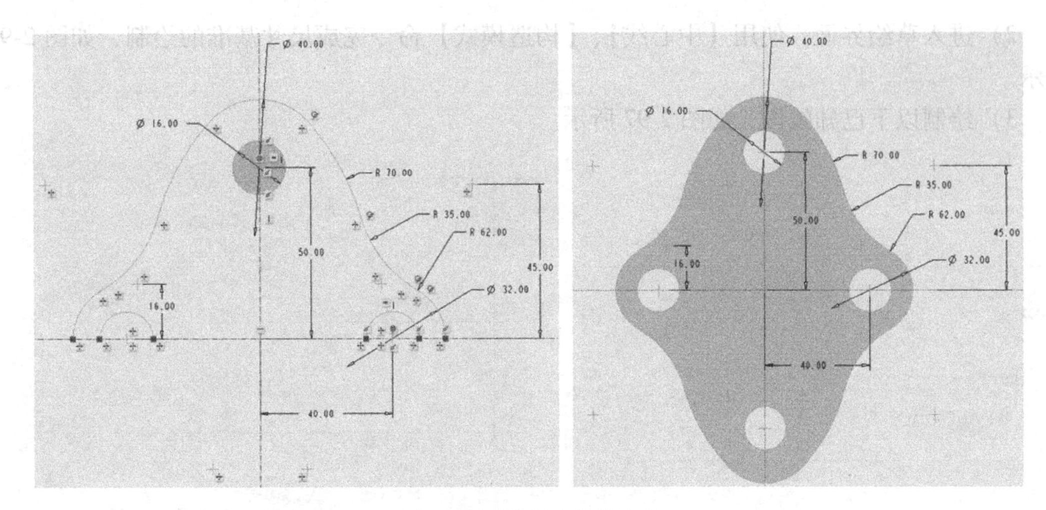

图 2-94　创建图形的镜像

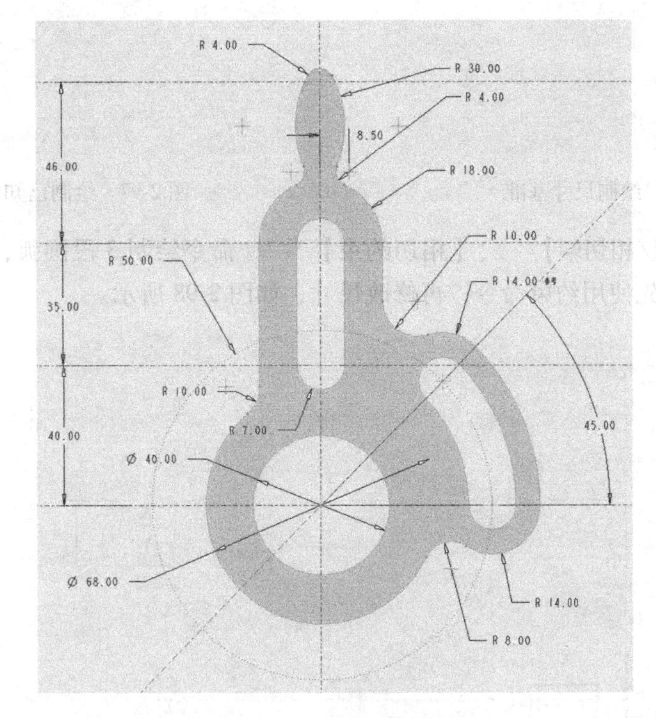

图 2-95　草绘实例五

命令应用：中心线、直线、圆、圆弧、圆形修剪、相切约束、删除段、构造模式、尺寸标注等。

创建过程：绘制尺寸基准，绘制基本图形，绘制顶部图形。

关键点：顶部图形的绘制。

建模过程：

1）建立一个新文件。建立对象“类型”为“草绘”、“名称”为“垫片草绘”的新文件。

2）进入草绘界面，使用【中心线】、【构造模式】命令完成尺寸基准的绘制，如图 2-96 所示。

3）绘制以下已知线段，如图 2-97 所示。

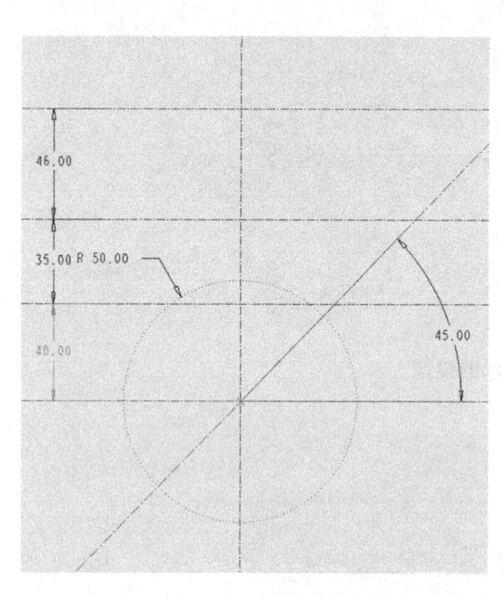

图 2-96　绘制尺寸基准

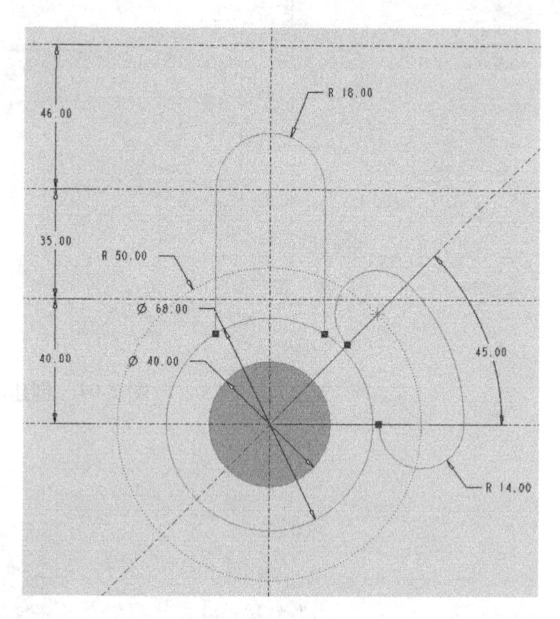

图 2-97　绘制已知线段

4）通过【3 点/相切端】、【相切约束】相切命令绘制 3 段圆弧，绘图时要注意避开一些自动约束；先使用约束命令，再修改尺寸，如图 2-98 所示。

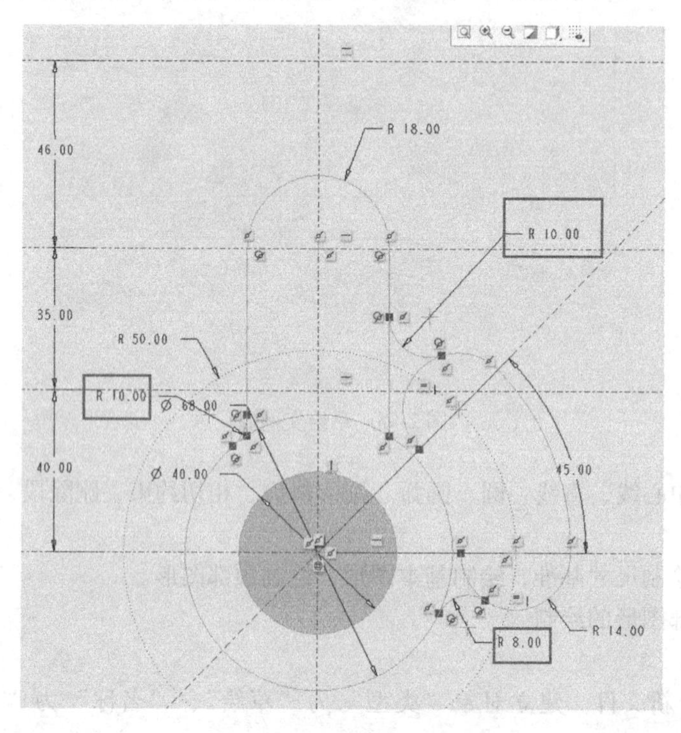

图 2-98　绘制连接圆弧

5）删除多余线段，如图 2-99 所示。

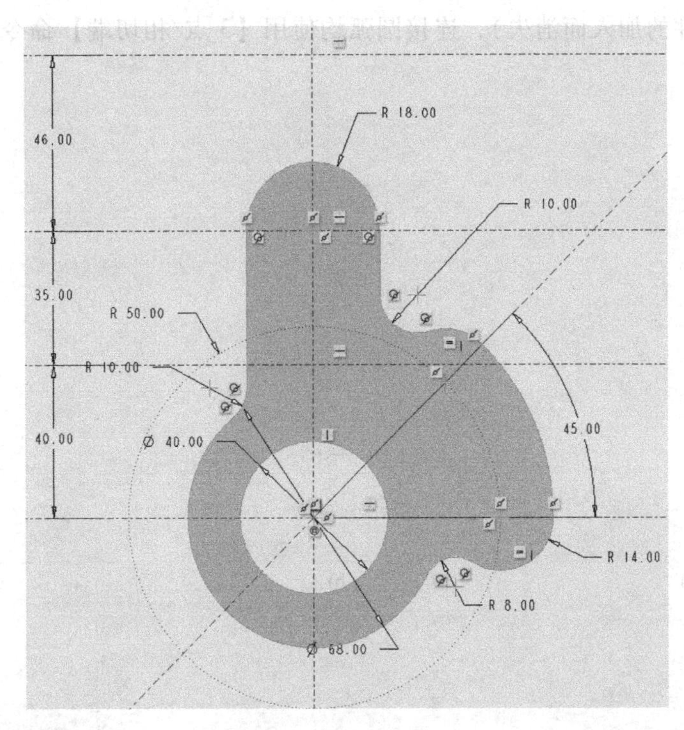

图 2-99　删除多余线段

6）绘制长圆孔，草绘如图 2-100 所示。

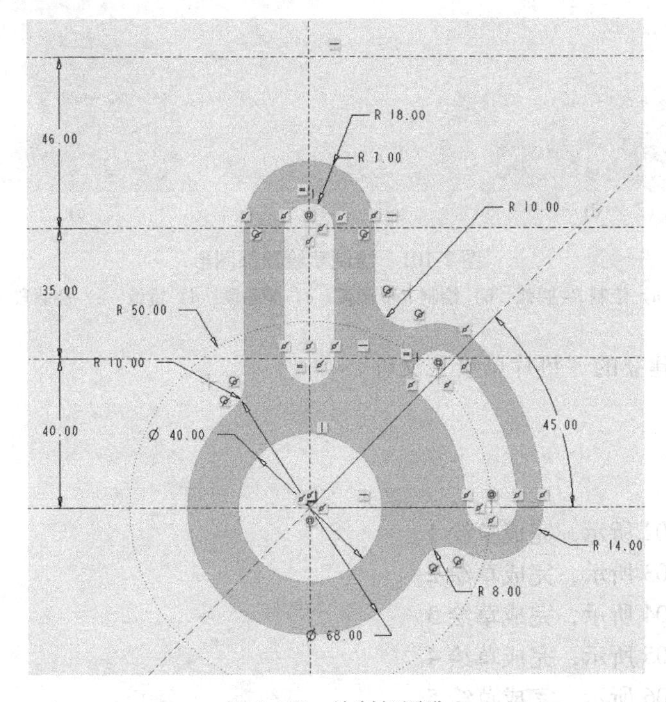

图 2-100　绘制长圆孔

7）绘制顶部图形，完成草绘。绘制过程如图 2-101 所示，方框中尺寸不唯一（尺寸会随着后期约束条件的加入而消失），连接圆弧均使用【3 点/相切端】命令绘制，注意约束标识。

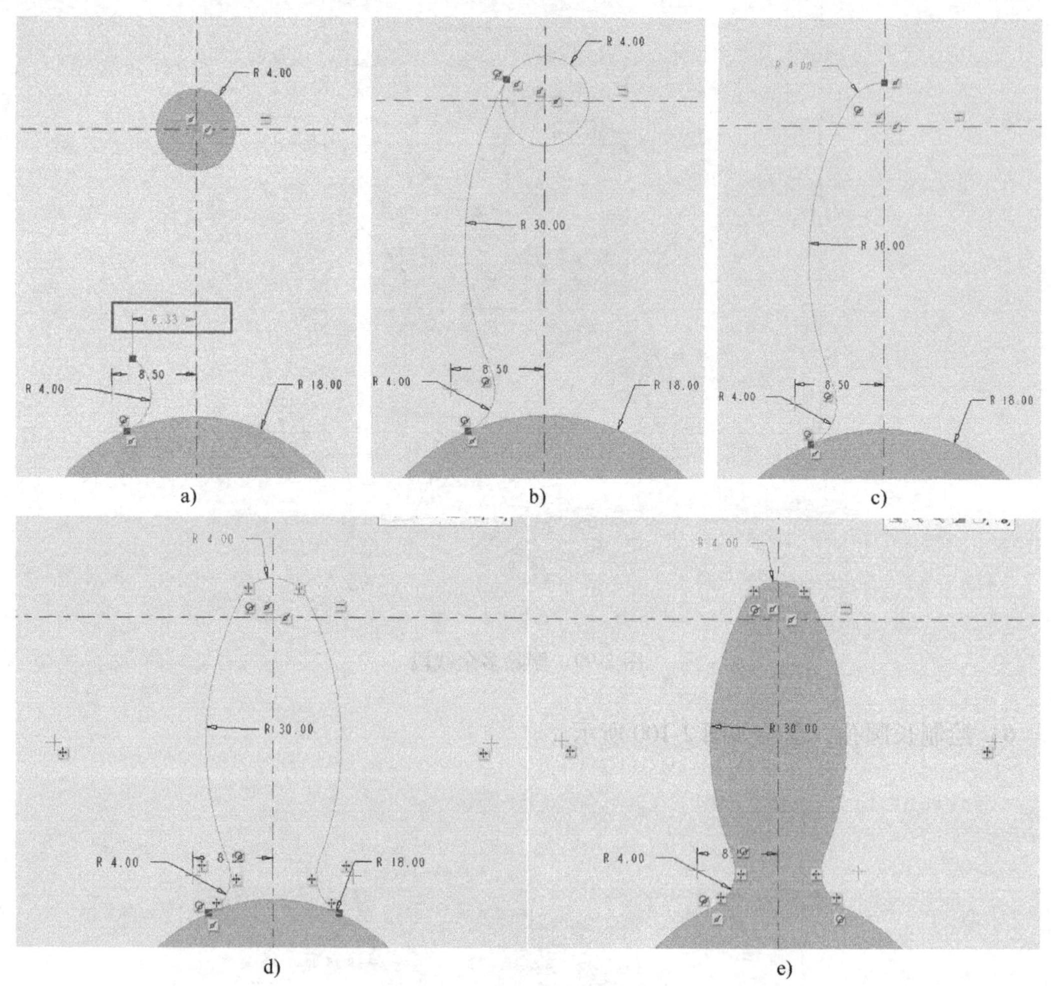

图 2-101　绘制草绘顶部图形

a）绘制 $R4$ 圆弧　b）绘制 $R30$ 圆弧　c）删除段　d）镜像　e）删除段

8）保存当前建立的“垫片草绘”文件。

2.9　习题

1. 按照图 2-102 所示，完成草绘 1。
2. 按照图 2-103 所示，完成草绘 2。
3. 按照图 2-104 所示，完成草绘 3。
4. 按照图 2-105 所示，完成草绘 4。
5. 按照图 2-106 所示，完成草绘 5。
6. 按照图 2-107 所示，完成草绘 6。

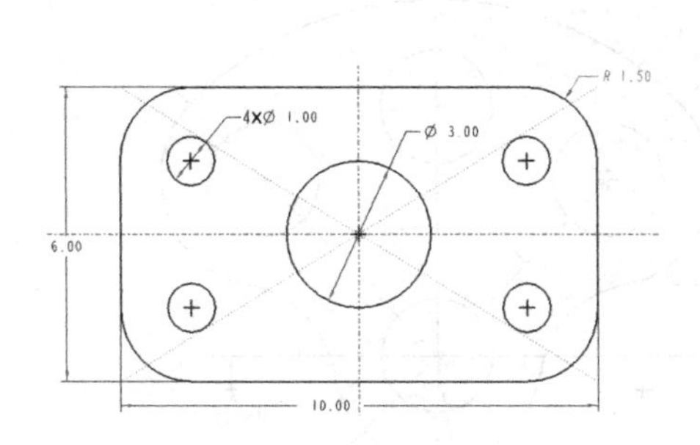

图 2-102 草绘 1

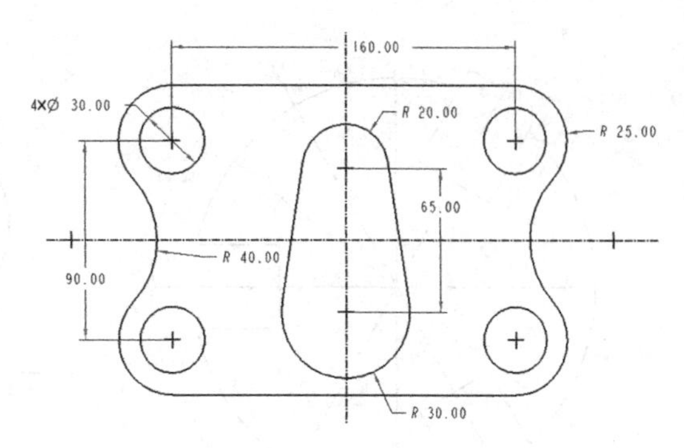

图 2-103 草绘 2

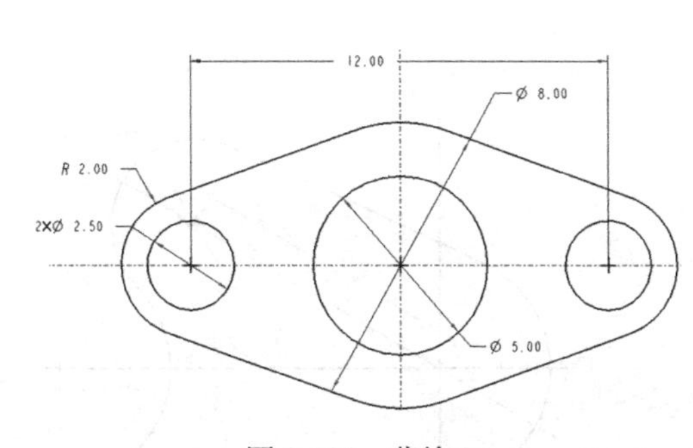

图 2-104 草绘 3

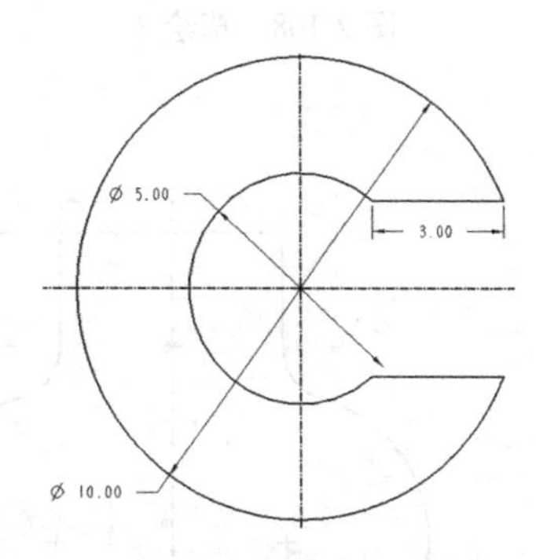

图 2-105 草绘 4

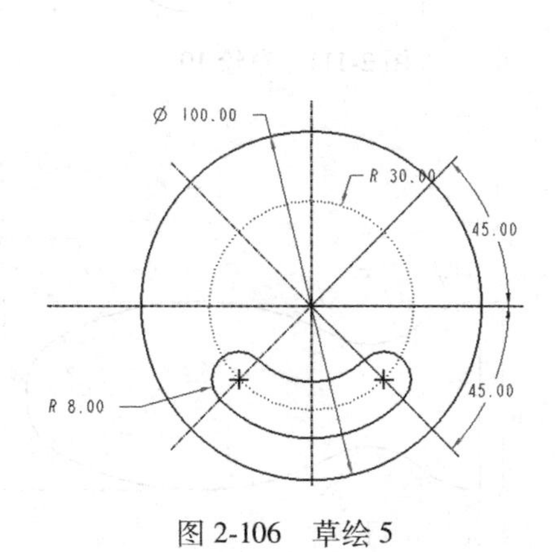

图 2-106 草绘 5

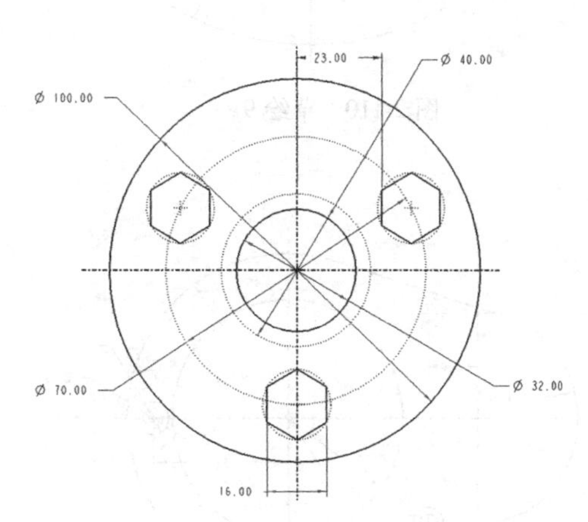

图 2-107 草绘 6

7. 按照图 2-108 所示，完成草绘 7。

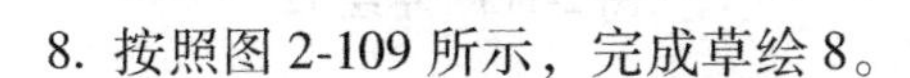

8. 按照图 2-109 所示，完成草绘 8。
9. 按照图 2-110 所示，完成草绘 9。
10. 按照图 2-111 所示，完成草绘 10。
11. 按照图 2-112 所示，完成草绘 11。
12. 按照图 2-113 所示，完成草绘 12。

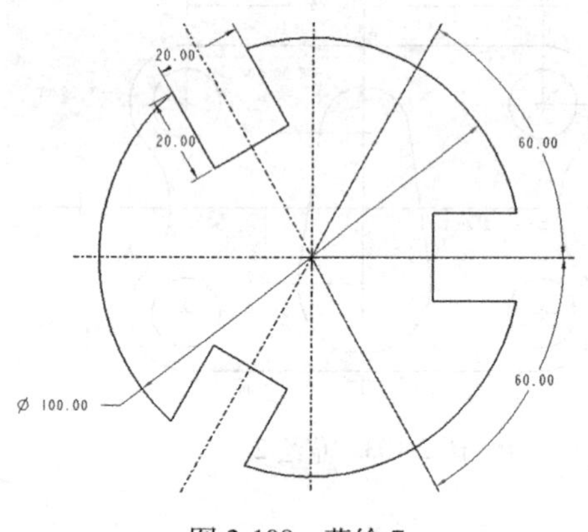

图 2-108　草绘 7

图 2-109　草绘 8

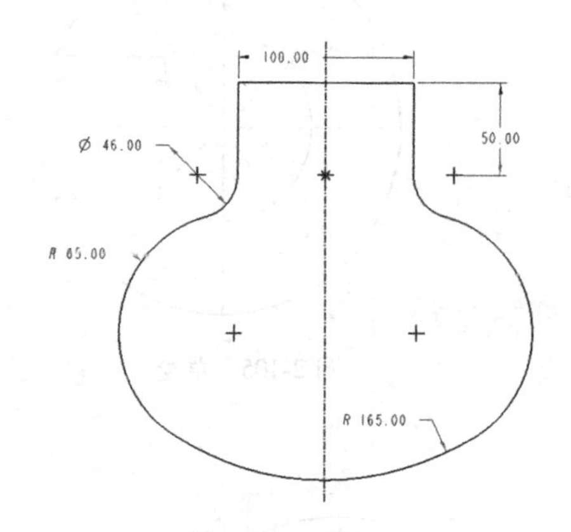

图 2-110　草绘 9

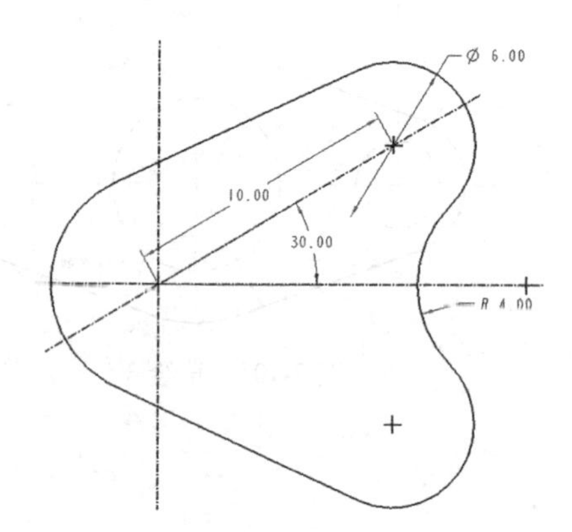

图 2-111　草绘 10

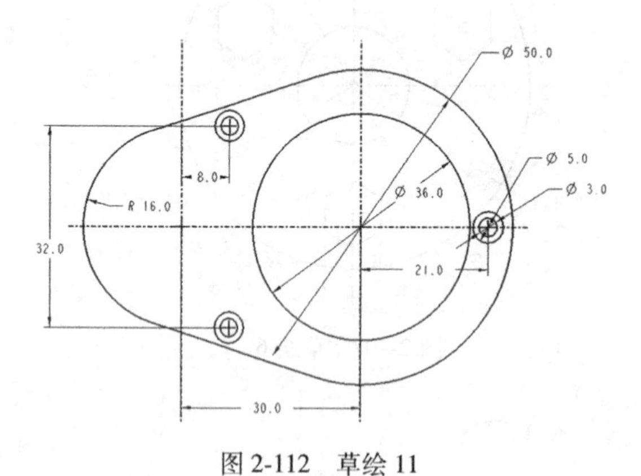

图 2-112　草绘 11

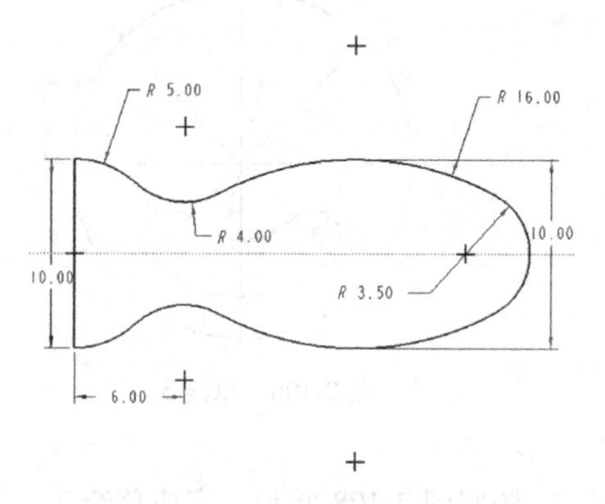

图 2-113　草绘 12

13. 按照图 2-114 所示，完成草绘 13。
14. 按照图 2-115 所示，完成草绘 14。
15. 按照图 2-116 所示，完成草绘 15。

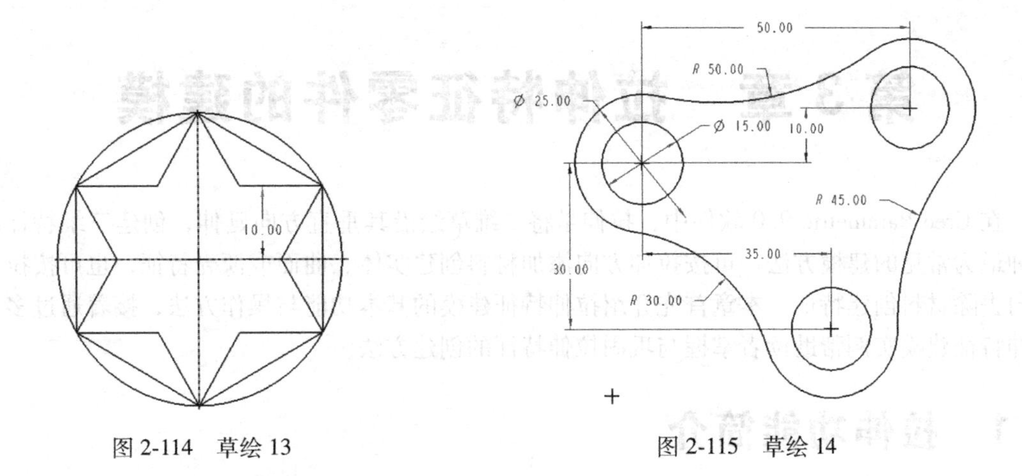

图 2-114　草绘 13　　　　图 2-115　草绘 14

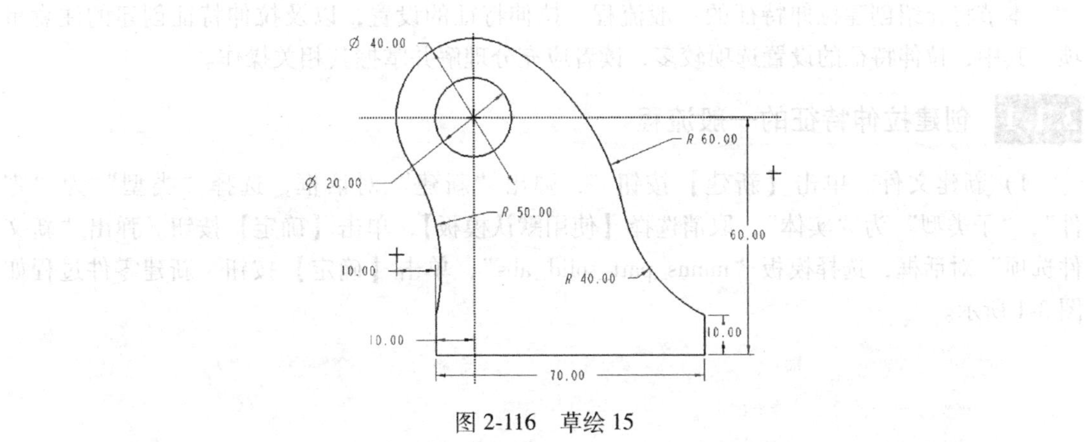

图 2-116　草绘 15

第3章　拉伸特征零件的建模

在 Creo Parametric 9.0 软件中，拉伸是将二维草绘沿其垂直方向延伸，创建三维特征的一种最为常见的建模方法。可按拉伸方向添加材料创建实体、曲面或薄壳特征，也可按拉伸方向去除材料创建特征。本章首先介绍拉伸特征建模的基本功能与操作方法，接着通过多个拉伸特征建模实例帮助读者掌握与巩固拉伸特征的创建方法。

3.1　拉伸功能简介

本节将介绍创建拉伸特征的一般流程、拉伸特征的设置，以及拉伸特征创建的注意事项。其中，拉伸特征的设置选项较多，读者应充分理解并掌握其相关操作。

3.1.1　创建拉伸特征的一般流程

1）新建文件。单击【新建】按钮，弹出“新建”对话框，选择“类型”为“零件”，“子类型”为“实体”，取消选择【使用默认模板】，单击【确定】按钮。弹出“新文件选项”对话框，选择模板“mmns_part_solid_abs”，单击【确定】按钮。新建零件过程如图3-1所示。

图3-1　新建零件

2）选择拉伸特征的草绘绘制平面。在图形显示区单击任一基准平面或模型表面，在弹出的快捷菜单中单击【拉伸】按钮。

3）进行拉伸特征的草绘创建。单击界面左上角的【草绘视图】按钮，使草绘平面与屏幕平行，使用草绘命令完成草绘。

4）拉伸特征设置。进入拉伸设置界面，对拉伸的深度（可按指定距离拉伸，也可拉伸至与某一平面、曲面等相交）、方向（可对称或单向拉伸，也可按草绘两侧不同距离拉伸）等进行设置，完成拉伸特征创建，保存模型。

3.1.2 拉伸特征的设置

本节通过一个例子讲解拉伸特征的设置及各选项的区别，打开本书配套资源中的“拉伸命令简介 . prt”文件。

1. 拉伸命令的草绘设置

在图形显示区或模型树中选择 FRONT 平面，在弹出的工具栏中单击【拉伸】按钮，接着单击【草绘视图】按钮，使草绘平面与屏幕平行，在草绘平面中心绘制一个 $\phi 50$mm 的圆，单击【确定】按钮。

2. “拉伸”面板中主要选项的设置

（1）拉伸为实体的设置

在拉伸面板中保持默认设置不变，即保持【实体】按钮及【可变】按钮为默认的选中状态，将拉伸值设置为 130，此时的“拉伸”面板及模型如图 3-2 所示。

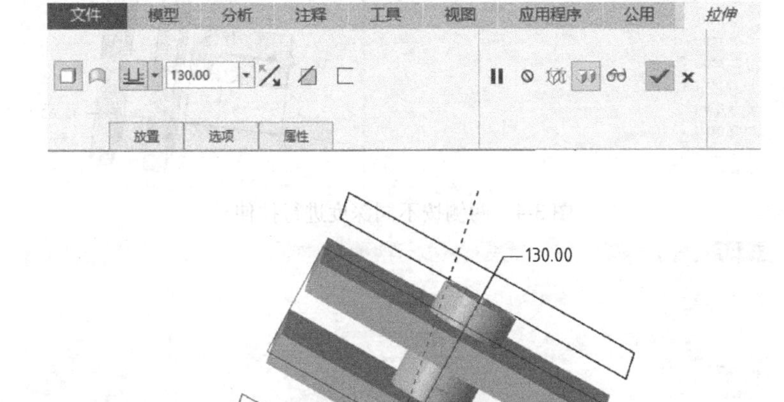

图 3-2 拉伸为实体的设置

（2）拉伸方向的设置

单击【切换方向】按钮，或单击图形显示区的拉伸箭头，此时的模型如图 3-3 所示。

（3）两侧按不同深度进行拉伸的设置

在“拉伸”面板的“选项”选项卡中，设置对草绘进行两侧拉伸，拉伸长度分别为 60、30，此时的模型如图 3-4 所示。

（4）拉伸锥度的设置

在“拉伸”面板的“选项”选项卡中，选中“添加锥度”选项，设置锥度角为 30，此时的模型如图 3-5 所示。通过观察可以发现，Creo Parametric 软件中的锥度实际上是工程图学中的“斜度”，这一点需要引起注意。

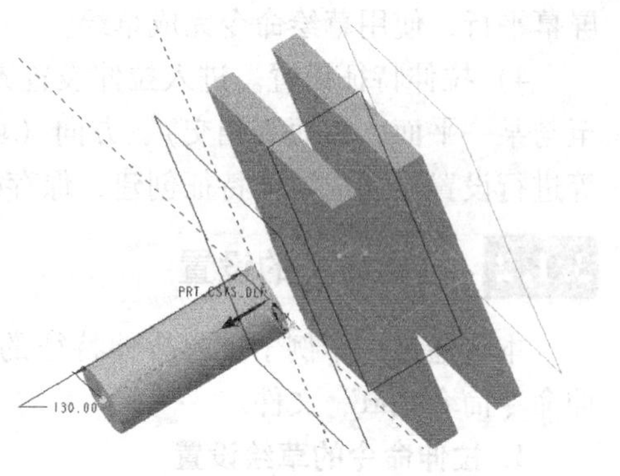

图 3-3　拉伸方向的设置

(5) 加厚草绘的设置

单击【切换方向】按钮，将拉伸方向恢复到朝向实体，取消“添加锥度”选择。单击【加厚草绘】按钮，将加厚数值设置为 10，则此时的模型如图 3-6 所示，可通过单击【在草绘的一侧、另一侧或双侧间更改拉伸方向】按钮，观察加厚方向的变化。

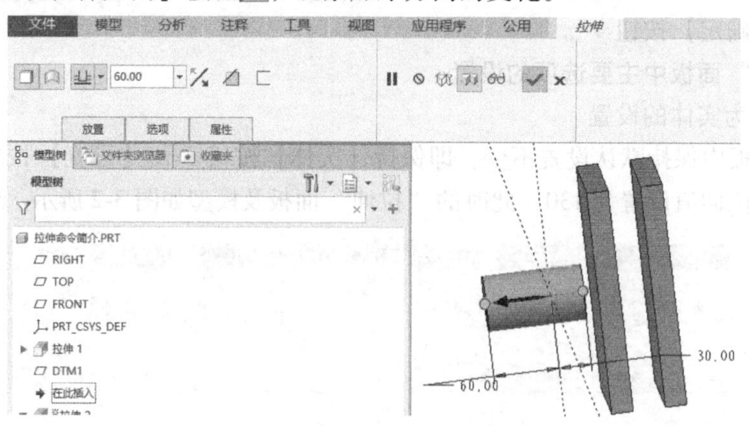

图 3-4　两侧按不同深度进行拉伸

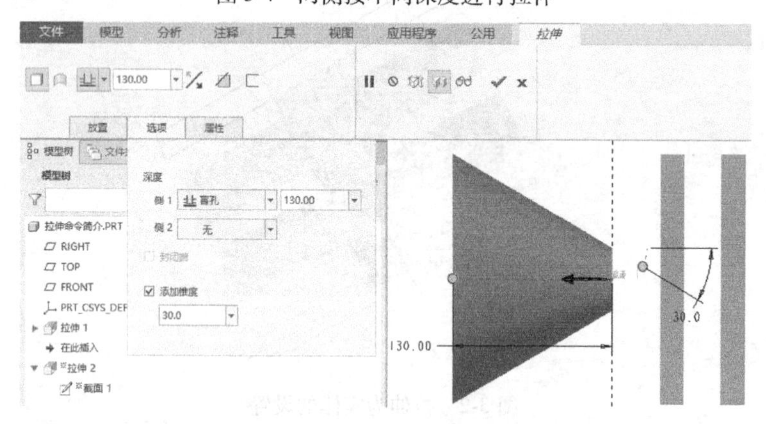

图 3-5　拉伸锥度的设置

(6) 移除材料的设置

取消加厚草绘操作，单击【移除材料】按钮，此时的模型如图 3-7 所示。

(7) 拉伸为曲面的设置

取消移除材料操作，单击【曲面】按钮，此时的模型如图 3-8 所示。需要注意的是，曲面没有厚度，在 Creo Parametric 软件中，曲面颜色与实体颜色不一样。

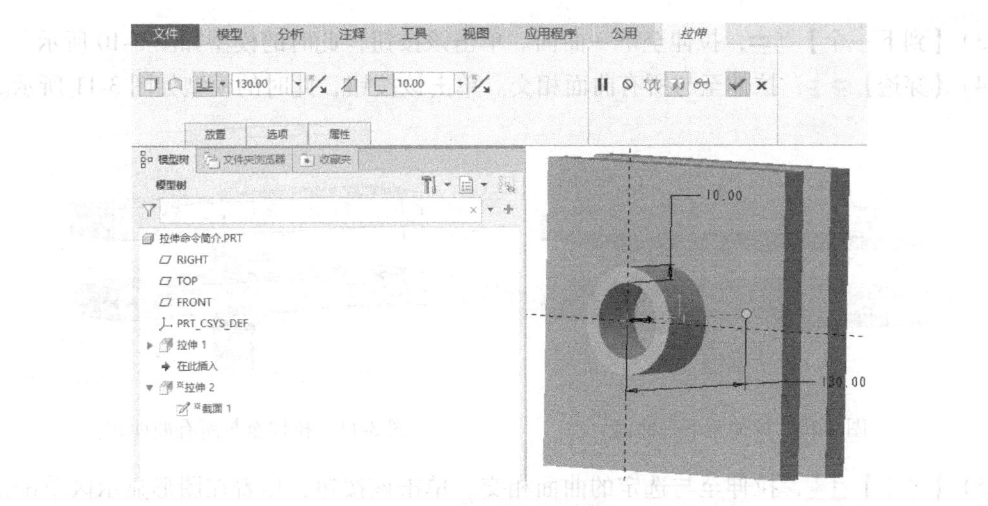

图 3-6　加厚草绘的设置

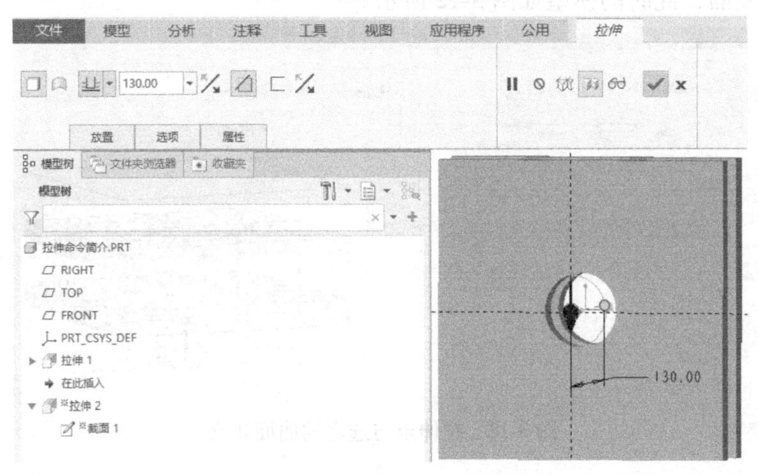

图 3-7　移除材料的设置

3. 拉伸深度的设置

1）【可变】⊥，从草绘平面以指定的值拉伸，该设置在前文中已有介绍。

2）【对称】-⊟-，从草绘平面的两侧对称拉伸。单击该按钮，此时的模型如图 3-9 所示。

图 3-8　拉伸为曲面的设置

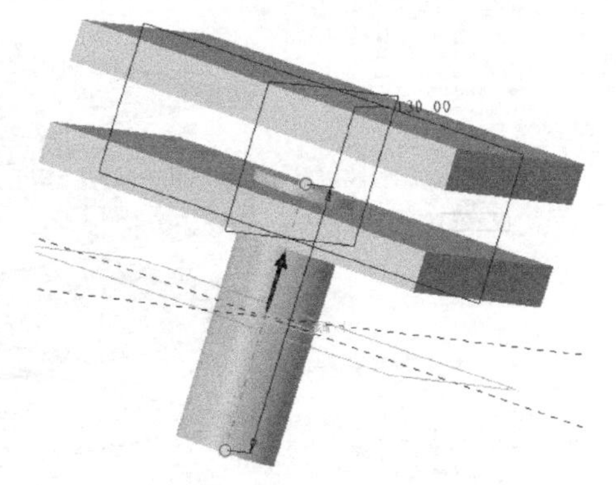

图 3-9　对称拉伸

3）【到下一个】，拉伸至下一曲面。单击该按钮，此时的模型如图 3-10 所示。

4）【穿透】，拉伸至与所有曲面相交。单击该按钮，此时的模型如图 3-11 所示。

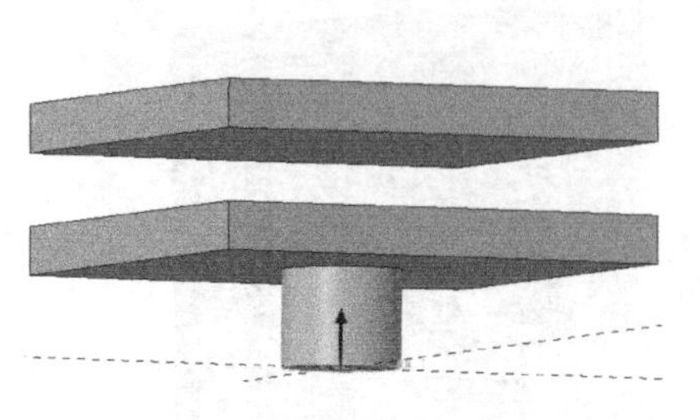

图 3-10　拉伸至下一曲面

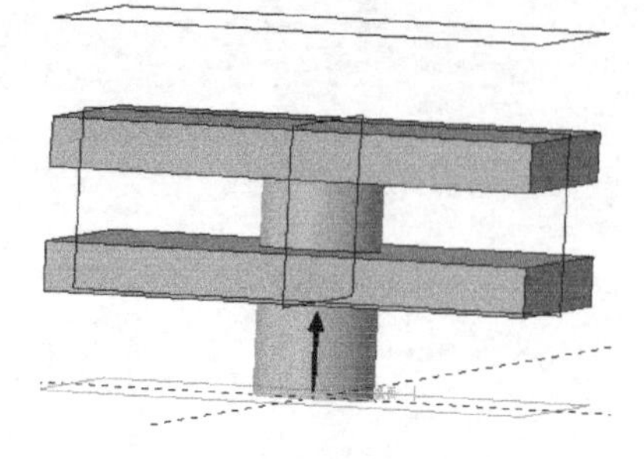

图 3-11　拉伸至与所有曲面相交

5）【穿至】，拉伸至与选定的曲面相交。单击该按钮，接着在图形显示区单击最高处六面体的上表面，此时的模型如图 3-12 所示。

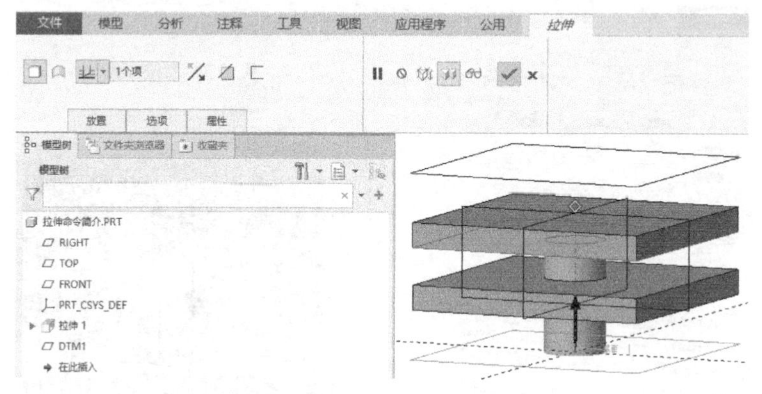

图 3-12　拉伸至与选定的曲面相交

6）【到参考】，拉伸至选定的曲面、边、顶点、曲线、平面、轴或点。单击该按钮，接着在图形显示区选择 DTM1 平面，此时的模型如图 3-13 所示。

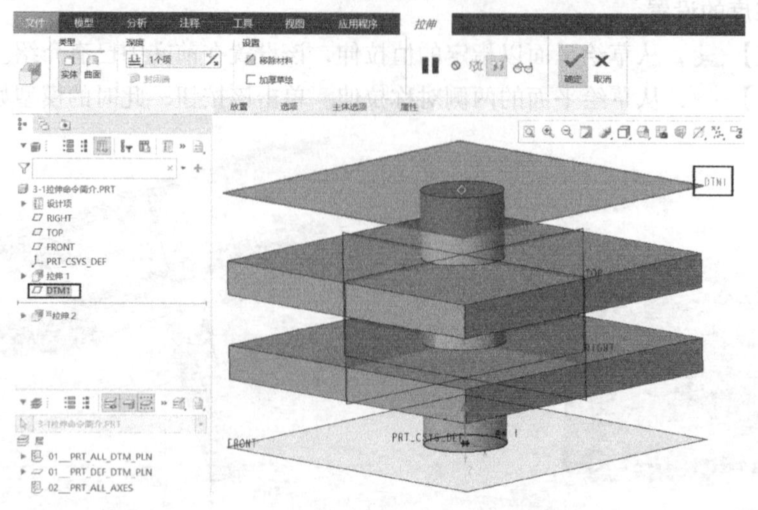

图 3-13　拉伸至与选定的 DTM1 平面相交

3.1.3 创建拉伸特征时的注意事项

在创建拉伸特征时要注意以下几点。

1）当遇到等厚度草绘的拉伸时，可使用【加厚草绘】命令。在草绘时只需绘制线段，使用该命令即可赋予厚度，节约建模时间，如图3-14所示。

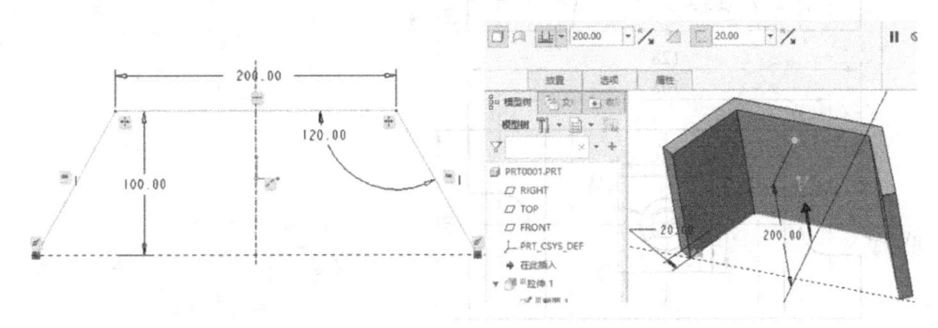

图3-14　加厚草绘

2）当需要去除材料形成穿透的拉伸特征时，在进行拉伸深度设置时，要选择“穿透”选项，不需要计算具体拉伸深度。

3）当图样标有锥度或斜度时，要使用拉伸中的锥度设置，并注意Creo中的锥度实际上是工程图学中的斜度。

3.2 拉伸实例

本节将通过5个拉伸实例建模，帮助读者掌握与巩固拉伸特征的创建方法，同时融入了加厚草绘、新建平面、新建轴、工程孔、修饰螺纹、轴阵列、特征镜像、倒角、倒圆角、草绘投影等功能，读者应多加练习以掌握相关操作方法。

3.2.1 拉伸实例一：安装底座模型的建立

3.2.1　拉伸实例一：
安装底座模型的建立

图3-15所示为安装底座视图。在该例中，读者需要掌握拉伸特征创建、特征镜像、新建平面、工程孔等操作，才能完成建模。

命令应用：拉伸、加厚草绘、工程孔等。

创建过程：创建安装底座拉伸主体，创建上凸台特征，创建底座去除材料特征，创建上凸台工程孔特征。

关键点：加厚草绘、工程孔。

建模过程：

1. 建立一个新文件

建立对象“类型”为“零件”、“名称”为“安装底座”的新文件。

2. 创建安装底座主体的拉伸特征

1）在图形显示区选择FRONT平面，在弹出的工具栏中单击【拉伸】按钮，如图3-16所示。

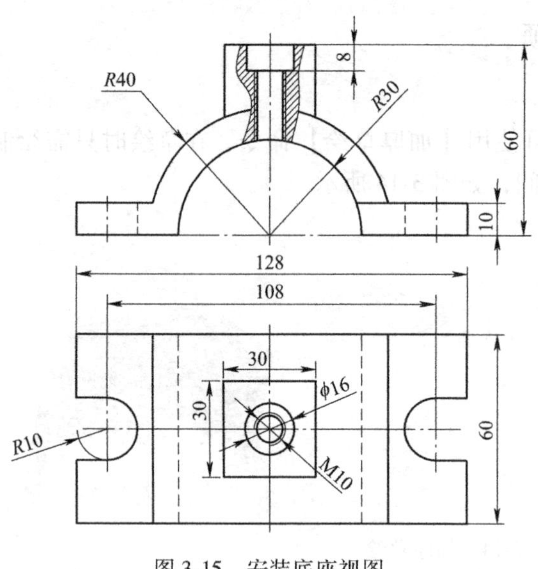

图 3-15　安装底座视图

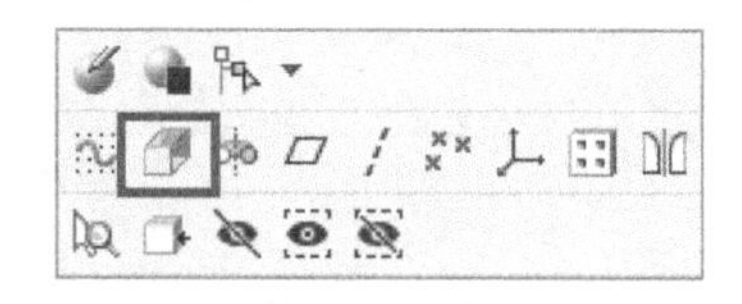

图 3-16　单击【拉伸】按钮

2）单击【草绘视图】按钮，使草绘平面与屏幕平行，在草绘平面完成草绘，如图 3-17 所示，单击【确定】按钮。

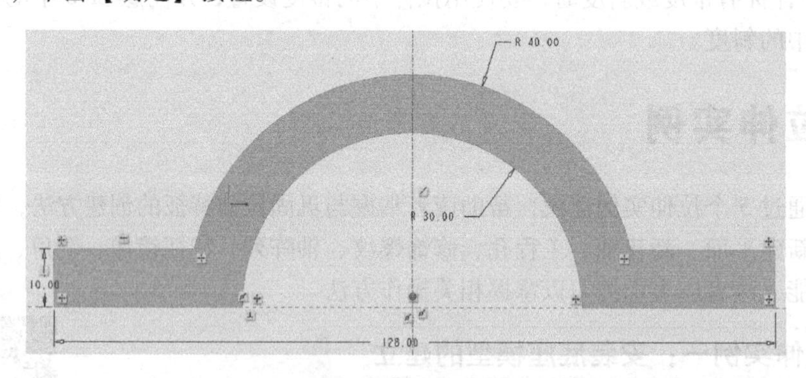

图 3-17　安装底座的草绘

📖 也可以使用圆弧、直线相关命令绘制一半图形后，再进行草绘的镜像操作，如图 3-18 所示。

3）完成拉伸特征创建。单击【对称】按钮，拉伸距离设置为 60mm，完成拉伸特征创建，如图 3-19 所示。

4）更高效的建模方法。通过观察拉伸截面，可发现拉伸特征的草绘厚度一致（均为 10mm）。在本例中也可通过加厚草绘的方法提高建模效率，步骤如下。

①绘制拉伸截面时，只需绘制如下非封闭草绘，如图 3-20 所示。

②单击【确定】按钮，此时系统会弹出“实体曲面切换选项”对话框，如图 3-21 所示，单击【确定】按钮，将特征改为曲面。

③在“拉伸”面板中，单击【实体】按钮，将曲面切换为实体，单击【加厚草绘】

按钮□，厚度设置为10mm，单击【在草绘的一侧、另一侧或双侧间更改拉伸方向】按钮⊠，通过模型的变化选择正确的加厚方向，相关设置如图3-22所示，完成拉伸特征创建。

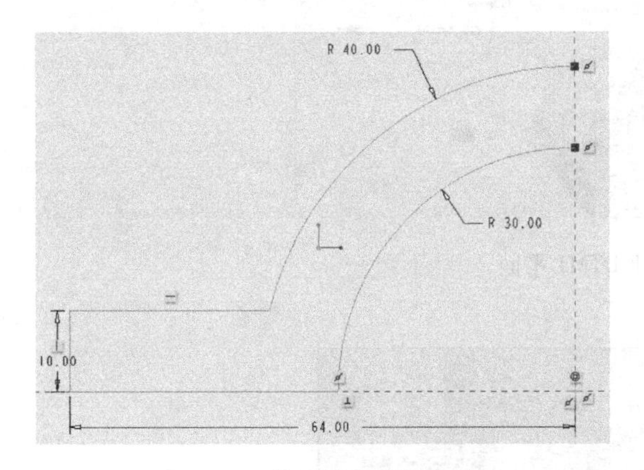

图3-18 使用镜像完成草绘

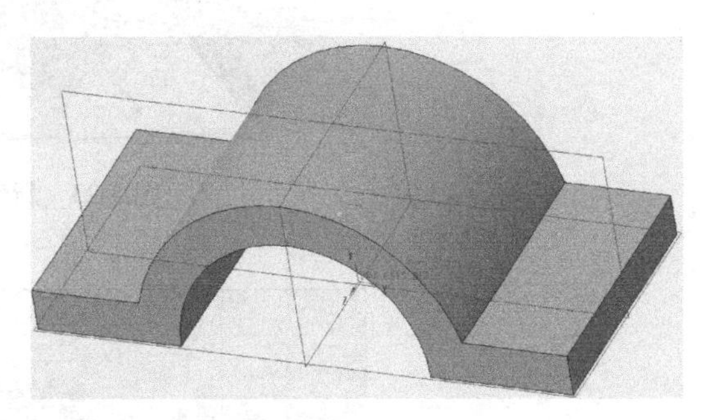

图3-19 拉伸特征模型

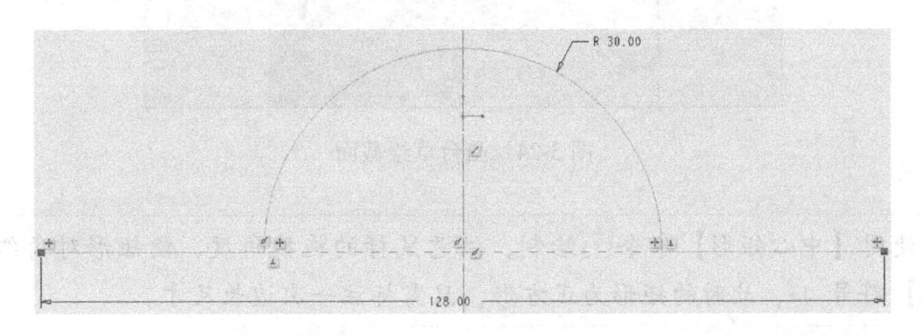

图3-20 完成非封闭草绘

3. 创建上凸台特征

1）新建上凸台草绘平面DTM1。在图形显示区选择TOP平面，在弹出的工具栏中单击【平面】按钮▱，选择平面偏移距离为60mm，单击【确定】按钮，新建DTM1平面，如图3-23所示。如产生的平面方向相反，可输入“-60mm”改变方向。

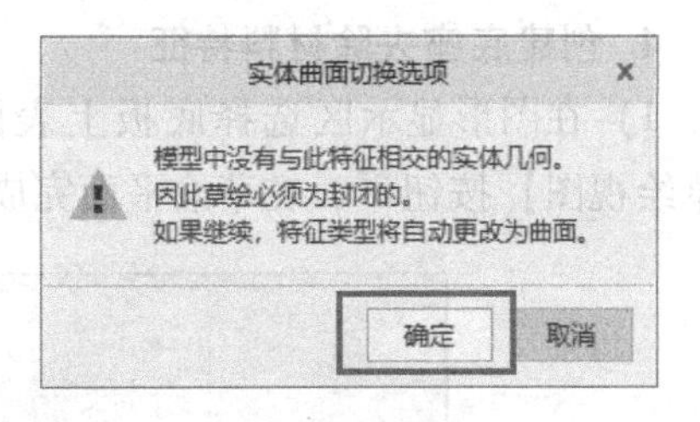

图3-21 “实体曲面切换选项”对话框

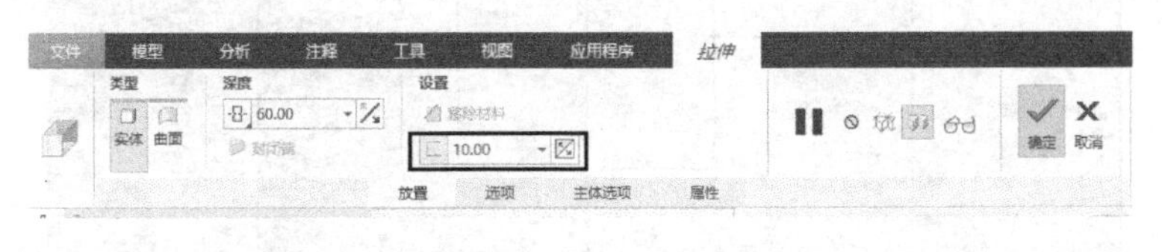

图3-22 “拉伸”面板

2）绘制上凸台草绘截面。在图形显示区选择DTM1平面，在弹出的工具栏中单击【拉伸】按钮，接着单击【草绘视图】，进入草绘平面绘制边长30mm的正方形截面，如图3-24所示，单击【确定】按钮。

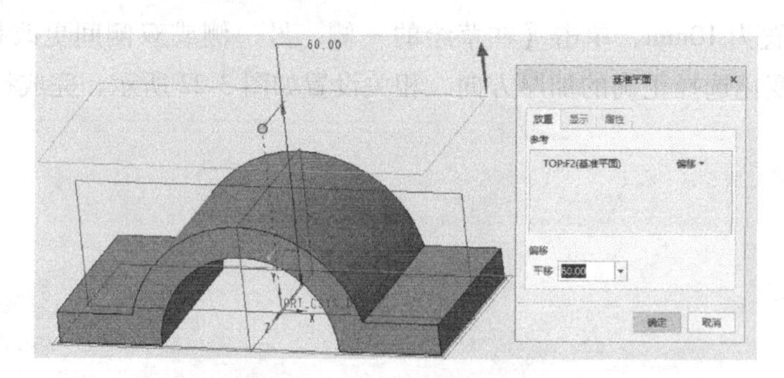

图 3-23　新建 DTM1 平面

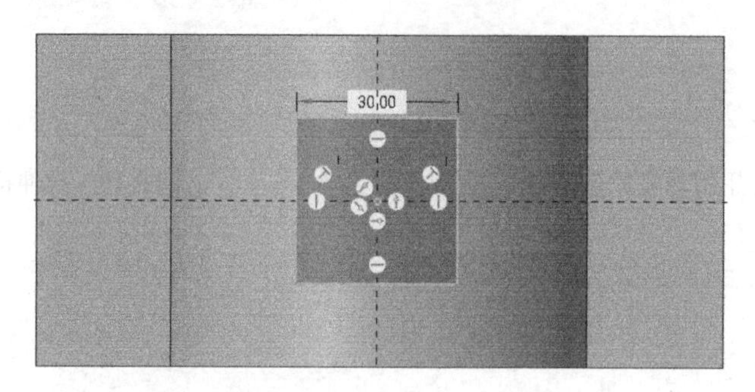

图 3-24　凸台草绘截面

📖 正方形使用【中心矩形】命令绘制，注意鼠标的拖拽角度，使矩形对角线出现【垂直约束】符号⊥，此时的矩形为正方形，只需标注一次边长尺寸。

3）创建凸台拉伸特征。单击【到下一个】按钮，创建凸台拉伸特征。

4. 创建底座去除材料特征

1）在图形显示区选择底板上表面，在弹出的工具栏中单击【拉伸】按钮，单击【草绘视图】按钮，在草绘平面完成草绘，如图 3-25 所示，单击【确定】按钮。

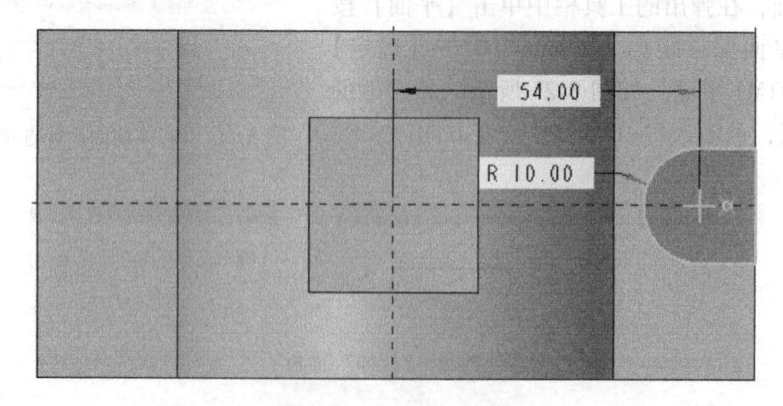

图 3-25　连接处草绘截面

草绘顺序如下。

①单击“草绘”面板中的【参考】按钮，选取 FRONT 平面作为参照，单击【关闭】

按钮，如图 3-26 所示。

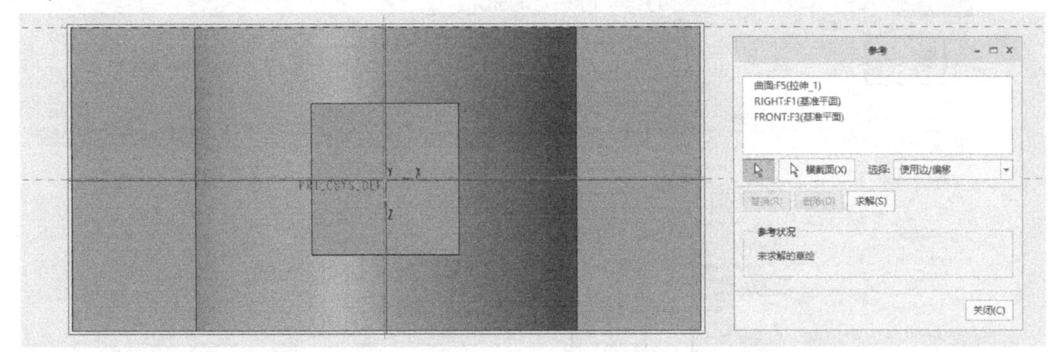

图 3-26 选择参照面

②使用【中心矩形】命令绘制矩形，再使用【圆心和端点】命令绘制半圆，删除多余线条，完成草绘。

2）创建拉伸移除材料特征，如图 3-27 所示。

3）镜像拉伸移除材料特征。在模型树中选择步骤 2）生成的移除材料拉伸特征，在弹出的工具栏中单击【镜像】按钮，选择 RIGHT 平面作为对称面，创建镜像特征，如图 3-28 所示。

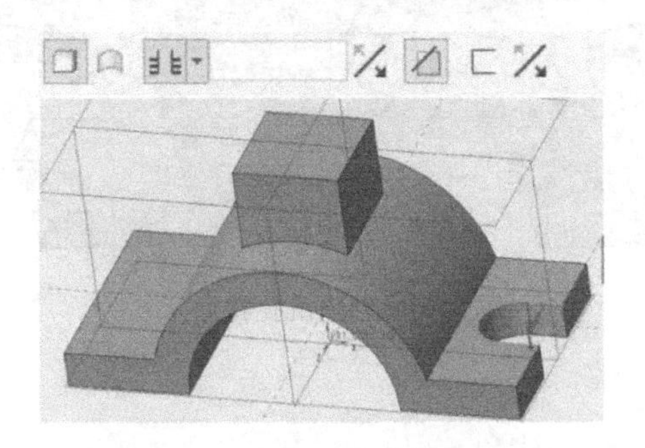

图 3-27 拉伸移除材料特征

图 3-28 镜像拉伸移除材料特征

5. 创建凸台沉孔特征

（1）方法 1

1）创建孔轴线。按住〈Ctrl〉键，在图形显示区选择 FRONT、RIGHT 平面，在功能区的“基准”选项卡中单击【轴】按钮，创建 A_1 轴。

2）单击上凸台顶面，在弹出的工具栏中单击【孔】按钮，按住〈Ctrl〉键，并在图形显示区选择 A_1 轴。

3）在“孔”面板中，依次单击【创建标注孔】按钮、【钻孔至与所有曲面相交】按钮、【添加沉孔】按钮，“螺钉尺寸”选择“M10×1”，单击“形状”选项卡，在其中设置参数，如图 3-29 所示。

4）最终创建的沉孔特征如图 3-30 所示。

（2）方法 2

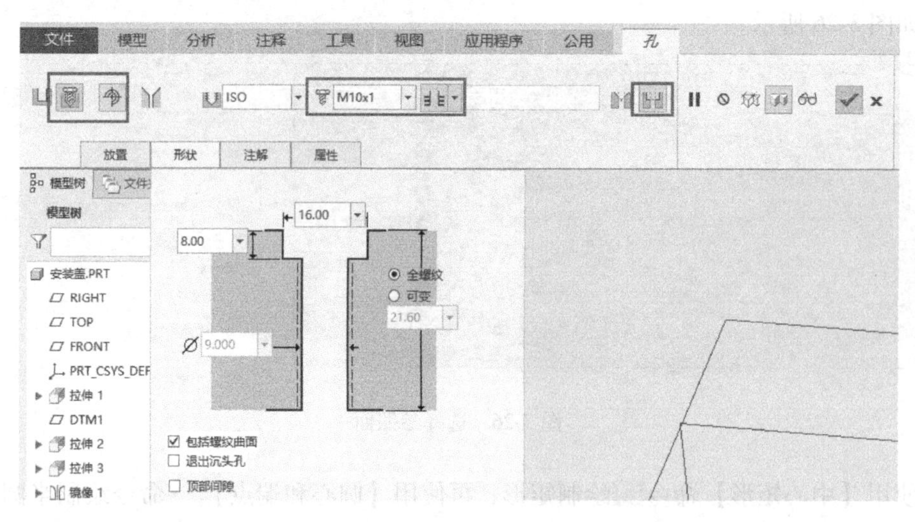

图 3-29 孔特征设置

1）单击上凸台顶面，在弹出的工具栏中单击【孔】按钮。

2）在“孔”面板中，单击“放置”选项卡，在图形显示区选择偏移参考面，单击【单击此处添加项】按钮，按住〈Ctrl〉键，在图形显示区选择 FRONT、RIGHT 平面，偏移距离均设置为 0。

3）其他设置与方法 1 一致，最终创建沉孔特征。

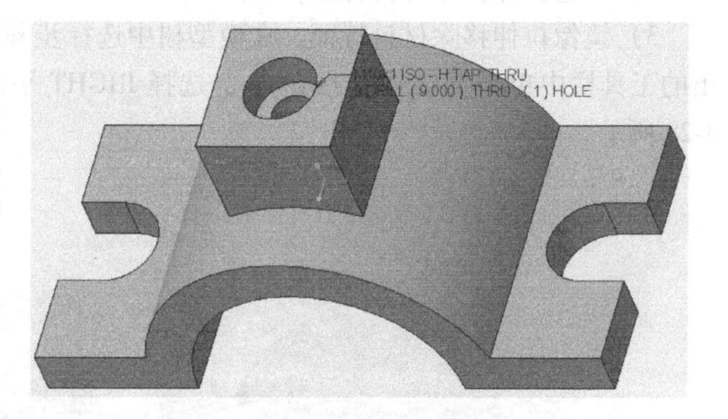

图 3-30 创建沉孔特征

6. 保存模型

保存当前建立的安装底座模型。

3.2.2 拉伸实例二：滑动轴承座模型的建立

3.2.2 拉伸实例二：滑动轴承座模型的建立

图 3-31 所示为滑动轴承座三视图。在该例中，读者需要掌握拉伸特征创建、新建平面、草绘投影等操作，才能完成建模。

指令应用：拉伸、倒圆角、新建平面、投影。

创建过程：创建轴承座底板特征，创建水平圆柱孔特征，创建背板特征，创建连接板特征，创建竖直圆柱孔特征。

关键点：模型整体的建模顺序、连接板的建模思路。

建模过程：

1. 建立一个新文件

建立对象“类型”为“零件”、“名称”为“滑动轴承座”的新文件。

2. 创建轴承座底板特征

1）在图形显示区选择 TOP 面，在弹出的工具栏中单击【拉伸】按钮。

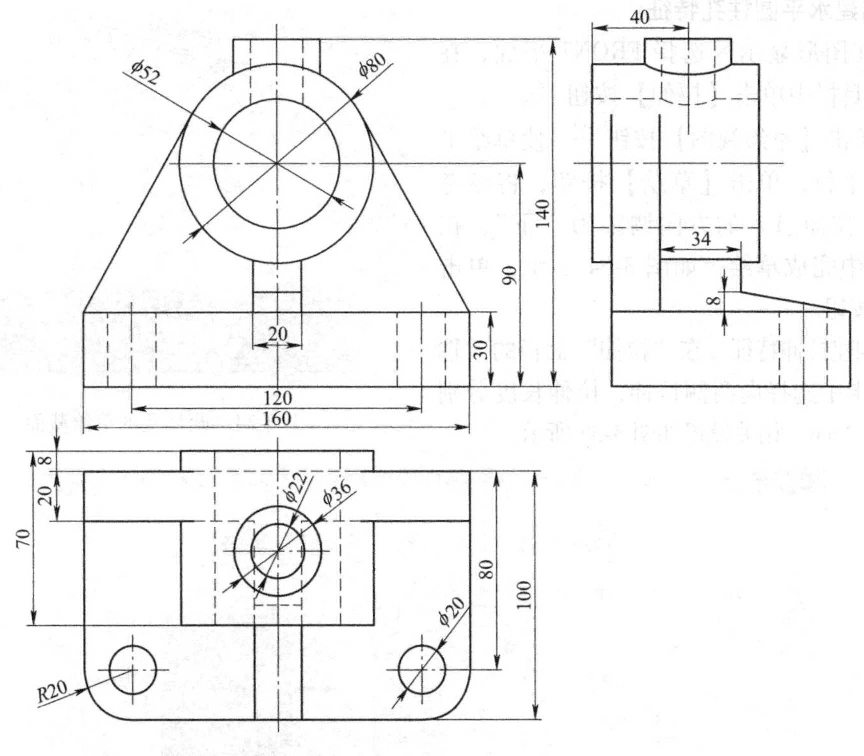

图 3-31　滑动轴承座三视图

2）单击【草绘视图】按钮，使草绘平面与屏幕平行，在草绘平面完成草绘，如图 3-32 所示，单击【确定】按钮。

📖 先使用【中心矩形】命令绘制底板，使用镜像创建另一个小圆；在零件模型中处理倒圆角比在草绘中处理更加快捷，故在草绘中不绘制圆角。

3）创建拉伸特征。进行单侧拉伸，拉伸长度为 30mm，完成拉伸特征创建；在功能区的【工程】选项卡中单击【倒圆角】按钮，对底板进行 *R*20 圆角设置，创建的模型如图 3-33 所示。

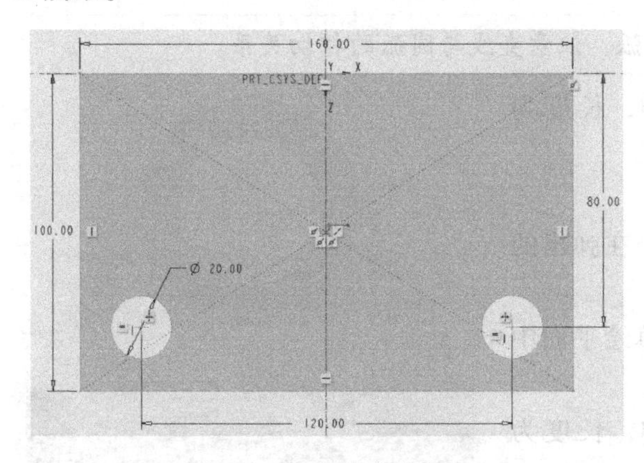

图 3-32　底板的草绘截面

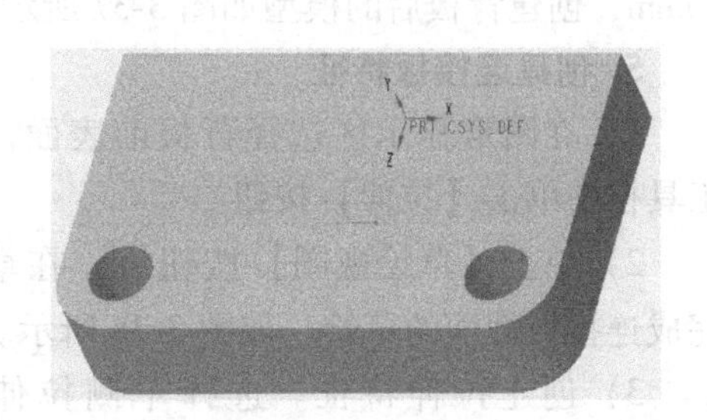

图 3-33　底板模型

3. 创建水平圆柱孔特征

1）在图形显示区选择 FRONT 平面，在弹出的工具栏中单击【拉伸】按钮。

2）单击【草绘视图】按钮，使草绘平面与屏幕平行，单击【草绘】按钮，将参考曲面 F5（拉伸_1）的方向调整为“下”，在草绘平面中完成草绘，如图 3-34 所示，单击【确定】按钮。

3）创建拉伸特征。在“拉伸”面板的“选项”选项卡中选择向两侧拉伸，拉伸长度分别为 8mm、62mm，相关设置如图 3-35 所示。

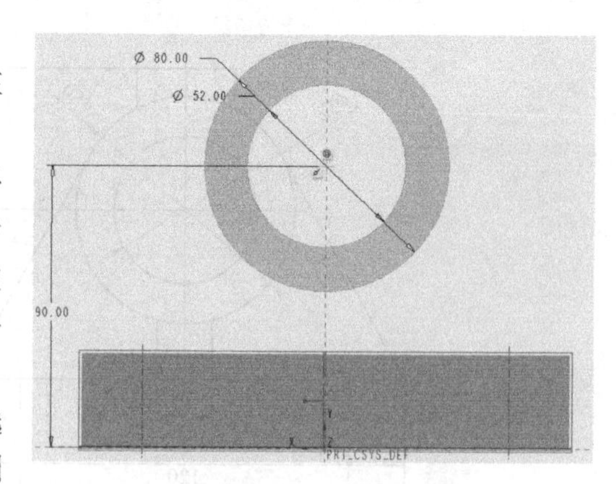

图 3-34 圆柱孔的草绘截面

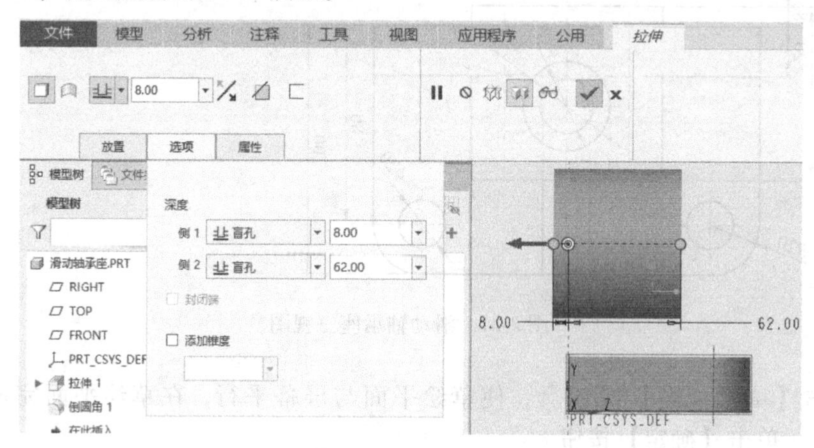

图 3-35 拉伸设置

4. 创建背板特征

1）在图形显示区选择 FRONT 平面，在弹出的工具栏中单击【拉伸】按钮。

2）单击【草绘视图】按钮，使草绘平面与屏幕平行，在草绘平面中完成草绘，如图 3-36 所示。

📖 使用投影功能创建背板截面的底及圆弧，注意直线与圆弧的相切关系。

3）创建拉伸特征。选择单侧拉伸，长度为 20mm，创建背板后的模型如图 3-37 所示。

5. 创建连接板特征

1）在图形显示区选择背板前表面，在弹出的工具栏中单击【拉伸】按钮。

2）单击【草绘视图】按钮，在草绘平面中完成连接板截面的草绘，如图 3-38 所示。

3）创建拉伸特征。选择单侧拉伸，长度为 34mm，创建拉伸特征。

4）在图形显示区选择 RIGHT 平面，在弹出的

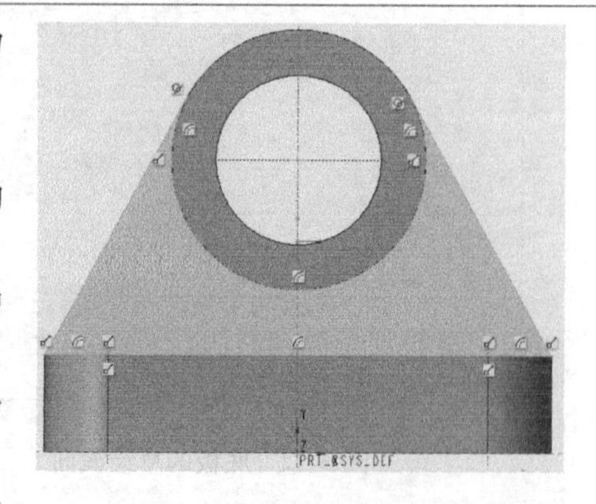

图 3-36 背板的草绘截面

工具栏中单击【拉伸】按钮，单击【草绘视图】按钮，使草绘平面与屏幕平行，在草绘平面中完成草绘，如图 3-39 所示。

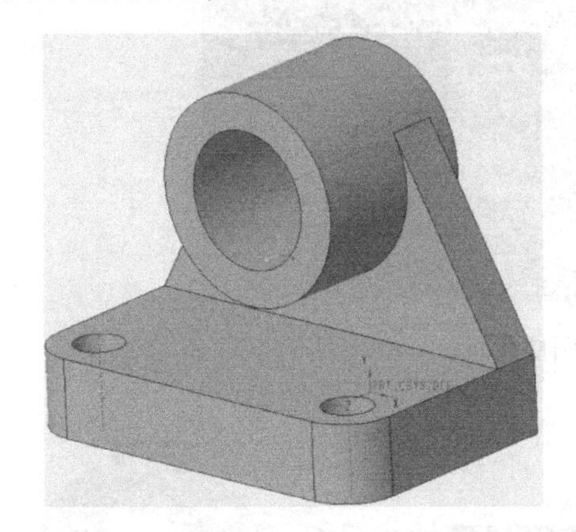

图 3-37 创建背板后的模型

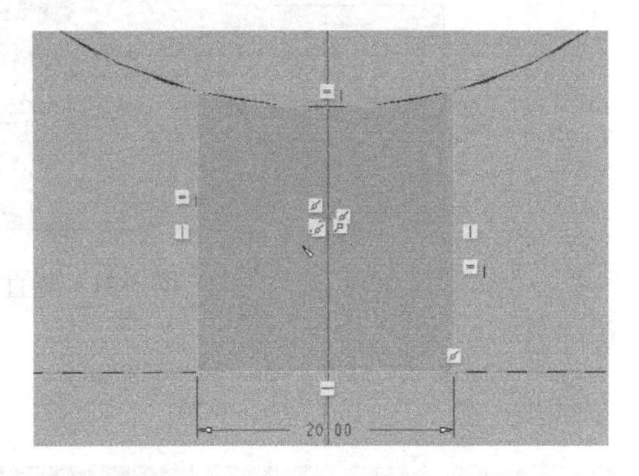

图 3-38 连接板截面的草绘 1

5）在“拉伸”面板中设置对称拉伸，拉伸长度为 20mm。创建连接板后的模型如图 3-40 所示。

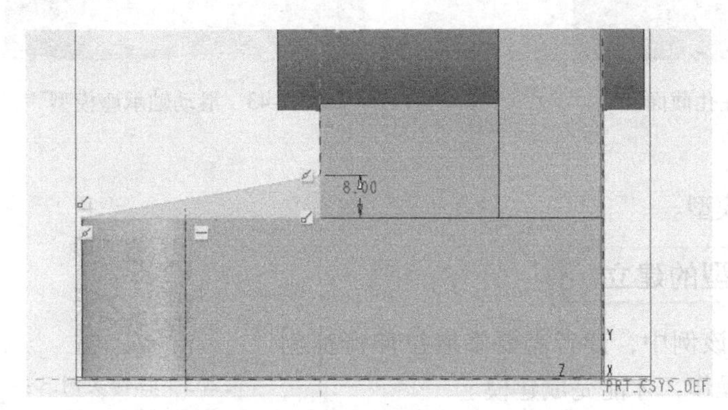

图 3-39 连接板截面的草绘 2

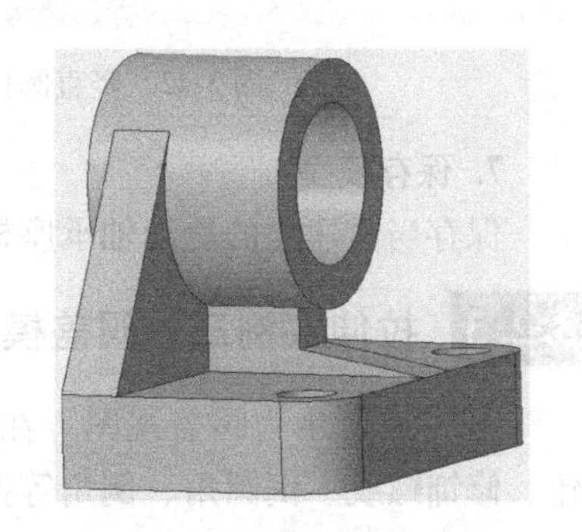

图 3-40 创建连接板后的模型

6. 创建竖直圆柱孔特征

1）新建竖直圆柱孔草绘平面 DTM1。在图形显示区选择 TOP 平面，在弹出的工具栏中单击【平面】按钮，选择平面偏移距离为 140mm，单击【确定】按钮，创建 DTM1 平面。

2）绘制圆柱截面。选择 DTM1 平面，在弹出的工具栏中单击【拉伸】按钮，单击【草绘视图】按钮，使草绘平面与屏幕平行，完成草绘，如图 3-41 所示。

3）创建竖直圆柱孔拉伸特征。单击【到下一个】按钮，创建圆柱实体。

4）绘制圆孔草绘。选择 DTM1 平面，在弹出的工具栏中单击【拉伸】按钮，单击【草绘视图】按钮，使草绘平面与屏幕平行，完成草绘，如图 3-42 所示。

5）创建圆孔特征。单击【到参考】按钮，去除材料，单击水平圆柱孔内表面，单击鼠标中键，最终创建的模型如图 3-43 所示。

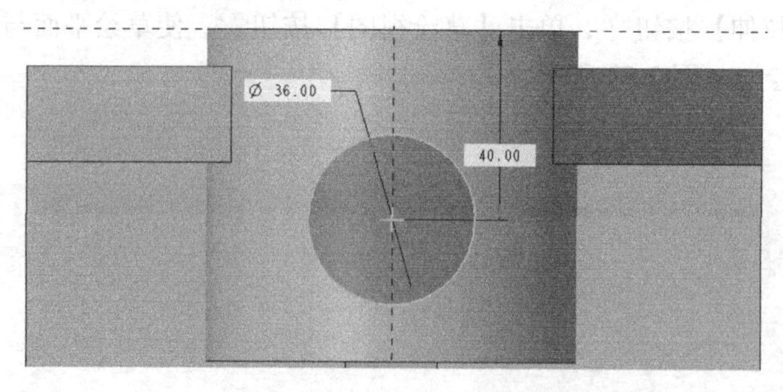

图 3-41　竖直圆柱截面

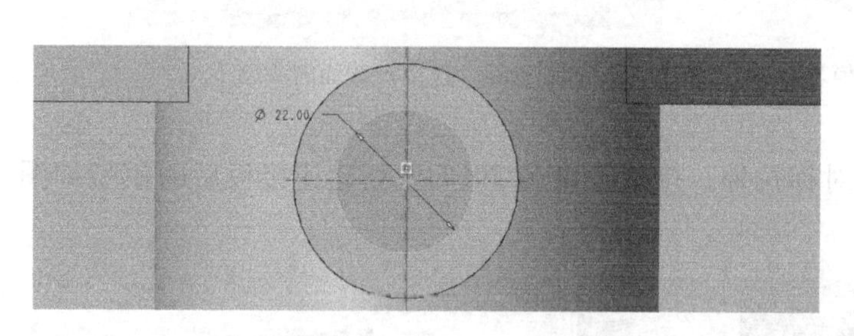

图 3-42　竖直圆柱孔截面

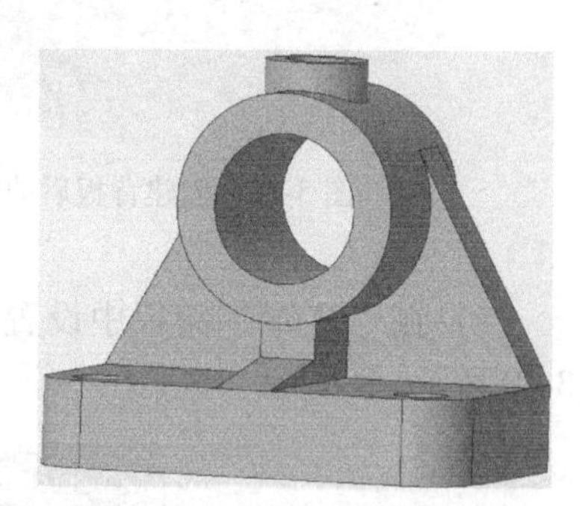

图 3-43　滑动轴承座模型

7. 保存模型

保存当前建立的滑动轴承座模型。

3.2.3　拉伸实例三：阀盖模型的建立

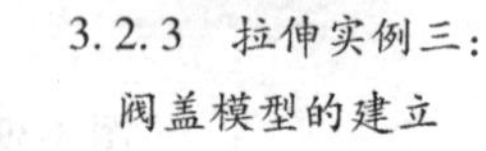

3.2.3　拉伸实例三：阀盖模型的建立

图 3-44 所示为阀盖视图。在该例中，读者需要掌握拉伸特征创建、修饰螺纹、倒圆角、倒角等操作，才能完成建模。

命令应用：拉伸、修饰螺纹、倒圆角（目的链）、倒角。

创建过程：创建阀盖主体拉伸特征，创建阀盖左半部分的圆柱组合体，创建阀盖右半部分的圆柱组合体，创建通孔特征，创建倒角特征，创建圆角特征，创建修饰螺纹。

关键点：拉伸的多次使用、修饰螺纹。

建模过程：

1. 建立一个新文件

建立对象“类型”为“零件”、“名称”为“阀盖”的新文件。

2. 创建阀盖主体拉伸特征

1）在图形显示区选择 FRONT 平面，在弹出的工具栏中单击【拉伸】按钮。

2）单击【草绘视图】按钮，完成草绘，如图 3-45 所示。

使用【构造模式】命令绘制 ϕ70mm 的圆，利用正方形的对角线对 ϕ14mm 圆孔进行定位。

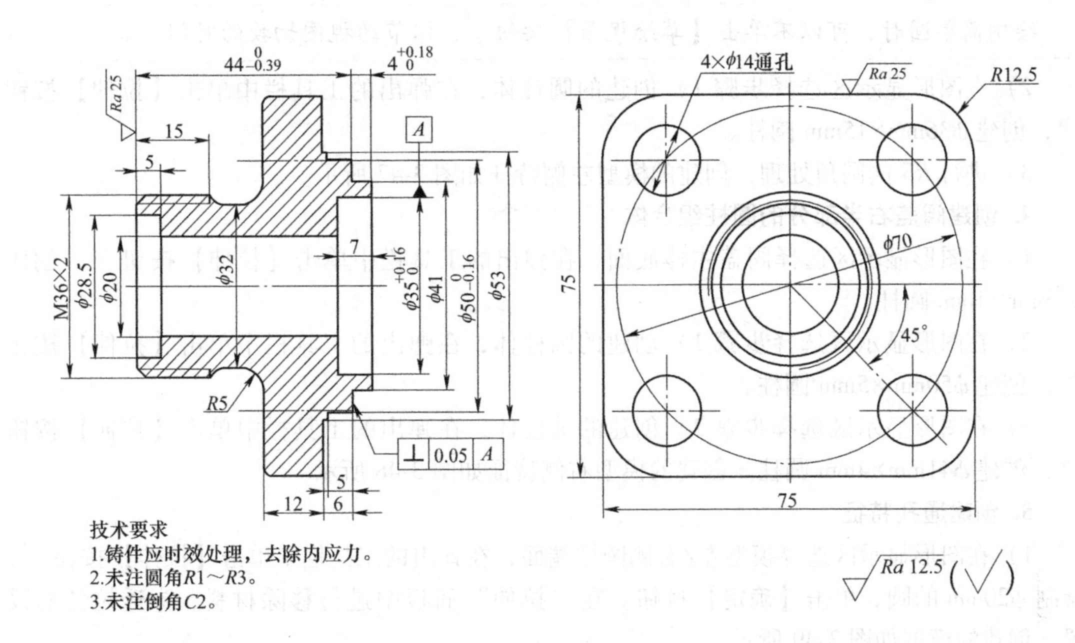

图 3-44　阀盖视图

3）创建拉伸特征。选择单侧拉伸 12mm，创建拉伸特征。

4）创建倒圆角特征。单击【倒圆角】按钮，输入倒圆角半径 12. 5mm，在绘图区域右下角的“过滤器”中选择“目的链”选项。单击需要倒圆角的任一棱线，便可一次完成 4 个倒圆角。接着对拉伸特征进行 $R2$ 倒圆角处理，创建的模型如图 3-46 所示。

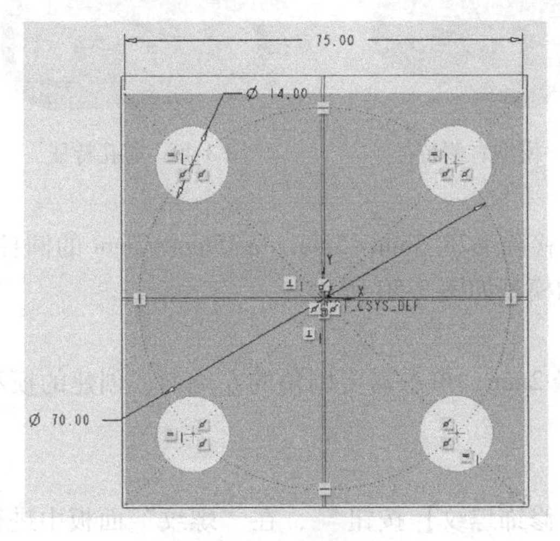

图 3-45　草绘截面

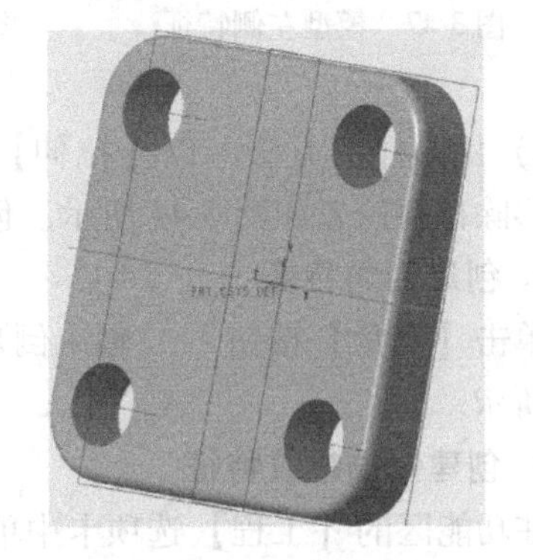

图 3-46　主体模型

3. 创建阀盖左半部分的圆柱组合体

1）在图形显示区选择创建的阀盖主体顶面，在弹出的工具栏中单击【拉伸】按钮，创建 ϕ32mm×11mm 圆柱。

📖 绘制简单圆时，可以不单击【草绘视图】按钮，以节约视图切换的时间。

2）在图形显示区选择步骤 1）创建的圆柱体，在弹出的工具栏中单击【拉伸】按钮，创建 ϕ36mm×15mm 圆柱。

3）进行 $R5$ 倒圆角处理，创建的模型左侧特征如图 3-47 所示。

4. 创建阀盖右半部分的圆柱组合体

1）在图形显示区选择阀盖主体底面，在弹出的工具栏中单击【拉伸】按钮，创建 ϕ53mm×1mm 圆柱。

2）在图形显示区选择步骤 1）创建的圆柱体，在弹出的工具栏中单击【拉伸】按钮，创建 ϕ50mm×5mm 圆柱。

3）在图形显示区选择步骤 2）创建的圆柱体，在弹出的工具栏中单击【拉伸】按钮，创建 ϕ41mm×4mm 圆柱。创建的模型右侧特征如图 3-48 所示。

5. 创建通孔特征

1）在图形显示区选择模型左/右侧圆柱端面，在弹出的工具栏中单击【拉伸】按钮，绘制 ϕ20mm 的圆，单击【确定】按钮。在“拉伸”面板中进行移除材料、穿透拉伸的设置，创建的模型如图 3-49 所示。

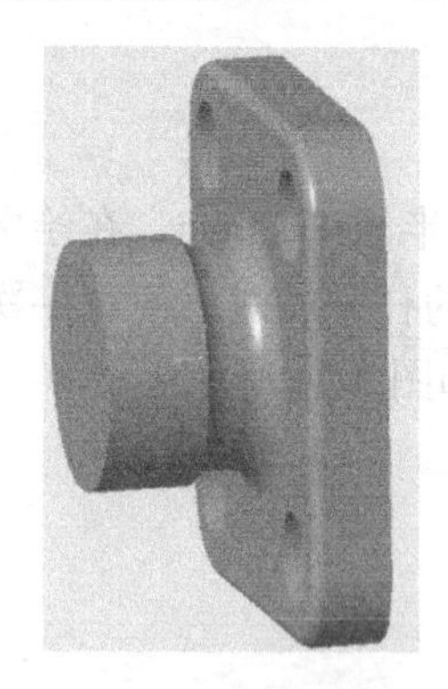

图 3-47　模型左侧特征

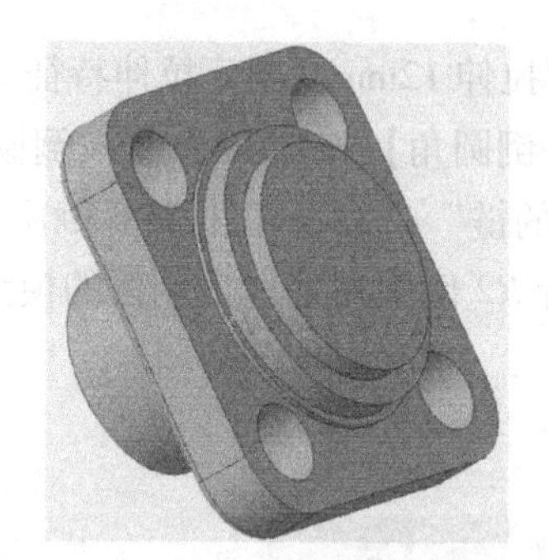

图 3-48　模型右侧特征

图 3-49　通孔特征

2）用同样的方法，以【拉伸】命令移除 ϕ28. 5mm×5mm、ϕ35mm×7mm 的圆柱材料，拉伸移除材料位置如图 3-44 所示。创建的模型如图 3-50 所示。

6. 创建倒角特征

单击【倒角】按钮，输入倒角半径 2mm，单击需要倒角的左端面，创建的模型如图 3-51 所示。

7. 创建修饰螺纹特征

在功能区的【工程】选项卡中单击【修饰螺纹】按钮，在“螺纹”面板中进行如下设置。

1）单击“放置”选项卡，单击左端面外圆作为螺纹放置曲面。

2）单击【定义标准螺纹】按钮，选择“M36×3”作为螺纹参数。

3）设置螺纹深度。“螺纹起始自”选项选择零件左端面，“深度选项”选择“到指定项”，单击模型 ϕ36mm 圆柱底边作为螺纹终止处，单击鼠标中键确认，相关设置如图 3-52

所示。

4）最终创建的模型如图 3-53 所示。

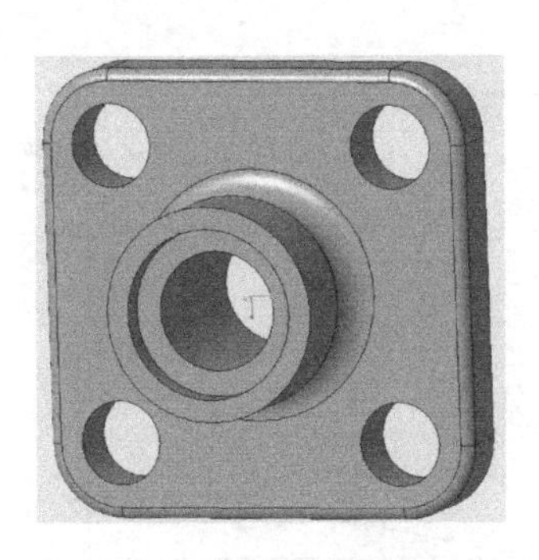

图 3-50 沉孔特征

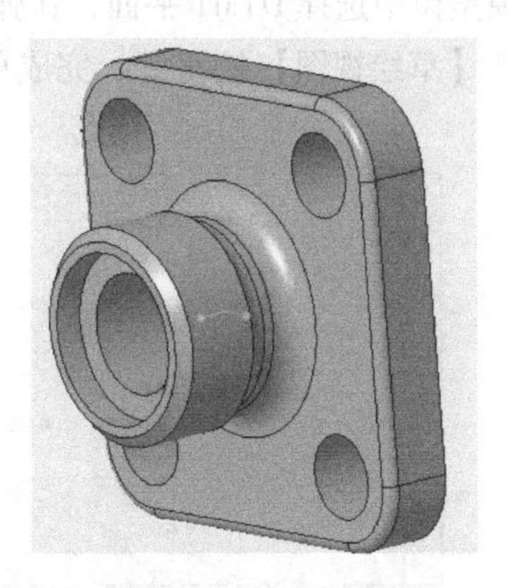

图 3-51 倒角特征

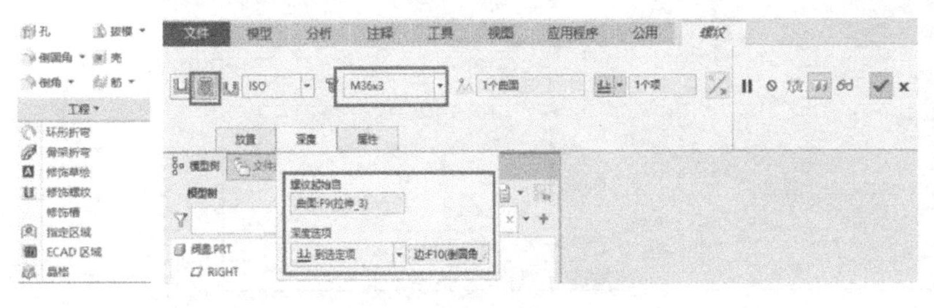

图 3-52 修饰螺纹设置

图 3-53 修饰螺纹

📖【修饰螺纹】命令在模型上并不会产生真实螺纹的效果，当在模型树中选择“修饰螺纹”特征时，会显示修饰螺纹的轮廓。当使用 Creo 零件模块创建工程图时，修饰螺纹会按照国标要求的画法显示螺纹。

8. 保存模型

保存当前建立的阀盖模型。

3.2.4 拉伸实例四：连杆模型的建立

3.2.4 拉伸实例四：连杆模型的建立

命令应用：拉伸、投影、镜像等。

创建过程：创建连杆右半部分的拉伸特征，创建连杆中间部分的拉伸特征，创建连杆左半部分的拉伸特征，创建连杆左端面的圆柱孔特征。

关键点：草绘效率。

建模过程：

1. 建立一个新文件

建立对象“类型”为“零件”、“名称”为“连杆”的新文件。

2. 创建连杆右半部分的拉伸特征

1）在图形显示区选择 FRONT 平面，在弹出的工具栏中单击【平面】按钮▱，选择平面偏移距离为35mm，单击【确定】按钮，完成DTM1平面创建。

2）在模型树中选择DTM1平面，在弹出的工具栏中单击【拉伸】按钮。

3）单击【草绘视图】按钮，完成草绘，如图3-54所示。

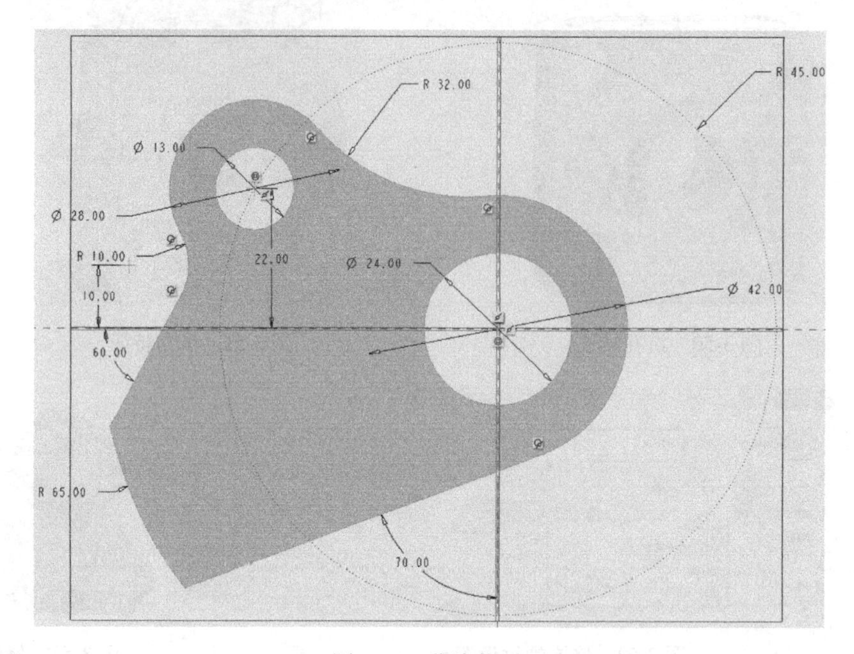

图3-54 草绘截面

以上草绘较为复杂，读者可对照本书配套资源中的操作视频进行操作。

4）创建拉伸特征。选择单侧拉伸20mm，拉伸方向朝向模型内侧，完成拉伸特征创建。

5）镜像拉伸特征。在模型树中选择“拉伸1”，在弹出的工具栏中单击【镜像】按钮，选择FRONT平面作为对称面，完成镜像特征创建，如图3-55所示。

3. 创建连杆中间部分的特征

1）在图形显示区选择FRONT平面，在弹出的工具栏中单击【拉伸】按钮。

2）单击【草绘视图】按钮，完成草绘，如图3-56所示。除*R*52圆弧以外，其他图元均为投影所得，*R*52圆弧与右边大圆同圆心。

3）在“拉伸”面板中，设置对称拉伸，拉伸距离为30mm，创建的模型如图3-57所示。

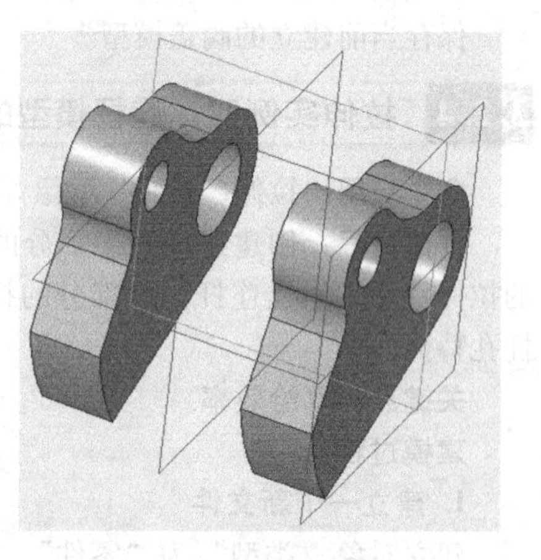

图3-55 镜像特征

4. 创建连杆左半部分的特征

1）在图形显示区选择FRONT平面，在弹出的工具栏中单击【拉伸】按钮。

2）单击【草绘视图】按钮，完成草绘，如图3-58所示。

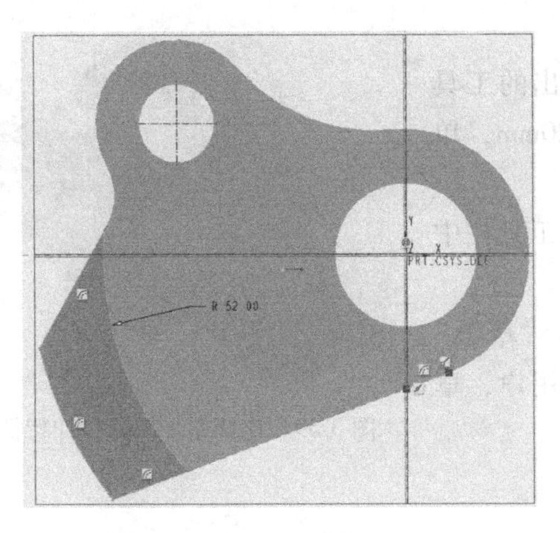

图 3-56 草绘截面

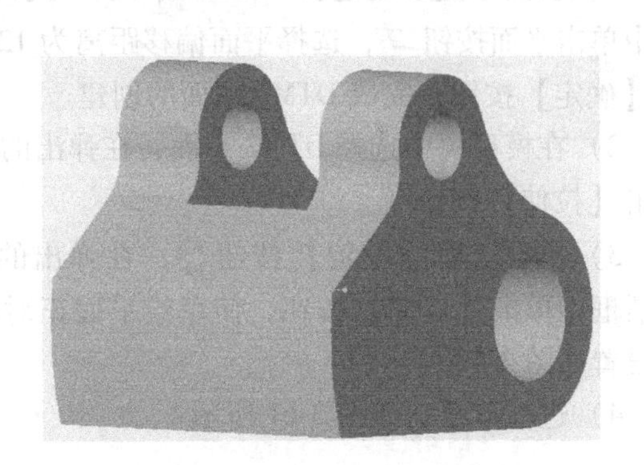

图 3-57 连杆中间部分拉伸特征

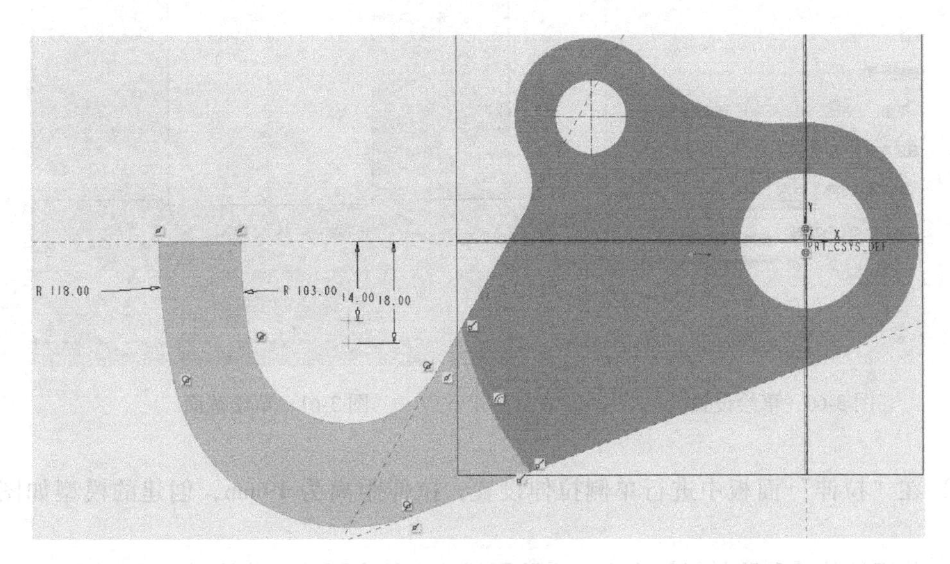

图 3-58 草绘截面

【草绘步骤】

①绘制 *R*118、*R*103 圆弧，弧的端点大致为切点处，两段圆弧与右边大圆同圆心。

②利用投影，创建最右半部分弧线。

③使用草绘参考，选择两条参考边。利用参考边绘制两段直线，直线的终点大致为切点位置。

④利用【3 点/相切端】命令，绘制两段中间连接圆弧，利用相切约束使该圆弧与 *R*103、*R*118 圆弧及直线相切，修改表示圆心位置的尺寸，完成草绘。草绘参考的虚线不要删除。

以上草绘较为复杂，读者可对照本书配套资源中的操作视频进行操作。

3）在“拉伸”面板中，设置对称拉伸，拉伸距离为 26mm，创建的模型如图 3-59 所示。

5. 创建连杆左端面的圆柱孔特征

图 3-59 连杆左半部分拉伸特征

1）在图形显示区选择 RIGHT 平面，在弹出的工具栏中单击平面按钮，选择平面偏移距离为 120mm，单击【确定】按钮，完成 DTM2 平面的创建。

2）在模型树中选择 DTM2 平面，在弹出的工具栏中单击【拉伸】按钮。

3）单击【草绘设置】按钮，在弹出的“草绘”对话框中单击【反向】按钮，使草绘平面正对用户，草绘设置如图 3-60 所示。

4）进行草绘，如图 3-61 所示。

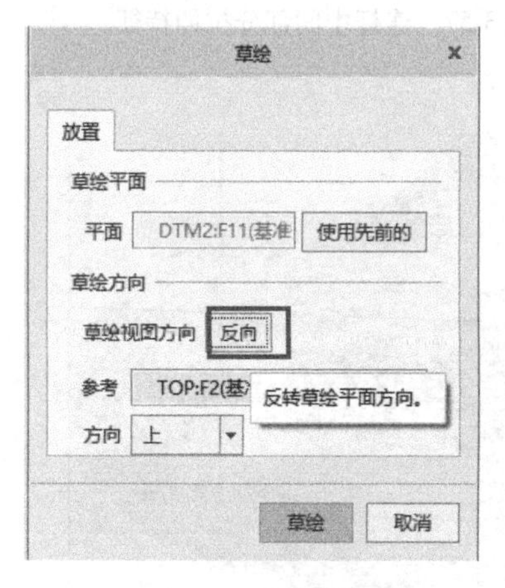

图 3-60 草绘设置

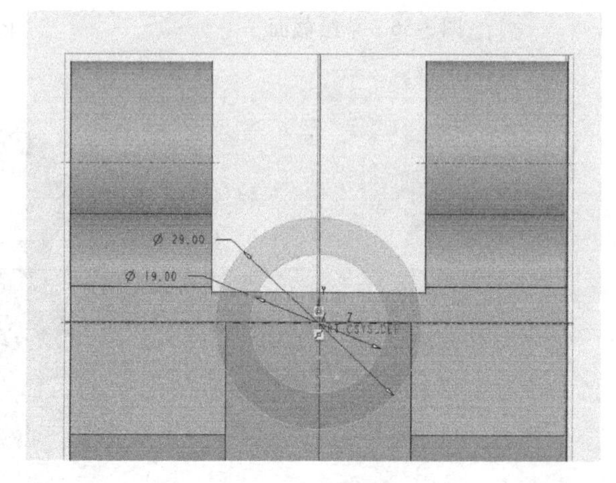

图 3-61 草绘截面

5）在“拉伸”面板中进行单侧拉伸设置，拉伸距离为 19mm，创建的模型如图 3-62 所示。

6）使用拉伸【移除材料】命令，去除圆柱孔内部半圆柱，草绘平面选择圆孔端面，最终创建的模型如图 3-63 所示。

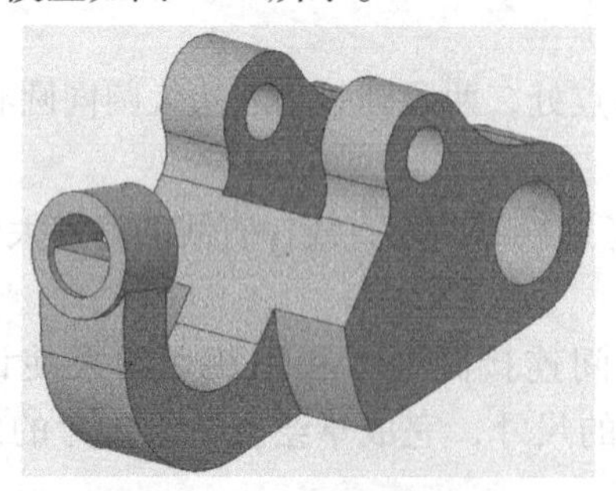

图 3-62 创建拉伸圆柱孔

图 3-63 连杆模型

6. 保存模型

保存当前建立的连杆模型。

3.2.5 拉伸实例五：接头模型的建立

3.2.5 拉伸实例五：接头模型的建立

图 3-64 所示为接头零件视图。在该例中，读者需要掌握拉伸特征创建、工程孔、轴阵列等操作，才能完成建模。

命令应用：拉伸、轴阵列、倒角、倒圆角、工程孔等。

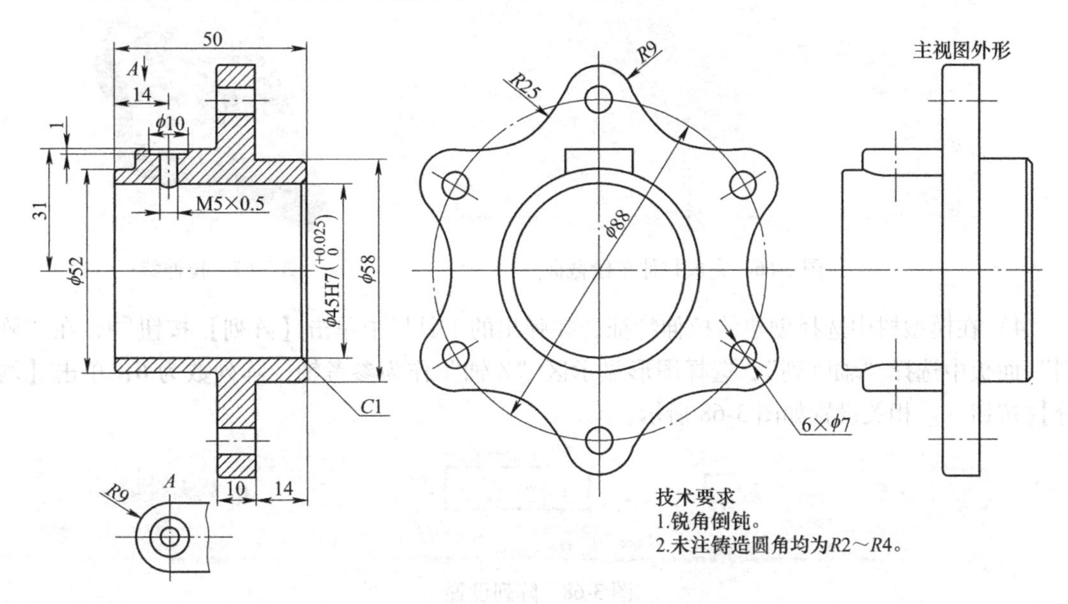

图 3-64 接头零件的视图

创建过程：创建接头局部拉伸特征，创建局部拉伸特征轴阵列，创建圆柱孔拉伸特征，创建接头通孔，创建倒角、倒圆角特征，创建键的特征，创建沉孔的特征。

关键点：轴阵列、工程孔。

建模过程：

1. 建立一个新文件

建立对象“类型”为“零件”、“名称”为“接头”的新文件。

2. 创建接头中间部分的特征

1）在图形显示区选择 FRONT 平面，在弹出的工具栏中单击【拉伸】按钮，单击【草绘视图】按钮，完成草绘，如图 3-65 所示，要注意 *R*25 圆弧与 30°构造线的垂直约束。

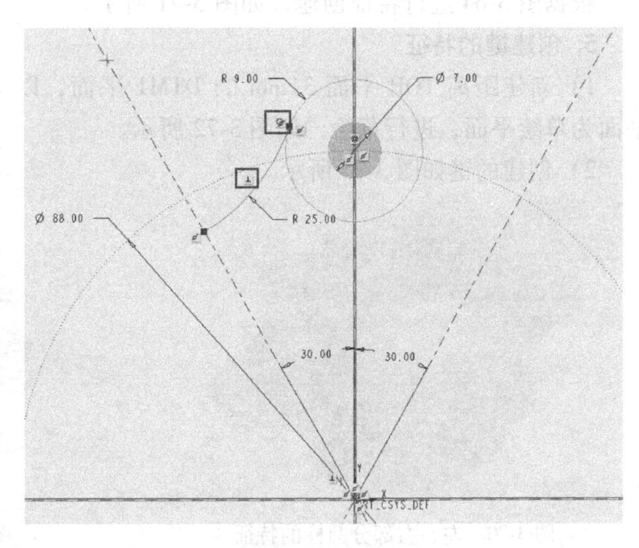

图 3-65 部分草绘截面

2）按照图 3-66 所示，完成拉伸截面的草绘。

3）单侧拉伸 10mm，模型如图 3-67 所示。

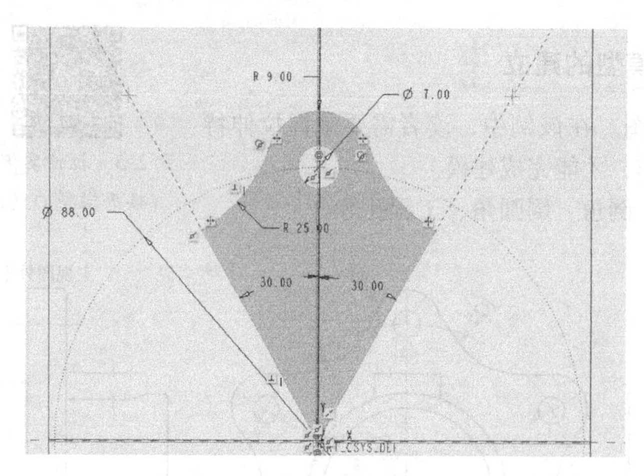

图 3-66　完成拉伸草绘截面

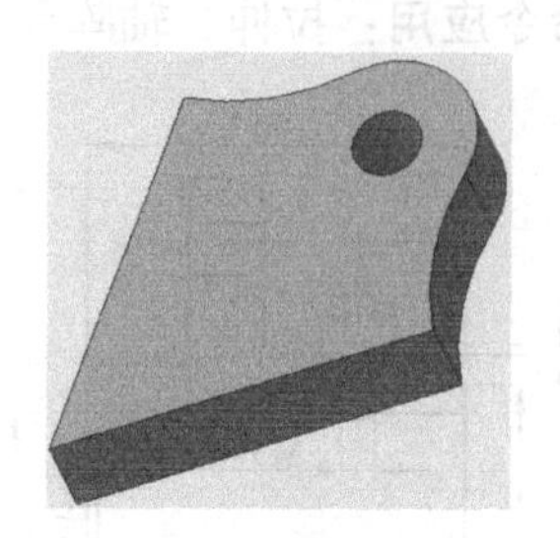

图 3-67　拉伸特征

4）在模型树中选择创建的拉伸特征，在弹出的工具栏中单击【阵列】按钮，在“阵列”面板中选择“轴阵列”，选择图形显示区“Z 轴”作为参考轴，阵列数为 6，单击【均分】按钮。相关设置如图 3-68 所示。

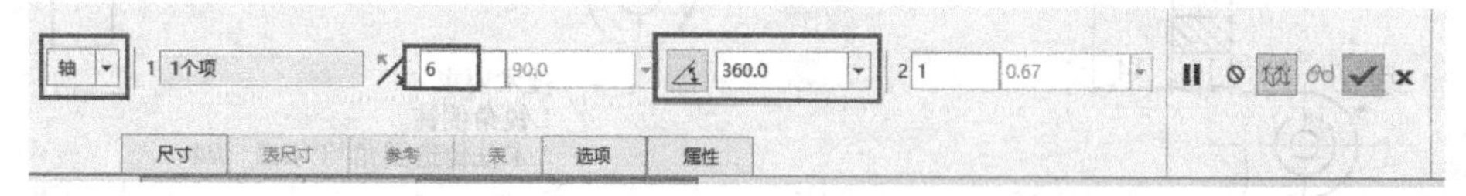

图 3-68　阵列设置

5）创建的阵列模型如图 3-69 所示。

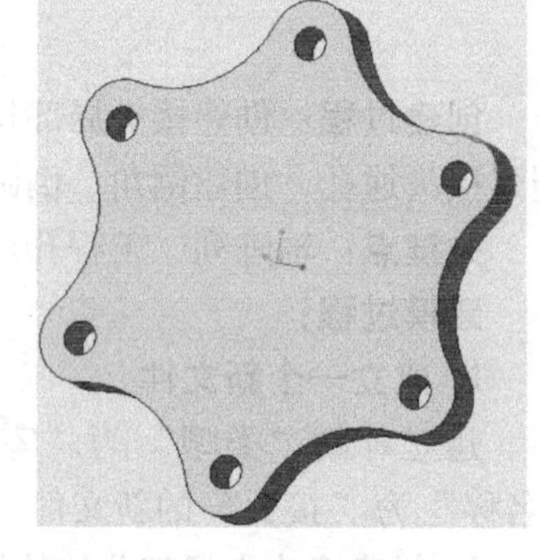

图 3-69　阵列模型

3. 创建接头左、右部分圆柱的特征

根据图 3-64 进行特征创建，如图 3-70 所示。

4. 创建接头通孔及倒角、倒圆角特征

根据图 3-64 进行特征创建，如图 3-71 所示。

5. 创建键的特征

1）新建距离 TOP 平面 31mm 的 DTM1 平面，以 DTM1 平面为草绘平面，进行草绘，如图 3-72 所示。

2）创建的键如图 3-73 所示。

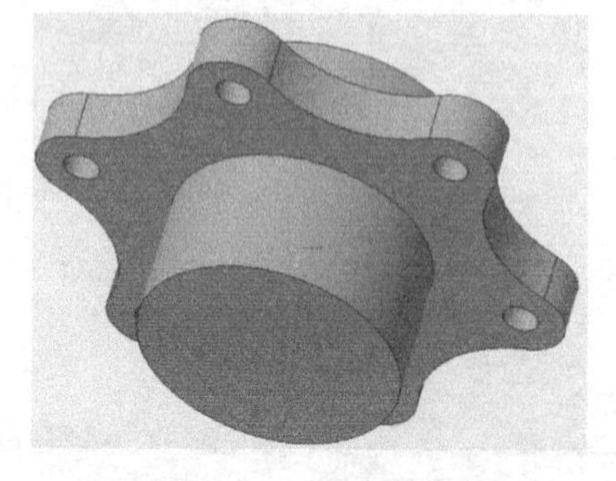

图 3-70　左、右部分圆柱的特征

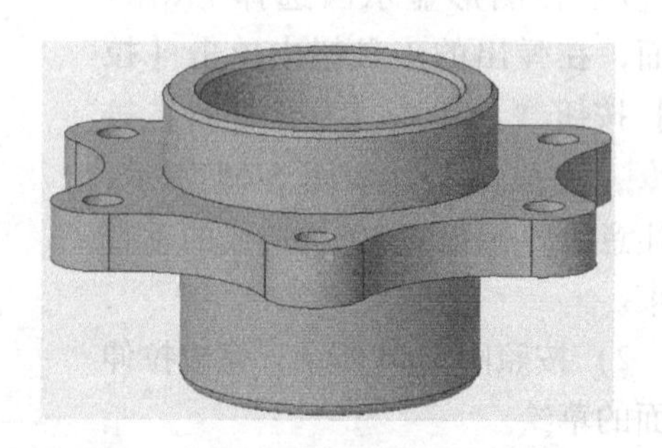

图 3-71　通孔及倒角、倒圆角特征

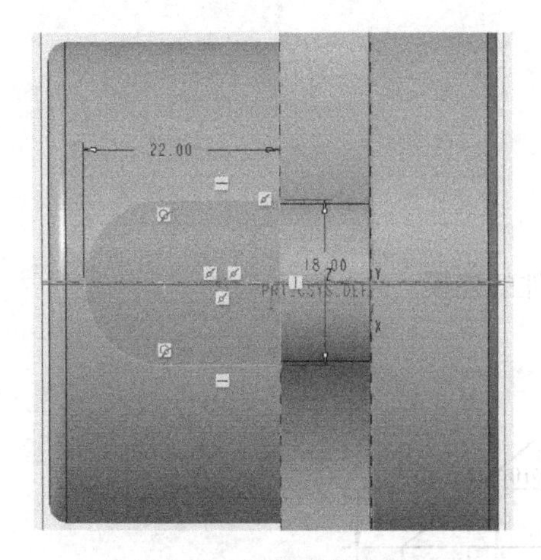

图 3-72　键的草绘截面

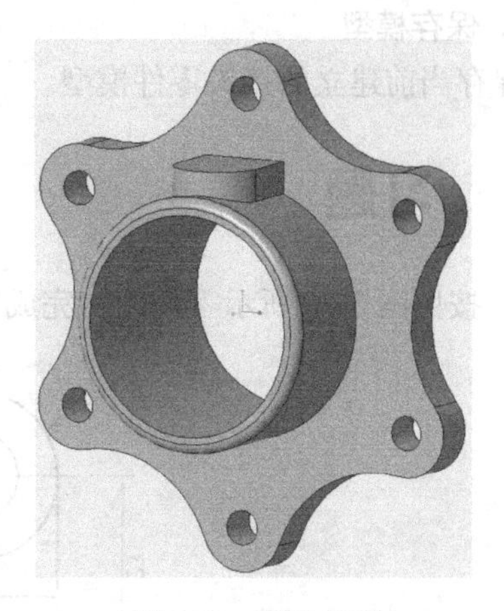

图 3-73　键的模型

6. 创建沉孔的特征

1）创建沉孔的特征，注意孔放置的“偏移参考”。孔深设置为“钻孔至下一曲面”，孔的形状设置如图 3-74 所示。

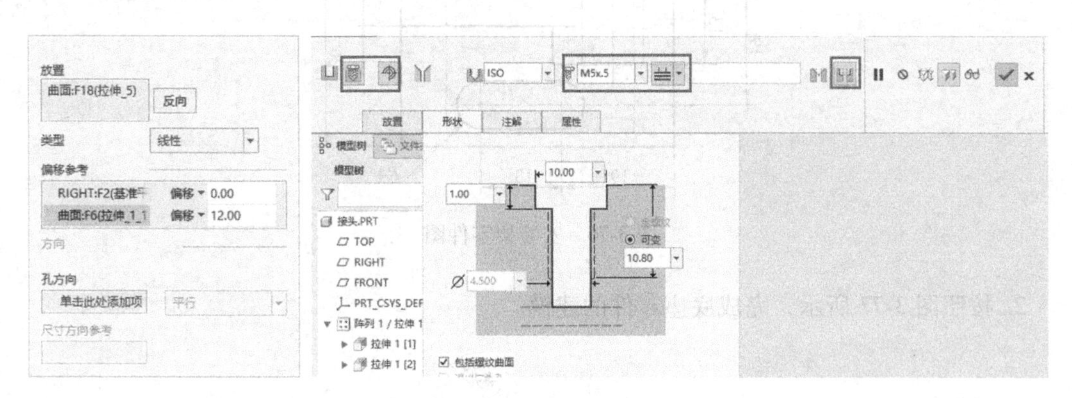

图 3-74　沉孔的设置

2）最终创建的接头模型如图 3-75 所示。

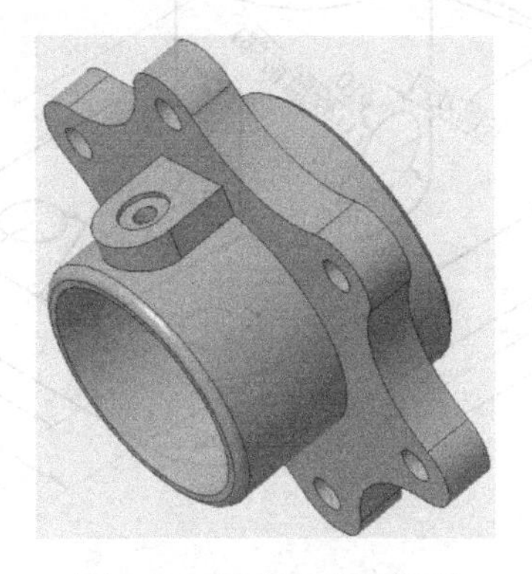

图 3-75　接头零件的模型

7. 保存模型

保存当前建立的接头零件模型。

3.3 习题

1. 按照图 3-76 所示零件图，完成安装架零件的建模。

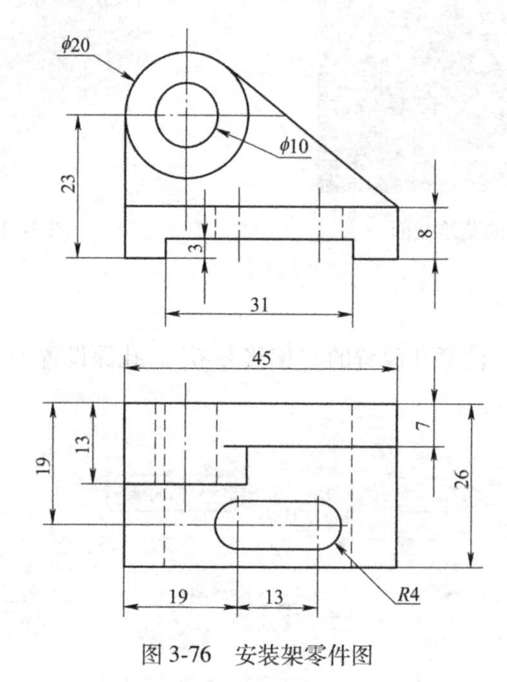

图 3-76　安装架零件图

2. 按照图 3-77 所示，完成底座零件的建模。

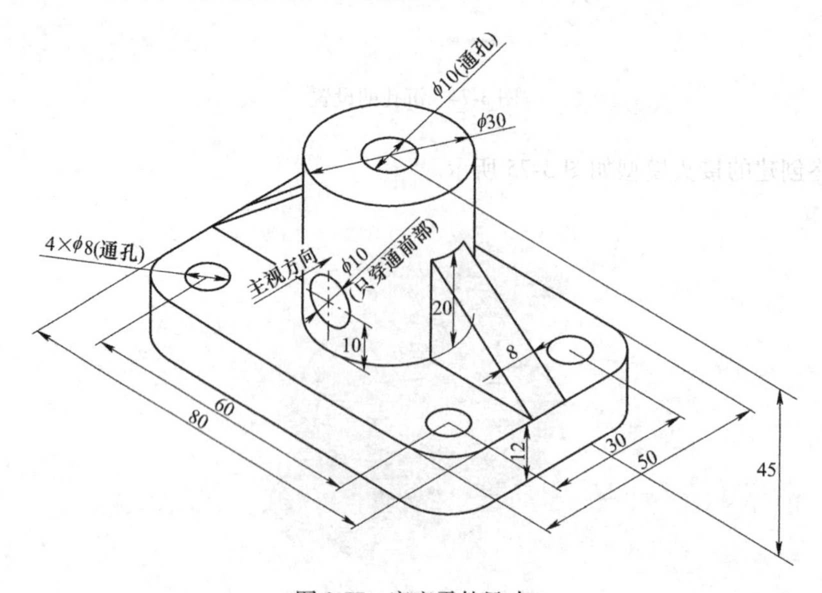

图 3-77　底座零件尺寸

3. 按照图 3-78 所示零件图，完成轴承座零件的建模。

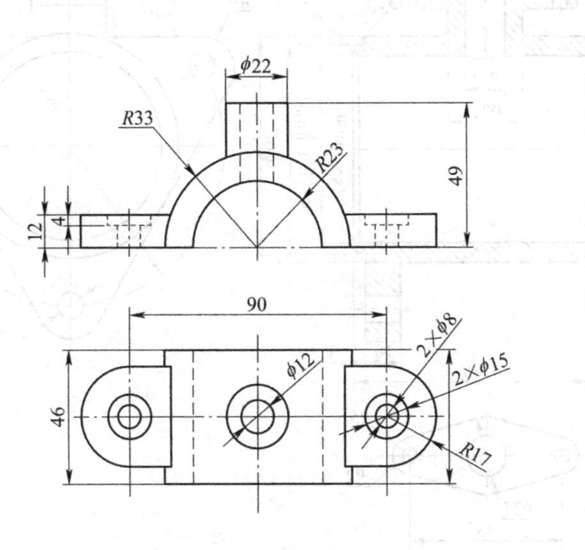

图 3-78　轴承座零件图

4. 按照图 3-79 所示零件图，完成泵盖零件的建模。

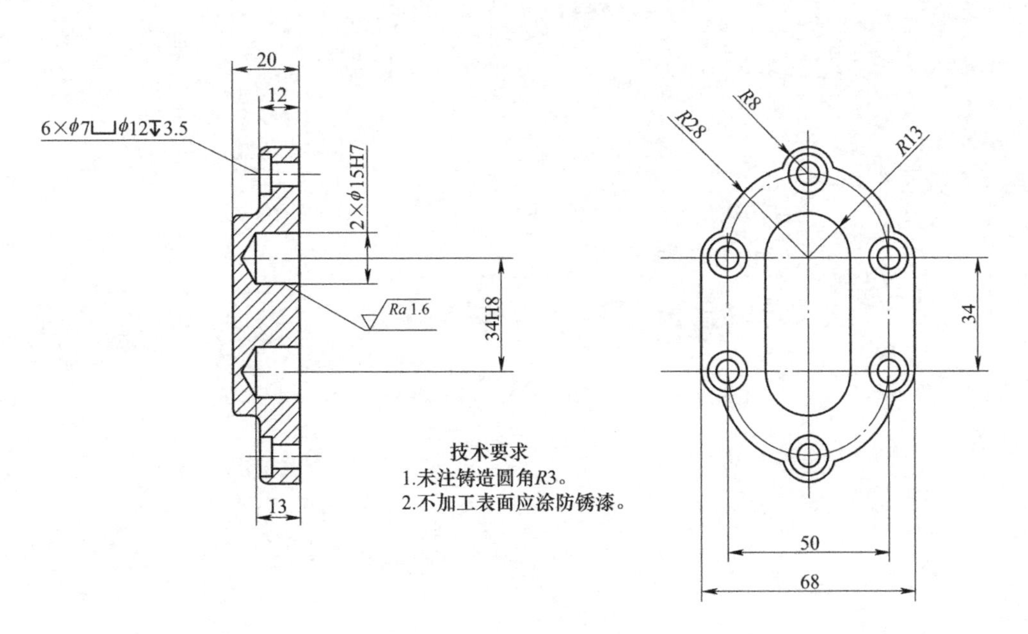

图 3-79　泵盖零件图

5. 按照图 3-80 所示零件图，完成法兰连接件的建模。

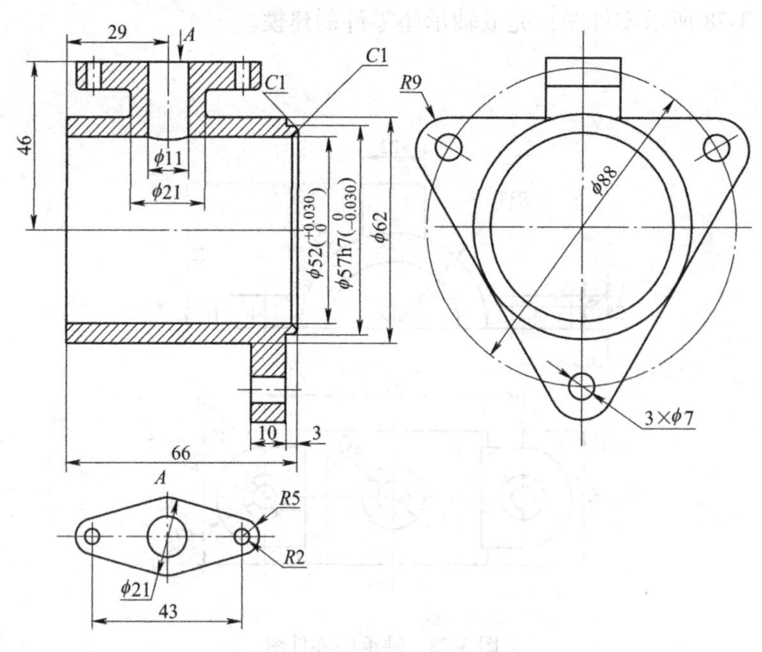

图 3-80　法兰连接件零件图

第4章 旋转特征零件的建模

在Creo Parametric 9.0软件中，旋转是将二维草绘沿指定轴线转动一定角度，创建三维特征的一种常见建模方法，可按轴线旋转添加材料创建实体、曲面及薄壳特征，也可按轴线旋转去除材料创建特征。本章首先介绍旋转特征建模的基本功能与操作方法，接着通过多个旋转特征建模实例帮助读者掌握与巩固旋转特征的创建方法。

4.1 旋转功能简介

本节将介绍创建旋转特征的一般流程、旋转特征的设置。其中，旋转特征的设置选项较多，读者应充分理解并掌握其相关操作。

4.1.1 创建旋转特征的一般流程

1）在图形显示区选择任一基准平面或模型表面，在弹出的工具栏中单击【旋转】按钮。

2）单击【草绘视图】按钮，使草绘平面与屏幕平行，完成草绘。

3）进入旋转设置界面，选择旋转轴（可选坐标轴，也可选择模型的轴线或边）。

4）对旋转的角度（可按指定角度旋转，也可旋转至与某一平面、曲面等相交）、方向（可对称或单向旋转，也可按草绘两侧不同角度旋转）等进行设置，完成旋转，保存模型。

4.1.2 旋转特征的设置

本节通过一个例子讲解旋转操作的设置及各选项的区别。打开本书配套资源中的“旋转命令简介.prt”文件，操作模型如图4-1所示。

1.【旋转】命令的草绘设置

1）选择FRONT平面，在弹出的工具栏中单击【旋转】按钮，如图4-2所示。

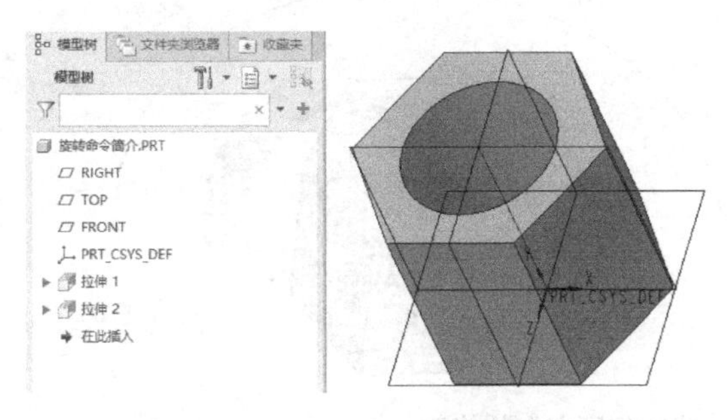

图4-1 【旋转】命令操作模型

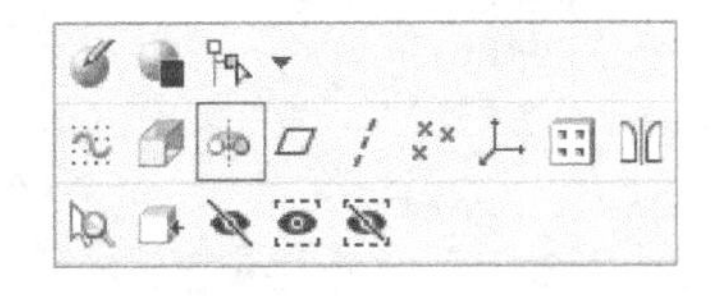

图4-2 【旋转】命令按钮

2）单击界面左上角的【草绘视图】按钮，在草绘平面完成草绘，如图4-3所示，单击【确定】按钮✔。

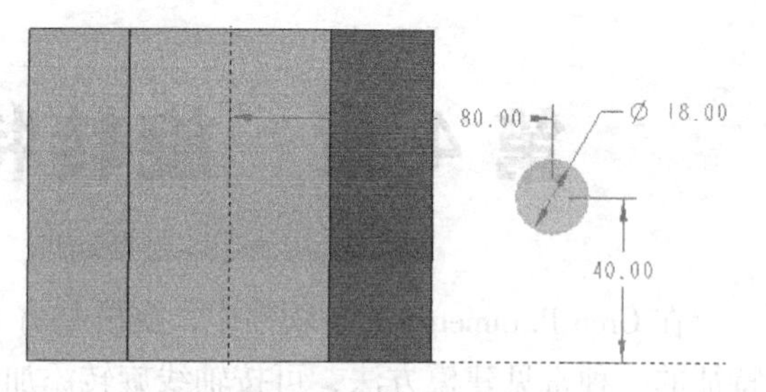

图4-3 旋转草绘

2. “旋转”面板中主要选项的设置

（1）旋转为实体的设置

在“旋转”面板中保持默认设置不变，即保持【实体】按钮及【可变】按钮为默认的选中状态，在图形显示区选择坐标系 Y 轴作为旋转轴，将旋转角度设置为180°，此时的“旋转”面板及模型如图4-4所示。

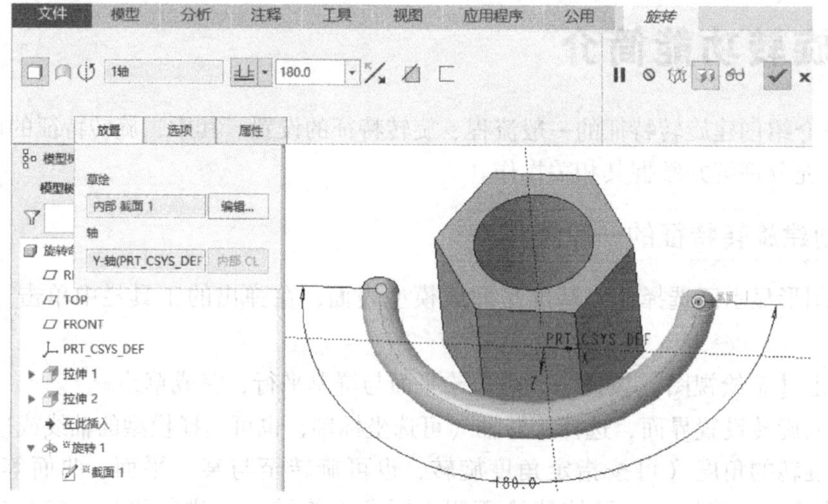

图4-4 旋转为实体

（2）旋转角度方向的修改

单击【切换方向】按钮，则此时的模型如图4-5所示。

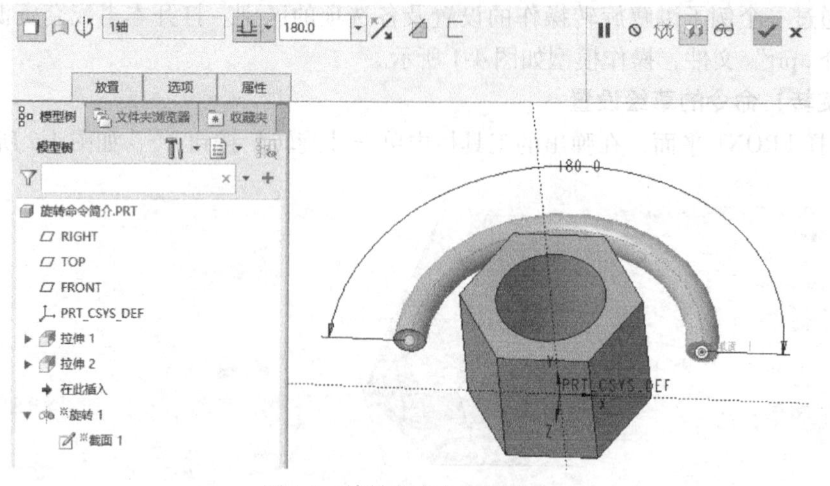

图4-5 旋转角度方向的修改

(3) 两侧按不同角度旋转

在“旋转”面板的“选项”选项卡中，对草绘进行两侧旋转角度设置，分别为90°、30°，此时的模型如图4-6所示。

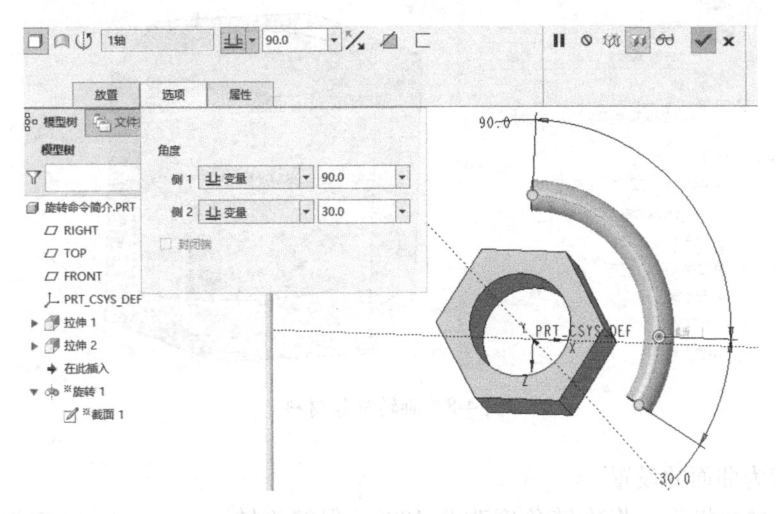

图4-6 两侧按不同角度旋转

(4) 加厚草绘的设置

单击【加厚草绘】按钮□，将“加厚”数值设置为3，则此时的模型如图4-7所示。可通过单击【在草绘的一侧、另一侧或双侧间更改旋转方向】按钮观察加厚方向的变化。

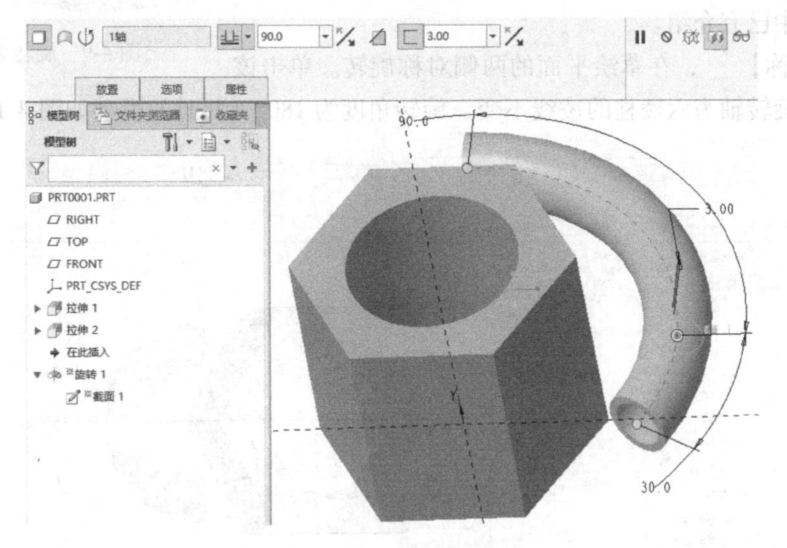

图4-7 加厚草绘的设置

(5) 移除材料的设置

取消加厚草绘操作，并将“放置”选项卡中的旋转轴更改为六棱柱的棱线，将旋转角度改为360°，单击【移除材料】按钮，则此时的模型如图4-8所示。

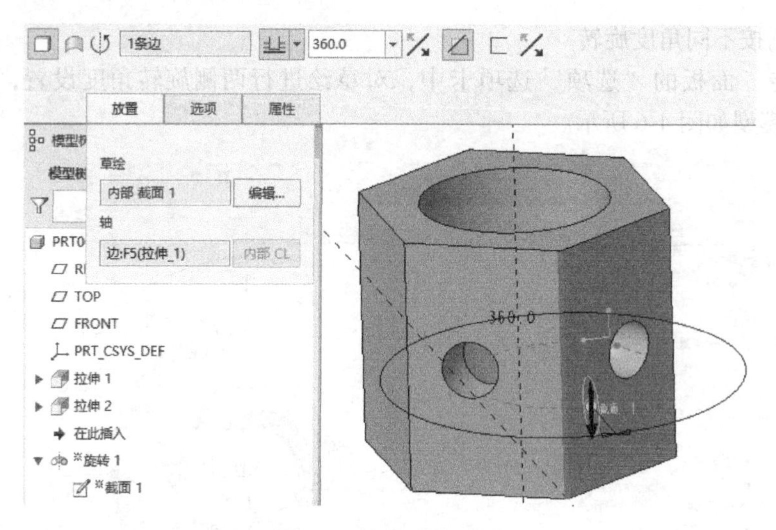

图 4-8　旋转移除材料

（6）旋转为曲面的设置

取消移除材料操作，将旋转角度改为 180°，保持旋转轴为六棱柱的棱线不变，单击【旋转为曲面】按钮，此时的模型如图 4-9 所示。需要注意的是，曲面没有厚度，在 Creo Parametric 软件中，曲面颜色与实体颜色不一致。

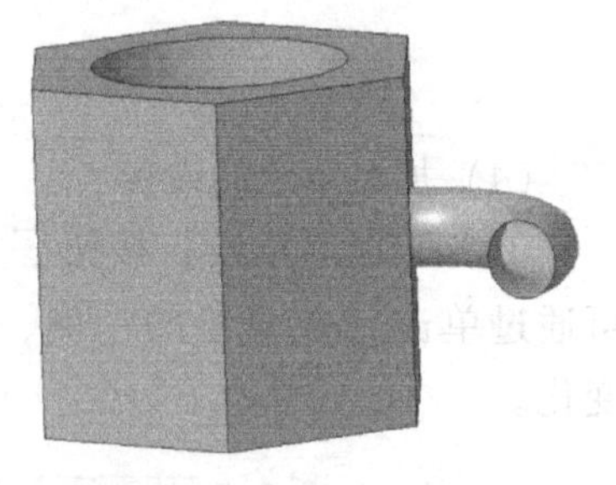

图 4-9　旋转为曲面

3. 旋转角度的设置

1）【可变】，从草绘平面以指定的角度值旋转，该设置在前文中已有介绍。

2）【对称】，在草绘平面的两侧对称旋转。单击该按钮，保持旋转轴为六棱柱的棱线不变，旋转角度为 180°，此时的模型如图 4-10 所示。

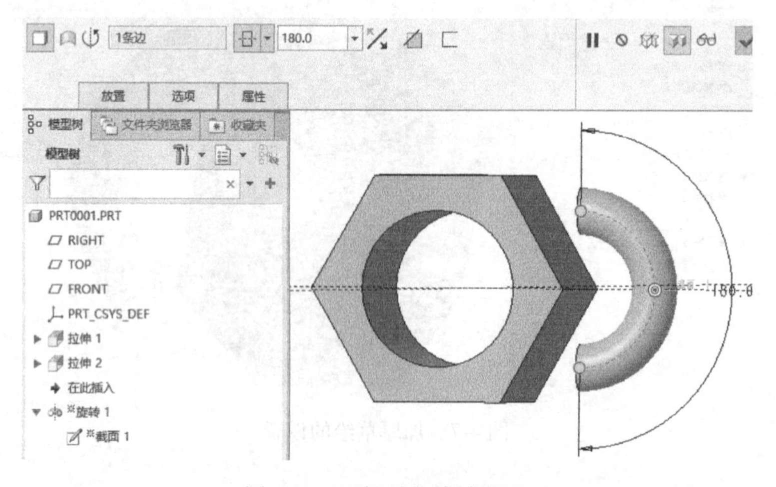

图 4-10　两侧对称旋转设置

3）【到参考】，旋转至选定的点、平面或曲面。保持旋转轴为六棱柱的棱线不变，单击该按钮，接着在图形显示区选择六棱柱表面，此时的模型如图 4-11 所示。

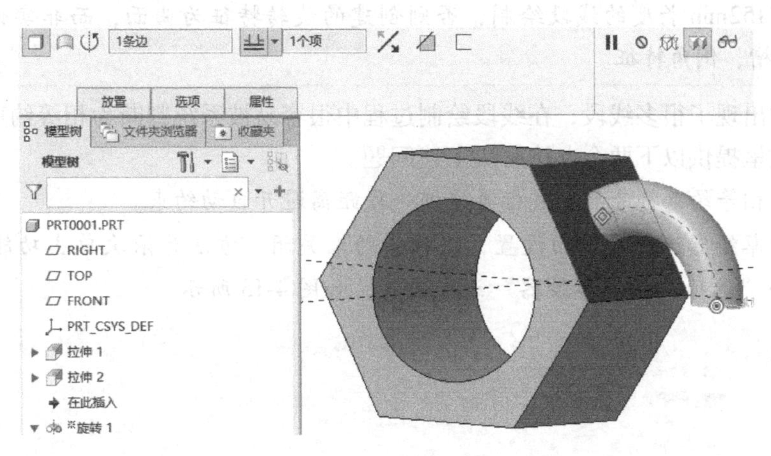

图 4-11　旋转至指定平面

4.2　旋转实例

本节将通过三个旋转实例建模，帮助读者掌握与巩固旋转特征的创建方法，同时融入草绘器设置、加厚草绘、轮廓筋、方向阵列、轴阵列、模型外观编辑等功能，读者应多加练习以掌握相关操作方法。

4.2.1　旋转实例一：阶梯轴模型的建立

4.2.1　旋转实例一：阶梯轴模型的建立

指令应用：旋转、新建参考面、移除材料、倒角等。

创建过程：创建阶梯轴主体，建立参考面，创建键槽，倒角。

关键点：旋转截面的绘制、参考平面的创建。

建模过程：

1. 建立一个新文件

建立对象“类型”为“零件”、“名称”为“阶梯轴”的新文件。

2. 创建阶梯轴旋转特征

1）在图形显示区选择 RIGHT 平面，在弹出的工具栏中单击【旋转】按钮。

2）单击【草绘视图】按钮，完成草绘，如图 4-12 所示。

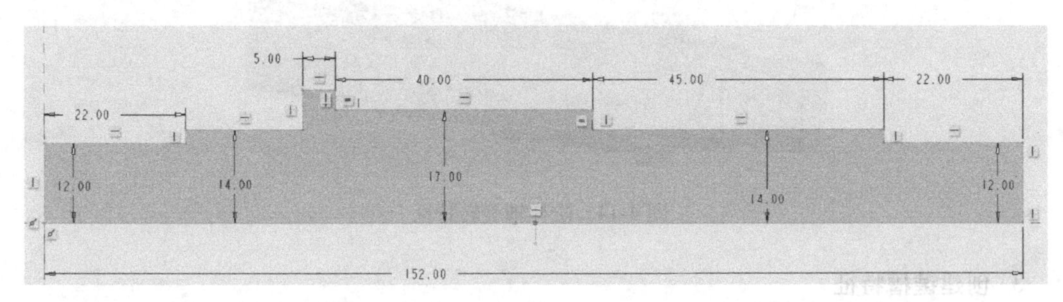

图 4-12　旋转草绘截面

不能遗漏 152mm 长度的线段绘制，否则创建的旋转特征为曲面，而非实体，无法创建后续的键槽、倒角特征。

本实例中出现了很多线段，在线段绘制过程中很容易被系统判断为相等约束，影响后续草绘操作。这里提供以下两个办法解决上述问题。

- 当出现相等约束符号后，鼠标再拖拽一段距离避开自动约束。
- 通过“草绘器选项”界面设置，将相等约束关闭。方法为依次单击功能区中的“文件”→“选项”→“草绘器”进行设置，如图 4-13 所示。

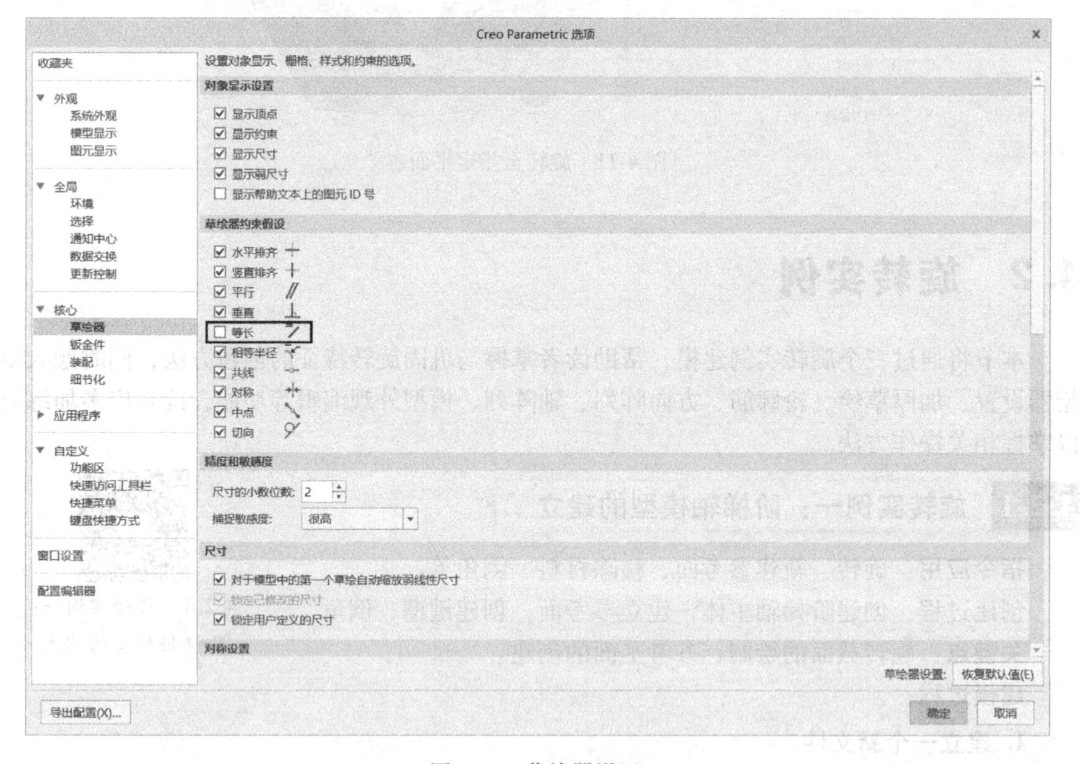

图 4-13　草绘器设置

3）选择旋转轴。在图形显示区，选择 Z 轴作为旋转轴，创建旋转特征，如图 4-14 所示。

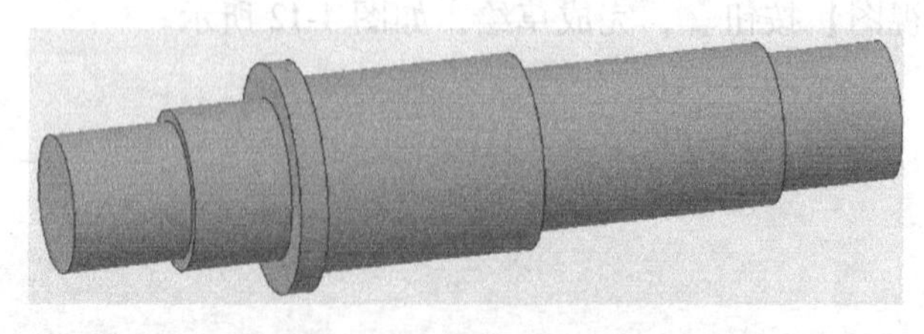

图 4-14　阶梯轴旋转特征

3. 创建键槽特征

1）创建草绘平面 DTM1。单击功能区的【平面】按钮，如图 4-15 所示。

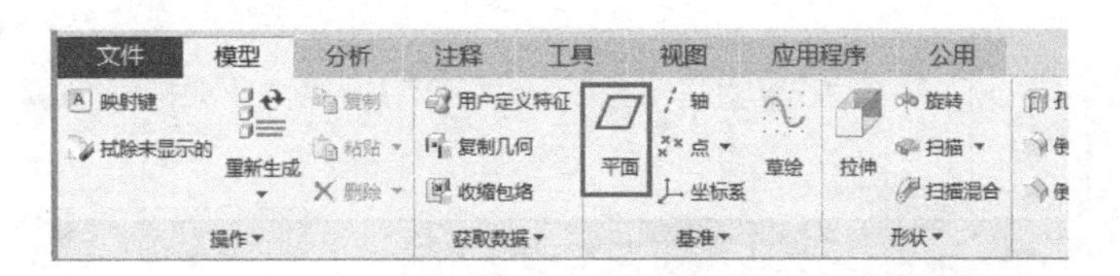

图 4-15　单击【平面】按钮

2）选择左起第四段轴的环面，设置为“相切”，如图 4-16 所示。

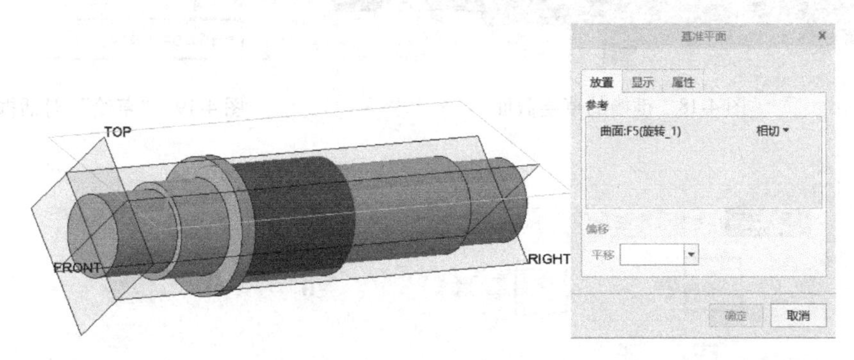

图 4-16　平面相切

3）按住〈Ctrl〉键，选择 RIGHT 平面，选择“平行”，单击【确定】按钮，如图 4-17 所示，完成平面 DTM1 创建。

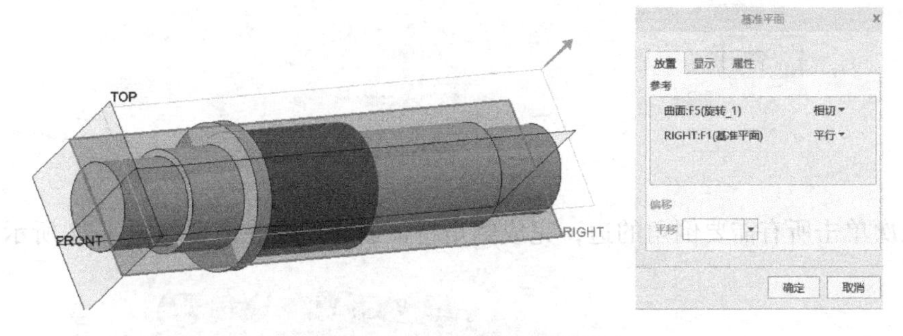

图 4-17　新建 DTM1 平面

4）在图形显示区选择 DTM1 平面，在弹出的工具栏中单击【拉伸】按钮，单击【草绘视图】按钮，完成草绘，如图 4-18 所示。

若草绘视图的方向为 DTM1 平面的反面，可通过“草绘”对话框进行修改。方法为单击【草绘设置】按钮，在弹出的对话框中单击【反向】按钮，如图 4-19 所示。

5）在“拉伸”面板中，设置拉伸深度为 5mm，单击【移除材料】按钮，“拉伸”面板的设置如图 4-20 所示，创建键槽特征。

4. 创建倒角特征

1）在功能区中单击【倒角】按钮，设置等边倒角为 1mm，如图 4-21 所示。

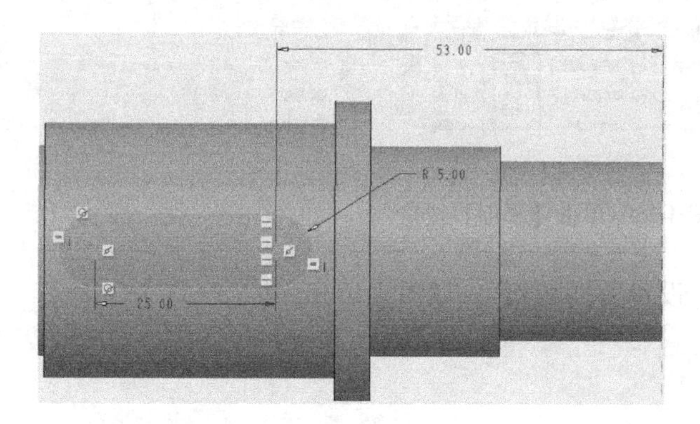

图 4-18　键槽的草绘截面

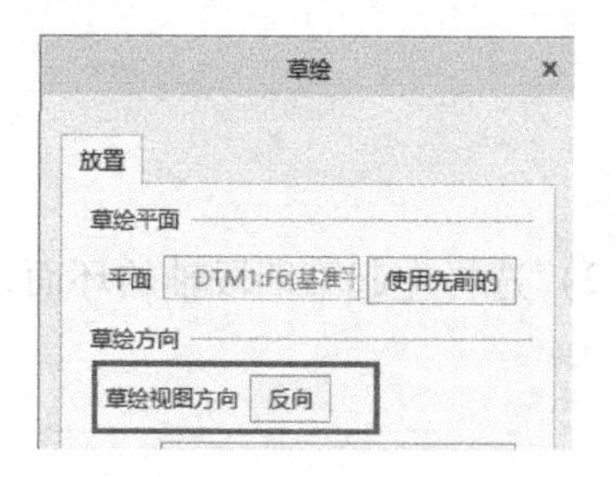

图 4-19　“草绘”对话框

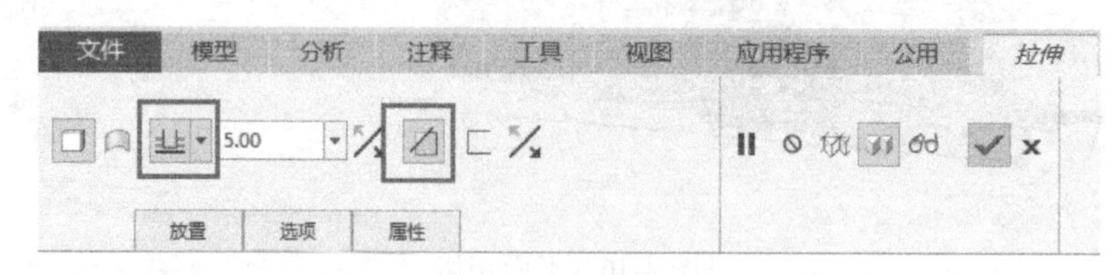

图 4-20　拉伸设置

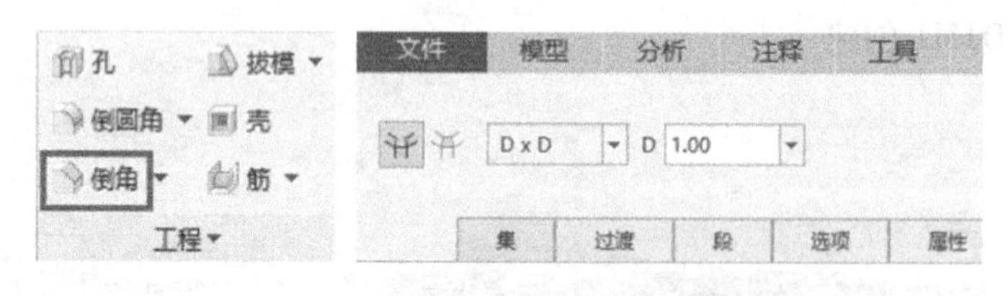

图 4-21　倒角设置

2）依次单击所有需要倒角的边，完成倒角特征创建。最终模型如图 4-22 所示。

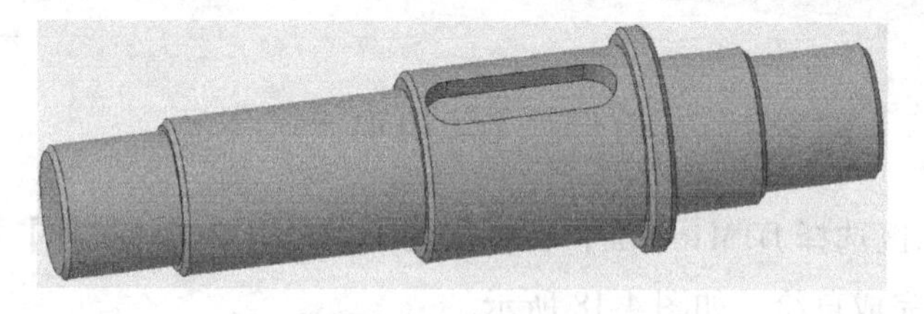

图 4-22　阶梯轴模型

倒角应一次完成，否则模型树中会出现很多倒角特征标识，不利于模型的阅读与编辑。对多条边进行倒角时不需要按住〈Ctrl〉键。本例中阶梯轴一共由 6 个轴段组成，故也可通过 6 个拉伸特征创建阶梯轴主体。

5. 保存模型

保存当前建立的阶梯轴模型。

4.2.2 旋转实例二：法兰盘模型的建立

4.2.2 旋转实例二：法兰盘模型的建立

命令应用：旋转、加厚草绘、轮廓筋、工程孔、轴阵列、倒角、倒圆角、外观着色等。

创建过程：创建法兰盘主体，创建轴阵列轮廓筋，创建轴阵列工程孔，倒角，倒圆角，外观着色等。

关键点：轮廓筋、工程孔。

建模过程：

1. 建立一个新文件

建立对象“类型”为“零件”、“名称”为“法兰盘”的新文件。

2. 创建法兰盘旋转特征

1）在图形显示区选择 RIGHT 平面，在弹出的工具栏中单击【旋转】按钮，单击【草绘视图】按钮，完成草绘，如图 4-23 所示。

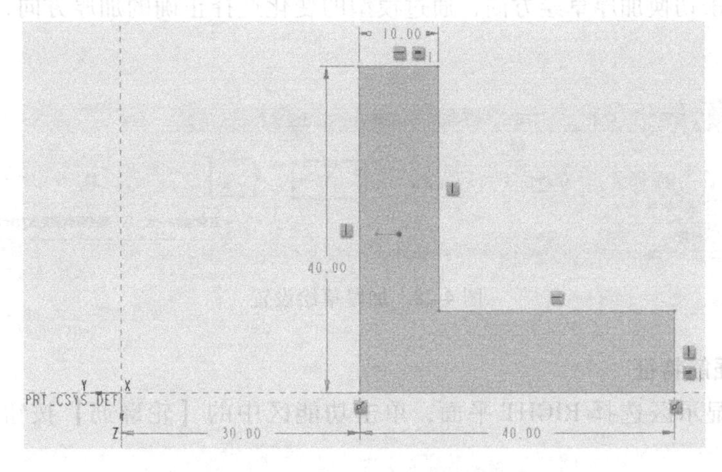

图 4-23　旋转的草绘视图

📖 最右端竖直线段长度未标明，通过“相等（=）”约束可判断其长度为 10mm。

2）选择旋转轴。在图形显示区选择 *Z* 轴作为旋转轴，旋转设置如图 4-24 所示。

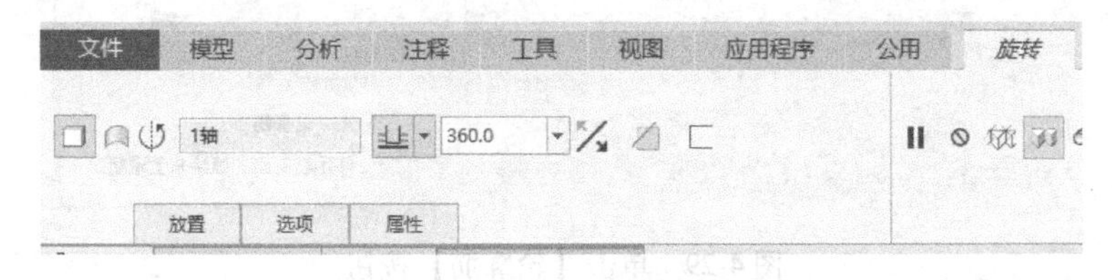

图 4-24　“旋转”面板

3）创建旋转特征，如图 4-25 所示。

4）更高效的建模方法。法兰盘旋转截面厚度一致，均为 10mm，可采用加厚草绘的方法提升建模效率。相关操作如下。

①绘制旋转截面时，只需绘制两条线，如图 4-26 所示。

②单击【确定】按钮，此时系统会弹出对话框，如图 4-27 所示，单击【确定】按钮，将特征改为曲面。

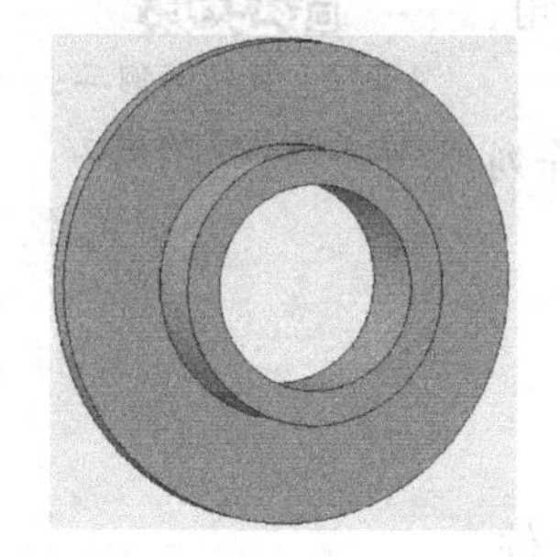

图 4-25　法兰盘的旋转特征

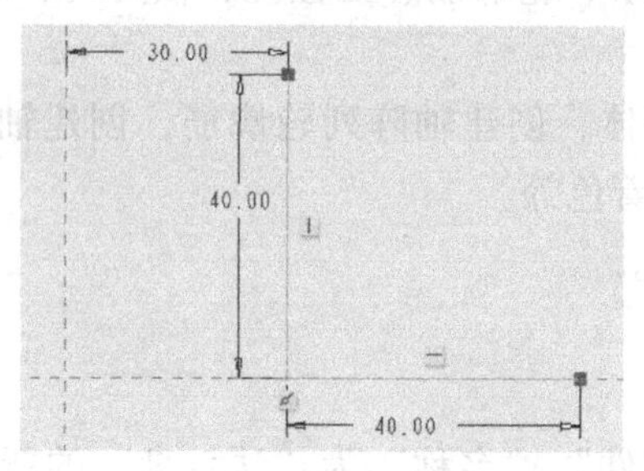

图 4-26　旋转的线条草绘截面

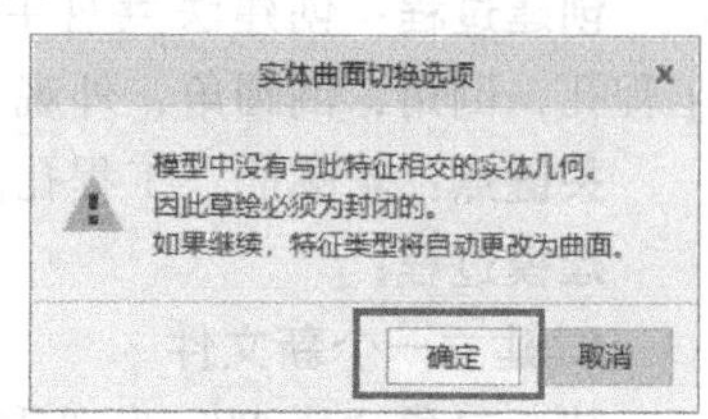

图 4-27　切换为曲面

③在“旋转”面板中，单击【实体】按钮将曲面切换为实体，选择“加厚草绘”，厚度为 10mm，单击切换加厚草绘方向，通过模型的变化选择正确的加厚方向，加厚草绘设置如图 4-28 所示。

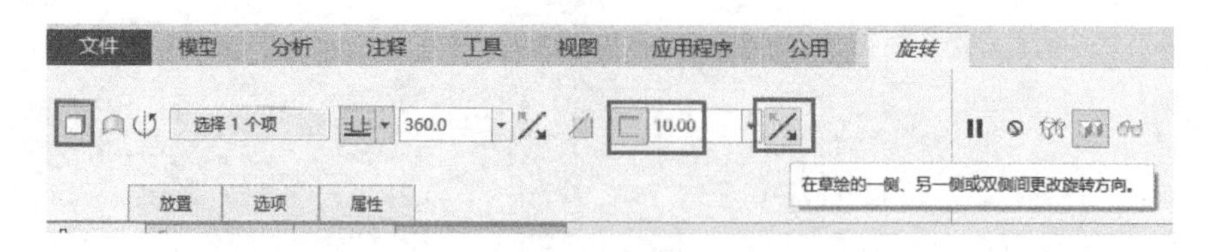

图 4-28　加厚草绘设置

3. 创建加强筋特征

1）在图形显示区选择 RIGHT 平面，单击功能区中的【轮廓筋】按钮，如图 4-29 所示。

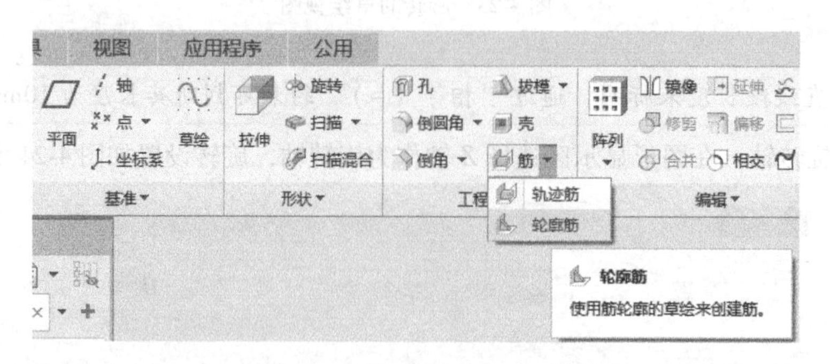

图 4-29　单击【轮廓筋】按钮

2）单击【草绘视图】按钮，绘制轮廓筋轨迹，如图 4-30 所示。

📖 轮廓筋轨迹的端点必须正好落在法兰盘的边界上，否则创建将失败。

3）单击【确定】按钮，在图形显示区切换轮廓筋方向，使其指向法兰盘本体，轮廓筋厚度设置为 8mm，如图 4-31 所示。

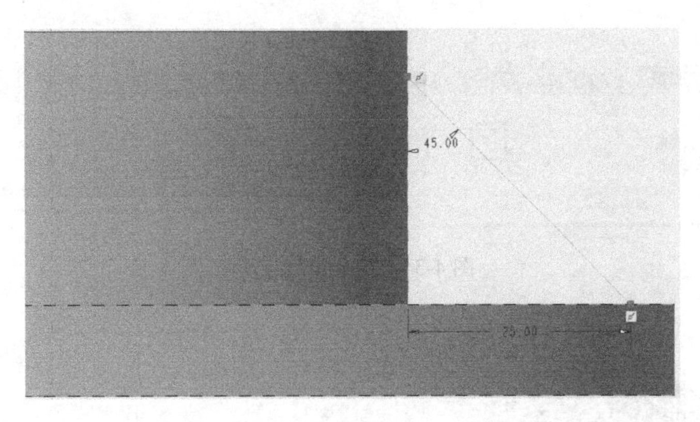

图 4-30　轮廓筋的轨迹绘制

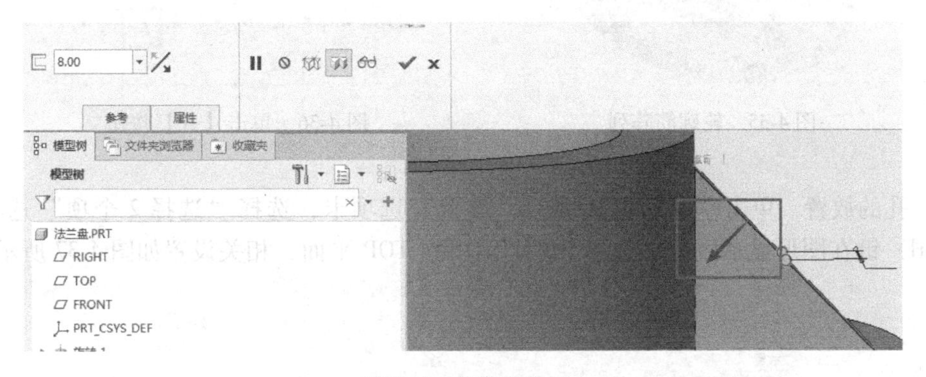

图 4-31　轮廓筋设置

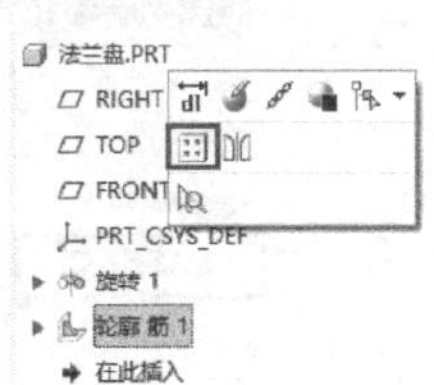

图 4-32　单击【阵列】按钮

4）轮廓筋阵列。在模型树中选择“轮廓筋 1”，在弹出的工具栏中单击【阵列】按钮，如图 4-32 所示。

5）在“阵列”面板中选择“轴阵列”，在图形显示区选择法兰盘轴线作为旋转轴，相关设置如图 4-33 所示。

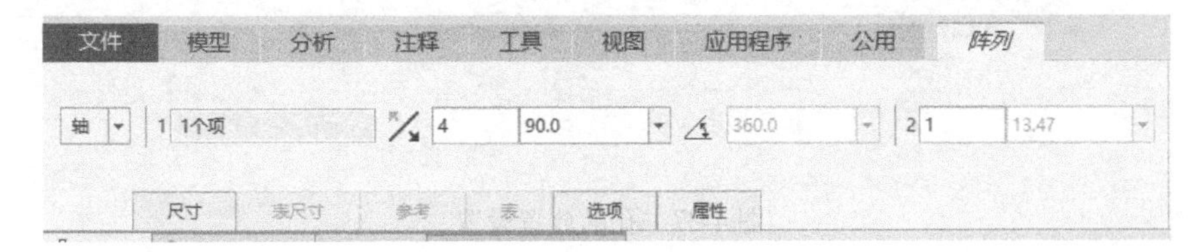

图 4-33　“阵列”面板的设置

若阵列对象为 7 个，平分 270°，则计算起来非常不便，可用图 4-34 所示的办法实现均分。

6）创建的轮廓筋阵列如图 4-35 所示。

4. 创建工程孔特征

1）在图形显示区选择需要打孔的零件平面，在弹出的工具栏中单击【孔】按钮，如图 4-36 所示。

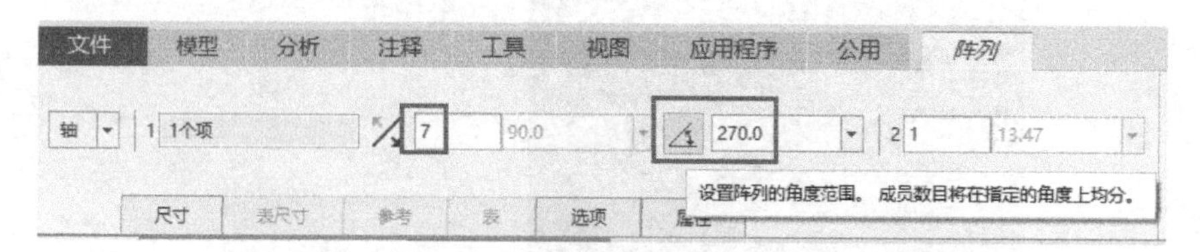

图 4-34 均分角度设置

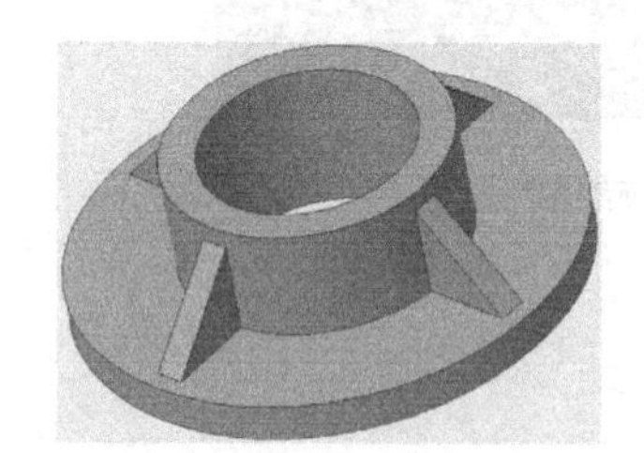

图 4-35 轮廓筋阵列

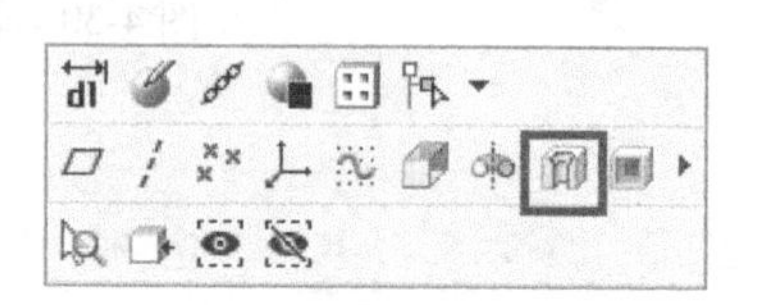

图 4-36 单击【孔】按钮

2）孔的放置。单击“孔”面板中的“放置”选项卡，选择“选择 2 个项”选项，按住〈Ctrl〉键在图形显示区分别选择 RIGHT 平面、TOP 平面，相关设置如图 4-37 所示。

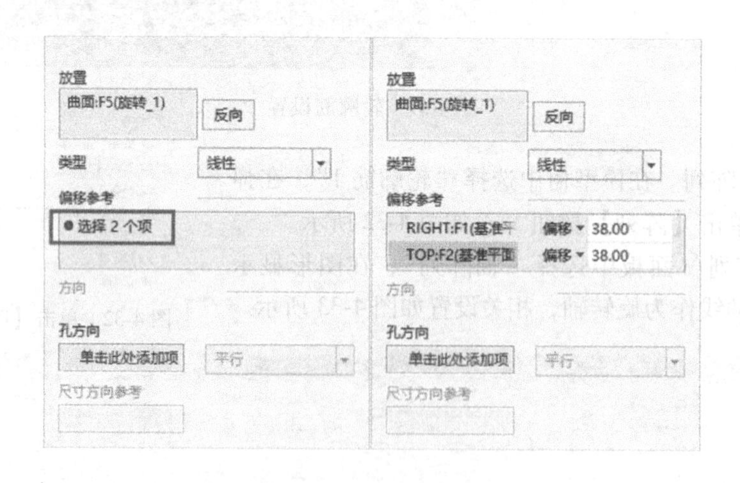

图 4-37 孔的放置设置

📖 放置工程孔需要定义孔的位置（设置“偏移参考”选项），不设置或只设置一个方向的定位尺寸，将无法完成孔创建。在选择 RIGHT 平面、TOP 平面时，要按住〈Ctrl〉键，否则会自动替换前一次选择的面。

3）孔的形状。单击“形状”选项卡，按图 4-38 所示进行相关参数的设置，从“形状”选项卡中可以看到孔的剖面，方便用户进行设置。

4）参考之前对轮廓筋的阵列操作，对孔特征进行轴阵列设置，创建 4 个孔对象，最终的模型如图 4-39 所示。

5. 创建倒角、圆角特征

1）单击【倒角】按钮，设置等边倒角为2mm，对法兰盘进行倒角处理，如图4-40所示。

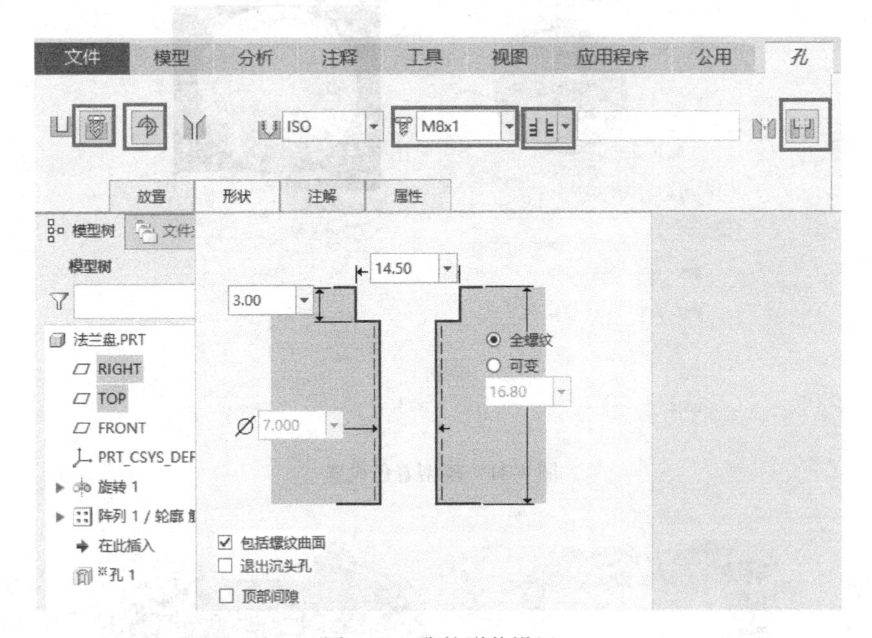

图4-38　孔的形状设置

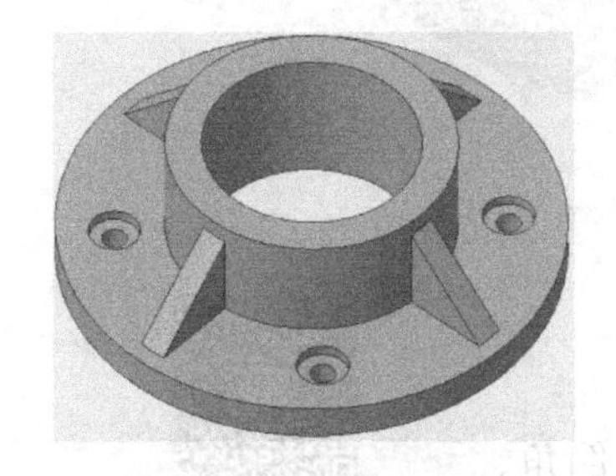

图4-39　工程孔的阵列

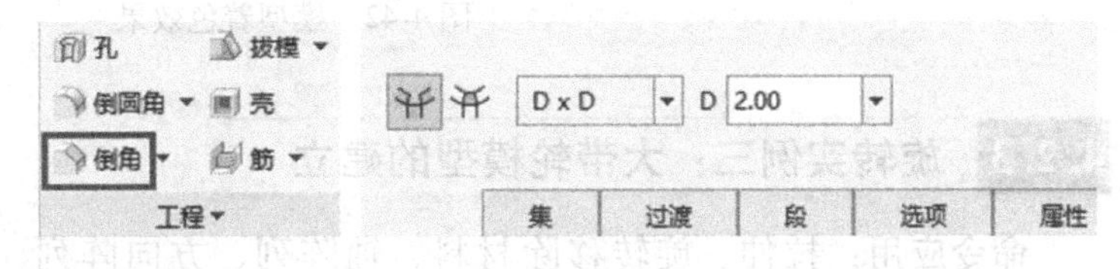

图4-40　倒角设置

2）单击【倒圆角】按钮，设置圆角半径为1mm，对法兰盘进行倒圆角处理，共有8处倒圆角。

6. 模型着色

1）单击“视图”选项卡中【外观】按钮，打开下拉列表，选择“更多外观”，弹出“外观编辑器”对话框，单击“颜色”右侧的按钮，使用颜色轮盘，选择黄色，对法兰盘模型进行整体着色，如图4-41所示。

2）在界面右下角的模型过滤器中，选择“零件”，这样可以很方便地对法兰盘模型进行一次性整体着色，最终的模型效果如图4-42所示。

7. 保存模型

保存当前建立的法兰盘模型。

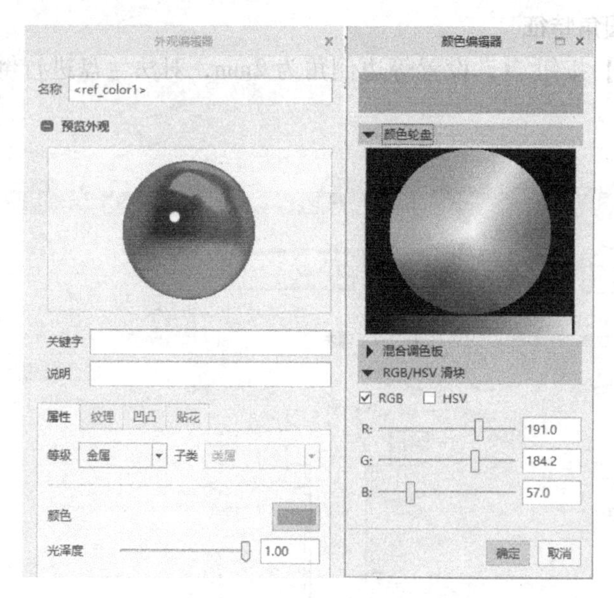

图 4-41 模型着色设置

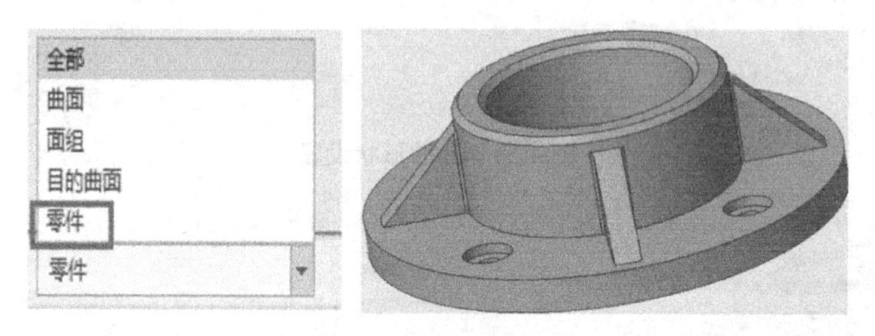

图 4-42 模型着色效果

4.2.3 旋转实例三：大带轮模型的建立

4.2.3 旋转实例三：大带轮模型的建立

命令应用：拉伸、旋转移除材料、轴阵列、方向阵列、倒角、倒圆角等。

创建过程：创建大带轮基体，创建凹槽特征，创建孔特征，创建孔的轴阵列，创建键槽特征，创建 V 带凹槽，创建 V 形凹槽方向阵列，倒角，倒圆角。

关键点：方向阵列。

建模过程：

1. 建立一个新文件

建立对象“类型”为“零件”、“名称”为“大带轮”的新文件。

2. 创建大带轮主体

1）以 TOP 平面作为草绘平面，采用对称拉伸建立 ϕ362mm×65mm 的圆柱，单击【确定】按钮，创建的模型如图 4-43 所示。

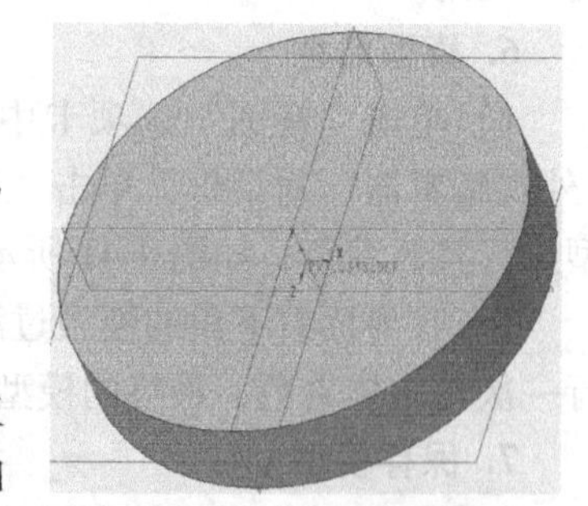

图 4-43 拉伸特征

2）进行旋转移除材料设置。以 FRONT 平面作为草绘平面，草绘图形如图 4-44 所示。

3）选择 Y 轴为旋转轴，移除材料，创建的模型如图 4-45 所示。

4）以 TOP 平面为对称面，对步骤 3）创建的旋转特征进行镜像。

3. 创建大带轮圆孔阵列及倒角特征

1）使用拉伸【移除材料】命令创建 ϕ60mm 圆孔，草绘如图 4-46 所示。

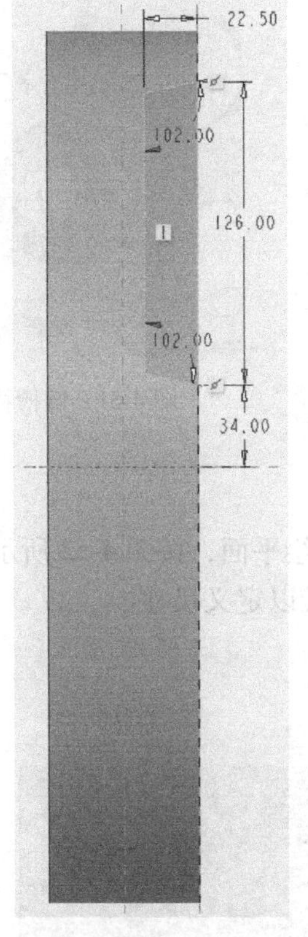

图 4-44　旋转的草绘视图

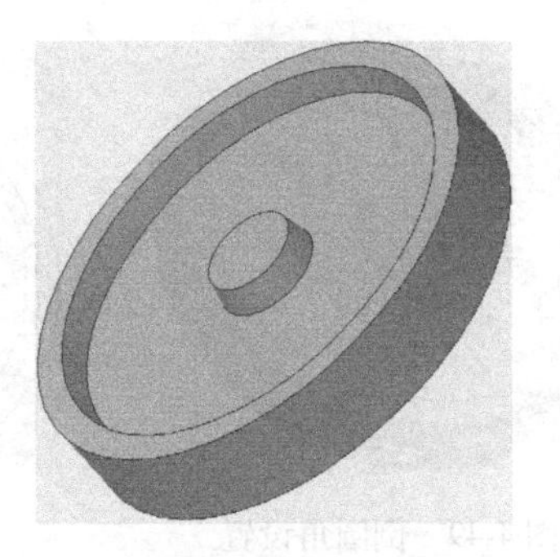

图 4-45　旋转移除材料特征

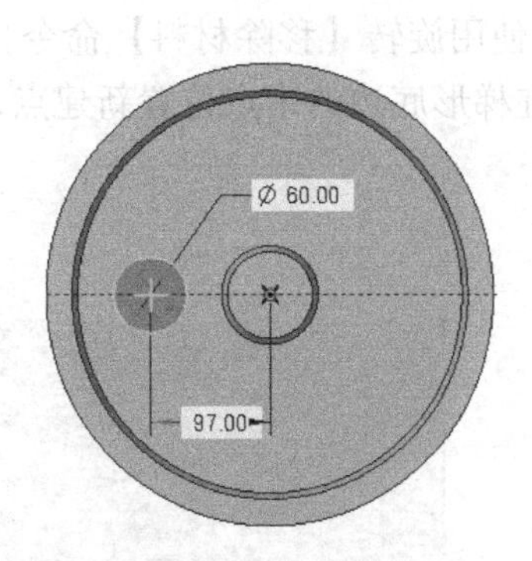

图 4-46　拉伸的草绘

2）对 ϕ60mm 圆孔进行轴阵列，产生的模型如图 4-47 所示。

3）对模型进行 4mm 等边倒角，注意背面也要倒角，创建的模型如图 4-48 所示。

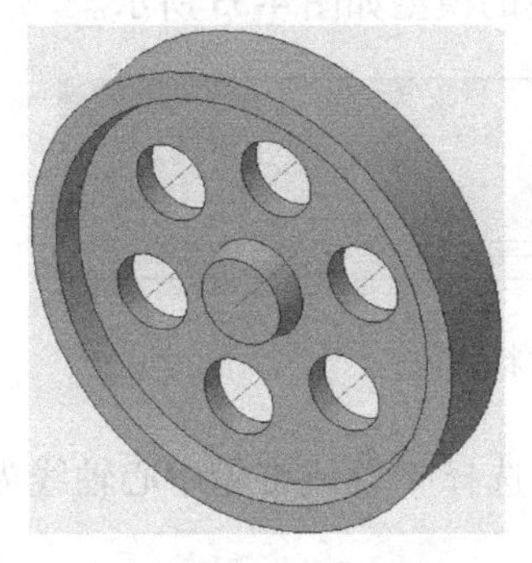

图 4-47　圆孔的轴阵列

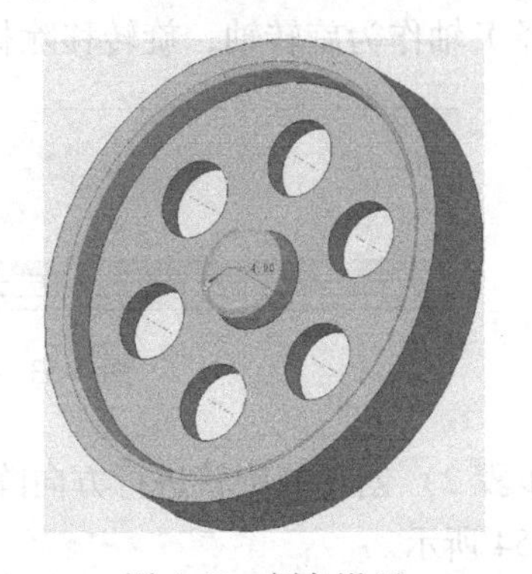

图 4-48　倒角设置

4）对模型进行4mm倒圆角，注意背面也要倒圆角，创建的模型如图4-49所示。

4. 创建大带轮键槽

1）使用拉伸【移除材料】命令创建键槽，按图4-50所示进行草绘。使用【中心矩形】、【圆心和端点】画圆弧命令进行草绘，效率较高。

2）对键槽进行2mm等边倒角，创建的模型如图4-51所示。

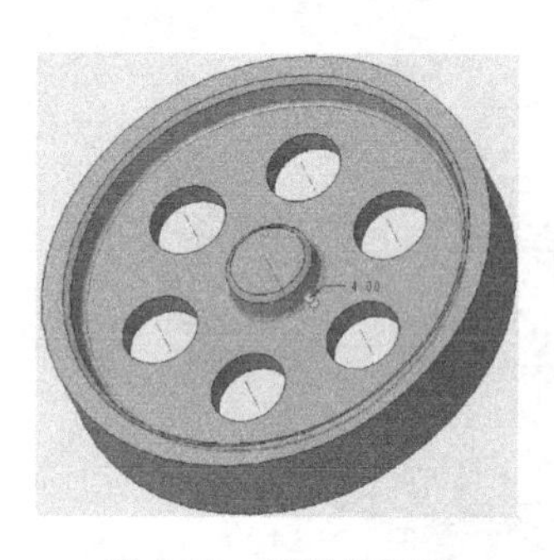

图4-49　倒圆角设置

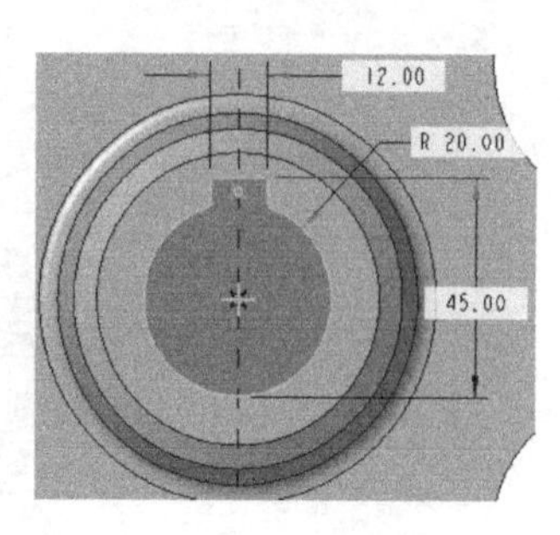

图4-50　键槽的草绘

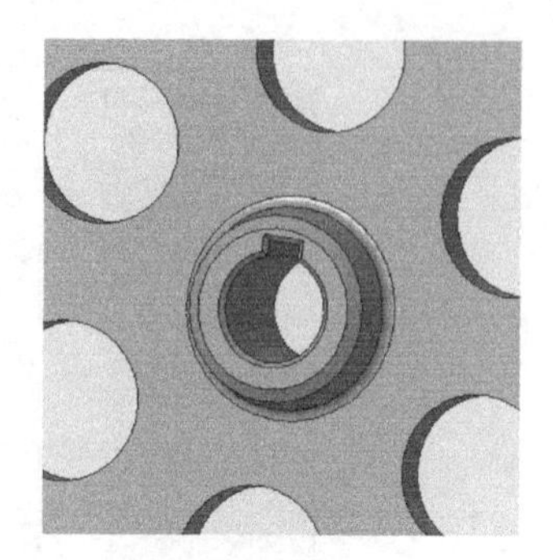

图4-51　键槽特征

5. 创建大带轮V带凹槽阵列

1）使用旋转【移除材料】命令，以RIGHT平面为草绘平面，按图4-52所示完成草绘。注意须在梯形底边的中点位置新建点，距边10mm，否则难以定义尺寸。

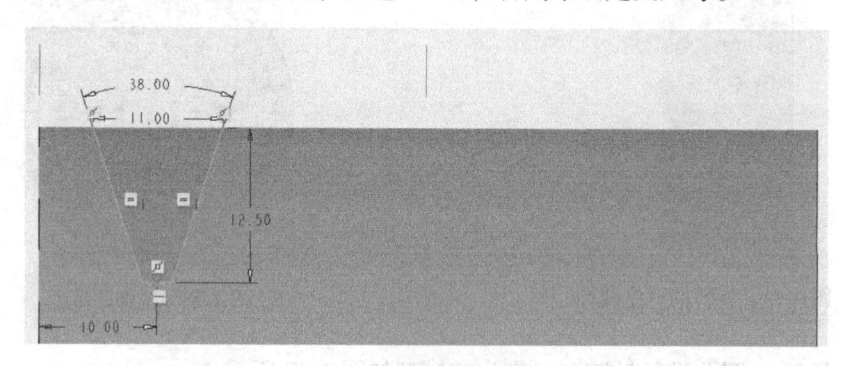

图4-52　旋转的草绘截面

2）选择Y轴作为旋转轴，旋转移除材料，创建的模型如图4-53所示。

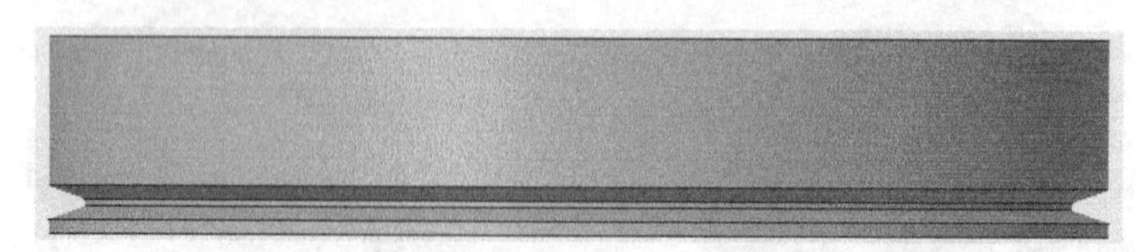

图4-53　旋转移除材料特征

3）对步骤2）创建的旋转进行方向阵列操作，选择Y轴或带轮中心轴线为参考，相关设置如图4-54所示。

4）最终创建的模型如图4-55所示。

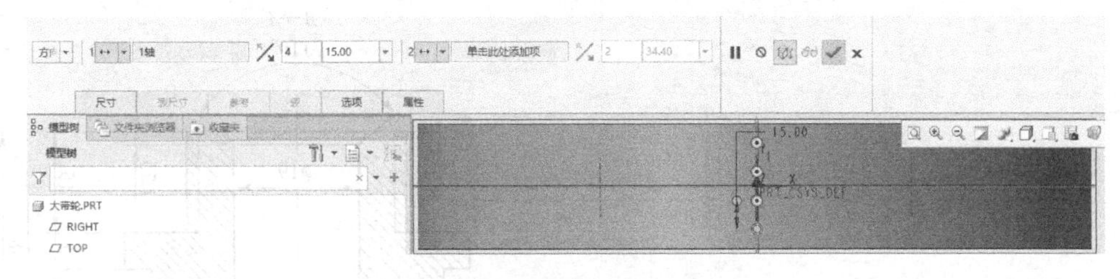

图 4-54 “旋转”特征面板设置

图 4-55 大带轮模型

6. 保存模型

保存当前建立的大带轮模型。

4.3 习题

1. 完成如图 4-56 所示上盖零件的建模，注意 M26×1.5 使用【修饰螺纹】命令。

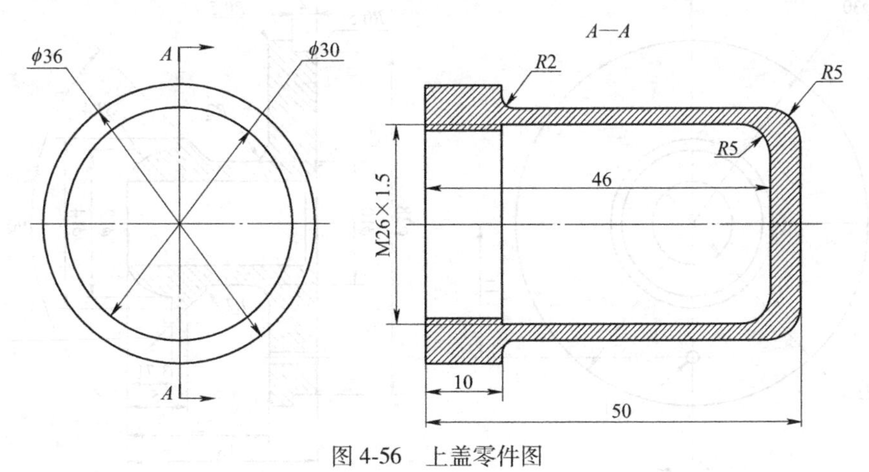

图 4-56 上盖零件图

2. 完成如图 4-57 所示安装垫零件的建模。
3. 完成如图 4-58 所示螺纹接头零件的建模。

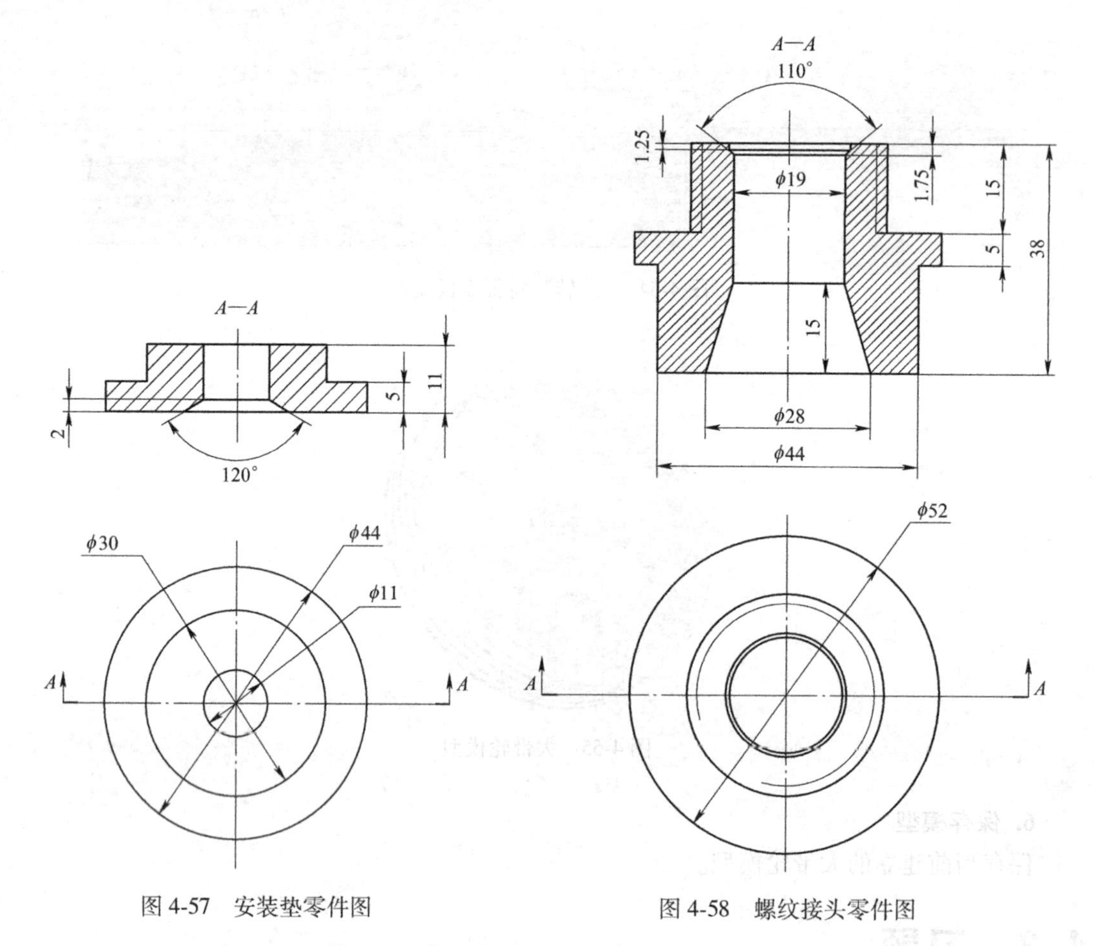

图 4-57　安装垫零件图　　　　图 4-58　螺纹接头零件图

4. 完成如图 4-59 所示燃烧室盖零件的建模。

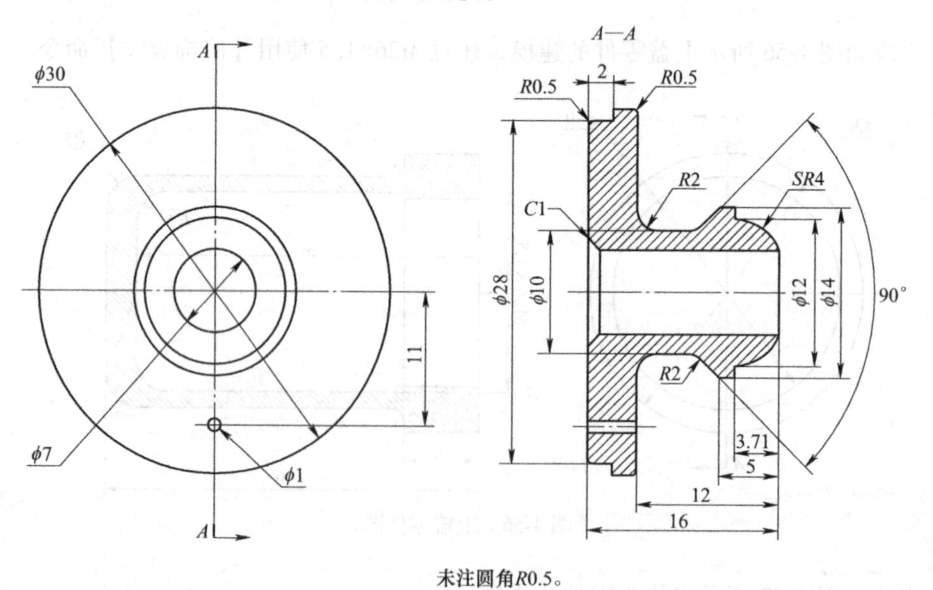

图 4-59　燃烧室盖零件图

第 5 章　扫描特征零件的建模

在 Creo Parametric 9.0 软件中，扫描是将二维草绘沿一条或多条指定的轨迹延伸创建三维特征的一种常见建模方法，可按指定轨迹添加材料创建实体、曲面及薄板特征，也可按轨迹去除材料创建特征。本章首先介绍扫描特征建模的基本功能与操作方法，接着通过多个扫描特征建模实例帮助读者掌握与巩固扫描特征的创建方法。

5.1　扫描功能简介

本节将介绍创建扫描特征的一般流程、扫描特征的设置。其中，扫描特征的设置选项较多，读者应充分理解并掌握其相关操作。

5.1.1　创建扫描特征的一般流程

1）在任一基准平面或模型表面新建草绘，该草绘将作为扫描的轨迹。

2）在图形显示区或模型树中选择创建的轨迹，在弹出的工具栏中单击【扫描】按钮，接着单击【草绘】按钮，创建扫描截面。

3）在扫描设置界面，对扫描进行实体、曲面、薄板特征等设置，完成扫描特征的创建。

5.1.2　扫描特征的设置

本节通过一个例子讲解扫描操作的设置及各选项的区别。打开本书配套资源中的“扫描命令简介 . prt”文件，操作模型如图 5-1 所示。

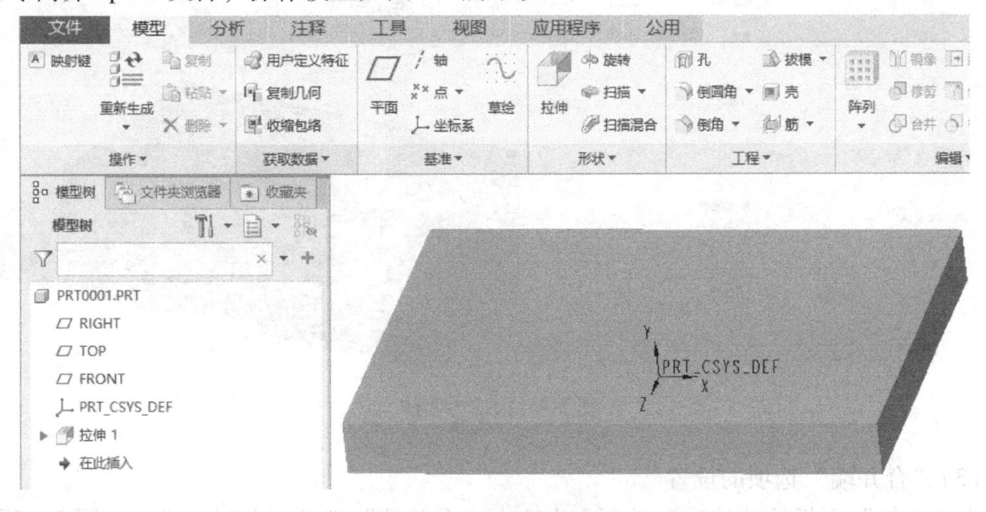

图 5-1　扫描操作模型

1.【扫描】命令的扫描轨迹设置

在图形显示区选择FRONT平面，在弹出的工具栏中单击【草绘】按钮，单击界面左上角的【草绘视图】按钮，使用【样条】命令完成草绘，如图5-2所示，单击【确定】按钮。

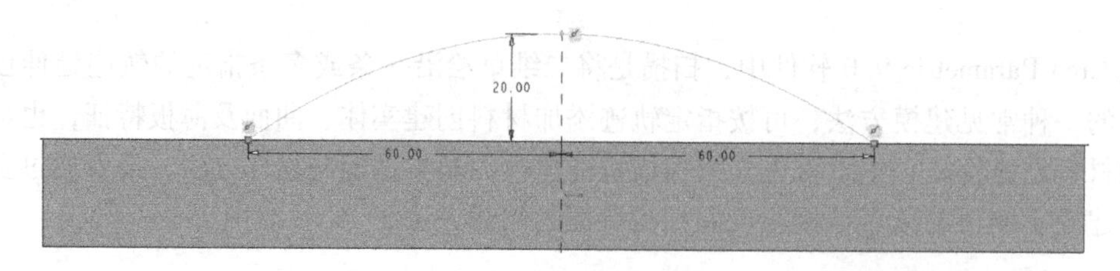

图5-2 扫描的轨迹绘制

2.“扫描”面板中主要选项的设置

(1)【草绘】按钮的设置

在图形显示区或模型树中选择轨迹（“草绘1”），在弹出的工具栏中单击【扫描】按钮，接着单击【草绘】按钮，绘制扫描截面，如图5-3所示，单击【确定】按钮。

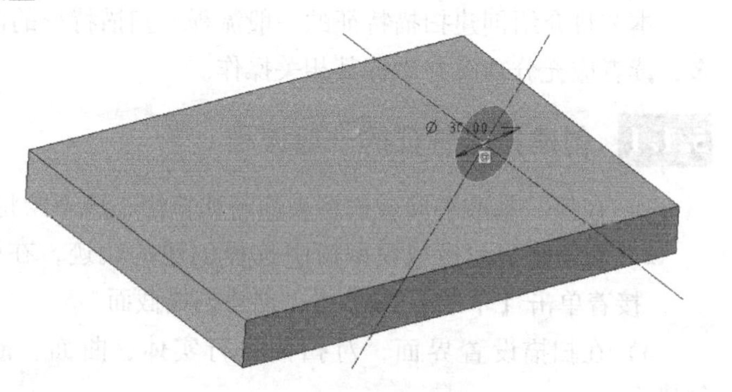

图5-3 绘制扫描截面

(2)【实体】按钮的设置

在“扫描”面板中保持默认设置不变，即保持【实体】按钮及【恒定截面】按钮为默认的选中状态。此时，“扫描”面板及模型如图5-4所示。

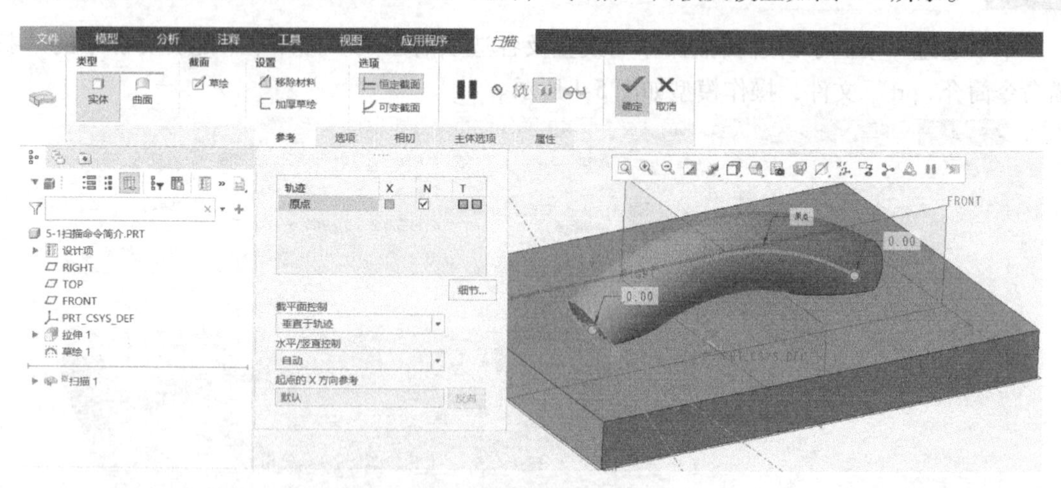

图5-4 扫描为实体

(3)“合并端”选项的设置

在“扫描”面板的“选项”选项卡中选中“合并端”选项，此时的模型如图5-5所示，要注意选中“合并端”选项前后模型的区别。

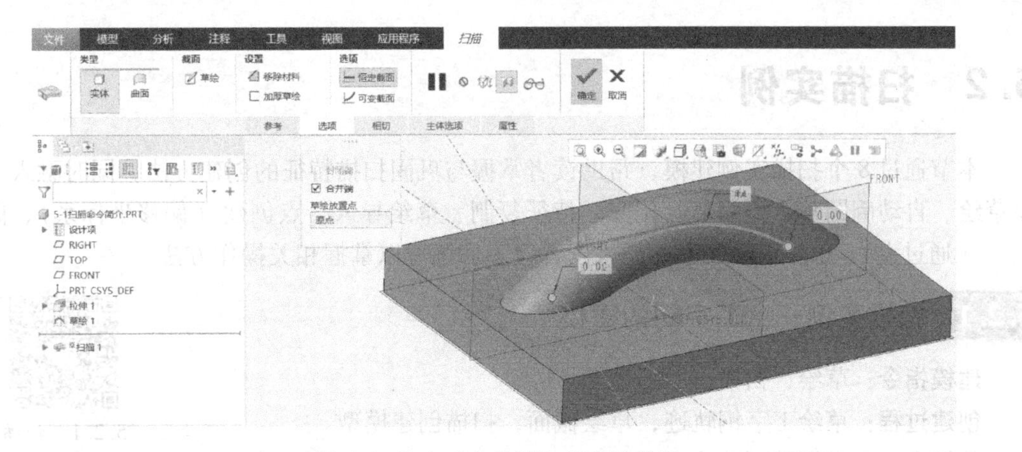

图 5-5　选中“合并端”选项的效果

(4)【移除材料】按钮的设置

取消选择“合并端”选项，单击【移除材料】按钮，则此时的模型如图 5-6 所示。

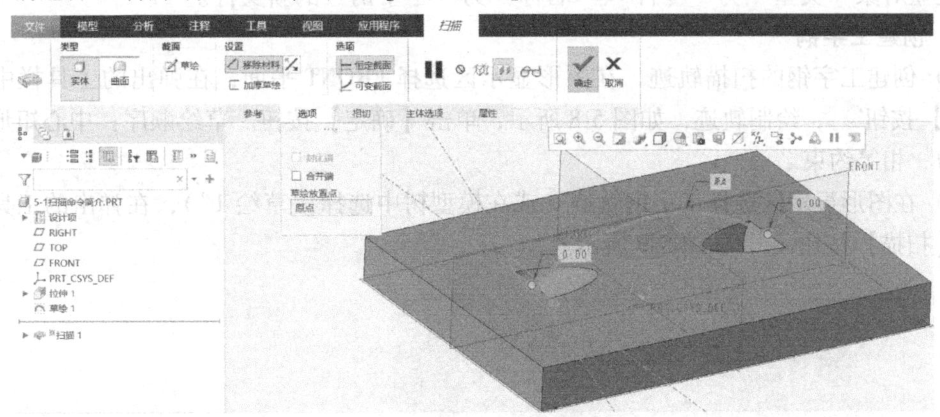

图 5-6　移除材料的效果

(5) 将特征的材料方向更改为草绘的另一侧

在移除材料的状态下，单击【切换方向】按钮，则此时的模型如图 5-7 所示。

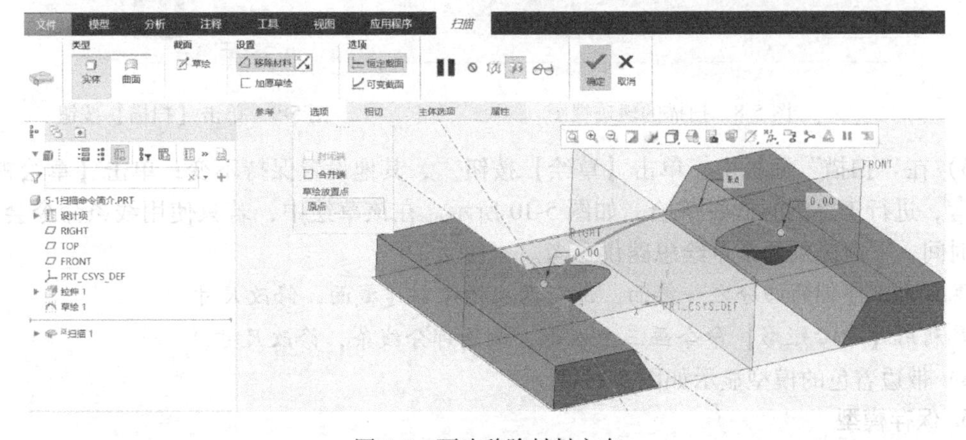

图 5-7　更改移除材料方向

5.2 扫描实例

本节通过8个扫描实例建模，帮助读者掌握与巩固扫描特征的创建方法，同时融入了加厚草绘、自动倒圆角、空间草绘相交、特征复制、草绘导入、点创建（偏移坐标系）、曲线创建（通过点）、trajpar函数等功能，读者应多加练习以掌握相关操作方法。

5.2.1 扫描实例一：工字钢的建模

5.2.1 扫描实例一：工字钢的建模

建模指令： 草绘、扫描。

创建过程： 草绘工字钢轨迹，草绘截面，扫描创建模型。

关键点： 工字钢截面草绘。

建模过程：

1. 建立一个新文件

建立对象“类型”为“零件”、“名称”为“工字钢”的新文件。

2. 创建工字钢

1）创建工字钢的扫描轨迹。在图形显示区选择FRONT平面，在弹出的工具栏中单击【草绘】按钮，绘制轨迹，如图5-8所示，单击【确定】按钮。草绘顺序：中心矩形、圆形修剪、相等约束。

2）在图形显示区选择工字钢轨迹（或在模型树中选择“草绘1”），在弹出的工具栏中单击【扫描】按钮，如图5-9所示。

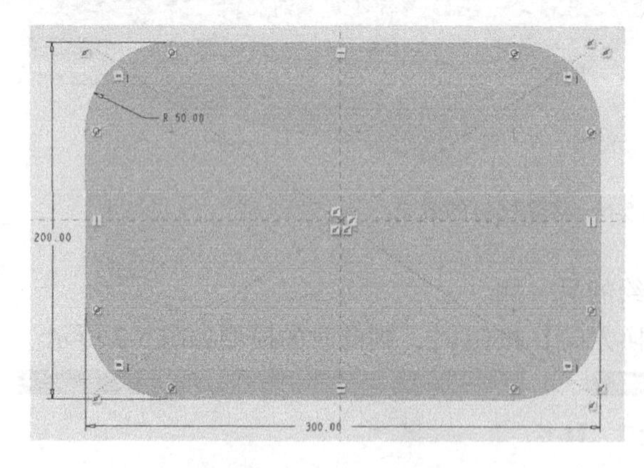

图5-8 扫描的轨迹视图

图5-9 单击【扫描】按钮

3）在“扫描”面板中，单击【草绘】按钮，其他设置保持不变；单击【草绘视图】按钮，进行工字钢的截面草绘，如图5-10所示。在该草绘中，若只使用线条命令会增加操作时间，下面提供两个草绘思路供参考。

- 画出工字钢的四分之一截面，进行两次镜像创建截面，修改尺寸。
- 利用【中心矩形】命令画三个矩形，删除部分线条，修改尺寸。

4）带边着色的模型显示如图5-11所示。

3. 保存模型

保存当前建立的工字钢模型。

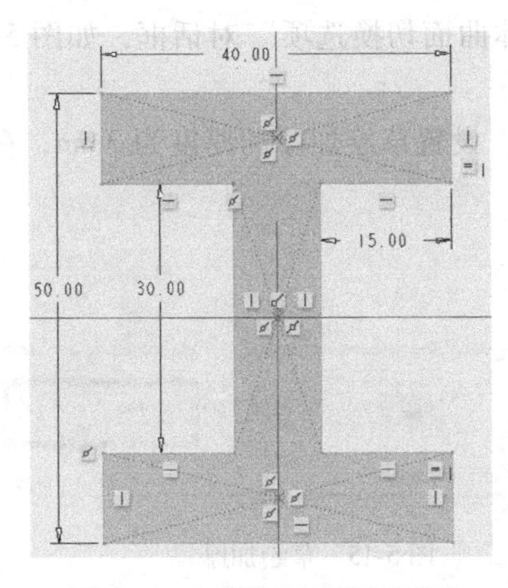

图 5-10　扫描截面的草绘视图

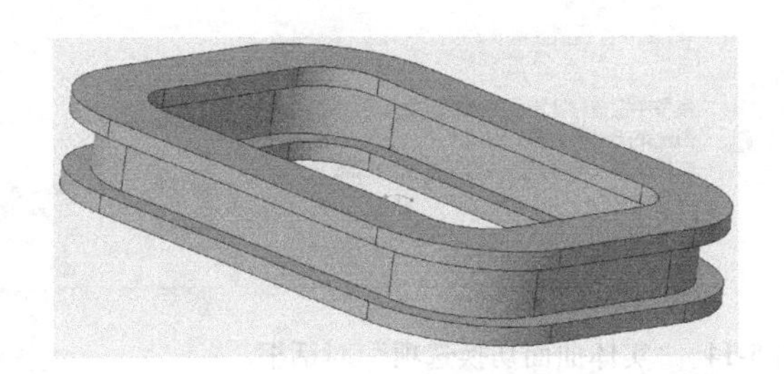

图 5-11　工字钢扫描操作模型

5.2.2 扫描实例二：马克杯的建模

5.2.2 扫描实例二：马克杯的建模

图 5-12 所示为马克杯。在该例中，读者需要掌握加厚草绘、旋转特征创建、扫描特征创建等操作，才能完成建模。

建模命令：草绘加厚、旋转、扫描、自动倒圆角等。

创建过程：草绘加厚，用【旋转】命令创建马克杯主体，用【扫描】命令创建把手，倒圆角。

关键点：通过加厚草绘“以线代面”，减少建模时间；【扫描】命令中的“封闭”选项。

建模过程：

1. 建立一个新文件

建立对象“类型”为“零件”、“名称”为“马克杯”的新文件。

2. 创建马克杯主体

1）在图形显示区选择 FRONT 平面，在弹出的工具栏中单击【旋转】按钮，单击【草绘视图】按钮，完成草绘，如图 5-13 所示。

图 5-12　马克杯

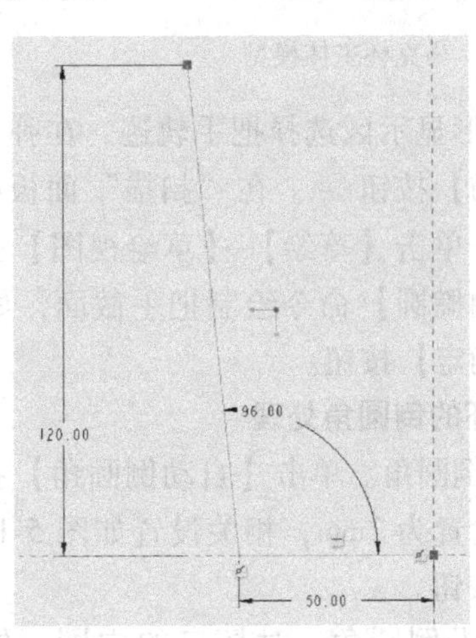

图 5-13　马克杯的旋转草绘视图

2）单击【确定】按钮，此时系统会弹出“实体曲面切换选项”对话框，如图 5-14 所示，单击【确定】按钮，将特征类型改为曲面。

3）在“旋转”面板中，单击【实体】按钮，设置草绘加厚的厚度为 3mm，在图形显示区选择 *Y* 轴为旋转轴，相关设置如图 5-15 所示。

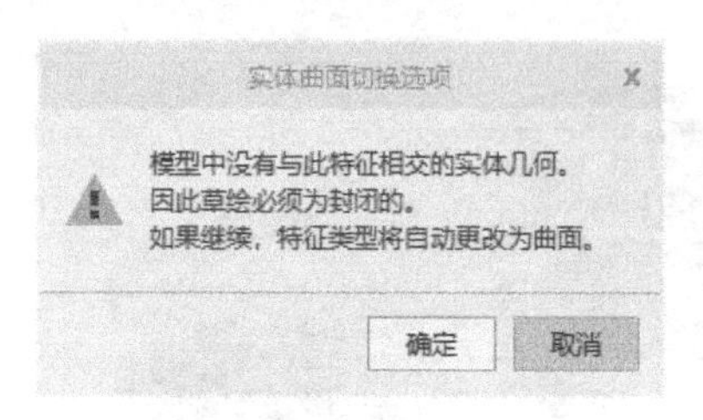

图 5-14 “实体曲面切换选项”对话框

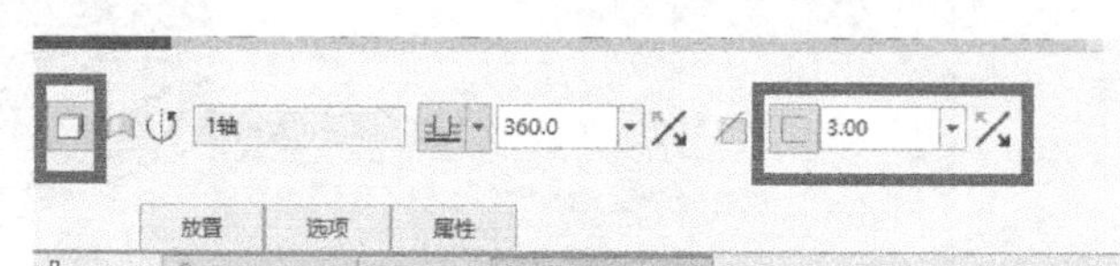

图 5-15 草绘加厚

4）单击【确定】按钮，马克杯主体模型如图 5-16 所示。

3. 创建马克杯把手

1）创建把手的扫描轨迹。在图形显示区选择 FRONT 平面，在弹出的工具栏中单击【草绘】按钮，利用样条绘制轨迹，样条由 5 个点进行驱动，如图 5-17 所示，单击【确定】按钮。

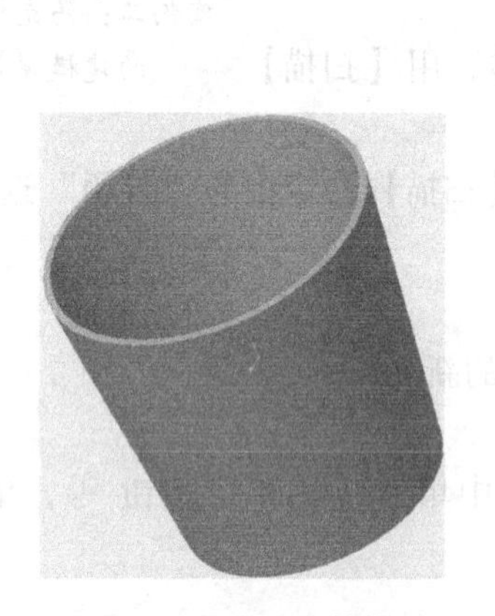

图 5-16 马克杯主体模型

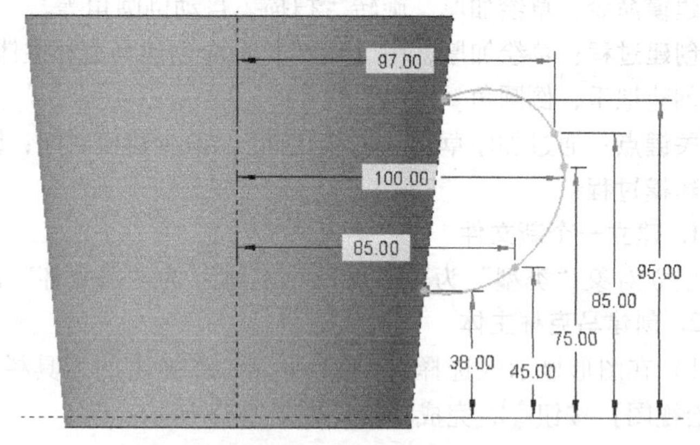

图 5-17 把手的扫描轨迹

2）在图形显示区选择把手轨迹，在弹出的工具栏中单击【扫描】按钮。在“扫描”面板中选中“合并端”选项；单击【草绘】→【草绘视图】按钮，利用【中心和轴椭圆】命令绘制把手截面，如图 5-18 所示，单击【确定】按钮。

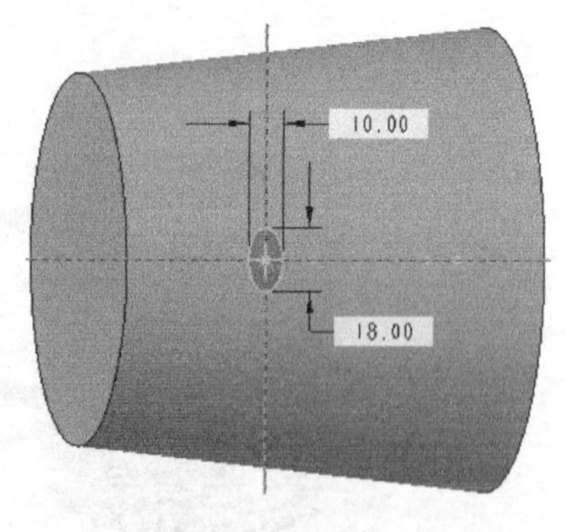

图 5-18 把手截面

4. 马克杯的倒圆角处理

1）自动倒圆角。单击【自动倒圆角】按钮，并将圆角半径设置为 2mm，相关设置如图 5-19 所示，单击【确定】按钮。

2）上杯沿倒圆角。对杯口的内圈、外圈均进行

1mm 的倒圆角处理，上杯沿倒圆角后的模型如图 5-20 所示。

5. 保存模型

保存当前建立的马克杯模型。

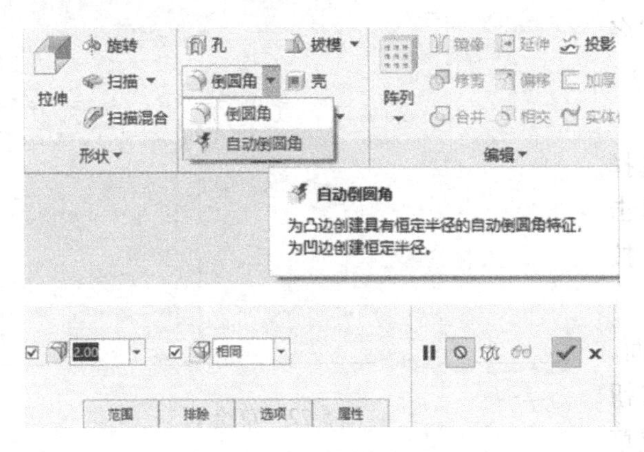

图 5-19　自动倒圆角设置

图 5-20　上杯沿倒圆角

5.2.3　扫描实例三：弯管的建模

5.2.3　扫描实例三：弯管的建模

图 5-21 所示为弯管模型的视图。在该例中，读者需要掌握空间草绘相交、扫描特征创建、特征复制等操作，才能完成建模。

命令应用： 草绘、扫描、相交（曲线合并）、拉伸、特征复制等。

创建过程： 草绘弯管竖直轨迹，草绘弯管水平轨迹，创建轨迹相交（曲线合并），扫描，创建法兰拉伸特征，特征复制。

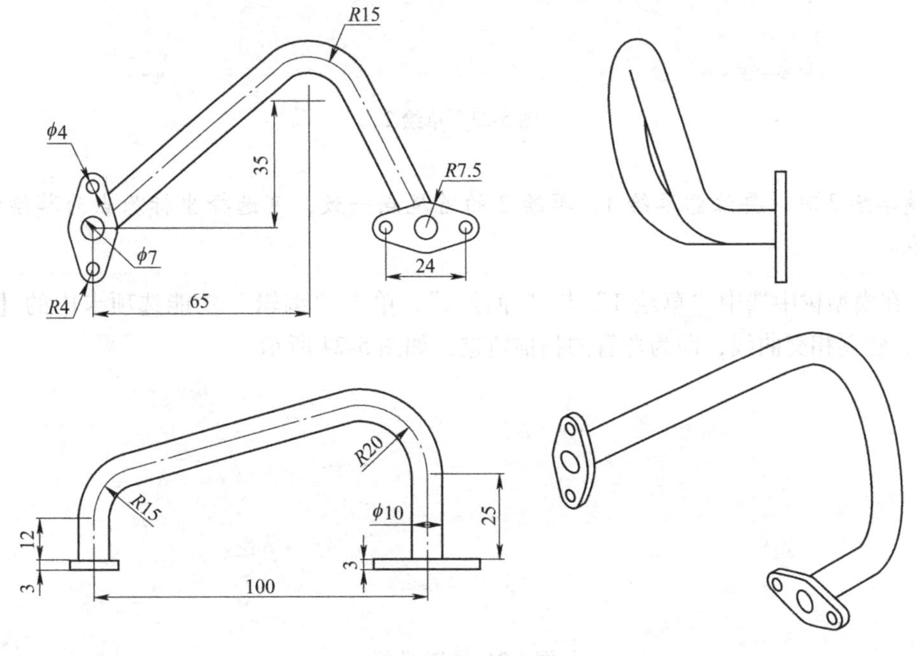

图 5-21　弯管模型的视图

关键点：相交（曲线合并）、特征复制。

建模过程：

1. 建立一个新文件

建立对象“类型”为“零件”、“名称”为“弯管”的新文件。

2. 绘制弯管扫描轨迹

1）新建草绘1。在图形显示区选择FRONT平面，在弹出的工具栏中单击【草绘】按钮，单击【草绘视图】按钮，完成草绘1，如图5-22所示。

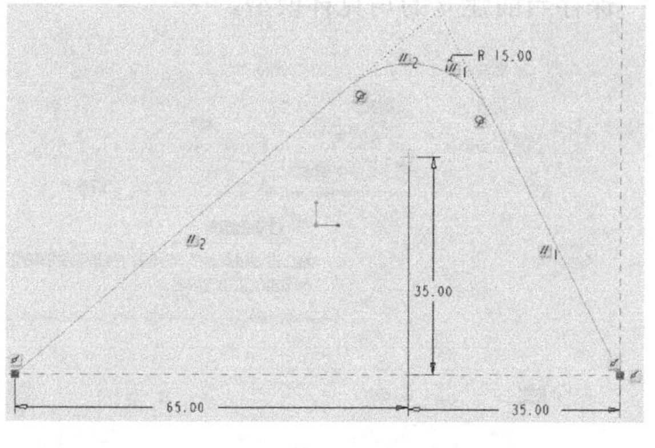

图5-22　草绘1

2）在图形显示区选择TOP平面，在弹出的工具栏中单击【草绘】按钮，单击【草绘视图】按钮，完成草绘2，如图5-23所示。

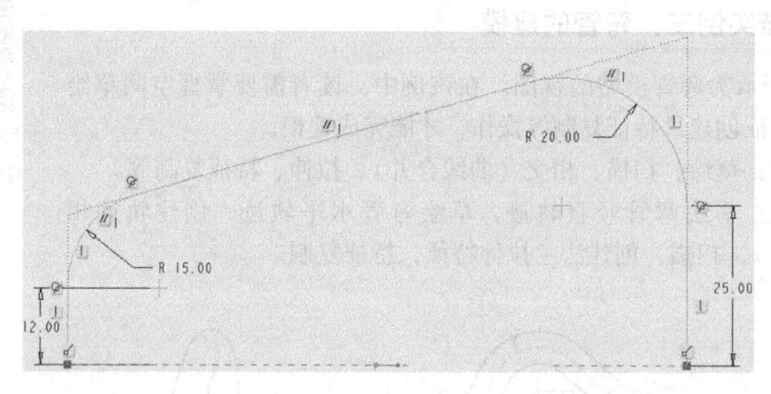

图5-23　草绘2

📖 新建草绘2时，要注意草绘1、草绘2的首尾点一致，可选择坐标原点为草绘终点或起点。

3）在模型树中选中“草绘1”与“草绘2”，单击“编辑”功能选项卡中的【相交】按钮，建立相交曲线，即为弯管的扫描轨迹，如图5-24所示。

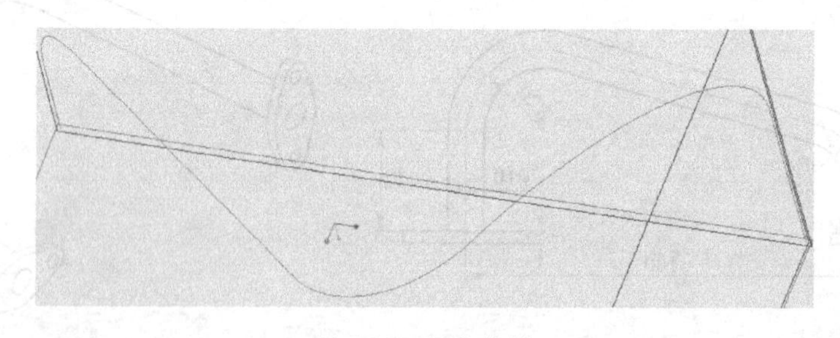

图5-24　相交曲线

3. 绘制弯管的扫描截面，创建弯管主体

1）在图形显示区选择弯管轨迹（或在模型树中选择“相交 1”），在弹出的工具栏中单击【扫描】按钮。

2）在“扫描”面板中，单击【草绘】按钮，单击【草绘视图】按钮，进行弯管截面草绘，如图 5-25 所示。

3）单击【确定】按钮，弯管主体显示如图 5-26 所示。

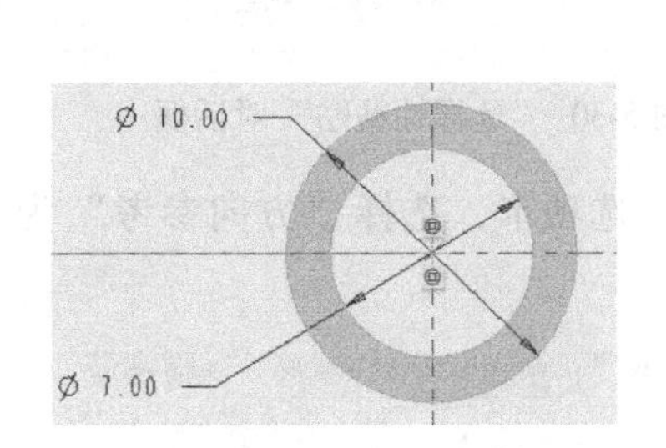

图 5-25 弯管截面的草绘

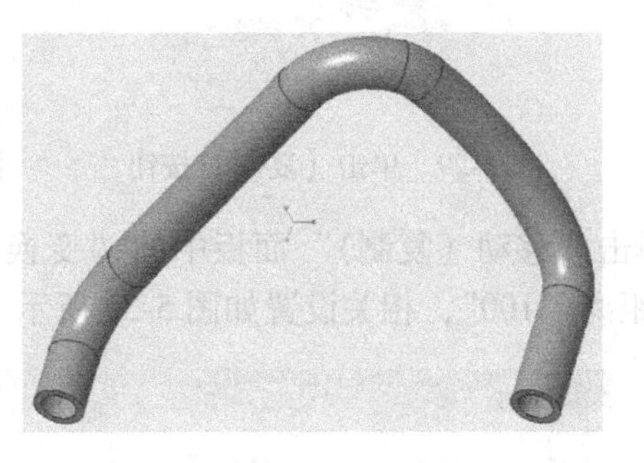

图 5-26 弯管主体

4. 创建弯管左端连接法兰

1）在图形显示区选择弯管左端面，在弹出的工具栏中单击【拉伸】按钮。

2）单击【草绘视图】按钮，完成草绘，如图 5-27 所示。

3）选择单侧拉伸 3mm，创建的模型如图 5-28 所示。

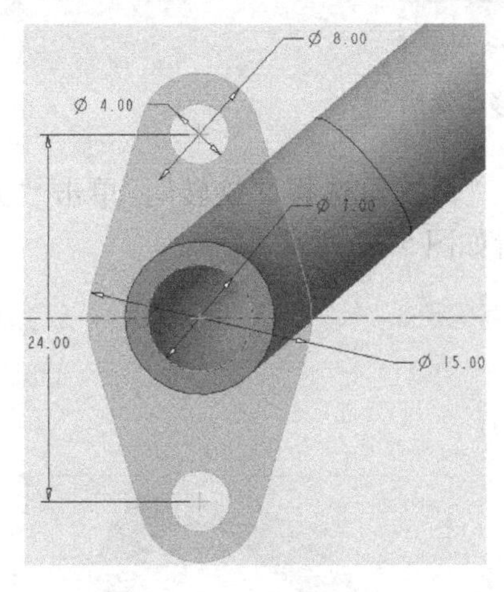

图 5-27 法兰截面视图

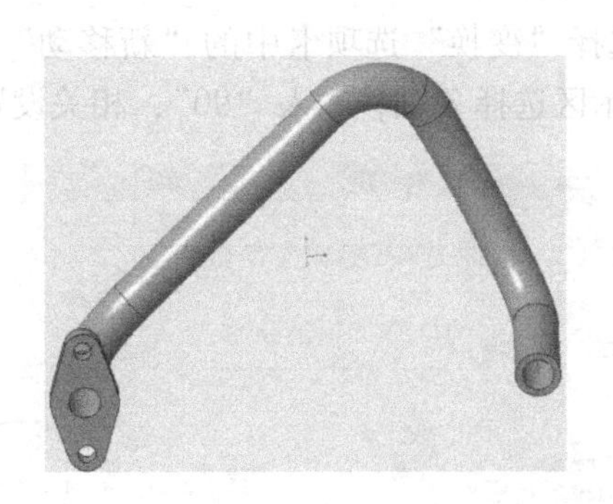

图 5-28 法兰拉伸特征

5. 创建弯管右端连接法兰

右端连接法兰与左端法兰完全一致，可以有三种方法进行法兰创建。

（1）方法 1（同一平面上的特征复制）

1）在模型树中选择“拉伸 1”，单击“操作”选项卡中的【复制】按钮（或按快捷键〈Ctrl+C〉），如图 5-29 所示。

2）单击“操作”选项卡中的【选择性粘贴】按钮，在弹出的对话框中进行设置，如图 5-30 所示，单击【确定】按钮。

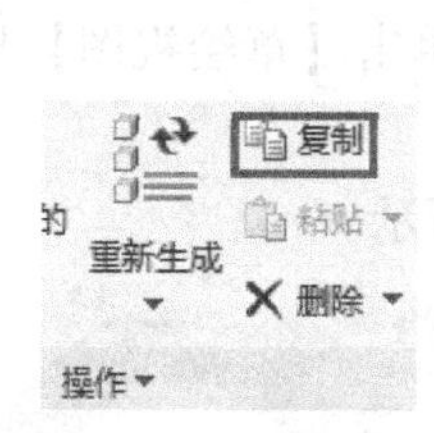

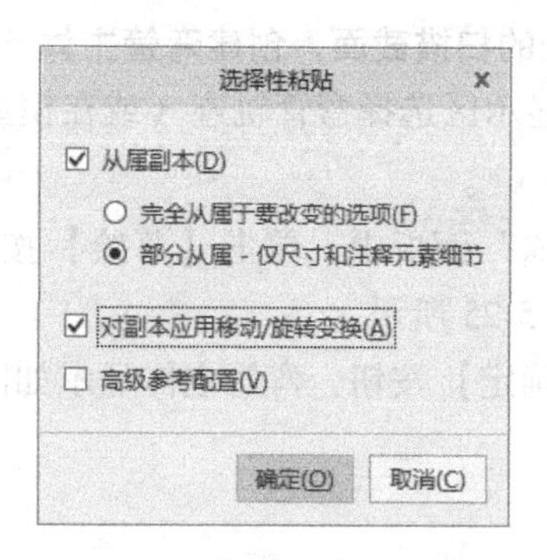

图 5-29　单击【复制】按钮　　　图 5-30　“选择性粘贴”对话框

3）单击“移动（复制）”面板中的“变换”选项卡，选择“方向参考”为 RIGHT 平面，输入距离“100”，相关设置如图 5-31 所示。

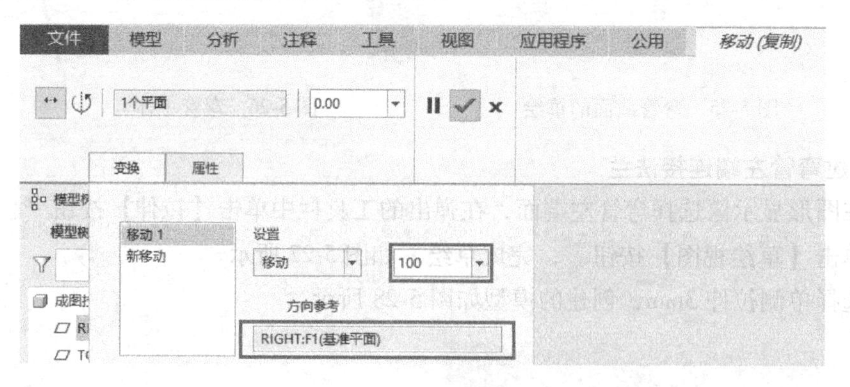

图 5-31　移动变换

4）选择“变换”选项卡中的“新移动”，“设置”选择“旋转”，单击“方向参考”，在图形显示区选择 Z 轴，输入“90”，相关设置如图 5-32 所示。

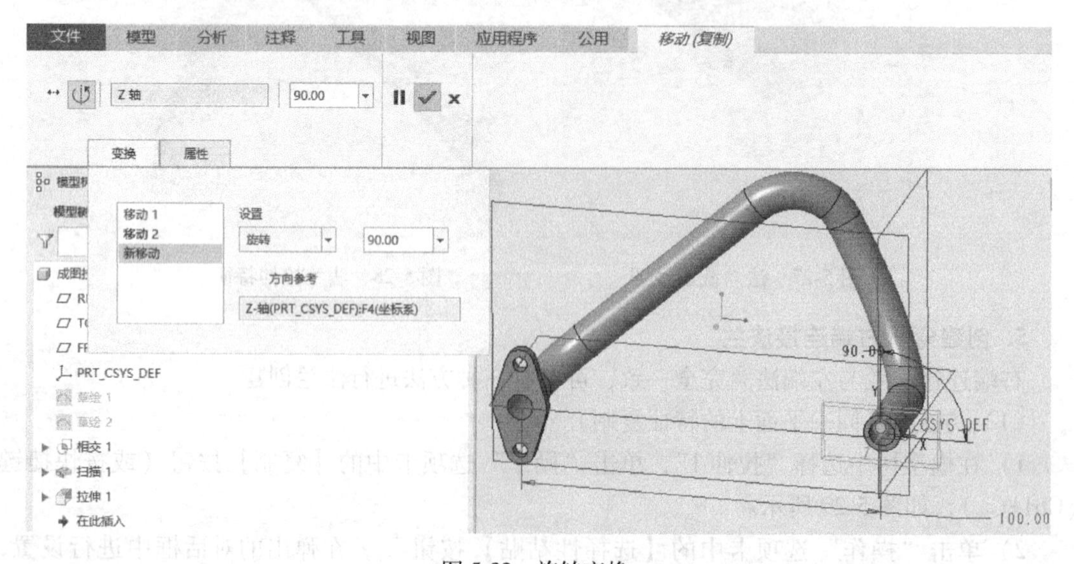

图 5-32　旋转变换

5）单击鼠标中键确认，创建的模型如图 5-33 所示。

（2）方法 2（不同平面上的特征复制）

对于本实例，由于左右两端的连接法兰均在同一平面，因此使用方法 1 较为方便。但如果左右两端的连接法兰不在同一平面，则方法 1 就不太适用了。以下方法可用于不同平面上的特征复制。

1）在模型树中选择“拉伸 1”，单击“操作”功能选项卡中的【复制】按钮（或按快捷键〈Ctrl+C〉）。

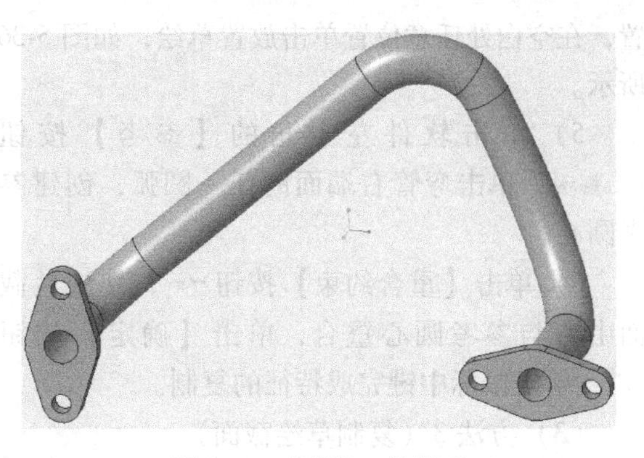

图 5-33 弯管的三维模型

2）单击“操作”功能选项卡中的【粘贴】按钮（或按快捷键〈Ctrl+V〉），在弹出的“拉伸”面板中单击【放置】选项卡，单击【编辑】按钮，如图 5-34 所示。

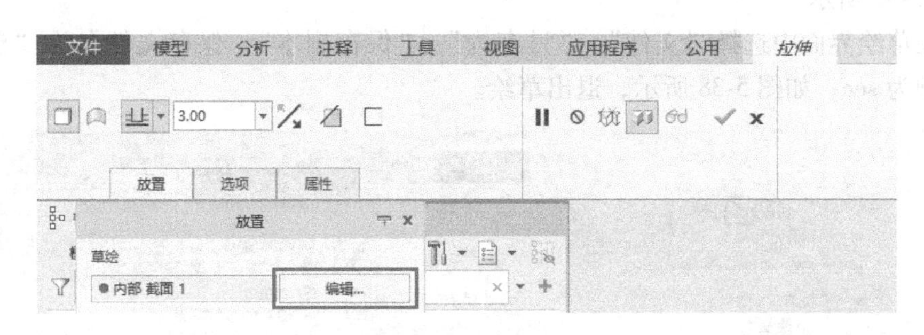

图 5-34 草绘编辑

3）弹出“草绘”对话框，选择弯管右端面，如图 5-35 所示。

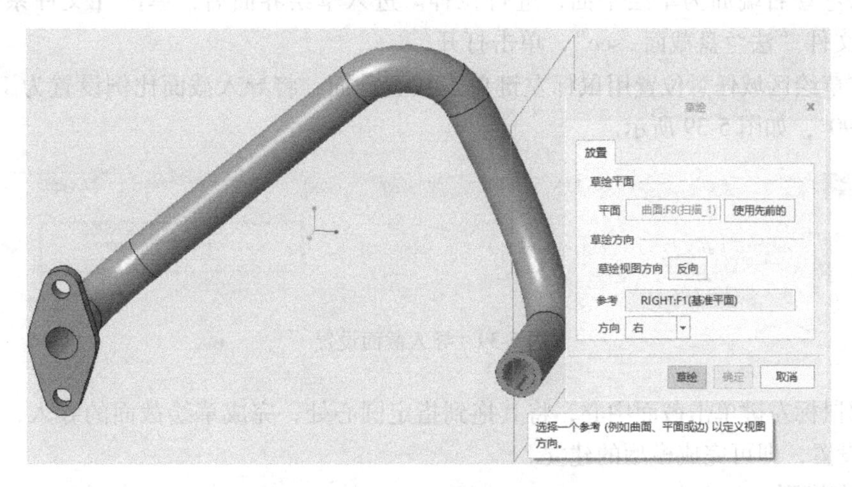

图 5-35 草绘设置

4）在“草绘”对话框中单击【草绘】按钮，此时法兰的草绘截图会吸附到鼠标指针位置，在空白处任意位置单击放置草绘，如图 5-36 所示。

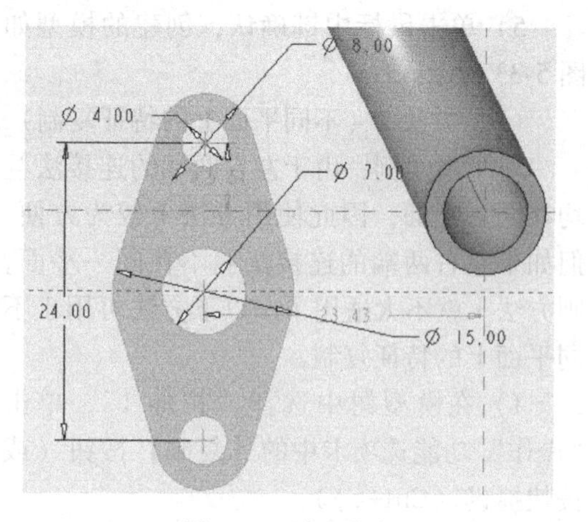

图 5-36 放置草绘

5）单击软件左上角的【参考】按钮 参考，单击弯管右端面的任一圆弧，创建参考圆心。

6）单击【重合约束】按钮，使法兰截面中心与参考圆心重合，单击【确定】按钮 ✔，单击鼠标中键完成特征的复制。

（3）方法 3（复制草绘截面）

左右端面的法兰草绘截面完全一致，可利用此特点，借助已完成的草绘截面进行如下操作。

1）在模型树中选择“拉伸 1”的“截面 1”，在弹出的工具栏中单击【编辑定义】按钮，如图 5-37 所示。

2）在草绘界面中选择“文件”→“另存为”→“保存副本”，保存文件名为“法兰盘截面”，类型为 sec，如图 5-38 所示，退出草绘。

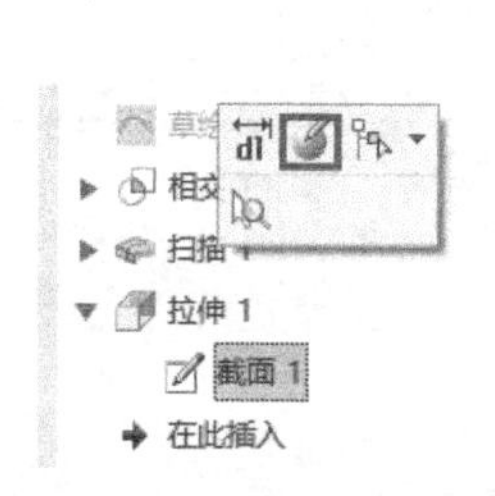

图 5-37 法兰草绘截面的编辑定义

图 5-38 保存法兰盘截面副本

3）以弯管右端面为草绘平面，进行拉伸。进入草绘界面后，单击【文件系统】按钮，找到文件“法兰盘截面 . sec”，单击打开。

4）在草绘区域任意位置用鼠标左键单击放置截面，将导入截面比例设置为 1，旋转角度设置为 90°，如图 5-39 所示。

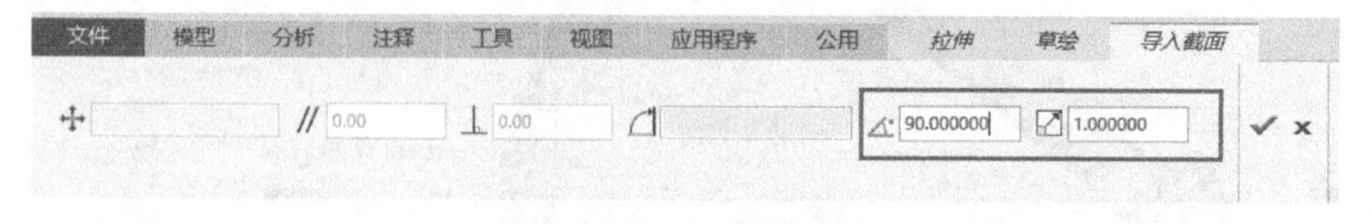

图 5-39 导入截面设置

5）用鼠标左键单击截面中心，将其拖到指定圆心处，完成草绘截面的导入，并完成后续的拉伸设置，即可完成模型的建立。

6. 保存模型

保存当前建立的弯管模型。

5.2.4 扫描实例四：圆管支架的建模

5.2.4 扫描实例四：圆管支架的建模

图 5-40 所示为圆管支架的视图。在该例中，读者需要掌握点创建（偏移坐标系）、曲线创建（通过点）、扫描特征创建等操作，才能完成建模。

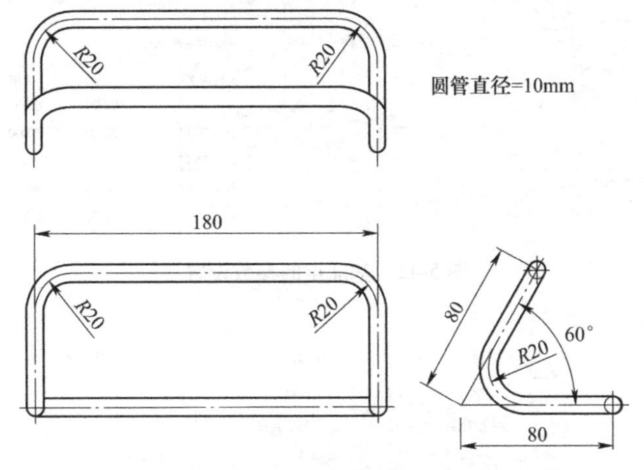

图 5-40 圆管支架的视图

命令应用：点创建（偏移坐标系）、曲线创建（通过点）、扫描、镜像等。

创建过程：偏移坐标系创建点，通过点创建曲线，创建扫描特征，镜像。

关键点：点创建（偏移坐标系）、曲线创建（通过点）。

建模过程：

1. 建立一个新文件

建立对象“类型”为“零件”、“名称”为“圆管支架”的新文件。

2. 绘制圆管支架扫描轨迹

1）单击“基准”功能选项卡中的【偏移坐标系】按钮，如图 5-41 所示。

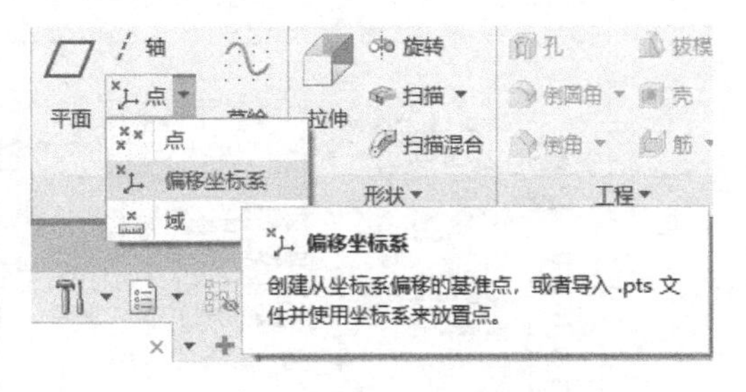

图 5-41 单击【偏移坐标系】按钮

2）在弹出的对话框中，选择坐标系类型为“笛卡儿”坐标系，在图形显示区选择零件默认坐标系 PRT_CSYS_DEF 作为参考坐标系，在“基准点”对话框的空白处单击，输入基准点参数，如图 5-42 所示。PNT3、PNT4 的 X、Z 轴坐标为三角函数求得。

3）单击“基准”功能选项卡中的【通过点的曲线】按钮，如图 5-43 所示。

4）在图形显示区中按照 PNT0 至 PNT4 的顺序依次单击各参考点，点与点之间的连线方式均为直线，在各点连接处添加 $R20$ 圆角，创建的扫描轨迹如图 5-44 所示，单击【确定】按钮。

3. 创建圆管支架扫描特征

1）在图形显示区选择曲线 1，在弹出的工具栏中单击【扫描】按钮。

2）在“扫描”面板中，单击【草绘】按钮，单击【草绘视图】按钮，完成弯管

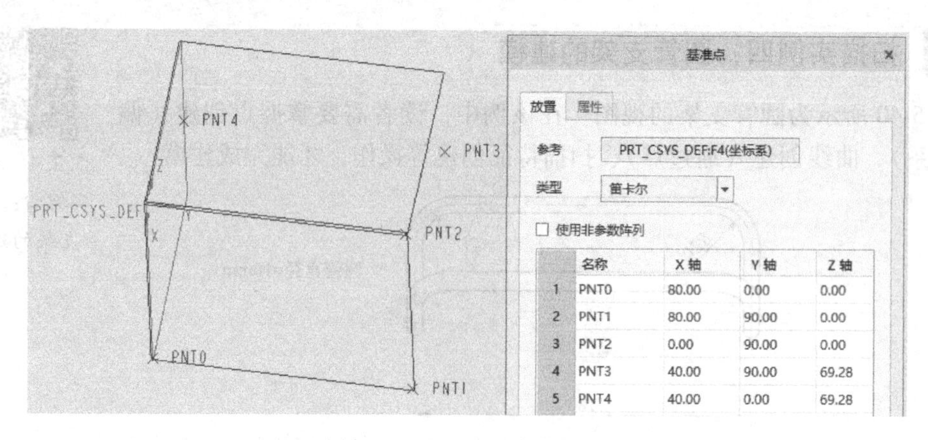

图 5-42　基准点的参数设置

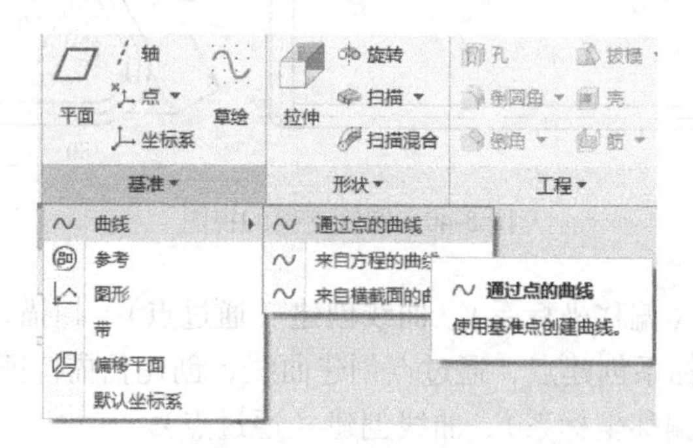

图 5-43　单击【通过点的曲线】按钮

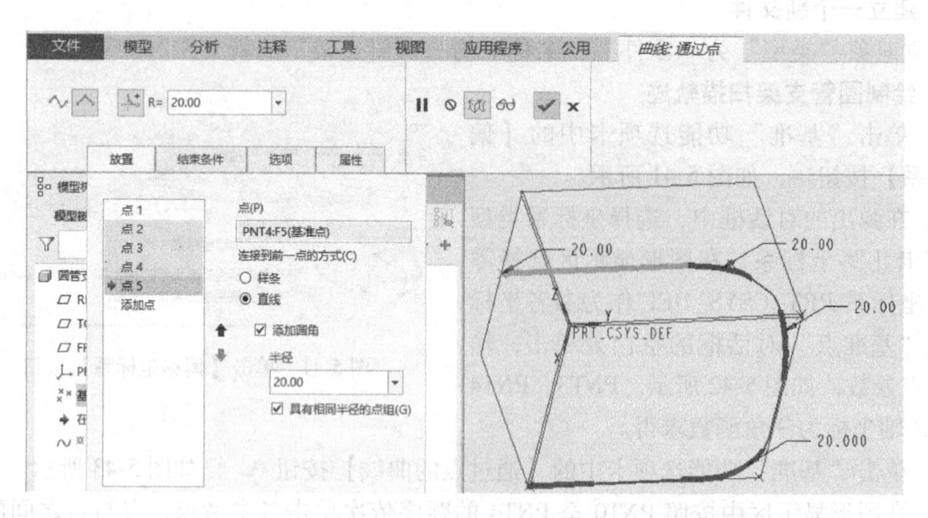

图 5-44　创建的扫描轨迹

截面的绘制（ϕ10mm 的圆）。单击鼠标中键确认，创建的模型如图 5-45 所示。

3）以 TOP 面为镜像平面，对扫描特征进行镜像处理，最终创建的模型如图 5-46 所示。

4. 保存模型

保存当前建立的圆管支架模型。

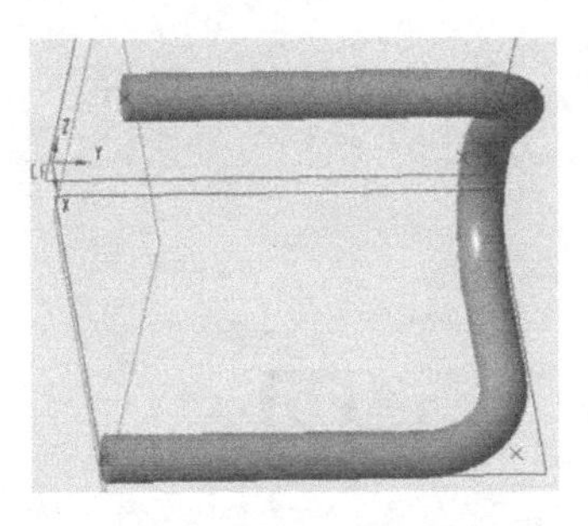

图 5-45　圆管支架的扫描特征

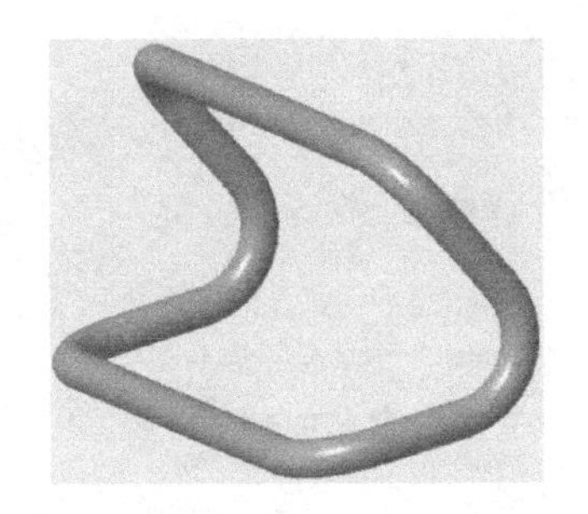

图 5-46　圆管支架模型

5.2.5 扫描实例五：基于 trajpar 函数的手串模型建立

5.2.5 扫描实例五：基于 trajpar 函数的手串模型建立

命令应用：变截面扫描、trajpar 函数等。

创建过程：创建手串草绘轨迹、绘制手串截面、编辑 trajpar 函数。

关键点：通过 trajpar 函数创建可变循环截面。

建模过程：

1. 建立一个新文件

建立对象“类型”为“零件”、“名称”为“手串”的新文件。

2. 绘制手串扫描轨迹

在图形显示区选择 FRONT 平面，在弹出的工具栏中单击【草绘】按钮，绘制轨迹，如图 5-47 所示，单击【确定】按钮。

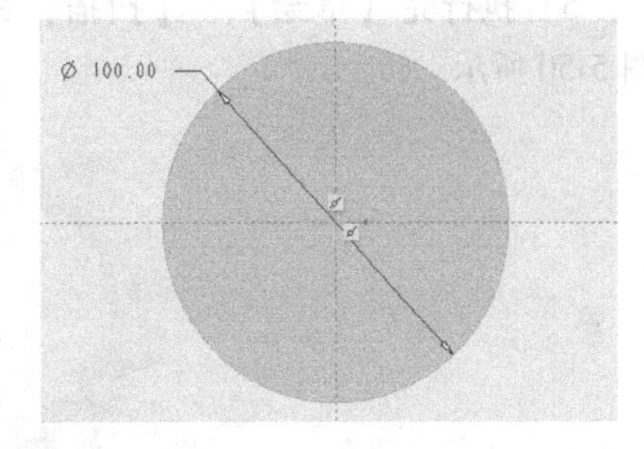

图 5-47　手串的扫描轨迹

3. 绘制手串扫描截面，创建手环

1）在图形显示区选择手串轨迹，在弹出的工具栏中单击【扫描】按钮。在“扫描”面板中，单击【可变截面】按钮。

2）单击【草绘】按钮，单击【草绘视图】按钮，绘制任意尺寸的圆形手串截面。

3）单击功能区【工具】选项卡“扫描”面板中的【关系】按钮 d= 关系，如图 5-48 所示。

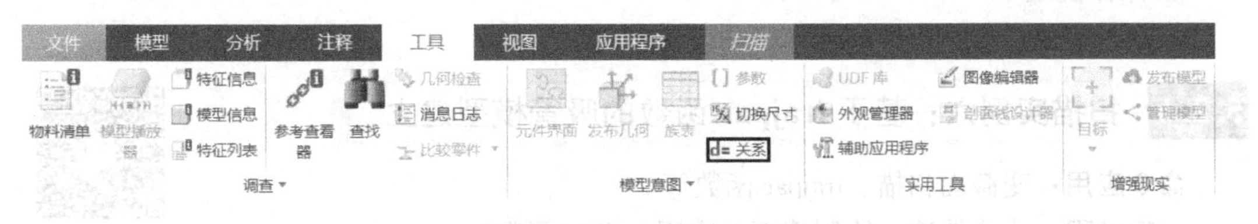

图 5-48　设置尺寸的关系

4）单击模型树中截面圆的尺寸代号“sd3”，输入“sd3 = 8 + 4 * sin(25 * trajpar * 360)”，单击【验证】按钮，验证无误后单击【确定】按钮，如图 5-49 所示。上式中，trajpar 表示值在 0~1 范围内的函数，“360”表示一个周期，“25”表示 25 次循环，故“sd3”的尺寸范围为 4~12，共产生 25 个循环体。

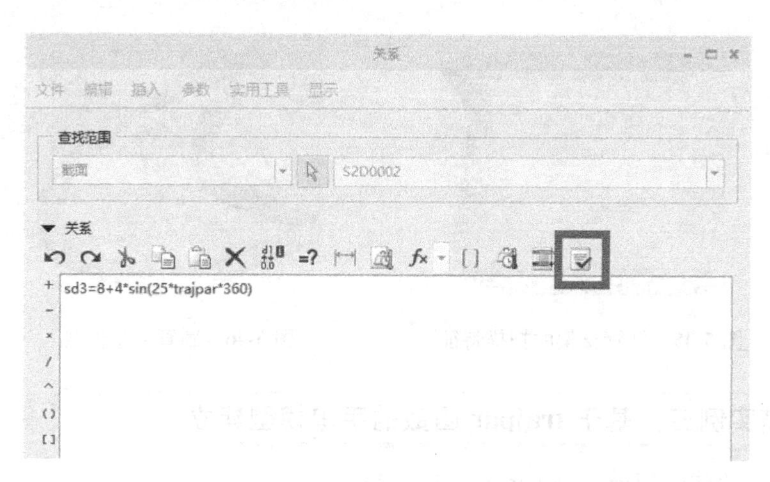

图 5-49　编辑尺寸的关系

📖 “sd3”表示第 3 个尺寸，单击对应尺寸序号便可完成“sd3”的自动输入；由于用户作图顺序的不同，“sd3”可能为其他序号；关系文本须在英文状态下输入，否则系统将提示验证失败。

5）执行完【草绘】、【扫描】命令后分别单击【确定】按钮，最终创建的模型如图 5-50 所示。

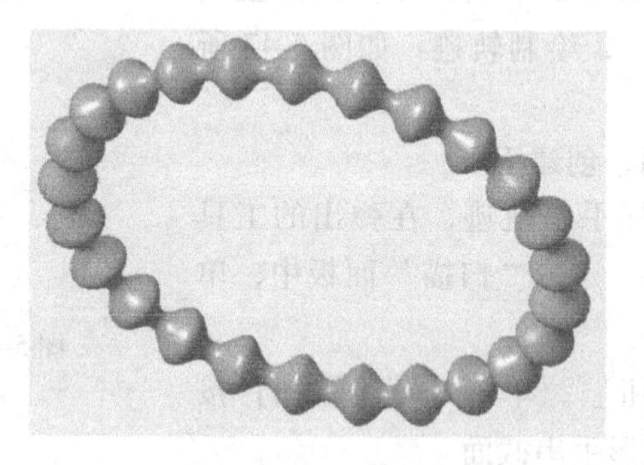

图 5-50　手串模型

4. 保存模型

保存当前建立的手串模型。

5.2.6　扫描实例六：基于 trajpar 函数的吸管模型建立

5.2.6　扫描实例六：基于 trajpar 函数的吸管模型建立

命令应用：变截面扫描、trajpar 函数等。

创建过程：草绘轨迹，绘制截面，应用 trajpar 函数。

关键点：通过 trajpar 函数创建可变循环截面。

建模过程：

1. 建立一个新文件

在文件夹中复制实例五中的手串模型，并修改“名称”为“吸管”，打开吸管模型。

2. 创建吸管折弯部分的扫描轨迹

1）在模型树中，选择“草绘 1”，在弹出的工具栏中单击【编辑定义】按钮，如图5-51所示。

2）删除已有的手串扫描轨迹，并进行草绘，如图5-52所示。

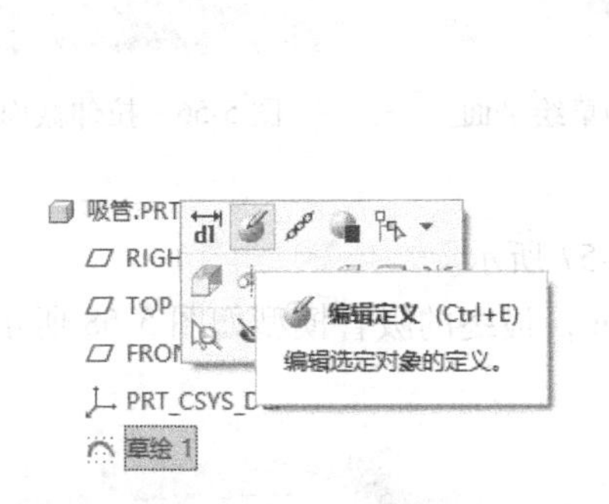

图5-51 草绘的编辑定义

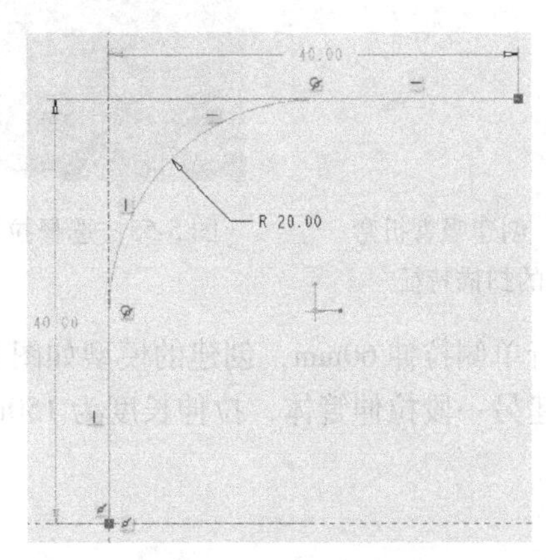

图5-52 扫描轨迹的绘制

3. 绘制吸管折弯部分的扫描截面，创建折弯部分模型

1）在模型树中，选择“扫描 1”，在弹出的工具栏中单击【编辑定义】按钮。

2）在“扫描”面板中，单击【加厚草绘】按钮，厚度选择0.3mm，创建扫描薄板特征，如图5-53所示。

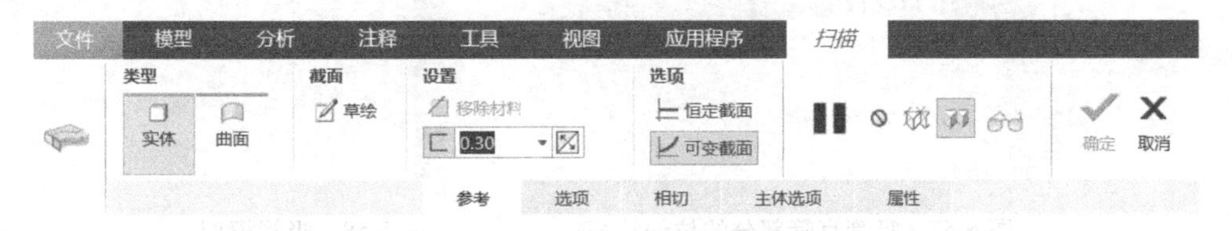

图5-53 创建扫描薄板特征

3）在图形显示区单击折弯轨迹，在“扫描”面板中，单击【草绘】按钮，单击功能区中的【工具】选项卡“扫描”面板中的【关系】按钮d= 关系，将“sd3=8+4 * sin(25 * trajpar * 360)”改为“sd3=8+4 * cos(25 * trajpar * 360)”，单击【验证】按钮，验证无误后单击【确定】按钮。

📖 将sin改为cos是为了保障吸管直管部分与弯管部分的连接，读者可对比sin函数与cos函数对模型的影响。

4）执行完【草绘】、【扫描】命令后分别单击【确定】按钮，最终吸管折弯部分的模型如图5-54所示。

4. 绘制吸管直管部分，创建吸管最终模型

1）选择吸管端面，在弹出的工具栏中单击【拉伸】按钮，如图5-55所示。

2）通过画圆命令或投影命令进行圆环草绘，如图5-56所示。

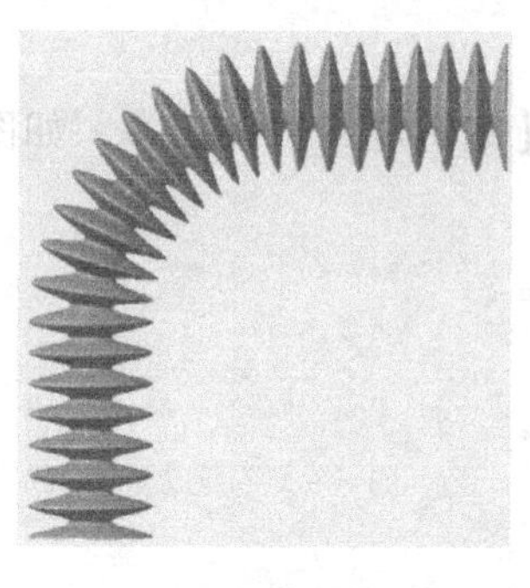

图 5-54　创建吸管折弯部分的扫描特征

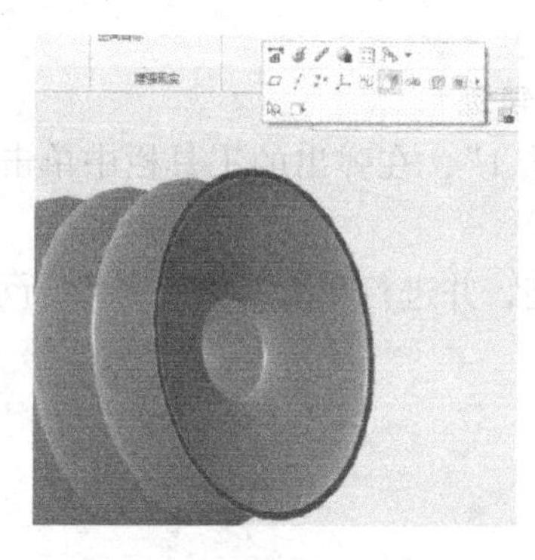

图 5-55　选择拉伸草绘平面

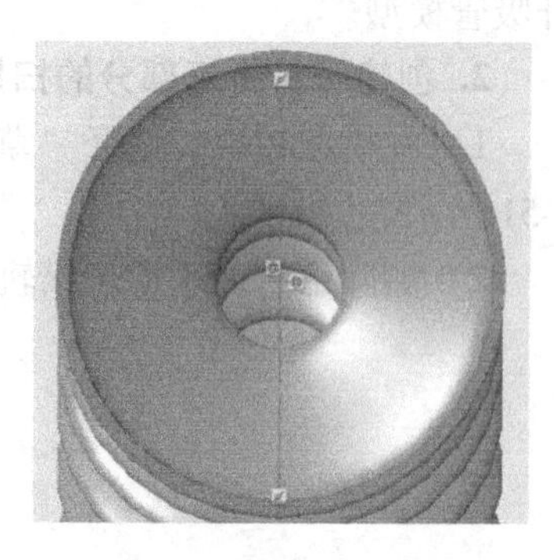

图 5-56　拉伸截面视图

3）进行单侧拉伸 60mm，创建的模型如图 5-57 所示。

4）创建另一段拉伸管体，拉伸长度为 150mm，最终的吸管模型如图 5-58 所示。

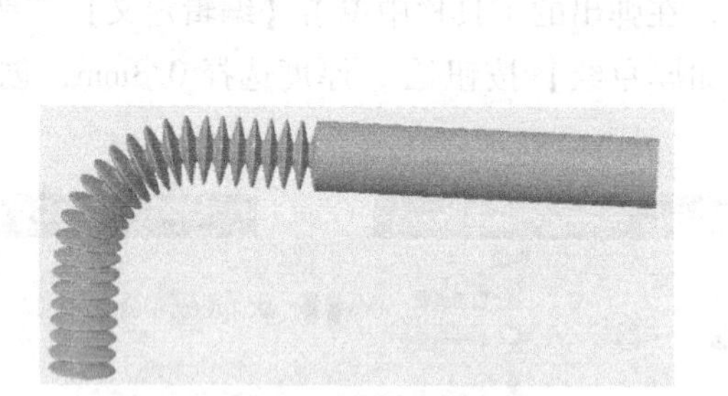

图 5-57　吸管直管部分的拉伸特征

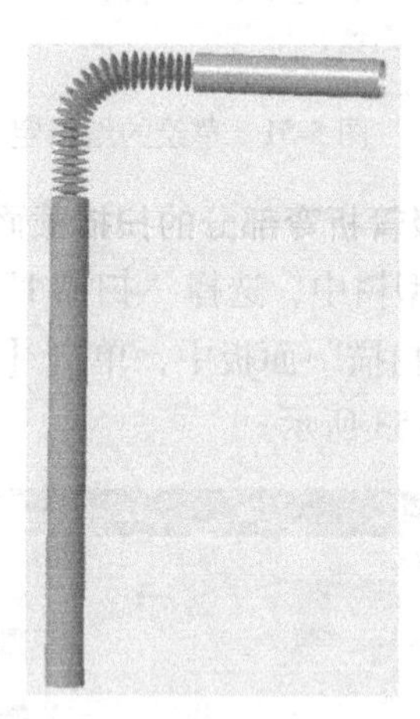

图 5-58　吸管模型

5. 保存模型

保存当前建立的吸管模型。

5.2.7　扫描实例七：基于 trajpar 函数的可乐瓶模型建立

5.2.7 扫描实例七：基于 trajpar 函数的可乐瓶模型建立

命令应用：变截面扫描、trajpar 函数等。

创建过程：草绘轨迹，绘制截面，应用 trajpar 函数。

关键点：通过 trajpar 函数创建可变循环截面。

建模过程：

1. 建立一个新文件

建立对象“类型”为“零件”、“名称”为“可乐瓶”的新文件。

2. 草绘可乐瓶的扫描轨迹

在图形显示区选择 TOP 平面，在弹出的工具栏中单击【草绘】按钮，单击【草绘视图】按钮，完成扫描轨迹草绘，如图 5-59 所示。

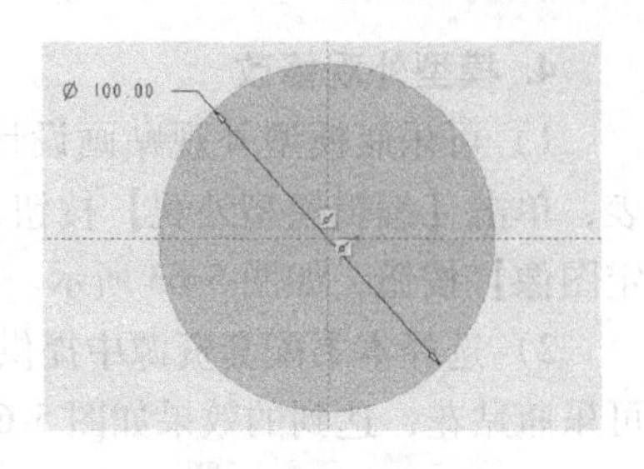

图 5-59　扫描的轨迹绘制

3. 绘制可乐瓶扫描截面，创建可乐瓶模型

1）在模型树中选中"草绘 1"，在弹出的工具栏中单击【扫描】按钮。在"扫描"面板中，单击【可变截面】按钮。

2）单击【草绘】按钮，单击【草绘视图】按钮，绘制扫描截面，如图 5-60 所示。

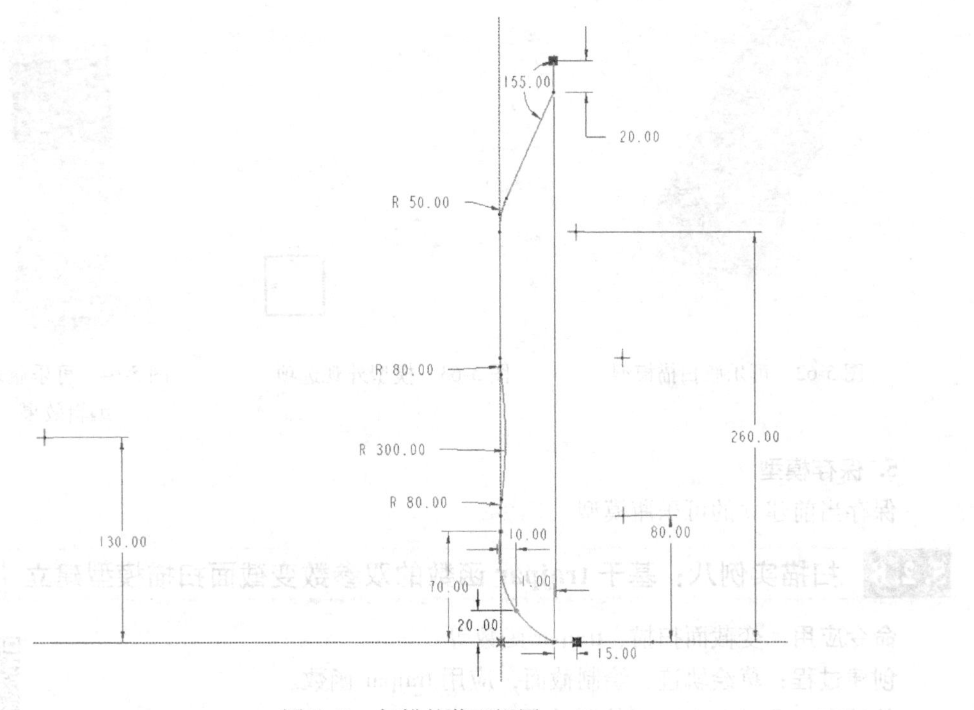

图 5-60　扫描的截面视图

3）单击【草绘】按钮，单击【草绘视图】按钮，单击 20mm 尺寸对应的"sd32"尺寸，在"关系"文本框中写入"sd32 = 20+15 * sin(360 * trajpar * 6)"，单击【验证】按钮，验证无误后单击【确定】按钮，完成驱动尺寸输入，尺寸关系如图 5-61 所示。上式中，trajpar 表示值在 0~1 范围内的变量函数，"360"表示一个周期，"6"表示 6 次循环，故 sd32 的尺寸范围为 5~35，共产生六个可乐瓶底座循环。

图 5-61　编辑尺寸关系

4）执行完【草绘】、【扫描】命令后分别单击【确定】按钮，可乐瓶扫描模型如图 5-62 所示。

4. 模型外观修改

1）可乐瓶模型外观贴画设计。在“视图”选项卡中单击“外观”按钮，打开下拉列表，单击【编辑模型外观】按钮，选择“贴花”选项卡，切换为“图像”模式，单击【指定图像】按钮，如图 5-63 所示。

2）选择本书配套资源中提供的“饮料瓶贴花”图片，单击可乐瓶外表面任意处，完成可乐瓶贴花，达到的效果如图 5-64 所示。

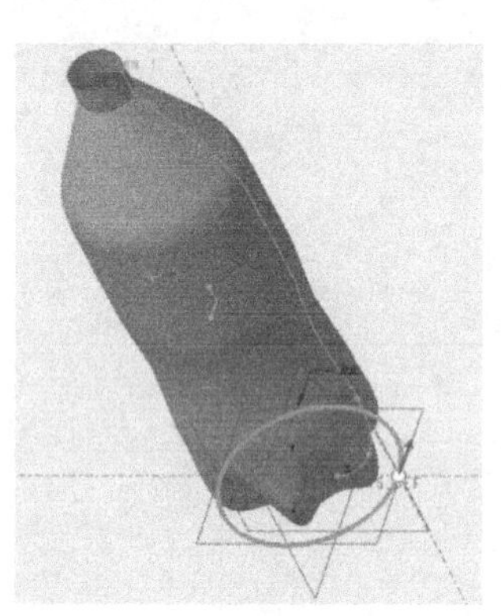
图 5-62　可乐瓶扫描模型

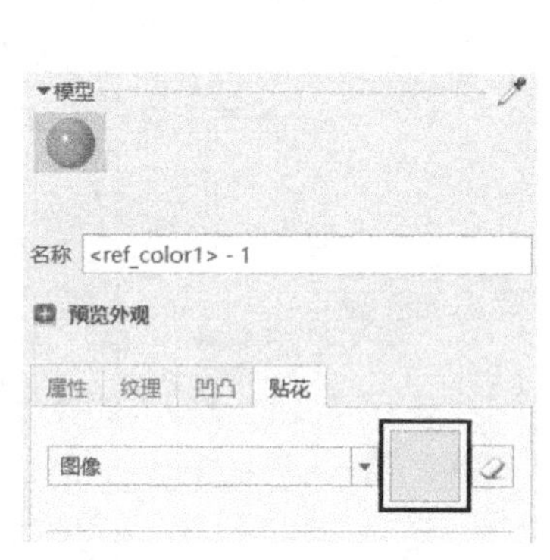

图 5-63　模型外观选项

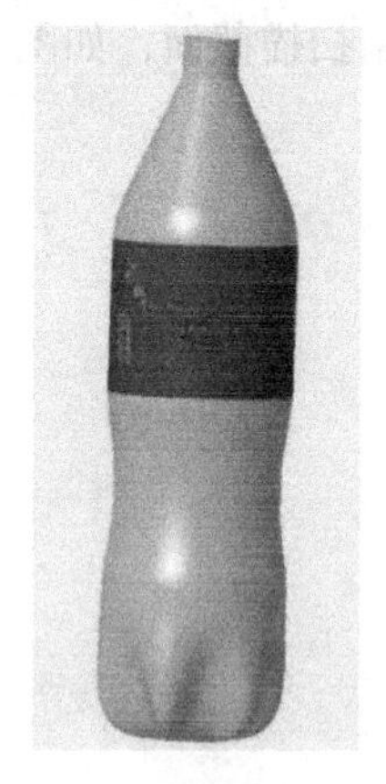
图 5-64　可乐瓶外观编辑效果

5. 保存模型

保存当前建立的可乐瓶模型。

5.2.8　扫描实例八：基于 trajpar 函数的双参数变截面扫描模型建立

5.2.8　扫描实例八：基于 trajpar 函数的双参数变截面扫描模型建立

命令应用： 变截面扫描、trajpar 函数等。

创建过程： 草绘轨迹，绘制截面，应用 trajpar 函数。

关键点： 通过 trajpar 函数驱动多个尺寸。

建模过程：

1. 建立一个新文件

建立对象“类型”为“零件”、“名称”为“双参数变截面扫描模型”的新文件。

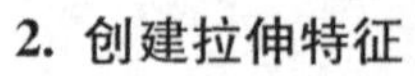

2. 创建拉伸特征

以 TOP 平面为基准面，进行 ϕ300mm×20mm 圆柱拉伸特征模型的建立。

3. 创建扫描特征

1）以圆柱体上表面为草绘平面，绘制 ϕ220mm 的圆作为变截面的扫描轨迹。

2）在模型树中选择步骤 1）创建的“草绘 1”，在弹出的工具栏中单击【扫描】按钮 。在“扫描”面板中单击【可变截面】按钮。单击【草绘】按钮，单击【草绘视图】按钮，进行变截面的绘制，如图 5-65 所示。

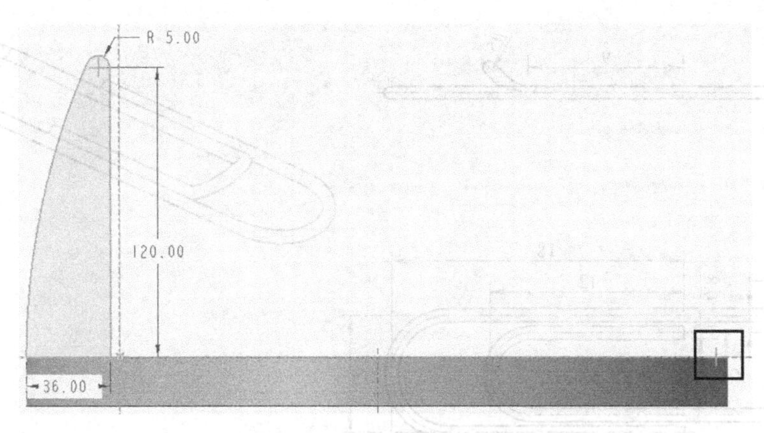

图 5-65　扫描的截面视图

📖 圆弧的圆心在圆柱上表面右侧（见图 5-65 方框处）。

3）单击功能区“工具”选项卡“扫描”面板中的【关系】按钮 d= 关系，尺寸关系如图 5-66 所示，单击【验证】按钮，验证无误后单击【确定】按钮。

4）执行完【草绘】、【扫描】命令后分别单击【确定】按钮，模型如图 5-67 所示。

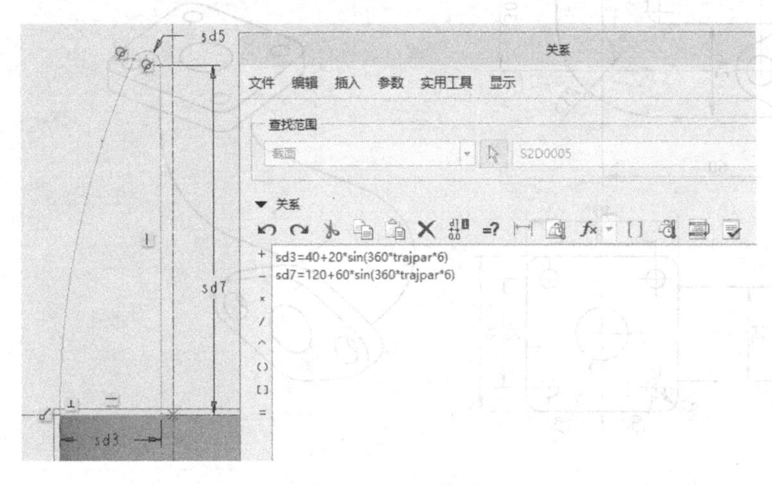

图 5-66　尺寸关系

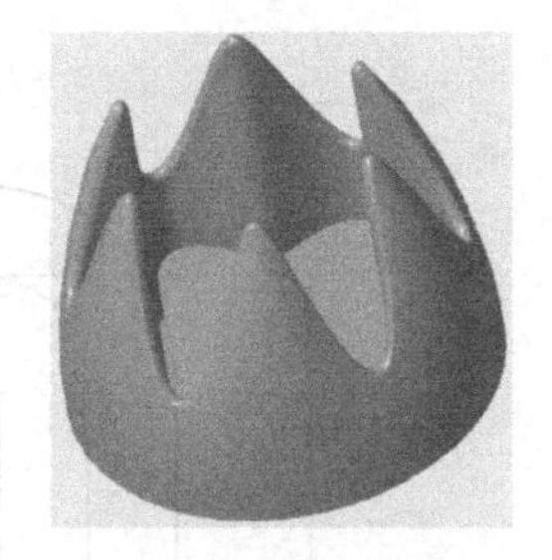

图 5-67　双参数变截面扫描模型

4. 保存模型

保存当前建立的双参数变截面扫描模型。

5.3　习题

1. 按照图 5-68 所示，完成回形针的建模。
2. 按照图 5-69 所示，完成法兰管道的建模，管道内径为 $\phi14$。

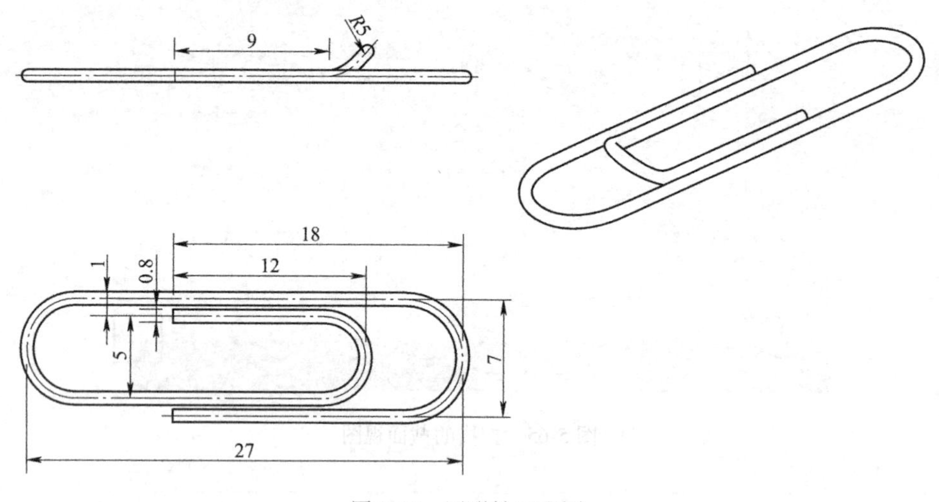

图 5-68　回形针工程图

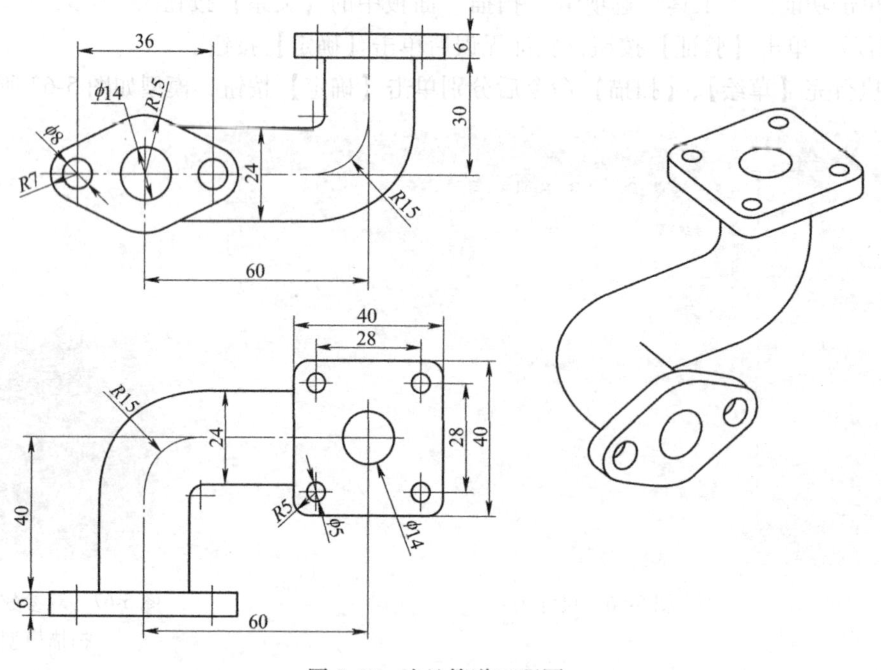

图 5-69　法兰管道工程图

第6章 螺旋扫描特征零件的建模

在 Creo Parametric 9.0 软件中，螺旋扫描是将二维草绘沿指定轮廓，并绕指定轴线螺旋延伸，创建三维特征的一种建模方法，可按指定螺旋轨迹添加材料创建实体、曲面及薄板特征，也可去除材料创建特征。常见的螺旋扫描特征零件包括螺纹、弹簧等。本章首先介绍螺旋扫描特征建模的基本功能与操作方法，接着通过多个实例帮助读者掌握与巩固螺旋扫描特征的创建方法。

6.1 螺旋扫描功能简介

本节将介绍创建螺旋扫描特征的一般流程、螺旋扫描特征的设置。其中，螺旋扫描特征的设置选项较多，读者应充分理解并掌握其相关操作。

6.1.1 创建螺旋扫描特征的一般流程

1）单击“形状”选项卡中的【螺旋扫描】按钮，接着单击“参考”选项卡中的【定义】按钮，完成草绘螺旋扫描轮廓。

2）在图形显示区定义 Helixaxis（螺旋轴），绘制螺旋扫描截面，设置螺旋扫描间距及旋向（右手定则、左手定则）。

3）在“螺旋扫描”面板中对螺旋扫描进行实体、曲面、薄板特征、去除材料等设置，完成螺旋扫描特征的创建。

6.1.2 螺旋扫描特征的设置

本节通过一个例子讲解螺旋扫描操作的设置及各选项的区别。打开本书配套资源中的“螺旋扫描命令简介 . prt”文件，操作模型如图 6-1 所示。

1. 使用【螺旋扫描】命令创建螺旋扫描轮廓

单击“形状”选项卡中的【螺旋扫描】按钮，单击“参考”选项卡中的【定义】按钮，在图形显示区选择 FRONT 平面作为螺旋扫描轮廓的草绘平面，草绘一条自上而下的直线，即圆柱的转向轮廓线，如图 6-2 所示，完成螺旋扫描轮廓的创建。

2. 设置旋转轴、扫描截面

在图形显示区，选择圆柱的轴线作为 Helixaxis（旋转轴），单击【草绘】按钮，绘制扫描截面，如图 6-3 所示，单击【确定】按钮，将“间距”设置为 5，保持【按照右手定则】按钮为选中状态。

3. “螺旋扫描”面板中主要选项设置

1）【实体】按钮的设置。保持【实体】按钮为默认的选中状态。此时，“螺旋扫描”面板及模型如图 6-4 所示。

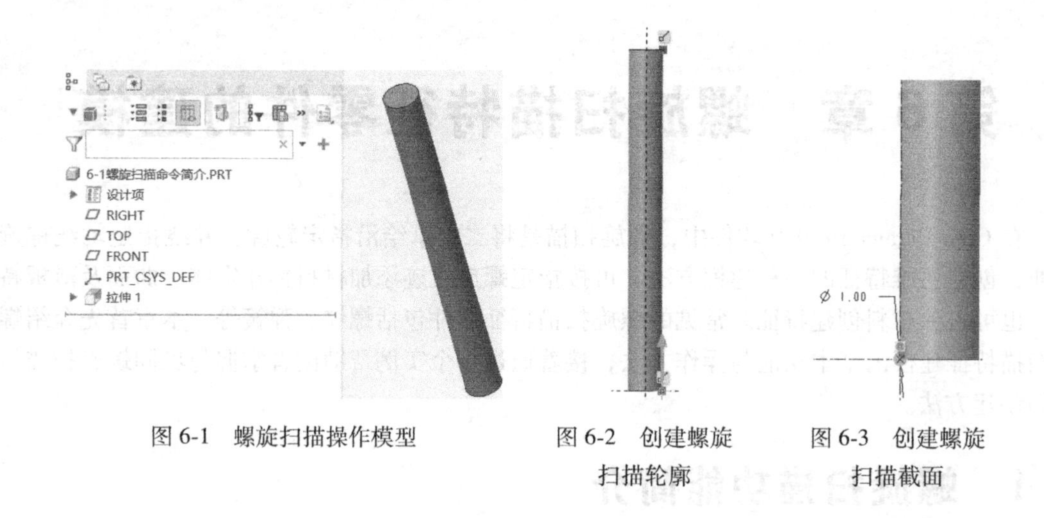

图 6-1　螺旋扫描操作模型　　图 6-2　创建螺旋扫描轮廓　　图 6-3　创建螺旋扫描截面

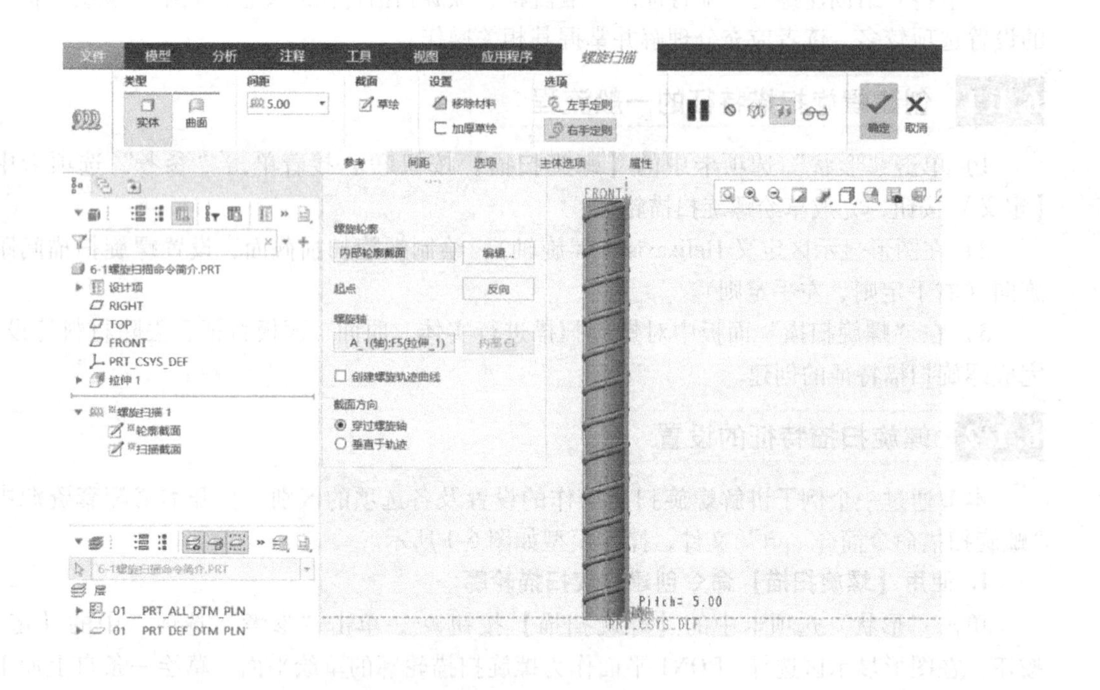

图 6-4 “螺旋扫描”面板及模型

2）【移除材料】按钮的设置。单击【移除材料】按钮，创建的模型如图 6-5 所示。

3）【左手定则】命令、【右手定则】命令的区别。图 6-6a 所示为按照【左手定则】命令创建，图 6-6b 所示为按照“右手定则”命令创建。可以看出【左手定则】命令创建的螺旋扫描的螺旋线左高右低，【右手定则】命令创建的螺旋扫描的螺旋线右高左低。除非特别指出，一般默认为用【右手定则】命令。

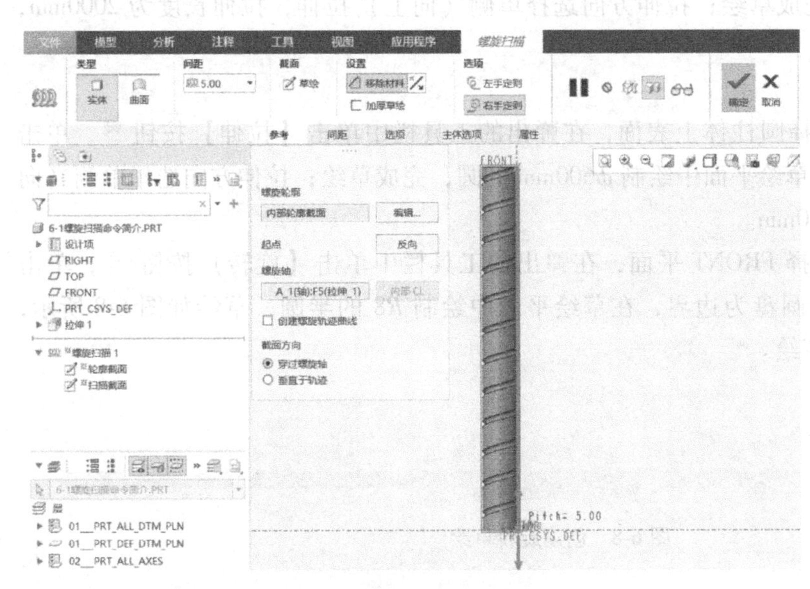

图 6-5　螺旋扫描移除材料

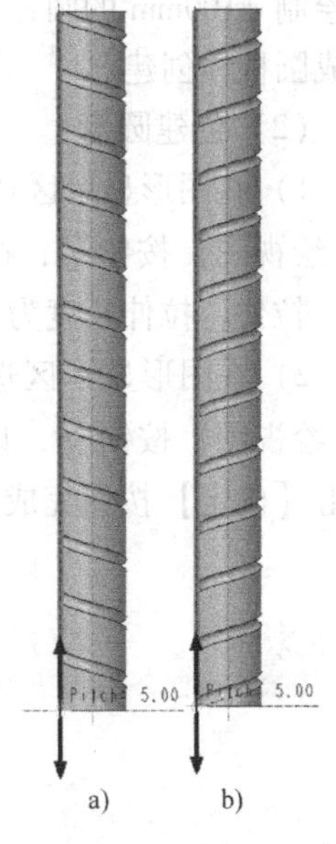

图 6-6　按照左手、右手定则创建的螺旋线的区别
a）左手定则　b）右手定则

6.2　螺旋扫描实例

本节通过三个螺旋扫描实例建模，帮助读者掌握与巩固螺旋扫描特征的创建方法，同时融入了插入特征、修饰螺纹等功能，读者应多加练习以掌握相关操作方法。

6.2.1　螺旋扫描实例一：阿基米德取水器的建模

6.2.1　螺旋扫描实例一：阿基米德取水器的建模

图 6-7 所示为阿基米德取水器。在该例中，读者需要掌握拉伸、旋转、螺旋扫描等特征的创建方法，才能完成建模。

建模命令：拉伸、旋转、螺旋扫描等。

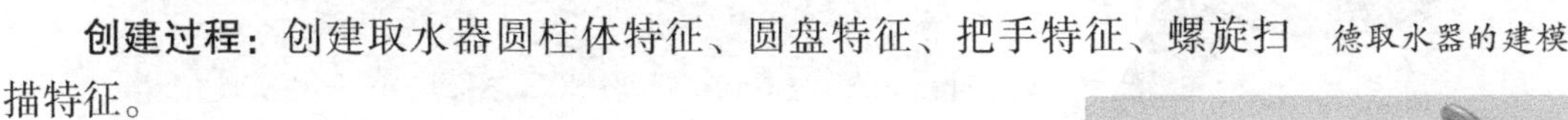

创建过程：创建取水器圆柱体特征、圆盘特征、把手特征、螺旋扫描特征。

关键点：螺旋扫描轮廓的绘制方向。

建模过程：

1. 建立一个新文件

建立对象“类型”为“零件”、“名称”为“阿基米德取水器”的新文件。

2. 创建取水器辅助特征

（1）创建圆柱体

在图形显示区选择 TOP 平面，在弹出的工具栏中单击【拉伸】按钮，单击【草绘视图】按钮，在草绘平面

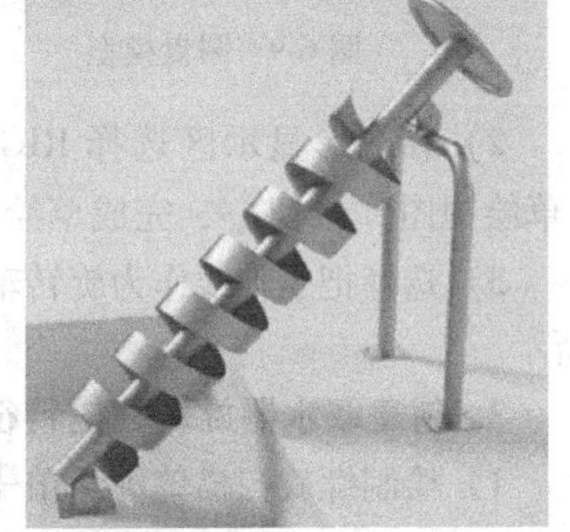

图 6-7　阿基米德取水器

中绘制 ϕ100mm 的圆，完成草绘；拉伸方向选择单侧（向上）拉伸，拉伸长度为 2000mm，完成圆柱体创建。

（2）创建圆盘

1）在图形显示区选择圆柱体上表面，在弹出的工具栏中单击【拉伸】按钮，单击【草绘视图】按钮，在草绘平面中绘制 ϕ600mm 的圆，完成草绘；拉伸方向选择单侧（向上）拉伸，拉伸长度为 10mm。

2）在图形显示区选择 FRONT 平面，在弹出的工具栏中单击【旋转】按钮，单击【草绘视图】按钮，以圆盘为边界，在草绘平面中绘制 R8 的半圆，草绘如图 6-8 所示，单击【确定】按钮完成草绘。

图 6-8 创建旋转草绘

3）选择圆柱体轴线或坐标系 Y 轴为旋转轴，旋转角度为 360°，完成圆盘创建，模型如图 6-9 所示。

（3）创建把手

1）在图形显示区选择圆盘上表面，在弹出的工具栏中单击【拉伸】按钮，单击【草绘视图】按钮，完成草绘，如图 6-10 所示；拉伸方向选择单侧（向上）拉伸，拉伸长度为 200mm。

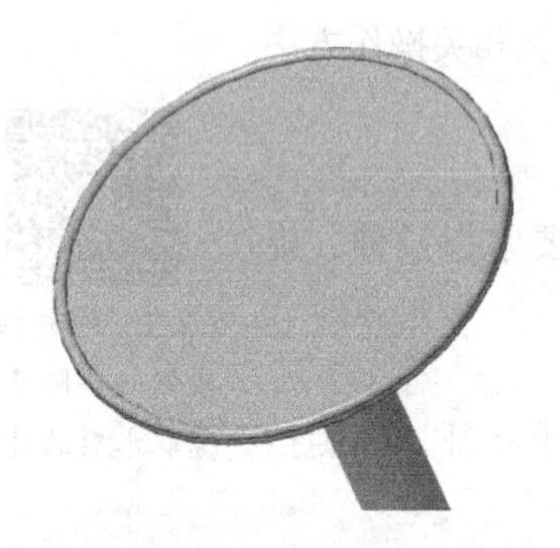

图 6-9 圆盘模型

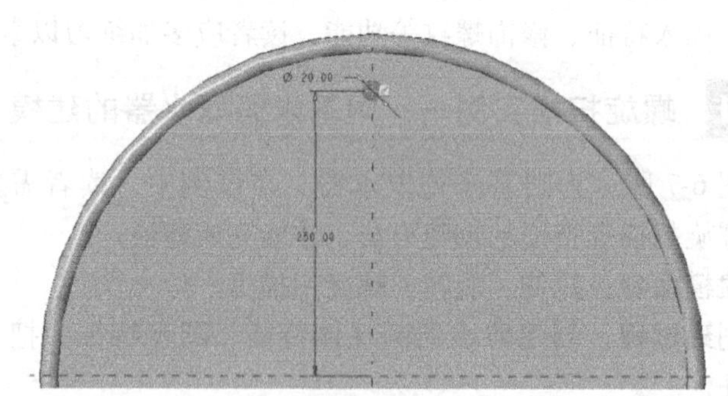

图 6-10 创建把手的拉伸截面

2）在图形显示区选择 RIGHT 平面，在弹出的工具栏中单击【旋转】按钮，单击【草绘视图】按钮，完成草绘，如图 6-11 所示。

3）选择把手轴线作为旋转轴，旋转角度为 360°，完成把手的创建，创建的模型如图 6-12 所示。

3. 创建取水器旋转扫描特征

1）绘制螺旋扫描轮廓。单击【螺旋扫描】按钮，单击“参考”选项卡下的【定义】按钮；系统弹出“草绘”对话框，在图形显示区选择 FRONT 平面为草绘平面，单击【草绘】按钮，自下而上绘制一条 1600mm 长的直线，单击【确定】按钮，具体操作如图 6-13 所示。

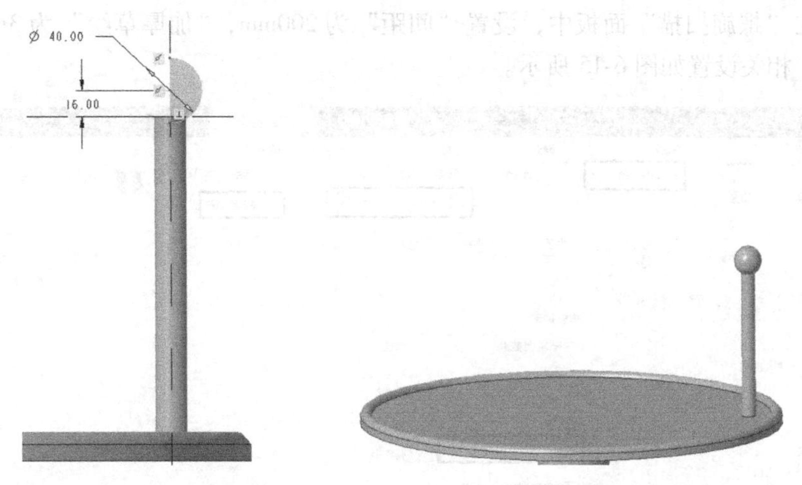

图 6-11　创建把手的旋转截面　　　　图 6-12　完成把手后创建的模型

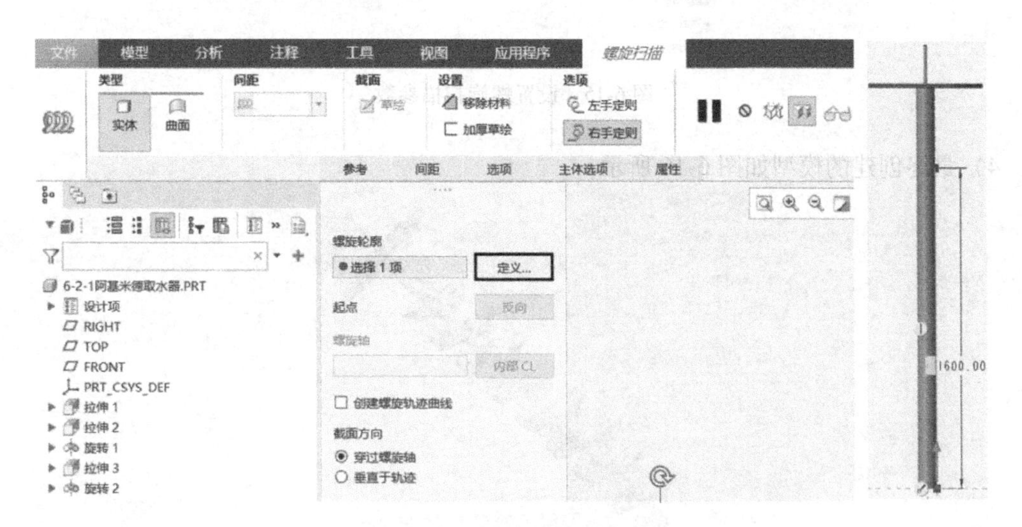

图 6-13　绘制螺旋扫描轮廓

2）绘制螺旋扫描截面。选择圆柱体轴线作为螺旋轴，单击【草绘】按钮，在圆柱体底部绘制两条线段，如图 6-14 所示，单击【确定】按钮。

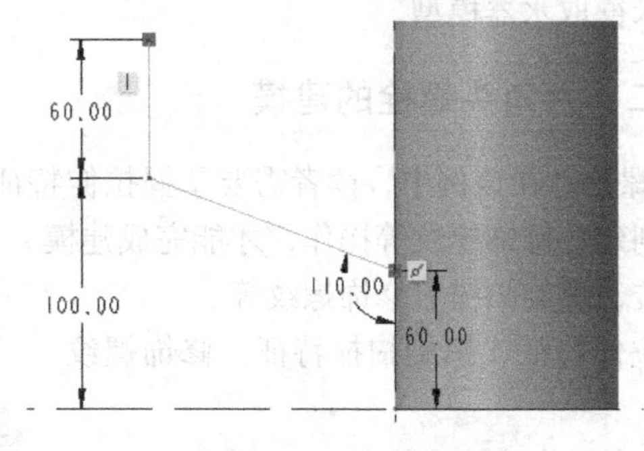

图 6-14　绘制螺旋扫描截面

3）在“螺旋扫描”面板中，设置“间距”为200mm，“加厚草绘”为3mm，采用“右手定则”，相关设置如图6-15所示。

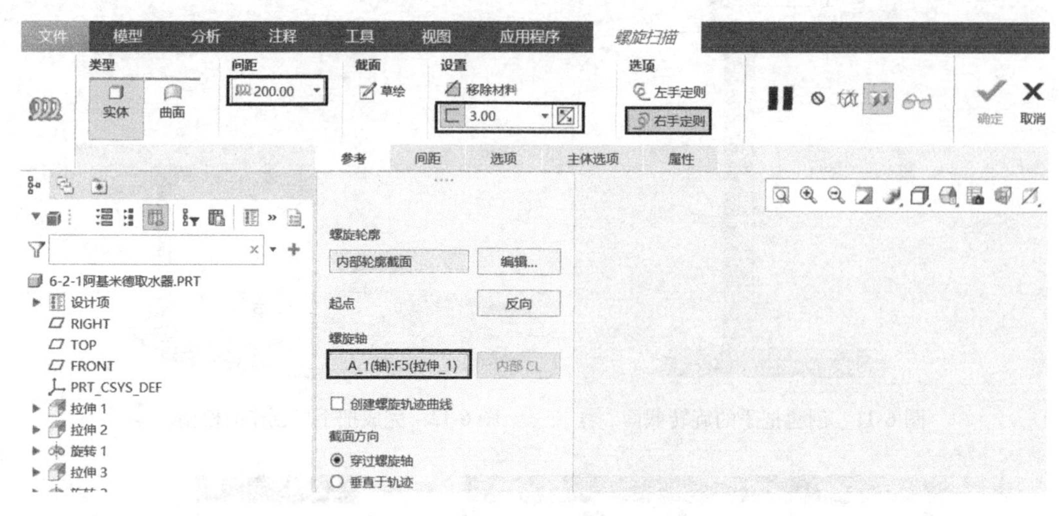

图6-15　设置螺旋扫描参数

4）最终创建的模型如图6-16所示。

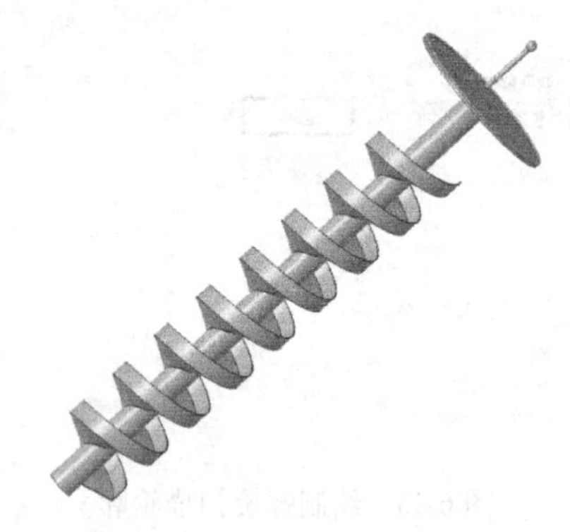

图6-16　阿基米德取水器模型

4. 保存模型

保存当前建立的阿基米德取水器模型。

6.2.2　螺旋扫描实例二：六角头螺栓的建模

6.2.2 螺旋扫描实例二：六角头螺栓的建模

图6-17所示为六角头螺栓。在该例中，读者需要掌握拉伸特征创建、旋转特征创建、螺旋扫描创建、修饰螺纹等操作，才能完成建模。

建模命令：拉伸、旋转、螺旋扫描、修饰螺纹等。

创建过程：创建螺栓拉伸特征、螺旋扫描特征，修饰螺纹特征。

关键点：螺旋扫描轮廓的绘制方向。

建模过程：

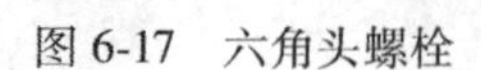

图6-17　六角头螺栓

1. 建立一个新文件

建立对象“类型”为“零件”、“名称”为“六角头螺栓”的新文件。

2. 创建六角头螺栓基体

1）创建螺栓六角头。在图形显示区选择TOP平面，在弹出的工具栏中单击【拉伸】按钮，使用【选项板】命令绘制外接圆为ϕ11mm的正六边形，单击【确定】按钮；拉伸方向选择单侧（向上）拉伸，拉伸长度为4mm，草绘及模型如图6-18所示。

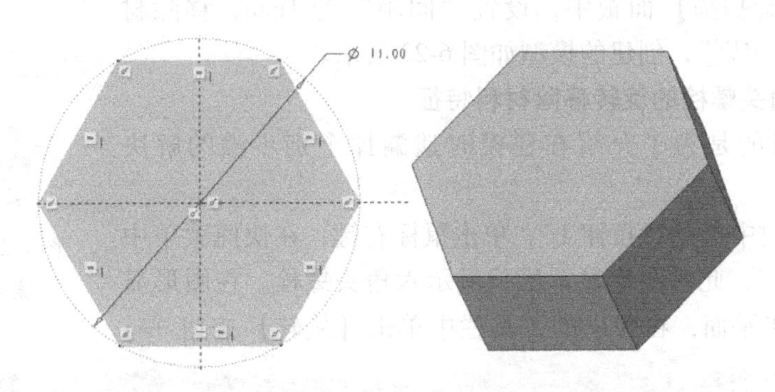

图6-18　创建螺栓六角头

2）创建螺栓拉伸台阶。在图形显示区选择六角头上表面，在弹出的工具栏中单击【拉伸】按钮，绘制ϕ9mm的圆，单击【确定】按钮；拉伸方向选择单侧（向上）拉伸，拉伸长度为0.2mm，草绘及模型如图6-19所示。

3）创建螺栓螺柱。在图形显示区选择六角头上的拉伸台阶，在弹出的工具栏中单击【拉伸】按钮，绘制ϕ6mm的圆，单击【确定】按钮；拉伸方向选择单侧（向上）拉伸，拉伸长度为20mm，并进行0.2mm的等边倒角设置，草绘及模型如图6-20所示。

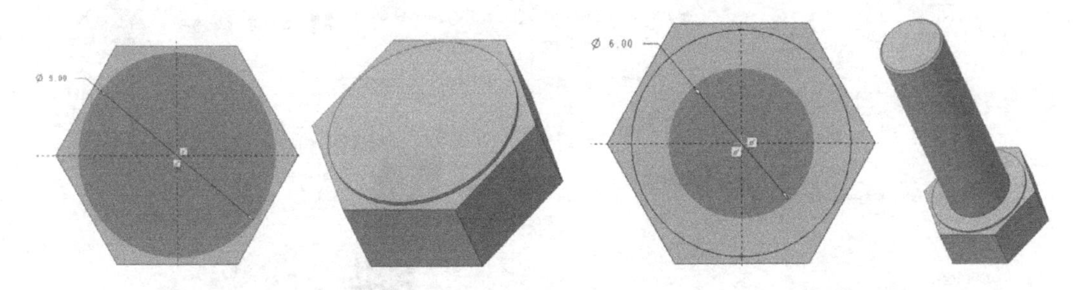

图6-19　创建螺栓拉伸台阶　　图6-20　创建螺栓螺柱

等边倒角须在本步骤中完成，否则当完成螺旋扫描创建螺纹后，只能通过旋转移除材料获得该特征，操作较为麻烦。

3. 创建六角头螺栓的螺纹

1）绘制螺栓螺旋扫描轮廓。单击【螺旋扫描】按钮，单击“参考”选项卡下的【定义】按钮，系统弹出“草绘设置”对话框。在图形显示区选择FRONT平面为草绘平面，单击【草绘】按钮，按照图 6-21 所示完成草绘，单击【确定】按钮。注意 *R*5 圆弧须使用【3 点/相切端】命令绘制，并注意草绘的绘制顺序。

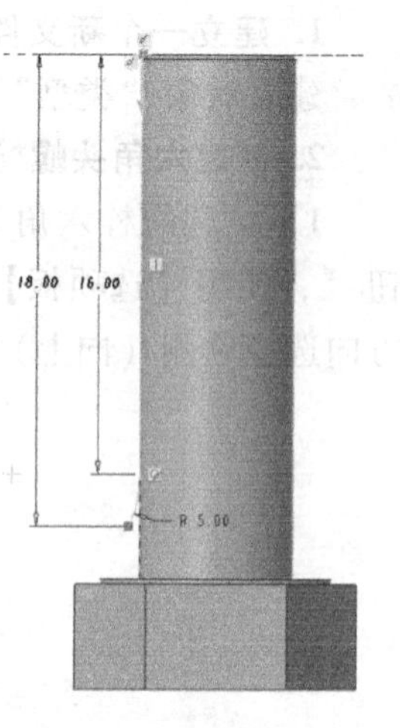

图 6-21 绘制螺栓螺旋扫描轮廓

2）绘制螺栓螺旋扫描截面。选择圆柱体轴线作为螺旋轴，单击【草绘】按钮，在圆柱体底部绘制一个梯形，如图 6-22 所示，单击【确定】按钮。

3）在【螺旋扫描】面板中，设置“间距”为 1mm，移除材料，选择“右手定则”，创建的模型如图 6-23 所示。

4. 增加六角头螺栓的旋转移除材料特征

该步骤的目的是为了介绍在建模时遗漏掉个别步骤的解决办法。

1）在模型树中选择“拉伸 1”，单击鼠标右键，在快捷菜单中选择“在此插入”，此时图形显示区只显示六角头螺栓。在图形显示区选择 FRONT 平面，在弹出的工具栏中单击【旋转】按钮，

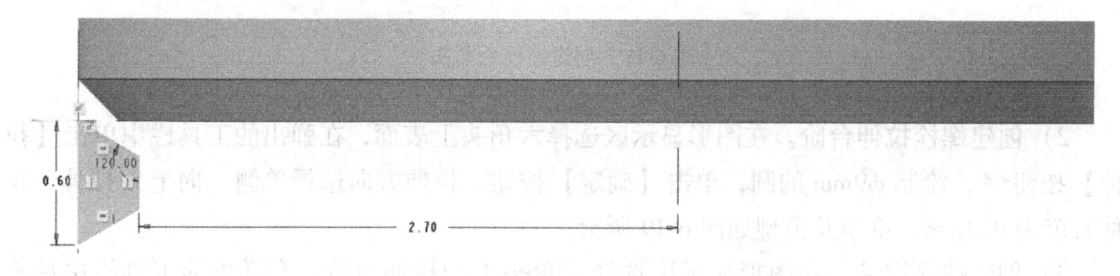

图 6-22 绘制螺栓螺旋扫描截面

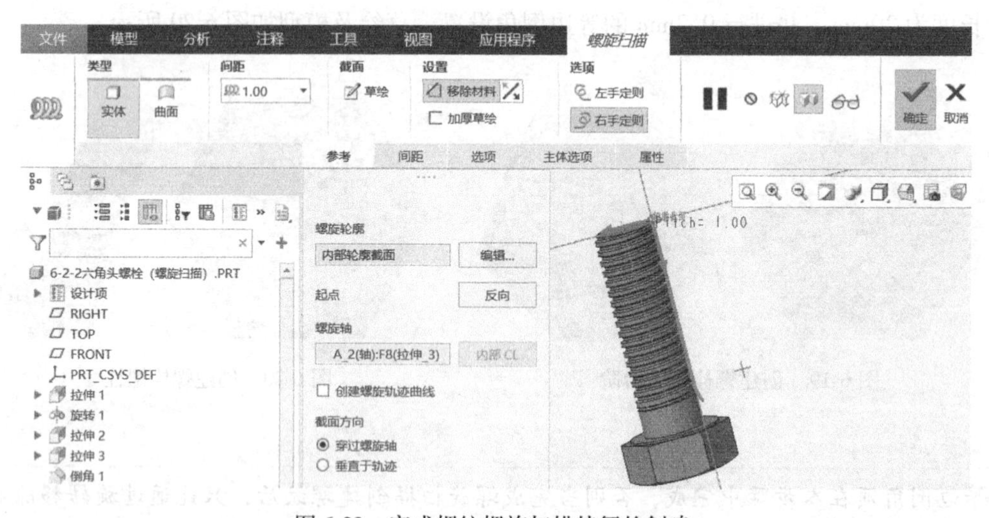

图 6-23 完成螺纹螺旋扫描特征的创建

单击【草绘视图】按钮，完成草绘，如图 6-24 所示；选择 *Y* 轴作为旋转轴，旋转角度设置为 360°，并单击【移除材料】按钮，完成特征创建。

2）选择模型树中的“在此插入”选项，单击右键鼠标，在快捷菜单中选择“退出插入

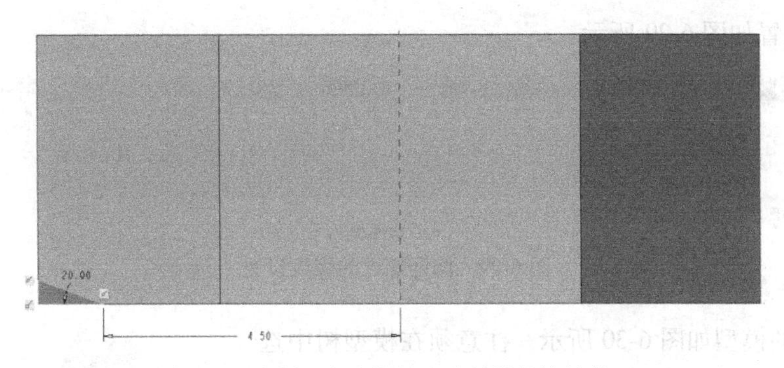

图 6-24　绘制六角头螺栓去除材料的旋转截面

模式”，在弹出的对话框中，选择“是”，如图 6-25 所示。

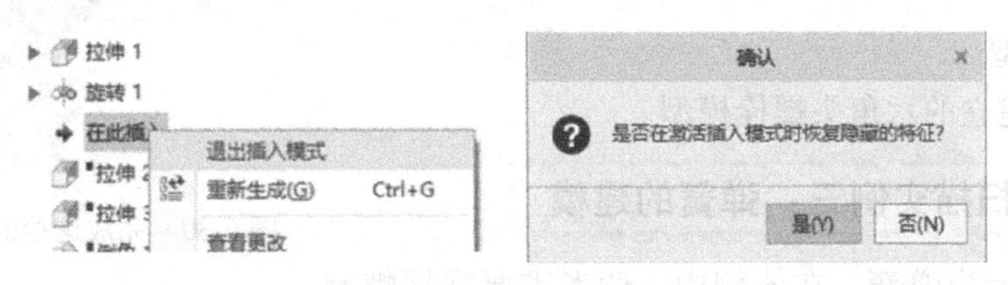

图 6-25　退出插入模式

3）最终创建的模型如图 6-26 所示。

5. 去除螺旋扫描特征，增加修饰螺纹

在 Creo Parametric 软件的工程图中，螺纹特征的投影为实际螺纹轮廓，不符合国家标准的要求。因此，为了生成符合国家标准要求的工程图，在建模时一般使用修饰螺纹来代替螺旋扫描，下面介绍修饰螺纹的操作方法。

1）将上文创建的模型另存为“六角头螺栓（修饰螺纹）”。打开该模型，在模型树中删除螺旋扫描特征，在“工程”功能选项卡单击【修饰螺纹】按钮。

2）对螺纹放置面进行设置。单击“放置”选项卡，接着选择螺柱环面作为修饰螺纹的放置面，此时“放置”选项卡如图 6-27 所示。

3）对螺纹范围进行设置。单击“深度”选项卡，对螺纹起始平面及深度进行设置，如图 6-28 所示。

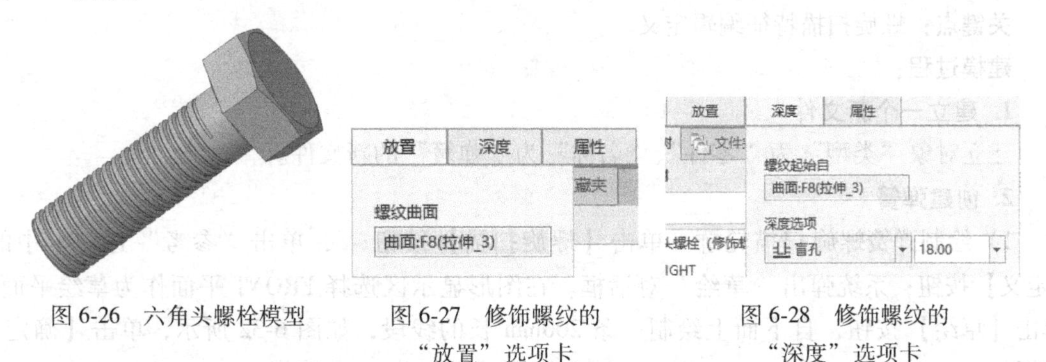

图 6-26　六角头螺栓模型　　图 6-27　修饰螺纹的“放置”选项卡　　图 6-28　修饰螺纹的“深度”选项卡

4）对螺纹参数进行设置。单击【定义标准螺纹】按钮，选择 ISO，选择“M6×1”

螺纹，相关设置如图 6-29 所示。

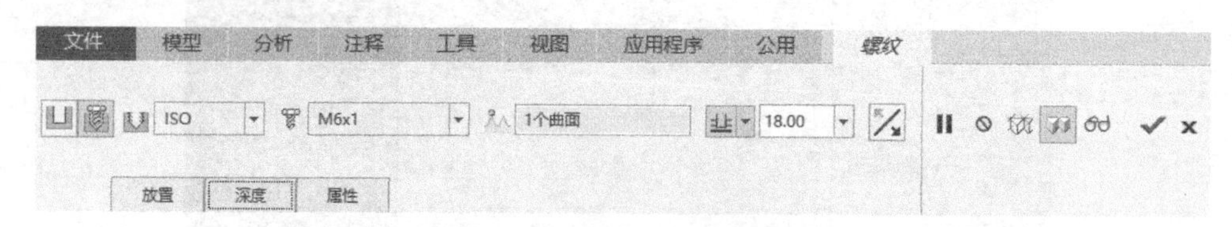

图 6-29　修饰螺纹的螺纹设置

5）创建的模型如图 6-30 所示。注意须在模型树中选择“修饰螺纹 1”，修饰螺纹才会显示。该模型在 Creo Parametric 软件的工程图模块可以投影出符合国家标准要求的外螺纹。

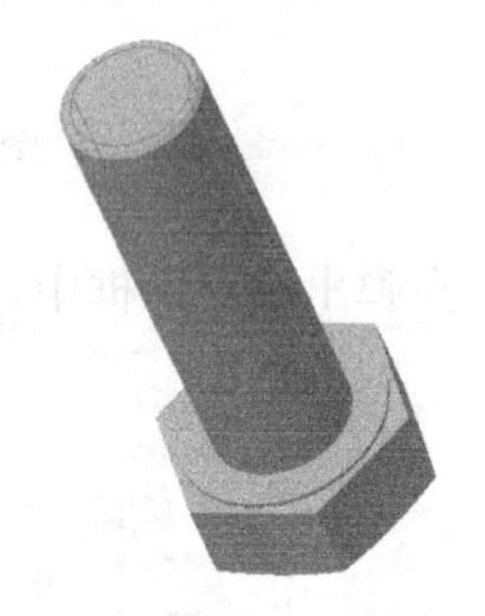

图 6-30　完成螺栓的修饰螺纹创建

6. 保存模型

保存当前建立的六角头螺栓模型。

6.2.3 螺旋扫描实例三：弹簧的建模

图 6-31 所示为弹簧。在该例中，读者需要掌握螺旋扫描、特征的编辑定义等操作，才能完成建模。

6.2.3 螺旋扫描实例三：弹簧的建模

图 6-31　弹簧

建模命令：螺旋扫描、编辑定义等。

创建过程：创建螺旋扫描特征，编辑定义螺旋扫描特征。

关键点：螺旋扫描特征编辑定义。

建模过程：

1. 建立一个新文件

建立对象“类型”为“零件”、“名称”为“弹簧”的新文件。

2. 创建弹簧

1）绘制弹簧螺旋扫描轮廓。单击【螺旋扫描】按钮，单击“参考”选项卡中的【定义】按钮；系统弹出“草绘”对话框。在图形显示区选择 FRONT 平面作为草绘平面，单击【草绘】按钮，自下而上绘制一条 200mm 长的线段，如图 6-32 所示，单击【确定】按钮。

2）绘制螺旋扫描截面。选择坐标系 *Y* 轴作为螺旋轴，单击【草绘】按钮，完成草绘，如图 6-33 所示，单击【确定】按钮。

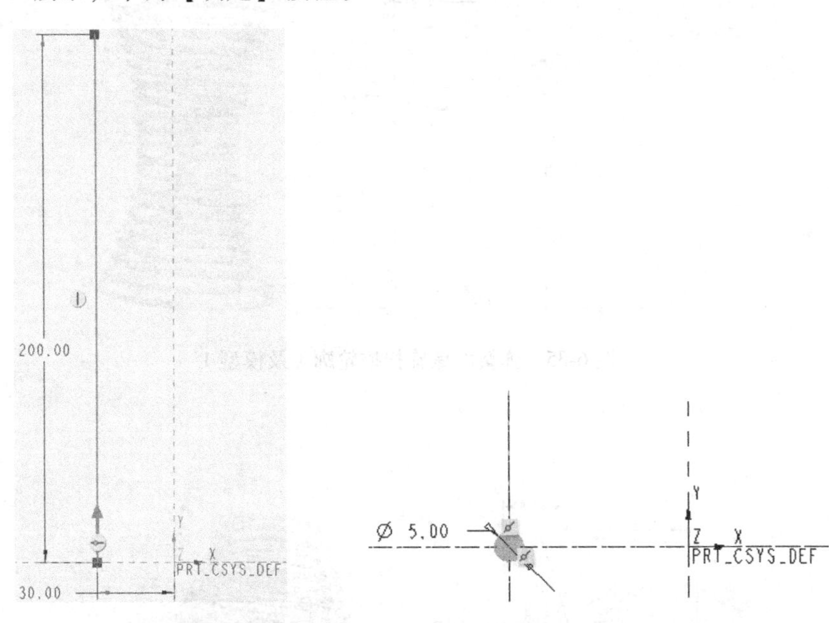

图 6-32　弹簧的螺旋扫描轮廓创建　　　　图 6-33　弹簧的螺旋扫描截面创建

3）设置“间距”为 10mm，右旋，相关设置及模型如图 6-34 所示。

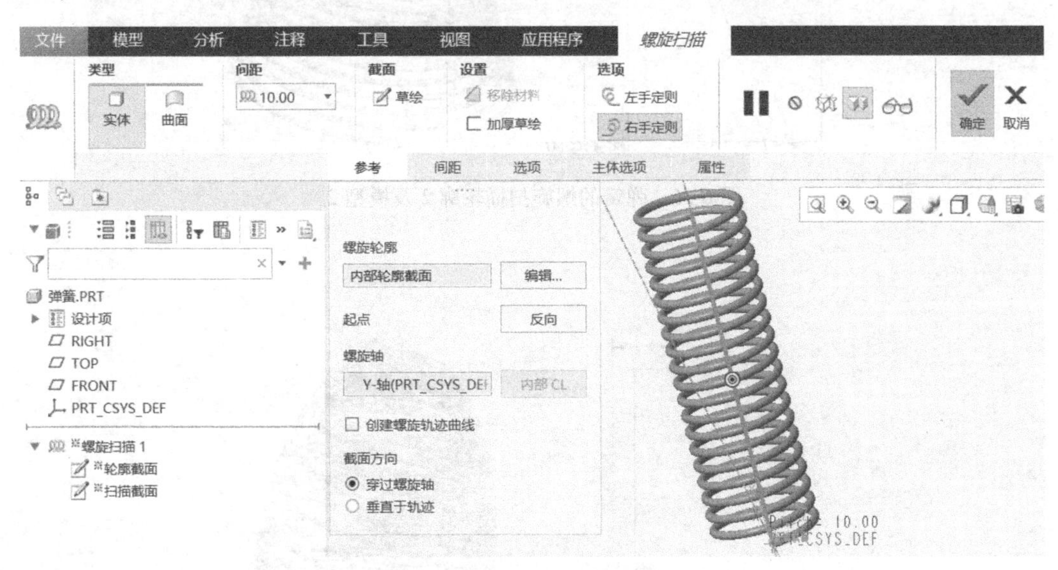

图 6-34　完成弹簧模型的创建

3. 保存模型

保存当前创建的弹簧模型。

4. 修改弹簧轮廓

在修改弹簧模型的螺旋扫描轮廓后，可创建新的弹簧模型，扫描轮廓及创建的模型如图 6-35～图6-37 所示。

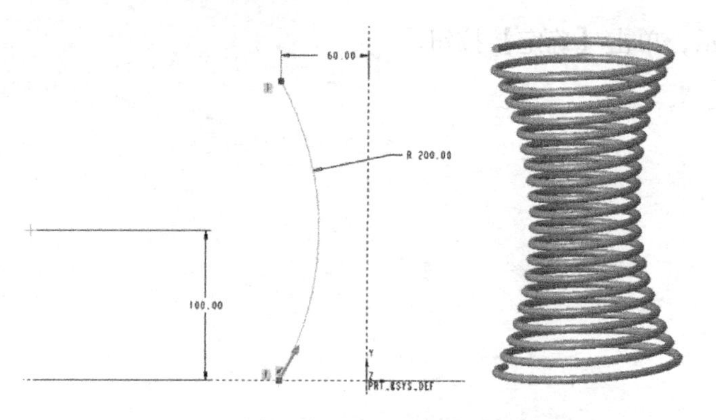

图 6-35　弹簧的螺旋扫描轮廓 1 及模型 1

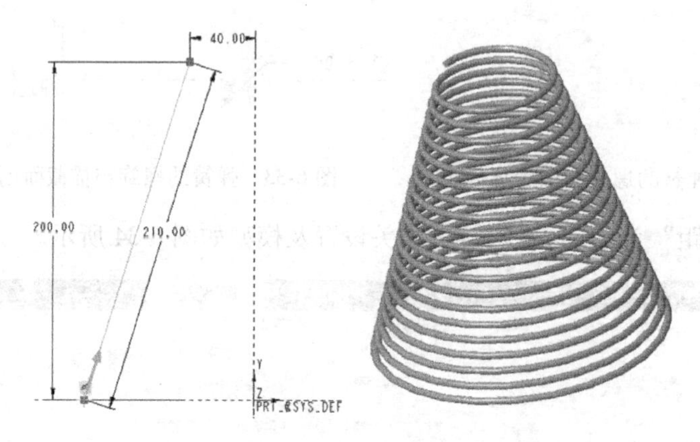

图 6-36　弹簧的螺旋扫描轮廓 2 及模型 2

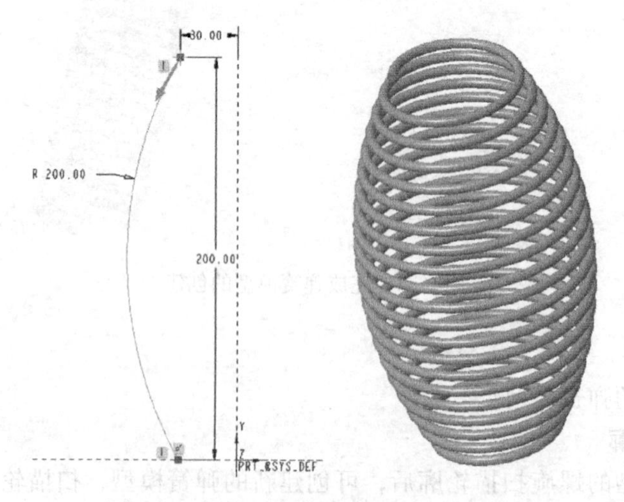

图 6-37　弹簧的螺旋扫描轮廓 3 及模型 3

6.3 习题

1. 按照图 6-38 所示，完成零件注射螺旋的建模。

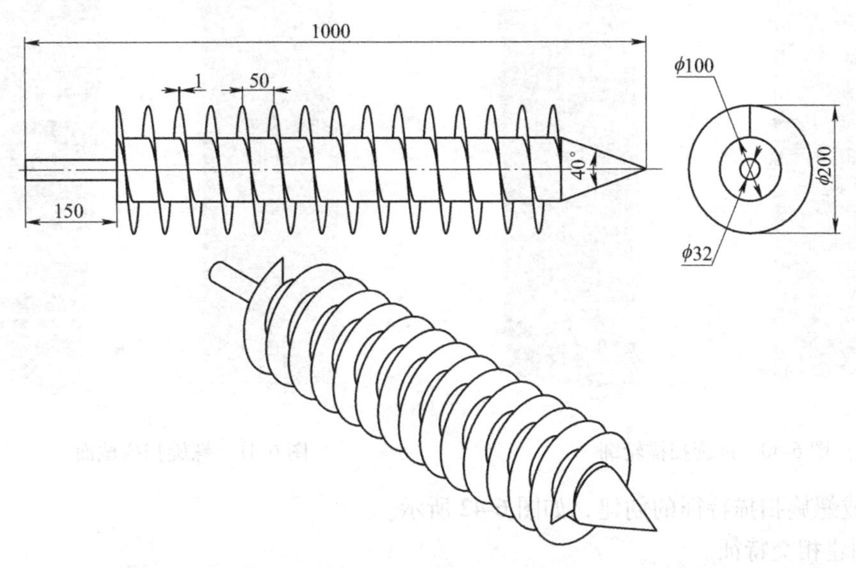

图 6-38 注射螺旋工程图

2. 按照以下操作步骤，完成零件三角形弹簧的建模。

（1）方法一

1）创建等边三角形拉伸曲面。以 Top 面为草绘平面，以坐标原点为三角形中心，创建边长为 50mm 的等边三角形，拉伸为曲面，拉伸长度为 120mm。完成拉伸曲面操作，接着对拉伸曲面进行 *R*6 倒圆角处理，如图 6-39 所示。

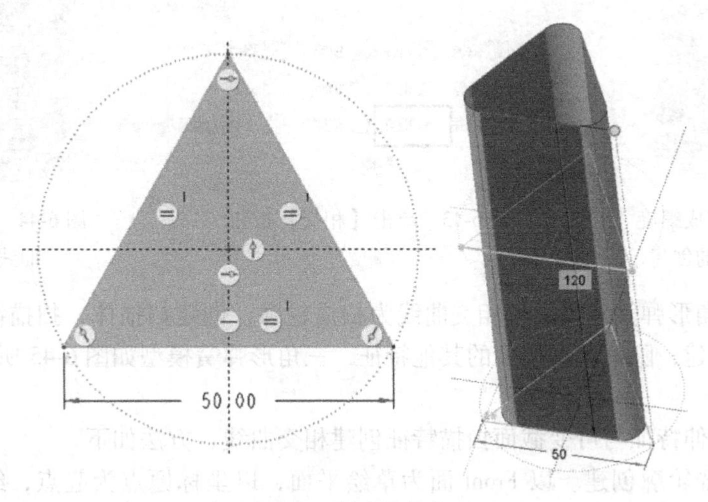

图 6-39 创建拉伸曲面

2）创建螺旋扫描特征。

①螺旋扫描类型选择“曲面”，螺旋间距为 12mm，螺旋扫描轮廓如图 6-40 所示，螺旋扫描截面（长度为 20mm 的线段）如图 6-41 所示。

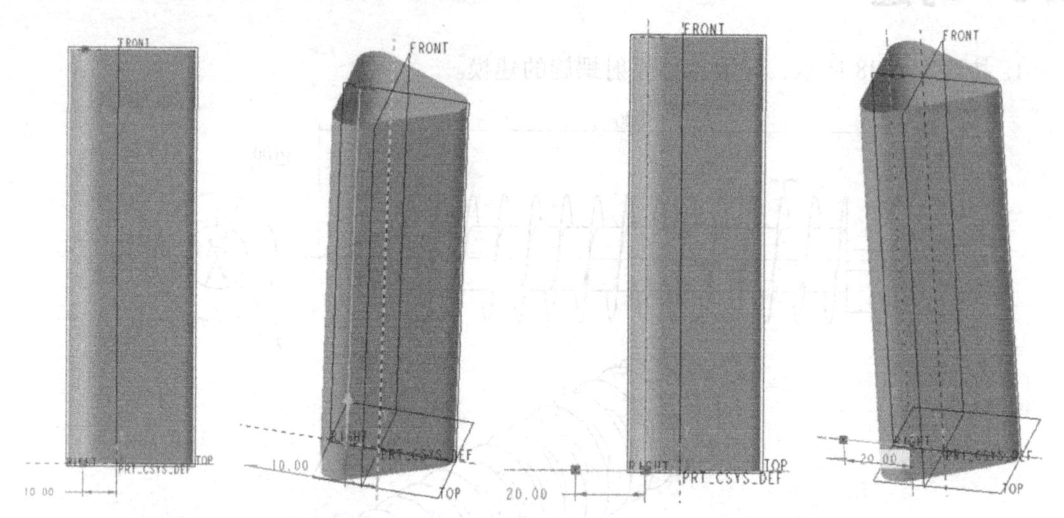

图 6-40　螺旋扫描轮廓

图 6-41　螺旋扫描截面

②完成螺旋扫描特征的创建，如图 6-42 所示。

3）创建相交特征。

①在模型树中选择“拉伸 1”“螺旋扫描 1”，单击【相交】按钮，如图 6-43 所示。

②完成相交曲线创建，如图 6-44 所示。

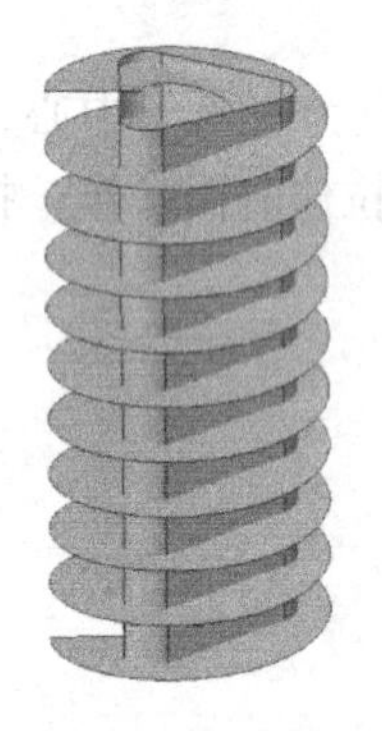

图 6-42　完成螺旋扫描特征的创建

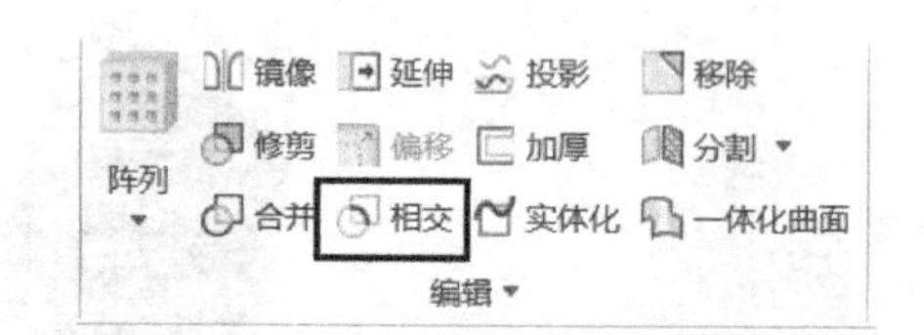

图 6-43　单击【相交】按钮

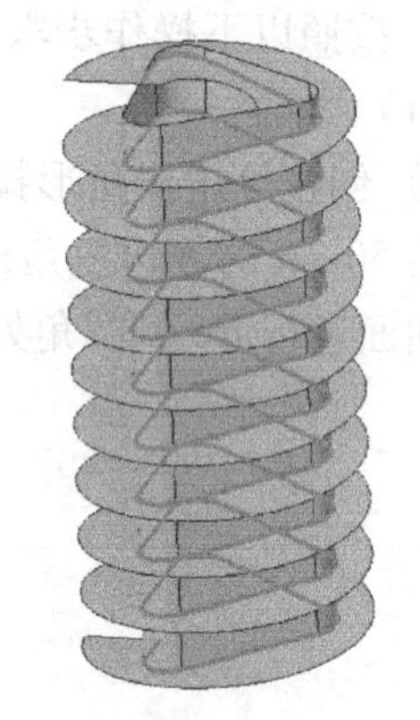

图 6-44　完成相交曲线创建

4）完成三角形弹簧建模。以相交曲线为扫描轮廓，创建扫描体，扫描截面为 ϕ2mm 的圆，完成扫描创建，隐藏模型树中的其他特征，三角形弹簧模型如图 6-45 所示。

（2）方法二

也可通过拉伸特征与可变截面扫描特征创建相交曲线，方法如下。

1）完成扫描轮廓创建。以 Front 面为草绘平面，以坐标原点为起点，绘制直线，长度为 120mm，完成扫描轮廓创建，如图 6-46 所示。

2）在图形显示区选择扫描轮廓，在弹出的工具栏中单击【扫描】按钮，在“螺旋扫描”面板中设置扫描类型为“曲面”“可变截面”，并完成如图 6-47 所示的扫描截面绘制（长度为35mm的线段）。

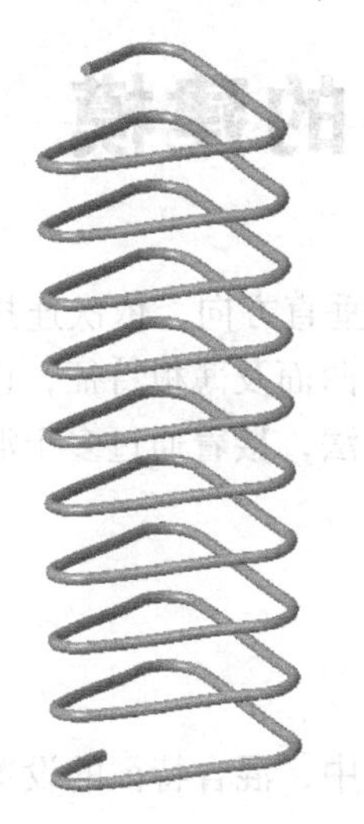

图6-45　三角形弹簧模型

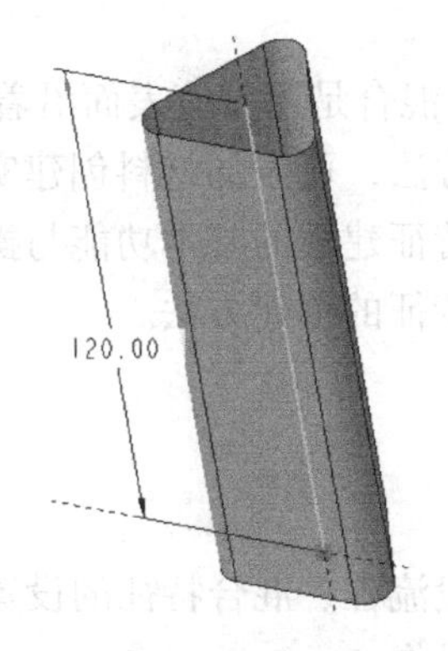

图6-46　完成扫描轮廓创建

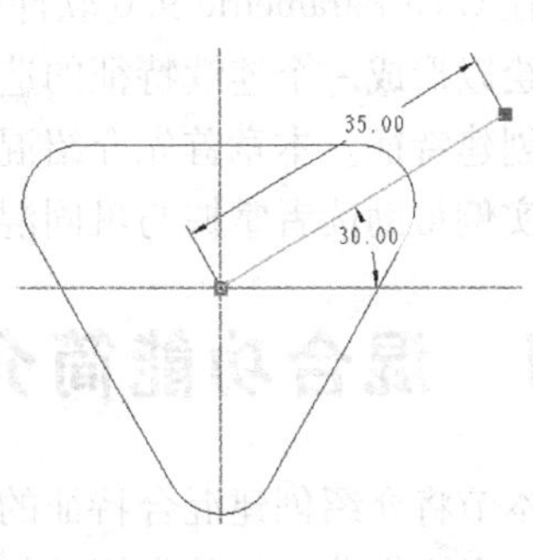

图6-47　完成扫描截面创建

3）完成扫描截面关系设置，sd3 = 30+360 * trajpar * 10，如图6-48所示。

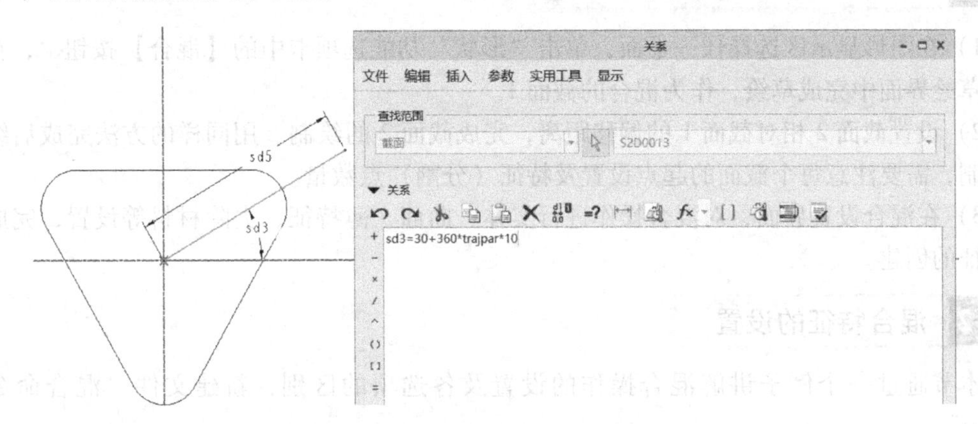

图6-48　完成扫描截面关系设置

4）完成扫描曲面创建，如图6-49所示。接着通过扫描曲面与拉伸特征创建相交曲线。

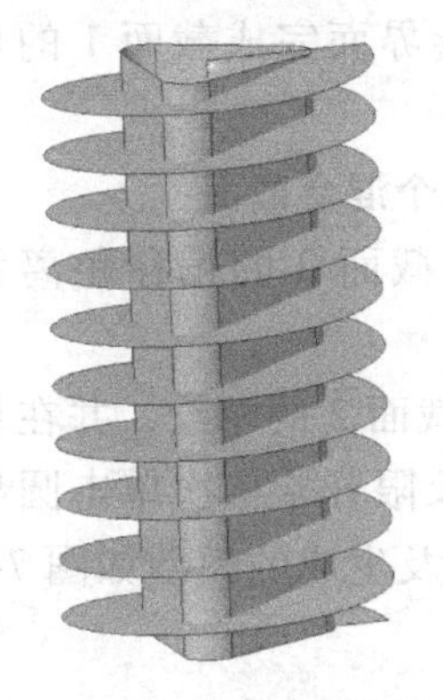

图6-49　完成扫描曲面创建

第7章 混合特征零件的建模

在 Creo Parametric 9.0 软件中，混合是用过渡表面沿着草绘垂直方向，依次连接多个二维草绘以形成一个连续特征的造型方法，可添加材料创建实体、曲面及薄板特征，也可去除材料创建特征。本章首先介绍混合特征建模的基本功能与操作方法，接着通过多个混合特征建模实例帮助读者掌握与巩固混合特征的创建方法。

7.1 混合功能简介

本节将介绍创建混合特征的一般流程、混合特征的设置。其中，混合特征的设置选项较多，读者应充分理解并掌握其相关操作。

7.1.1 创建混合特征的一般流程

1）在图形显示区选择任一平面，单击“形状”功能选项卡中的【混合】按钮，在弹出的草绘界面中完成草绘，作为混合的截面1。

2）设置截面2相对截面1的偏移距离，完成截面2的绘制。用同样的方法完成后续截面绘制，需要注意每个截面的起点设置及特征（分割）点数量。

3）在混合设置界面，对混合操作进行实体、曲面、薄特征、去除材料等设置，完成混合特征的创建。

7.1.2 混合特征的设置

本节通过一个例子讲解混合操作的设置及各选项的区别，新建文件“混合命令简介.prt”。

1. 使用【混合】命令创建第一个混合截面

在图形显示区选择 TOP 平面，单击“形状”功能选项卡中的【混合】按钮，在草绘界面完成截面1的草绘，如图7-1所示。

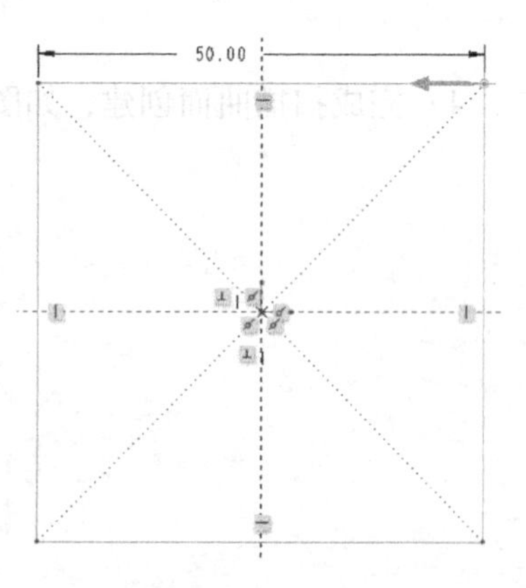

图7-1 混合操作的截面1视图

2. 使用【混合】命令创建第二个混合截面

1）单击【插入】按钮，设置截面2的偏移距离为50，如图7-2所示。

2）单击【草绘】按钮，完成截面2的草绘，并在草绘中使用【分割】命令从第一象限开始依次单击圆与中心线的4个交点。截面2的草绘及生成的模型如图7-3所示。

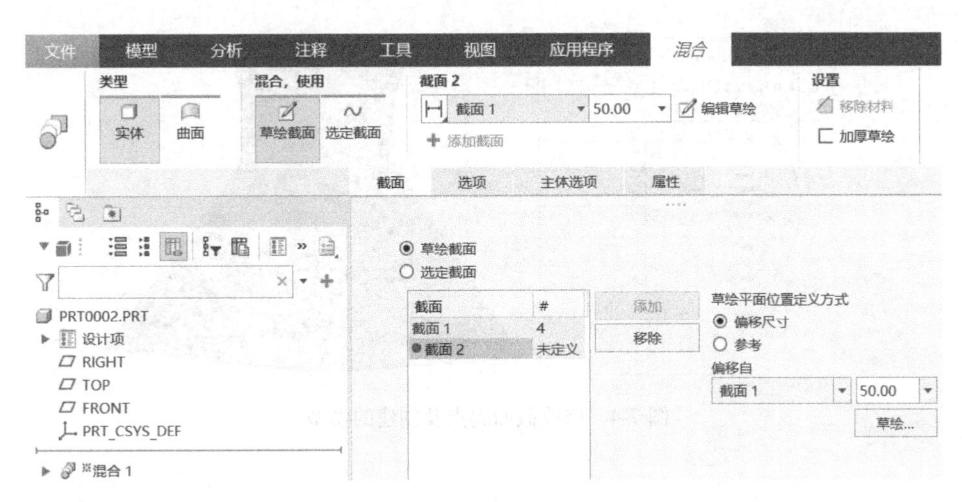

图 7-2 “混合”面板

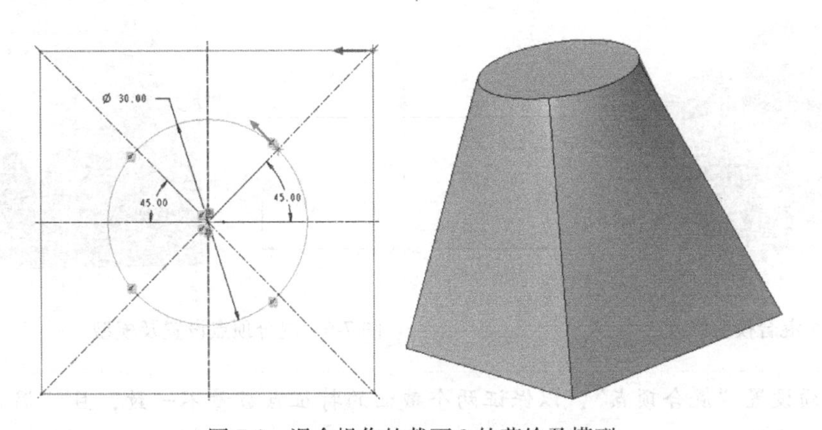

图 7-3 混合操作的截面 2 的草绘及模型

【分割】命令的作用是保证各截面的特征点相同，否则可能无法创建混合特征。从第一象限开始依次单击圆与中心线的 4 个交点，目的是为了使两个混合截面的起点一致，否则模型会产生扭转。

3. 混合截面的修改

（1）截面起点的修改

回到截面 2 的草绘，用鼠标左键单击选中中心线与圆在第二象限的交点，长按右键，在弹出的快捷菜单中选择“起点”，相关设置及创建的模型如图 7-4 所示。

（2）截面草绘的修改

1）回到截面 2 的草绘，删除原有草绘，并在草绘中心绘制一个点，创建的模型如图 7-5 所示。

2）回到截面 2 的草绘，删除原有草绘，并在草绘中心绘制边长为 30mm 的等边三角形，修改起点为三角形上顶点，用鼠标左键单击选中三角形右下角顶点，长按右键，选择“混合顶点”，完成草绘，创建的模型如图 7-6 所示。

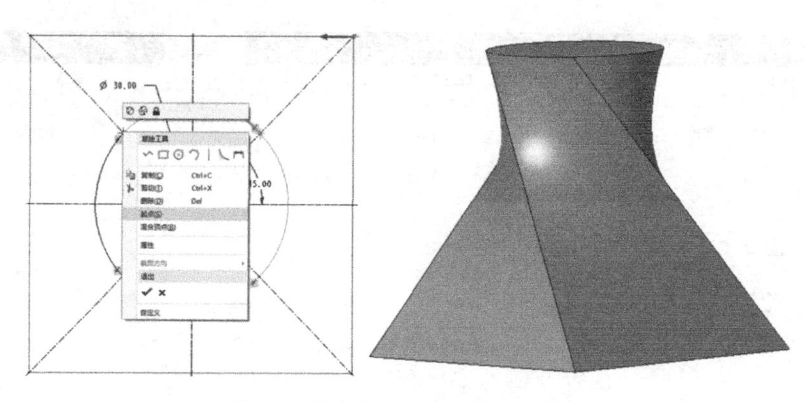

图 7-4 修改截面起点及创建的模型

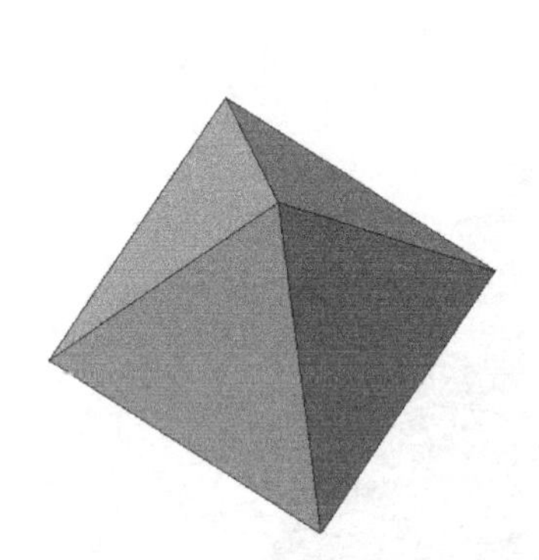

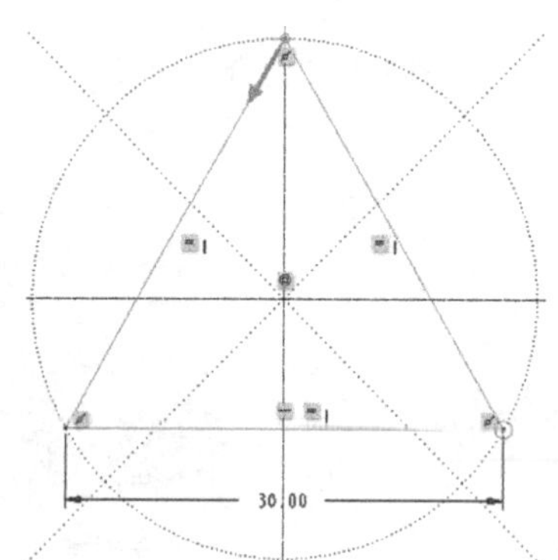

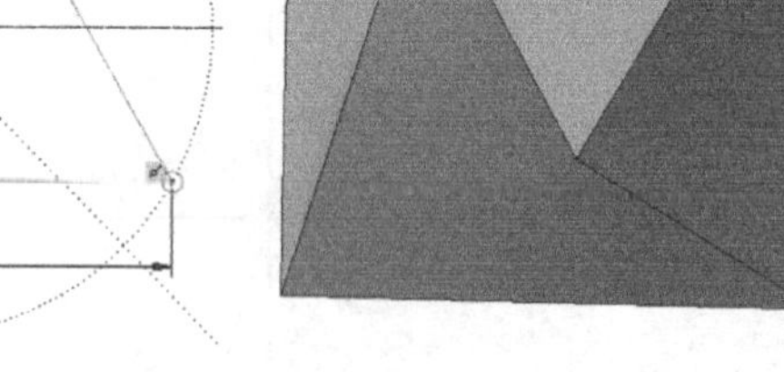

图 7-5 混合模型修改

图 7-6 混合顶点设置及模型

📖 该例必须设置“混合顶点”，以保证两个截面的特征点数量不一致，且“混合顶点”不作为“起点”。

7.2 混合实例

本节将通过 5 个混合建模实例，帮助读者掌握与巩固混合特征的创建方法，同时融入了草绘分割、壳、扫描、旋转混合、外观编辑等功能，读者应加以练习以掌握相关操作方法。

7.2.1 混合实例一：梅花糕底座模型的建立

7.2.1 混合实例一：梅花糕底座模型的建立

图 7-7 所示为梅花糕底座模型。在该例中，读者需要掌握草绘分割、混合特征创建、壳、外观编辑等操作，才能完成建模。

命令应用： 混合、草绘、分割、倒圆角、壳、外观编辑等。

创建过程： 创建梅花糕底座混合特征，使用壳功能创建底座，使用外观功能完成模型着色。

关键点： 混合截面的起点设置。

建模过程：

1. 建立一个新文件

建立对象“类型”为“零件”、“名称”为“梅花糕底座”的新文件。

2. 创建梅花糕底座混合特征

在图形显示区选择 TOP 平面，单击【混合】按钮。

1）创建截面 1 的草绘。单击【草绘视图】按钮，以坐标原点为中心，进行草绘，如图 7-8 所示，注意混合起点的位置。

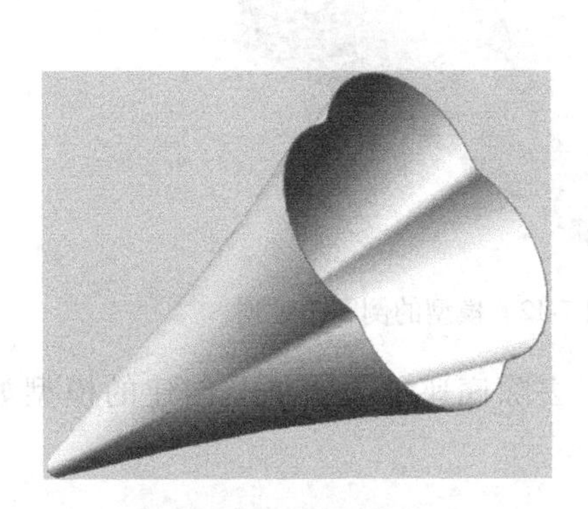

图 7-7　梅花糕底座模型

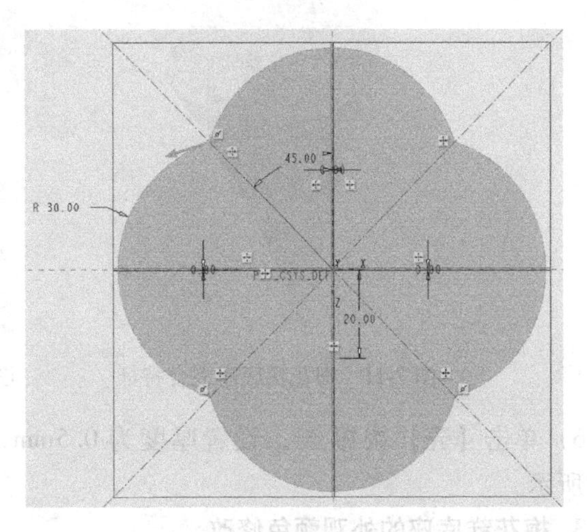

图 7-8　截面 1 草绘

2）创建截面 2 的草绘。在“偏移自截面 1”的文本框中输入“80”，单击【草绘视图】按钮，以坐标原点为圆心，进行圆的草绘。使用【分割】命令将圆分割为 4 段，产生 4 个分割点，如图 7-9 所示，单击【确定】按钮，注意混合起点的位置。

> 为保证混合的两个平面的起点相同，须在起点处用鼠标左键单击该点，长按右键，在弹出的快捷菜单中选择“起点”，如图 7-10 所示。

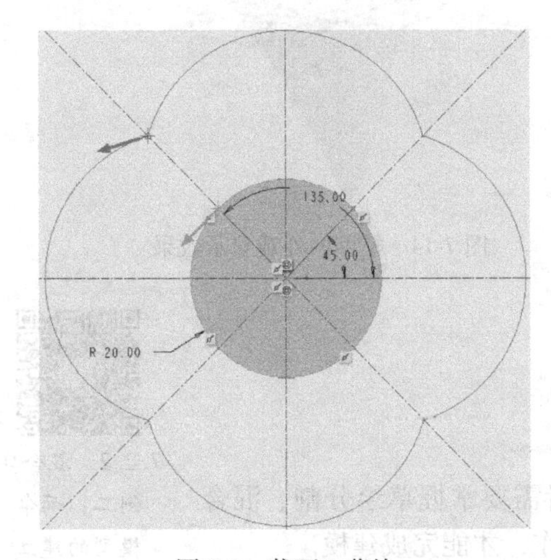

图 7-9　截面 2 草绘

图 7-10　设置混合起点

3）创建截面 3 的草绘。在“偏移自截面 2”的文本框中输入“80”，单击【草绘视图】按钮，使用【点】命令在草绘中心完成点的绘制。

4）单击【确定】按钮，创建的模型如图 7-11 所示。

5）使用【倒圆角】命令对模型上半部分的棱线进行 5mm 倒圆角，对下半部分的棱线进行 3mm 倒圆角，创建的模型如图 7-12 所示。

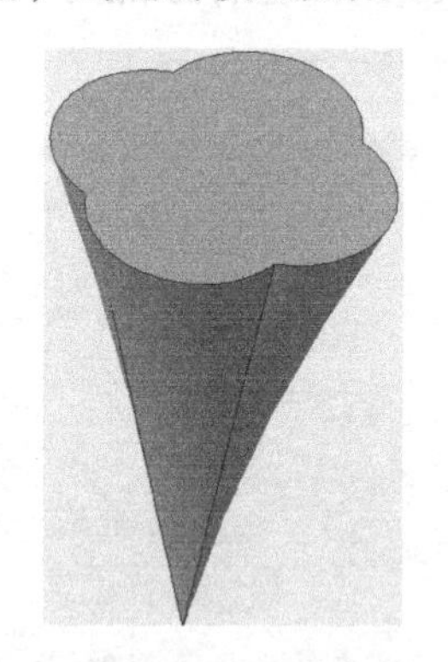

图 7-11　梅花糕底座混合特征

图 7-12　模型的倒圆角处理

6）单击【壳】按钮，设置厚度为 0.5mm，去除底座的上表面，创建的模型如图 7-13 所示。

3. 梅花糕底座的外观颜色修改

单击“视图”选项卡中的【外观】按钮，打开下拉列表，选择“更多外观”，弹出“外观编辑器”对话框，单击【颜色】按钮，使用颜色轮盘，对梅花糕底座的外观颜色进行修改，最终的模型外观如图 7-14 所示。

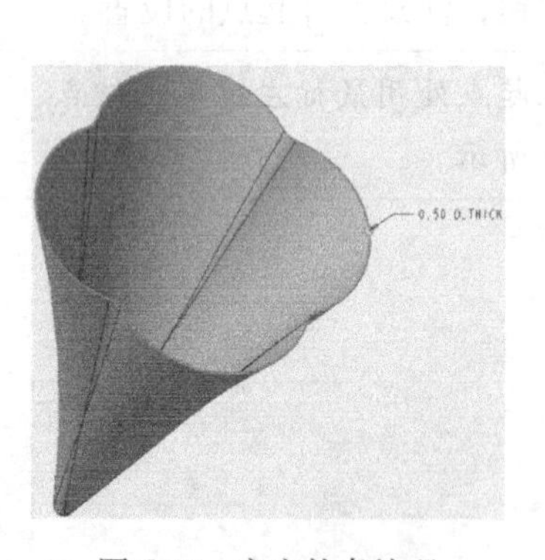

图 7-13　底座的壳处理

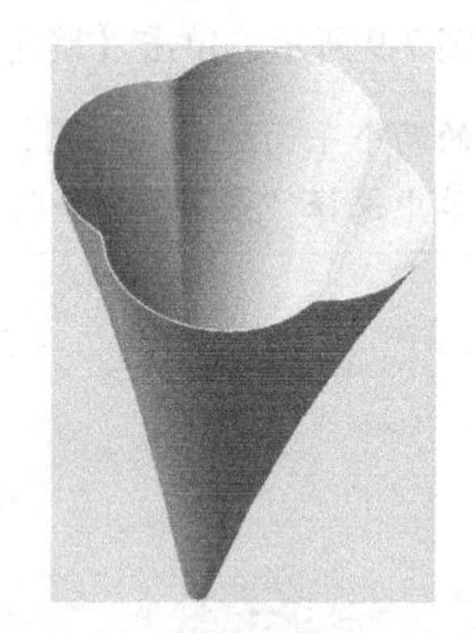

图 7-14　模型的外观显示效果

4. 保存模型

保存当前建立的梅花糕底座模型。

7.2.2 混合实例二：雨伞模型的建立

7.2.2　混合实例二：雨伞模型的建立

图 7-15 所示为雨伞模型。在该例中，读者需要掌握草绘分割、混合特征创建、壳、扫描特征创建、外观编辑等操作，才能完成建模。

命令应用： 分割、混合、壳、扫描、外观等。

创建过程：使用混合功能创建伞体，使用壳功能创建伞面，使用扫描功能创建伞柄，使用外观功能完成模型着色。

关键点：混合截面的起点设置。

建模过程：

1. 建立一个新文件

建立对象“类型”为“零件”、“名称”为“雨伞”的新文件。

图 7-15　雨伞模型

2. 雨伞伞面的建模

在图形显示区选择 TOP 平面，单击【混合】按钮。

1）创建截面 1 的草绘。单击【草绘视图】按钮，以坐标原点为中心，使用【选项板】命令完成边长为 500mm 的正六边形的绘制，单击【确定】按钮。

2）创建截面 2 的草绘。在“偏移自截面 1”的文本框中输入“200”，单击【草绘视图】按钮，以坐标原点为中心，使用【选项板】命令完成边长为 260mm 的正六边形的绘制，单击【确定】按钮。

3）创建截面 3 的草绘。在“偏移自截面 2”的文本框中输入“50”，单击【草绘视图】按钮，以坐标原点为圆心，绘制 ϕ20mm 的圆，使用【分割】命令将圆分割为 6 段，生成 6 个分割点，如图 7-16 所示。

为保证混合的三个截面起点相同，须在各截面起点处单击鼠标左键，长按右键，在弹出的快捷菜单中选择“起点”，如图 7-17 所示。

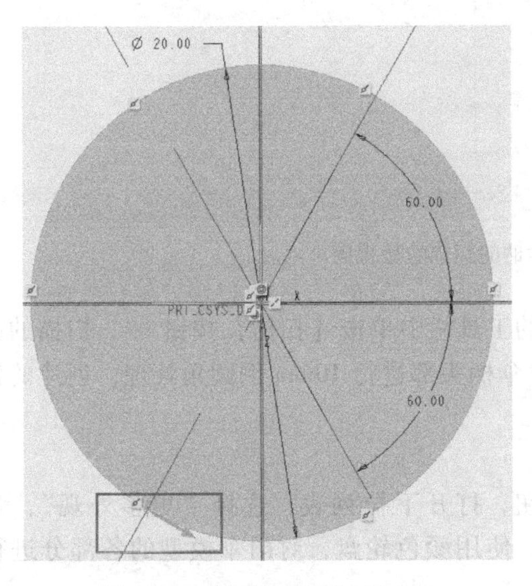

图 7-16　雨伞伞面截面 3 的草绘

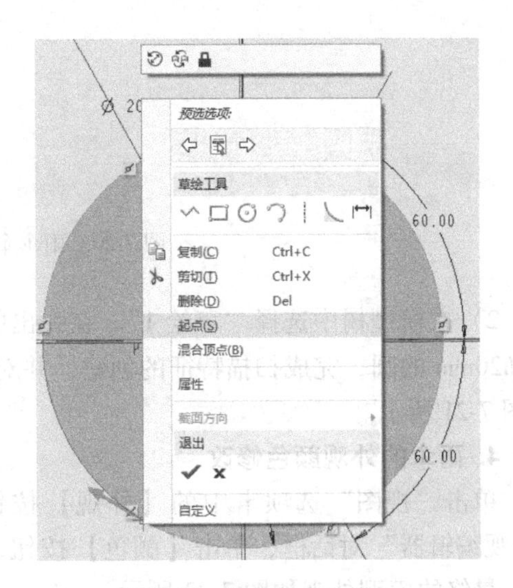

图 7-17　混合起点的修改

4）单击【确定】按钮，创建的模型如图 7-18 所示。

5）单击【壳】按钮，设置厚度为2mm，去除伞体底面，创建的模型如图7-19所示。

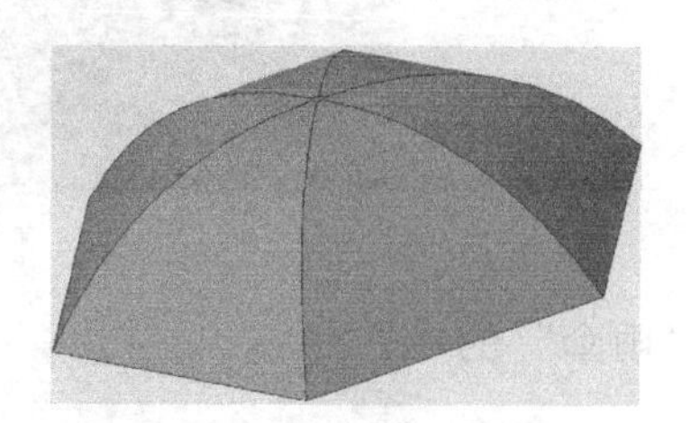

图7-18　伞面的混合特征

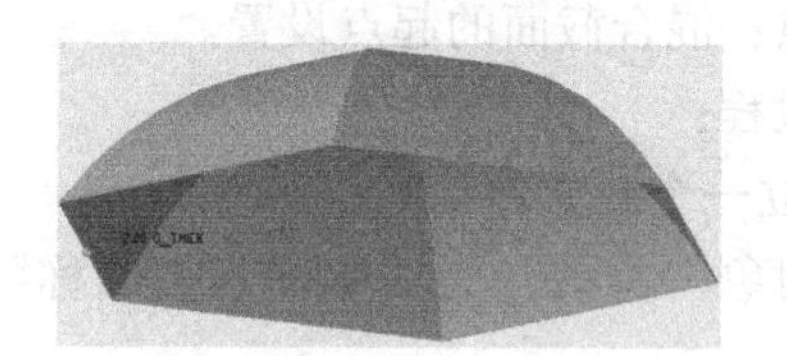

图7-19　伞面的抽壳特征

3. 雨伞伞柄的建模

1）草绘伞柄扫描轨迹。在图形显示区选择FRONT平面，在弹出的工具栏中单击【草绘】按钮，完成如图7-20所示的草绘，单击【确定】按钮。

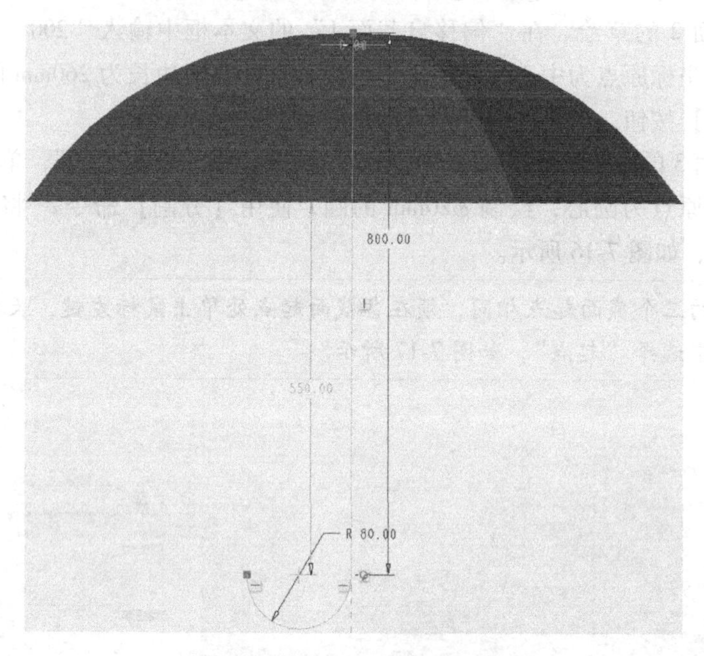

图7-20　雨伞伞柄的扫描轨迹视图

2）在模型树中选择“草绘1”，在弹出的工具栏中单击【扫描】按钮，扫描的截面为ϕ20mm的圆，完成扫描特征的创建，并对伞柄头部进行10mm倒圆角处理，创建的模型如图7-21所示。

4. 雨伞的外观颜色修改

单击“视图”选项卡中的【外观】按钮，打开下拉列表，选择“更多外观”，弹出“外观编辑器”对话框，单击【颜色】按钮，使用颜色轮盘，对雨伞模型的各部分进行着色，最终的模型外观如图7-22所示。

5. 保存模型

保存当前建立的雨伞模型。

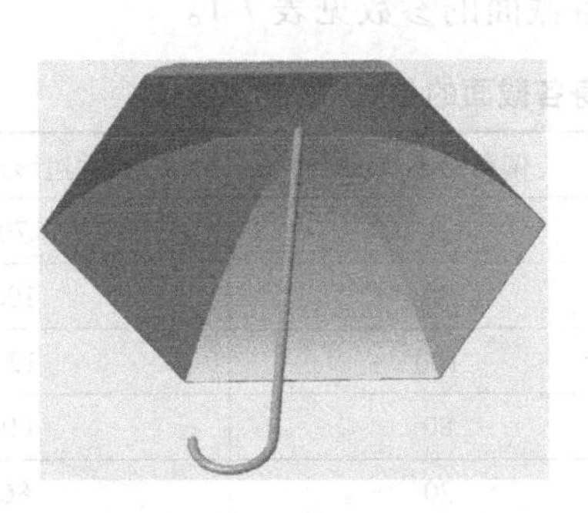

图 7-21 伞柄的扫描特征

图 7-22 模型的外观显示效果

7.2.3 混合实例三：青花瓷瓶模型的建立

7.2.3 混合实例三：青花瓷瓶模型的建立

命令应用：草绘、选项板、混合、壳、外观等。

创建过程：使用混合功能创建青花瓷瓶基体，使用壳功能创建青花瓷瓶模型，使用外观功能完成模型着色。

关键点：混合截面的起点设置。

建模过程：

1. 建立一个新文件

建立对象“类型”为“零件”、“名称”为“青花瓷瓶”的新文件。

2. 青花瓷底座的建模

在图形显示区选择 TOP 平面，在功能区中单击【混合】按钮。

1）创建截面 1 的草绘。单击【草绘视图】按钮，以坐标原点为中心，使用【选项板】命令完成边长为 80mm 的正六边形的绘制，单击【确定】按钮。

2）创建截面 2 的草绘。在“偏移自截面 1”的文本框中输入“10”，单击【草绘视图】按钮，以坐标原点为中心，使用【选项板】命令完成边长为 80mm 的正六边形的绘制，单击【确定】按钮。

3）创建截面 3 的草绘。在“偏移自截面 2”的文本框中输入“20”，单击【草绘视图】按钮，以坐标原点为中心，使用【选项板】命令完成边长为 70mm 的正六边形的绘制，创建的模型如图 7-23 所示。

4）单击【壳】按钮，设置厚度为 2mm，去除青花瓷底座底面，创建的模型如图 7-24 所示。

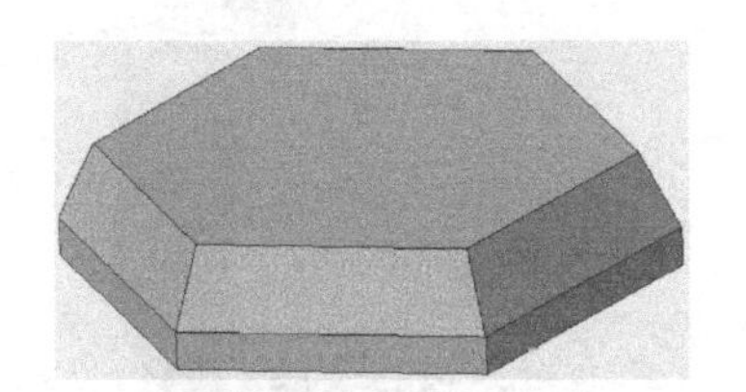

图 7-23 青花瓷瓶底座的混合特征

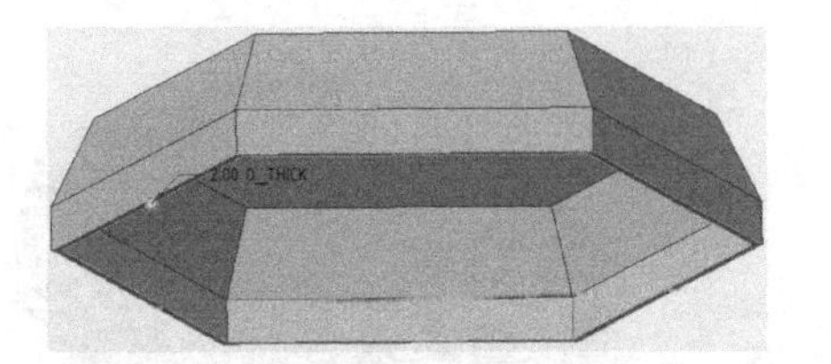

图 7-24 青花瓷瓶底座的抽壳处理

3. 青花瓷瓶瓶身的建模

在图形显示区选择青花瓷瓶底座上表面，在功能区中单击【混合】按钮。

1）青花瓷瓶瓶身的各截面均为正六边形，各截面的参数见表 7-1。

表 7-1　青花瓷瓶瓶身各截面的参数

序号	名称	偏移距离/mm	正六边形边长/mm
1	截面 1	0	70
2	截面 2	30	100
3	截面 3	100	120
4	截面 4	80	110
5	截面 5	20	86
6	截面 6	80	50
7	截面 7	60	40
8	截面 8	60	46
9	截面 9	36	70

2）创建的瓶身模型如图 7-25 所示。

3）单击【壳】按钮，设置厚度为 2mm，去除青花瓷瓶瓶身顶面，创建的模型如图 7-26 所示。

4. 青花瓷瓶的外观颜色修改

单击“视图”选项卡中的【外观】按钮，打开下拉列表，选择“更多外观”，弹出“外观编辑器”对话框，单击【颜色】按钮，使用颜色轮盘，对青花瓷瓶模型进行整体着色，最终的模型外观如图 7-27 所示。

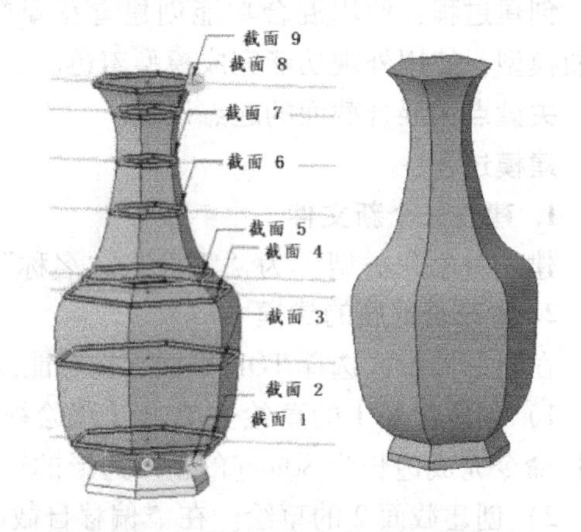

图 7-25　青花瓷瓶瓶身模型的混合特征

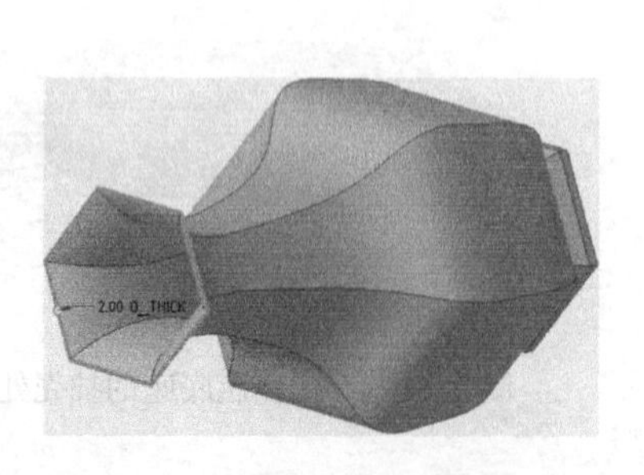

图 7-26　青花瓷瓶瓶身的抽壳处理

图 7-27　模型的外观显示效果

📖 着色时，在界面右下角的过滤器中选择“零件”，单击模型完成整体着色。

5. 保存模型

保存当前建立的青花瓷瓶模型。

7.2.4 混合实例四：圆柱铣刀的建立

7.2.4 混合实例四：圆柱铣刀的建立

命令应用：草绘、拉伸、阵列、投影、另存草绘、混合等。

创建过程：创建铣刀刀刃拉伸特征，阵列刀刃，利用【投影】与【另存草绘】命令创建铣刀截面草绘，使用混合功能创建铣刀主体，加工圆柱铣刀的轴孔与键槽。

关键点：另存草绘、【混合】命令中截面的多次导入。

建模过程：

1. 建立一个新文件

建立对象“类型”为“零件”、“名称”为“圆柱铣刀”的新文件。

2. 圆柱铣刀截面 .sec（草绘）文件的创建

1）在图形显示区选择 TOP 平面，在弹出的工具栏中单击【拉伸】按钮，单击【草绘视图】按钮，完成草绘，如图 7-28 所示。设置拉伸长度为 50mm，完成拉伸特征创建。

2）在图形显示区选择圆柱端面，在弹出的工具栏中单击【拉伸】按钮，单击【草绘视图】按钮，在草绘平面中完成草绘，如图 7-29 所示，拉伸长度为 50mm，完成拉伸特征创建。

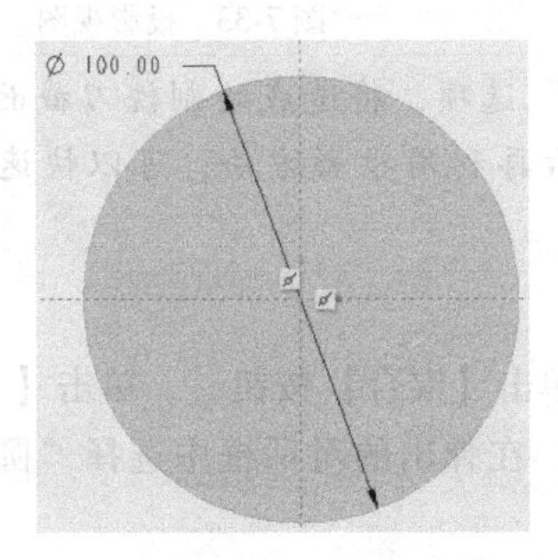

图 7-28 圆柱拉伸的草绘视图

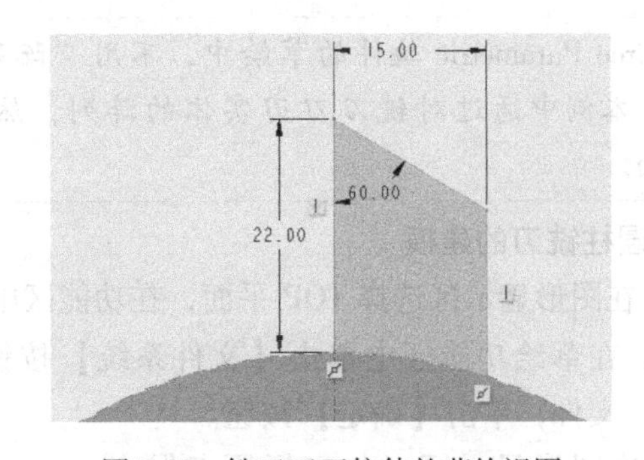

图 7-29 铣刀刀刃拉伸的草绘视图

3）在模型树中选择“拉伸 2”，对其进行轴阵列操作，阵列个数为 12 个，均分 360°，相关设置如图 7-30 所示。

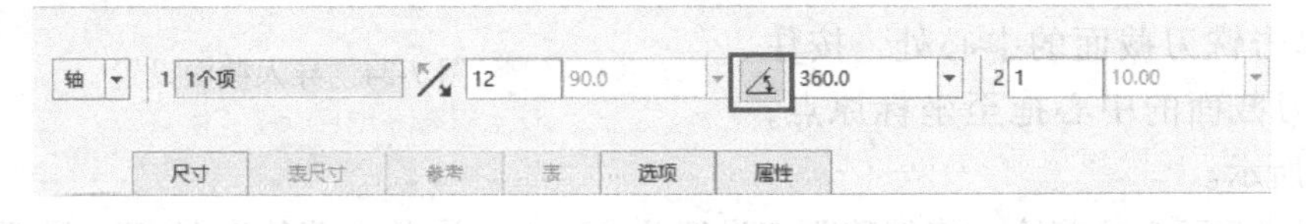

图 7-30 铣刀刀刃的“阵列”面板

4）创建的模型如图 7-31 所示。

5）选择模型的端面，在弹出的工具栏中单击【草绘】按钮，打开功能区“草绘”选项卡，单击【投影】按钮，如图 7-32 所示。

图 7-31　铣刀刀刃的阵列

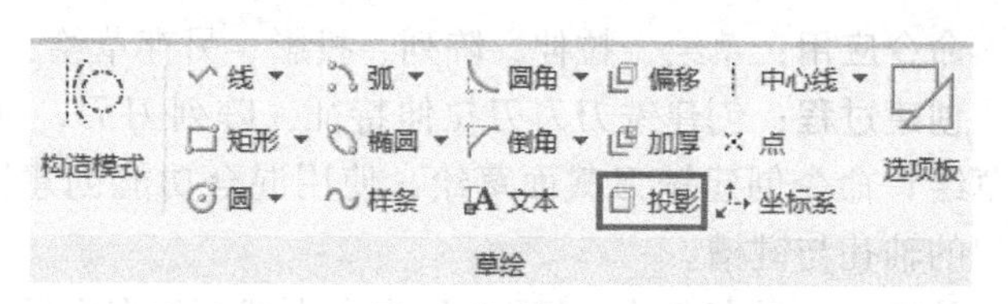

图 7-32　投影设置

6）在图形显示区选择模型的端面，创建投影，如图 7-33 所示。

7）完成投影后不要单击【确认】按钮，在功能区中依次选择“文件”→“另存为”→“保存副本”，新文件名定义为“圆柱铣刀截面”，保存类型为“. sec”（草绘文件格式）。

8）确认草绘保存完毕后，在模型树中删掉之前所有操作生成的特征，包括“拉伸 1”“阵列 1”等。

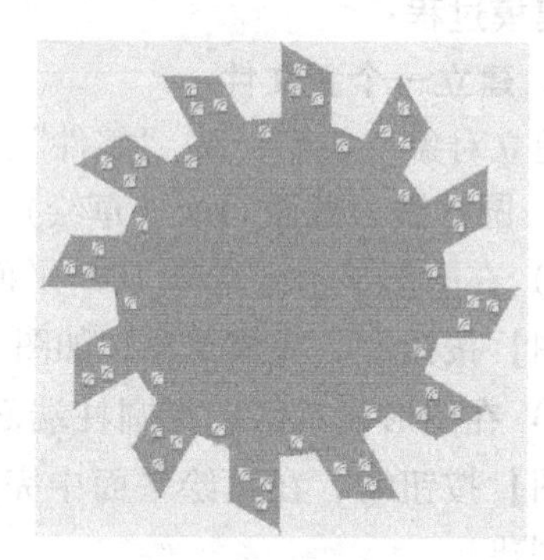

图 7-33　投影视图

在 Creo Parametric 软件的草绘中，不用“阵列”选项，将造成绘制铣刀截面的时间较长，本例中通过对铣刀刀刃实体的阵列，然后再利用投影方法，可以快速创建铣刀截面。

3. 圆柱铣刀的建模

1）在图形显示区选择 TOP 平面，在功能区中单击【混合】按钮，单击【草绘视图】按钮，在草绘功能区中单击【文件系统】按钮，在弹出的对话框中选择“圆柱铣刀截面 . sec”文件，单击【确定】按钮。

2）在图形显示区（与坐标原点保持一定距离）单击，将圆柱铣刀截面草绘放置于绘图窗口中，将比例设置为 1，如图 7-34 所示。

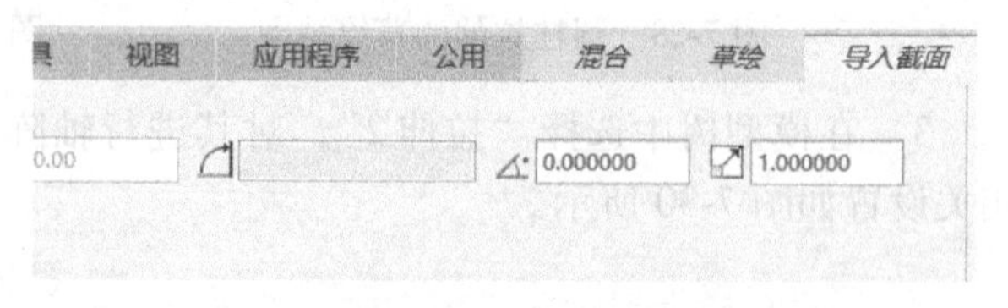

图 7-34　导入截面设置

3）单击铣刀截面的中心处，按住鼠标将铣刀截面的中心拖至坐标原点，如图 7-35 所示。

4）创建截面 2 的草绘。将偏移距离设置为 45mm，单击“草绘”按钮，设置如图 7-36 所示。调入铣刀截面草绘，比例仍然设置为 1，旋转角度设置为 30°，将铣刀截面的中心拖至坐标原点，单击【确定】按钮。

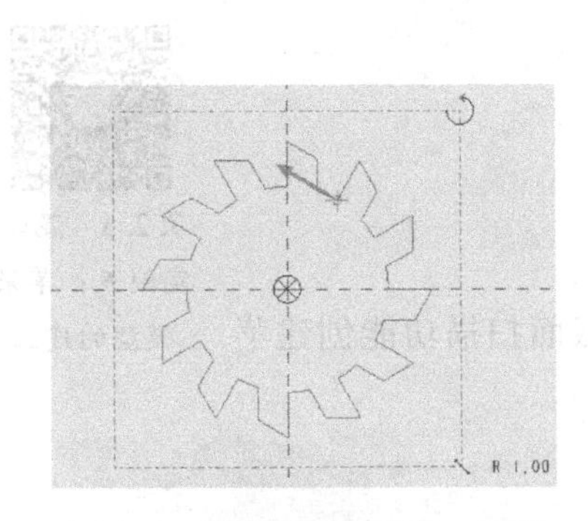

图 7-35　圆柱铣刀的截面 1 视图

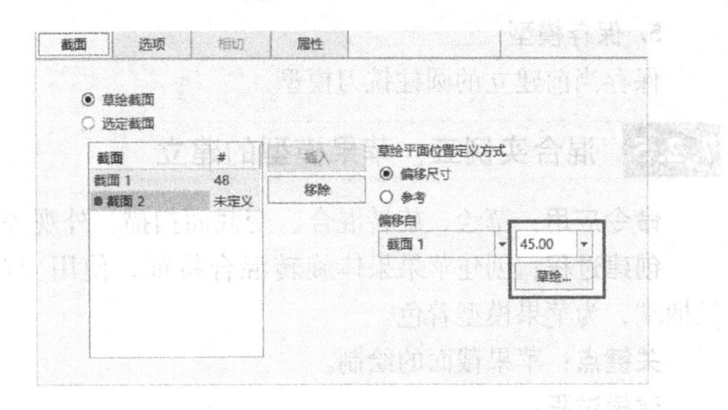

图 7-36　设置截面 2 的偏移距离

5）用同样的方法，分 4 次调入铣刀截面草绘，每次都须单击【插入】按钮，比例均设置为 1，旋转角度分别为 60°、90°、120°、150°，最终插入的草绘截面设置如图 7-37 所示。

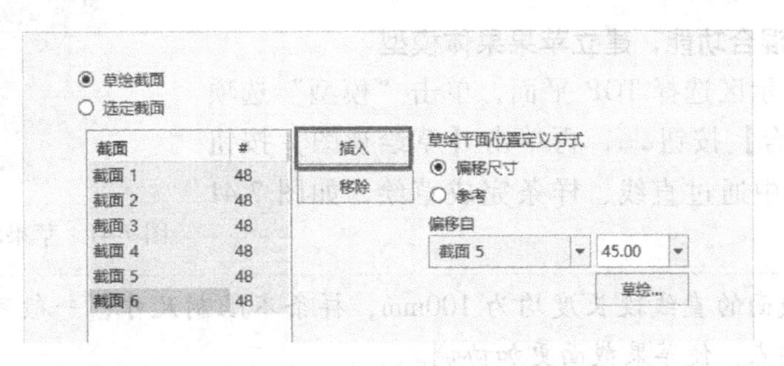

图 7-37　圆柱铣刀的各个混合截面设置

6）最终创建的模型如图 7-38 所示。

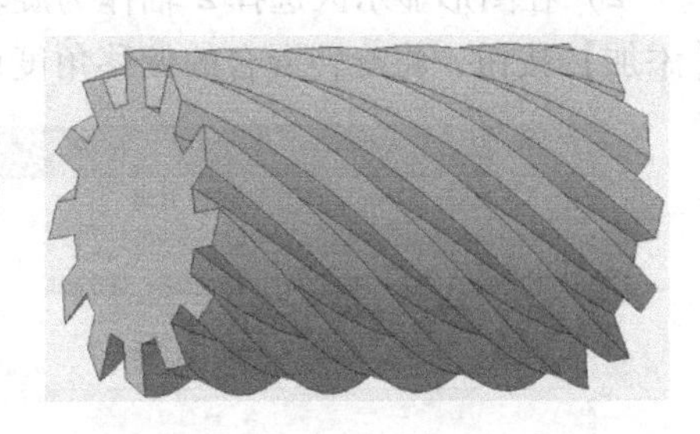

图 7-38　圆柱铣刀的混合特征

4. 创建圆柱铣刀的轴孔与键槽

1）在图形显示区选择圆柱铣刀端面，在弹出的工具栏中单击【拉伸】按钮，单击【草绘视图】按钮，完成草绘，如图 7-39 所示。

2）拉伸长度设置为“穿透”，移除材料，最终创建的圆柱铣刀模型如图 7-40 所示。

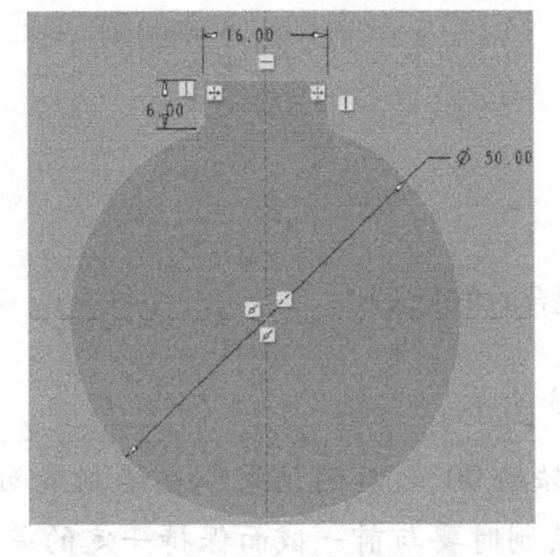

图 7-39　键槽的拉伸草绘视图

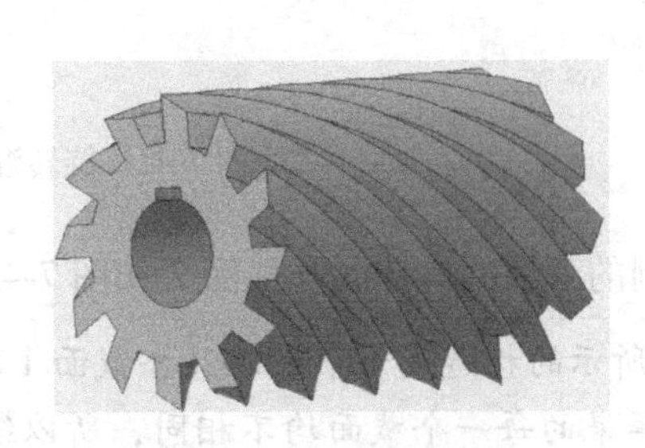

图 7-40　圆柱铣刀模型

5. 保存模型

保存当前建立的圆柱铣刀模型。

7.2.5 混合实例五：苹果模型的建立

7.2.5 混合实例五：苹果模型的建立

命令应用：草绘、旋转混合、变截面扫描、外观等。

创建过程：创建苹果果体旋转混合特征，使用变截面扫描功能创建苹果柄端，为苹果模型着色。

关键点：苹果截面的绘制。

建模过程：

1. 建立一个新文件

建立对象“类型”为“零件”、“名称”为“苹果”的新文件。

2. 使用旋转混合功能，建立苹果果体模型

1）在图形显示区选择 TOP 平面，单击“模型”选项卡中的【旋转混合】按钮，再单击【草绘视图】按钮，在草绘平面中通过直线、样条完成草绘，如图 7-41 所示。

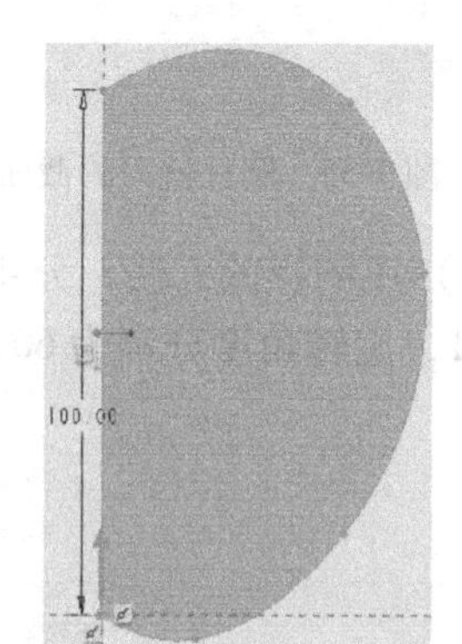

图 7-41 苹果的旋转混合截面 1

📖 每一个苹果截面的直线段长度均为 100mm，样条不限制尺寸，一般可由 6~8 点构成，通过拖拽这些点，使苹果截面更加协调。

2）在图形显示区选择 *Z* 轴作为旋转轴，在“旋转混合”面板的“截面”选项卡中单击【添加】按钮，将旋转混合的偏移角度调整为 90°，单击【草绘】按钮，如图 7-42 所示。

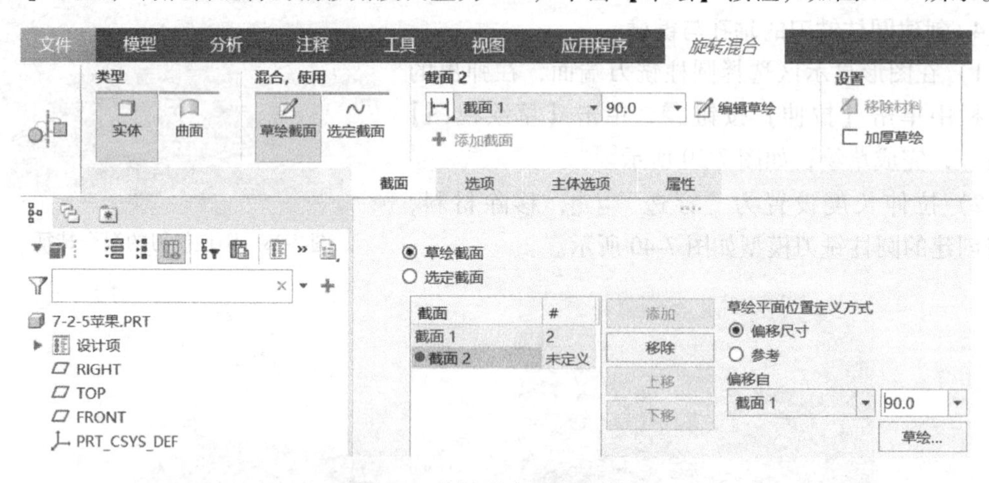

图 7-42 旋转混合的角度设置

3）绘制的苹果的旋转混合截面 2 如图 7-43 所示。

📖 图 7-43 所示的构造线为苹果的混合截面 1 转动 90°之后的结果，在绘制截面时起到参照作用。苹果的每一个截面均不相同，所以绘制时要与前一截面保持一定的差异。

4）以同样的方法，每隔90°绘制苹果截面3、截面4。

📖 绘制截面时，每次都要保证直线段从坐标原点出发，总长度为100mm，否则可能会导致模型创建失败。务必对样条中的各点进行拖拽，使截面更加协调。

5）在截面4绘制完毕后，在“旋转混合”面板的“选项”卡中，选择“连接终止截面和起始截面”。最终创建的苹果旋转混合特征如图7-44所示。

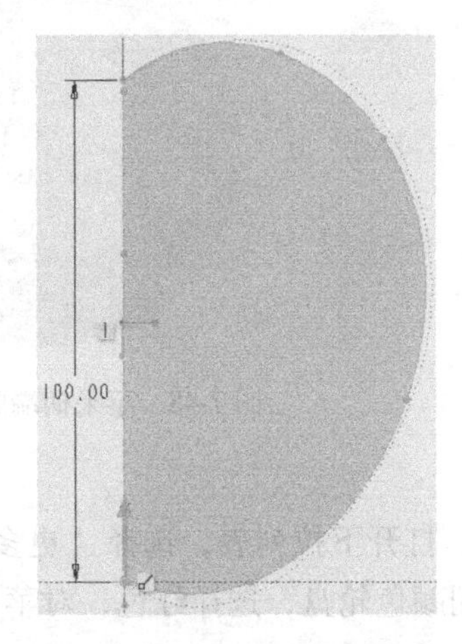

图7-43　苹果的旋转混合截面2

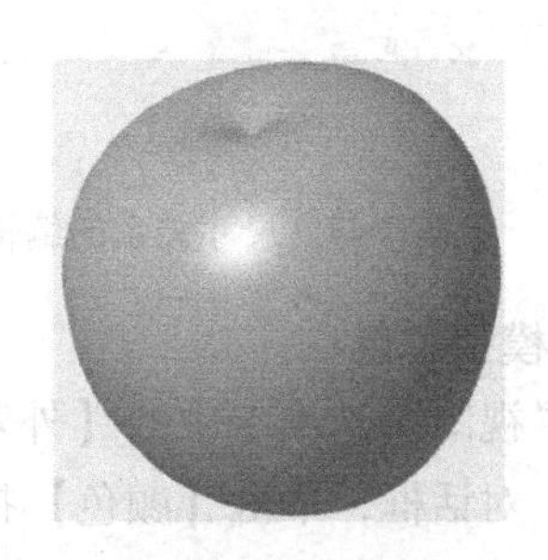

图7-44　苹果的旋转混合特征

3. 苹果柄端的建模

1）在图形显示区选择RIGHT平面，在弹出的工具栏中单击【样条】按钮，使用样条绘制苹果柄端的扫描轨迹，如图7-45所示。

2）在模型树中选择“草绘1”，在弹出的工具栏中单击【扫描】按钮，在“扫描”面板中，单击【可变截面】按钮。单击【草绘】按钮，单击【草绘视图】按钮，利用【圆心和点】命令绘制任意尺寸的苹果柄端截面圆。

📖 苹果柄端截面的绘图位置为柄端根部，可通过单击图中箭头，切换绘图位置，如图7-46所示。

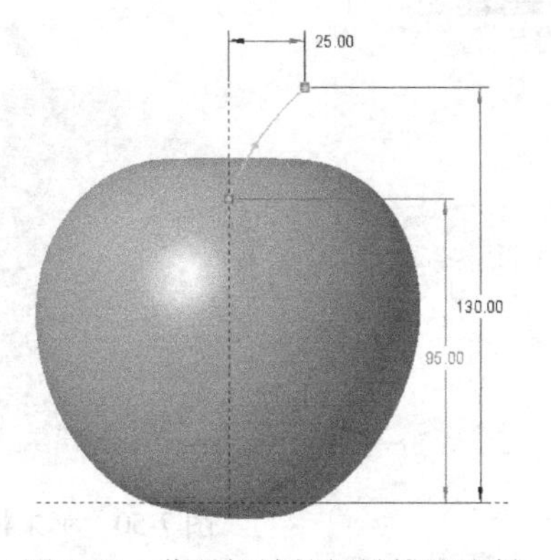

图7-45　苹果柄端的扫描轨迹绘制

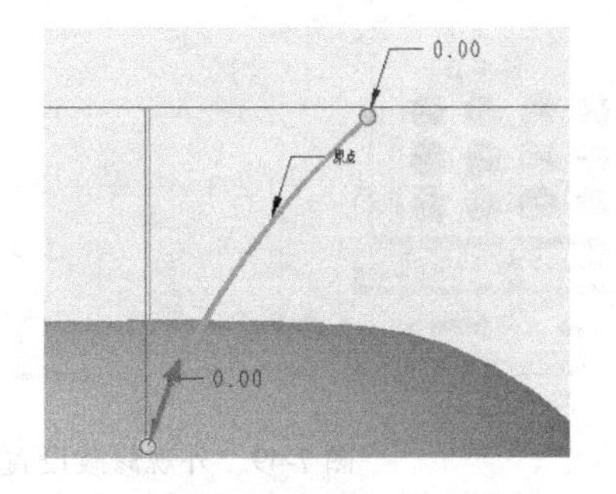

图7-46　扫描轨迹的起点修改

3）单击功能区“工具”选项卡中的【关系】按钮 d= 关系，单击截面圆上的尺寸代号“sd3”，输入“sd3=2+5 * trajpar”，单击【验证】按钮，验证无误后单击【确定】按钮，如图 7-47 所示。

4）创建的苹果柄端的模型如图 7-48 所示。

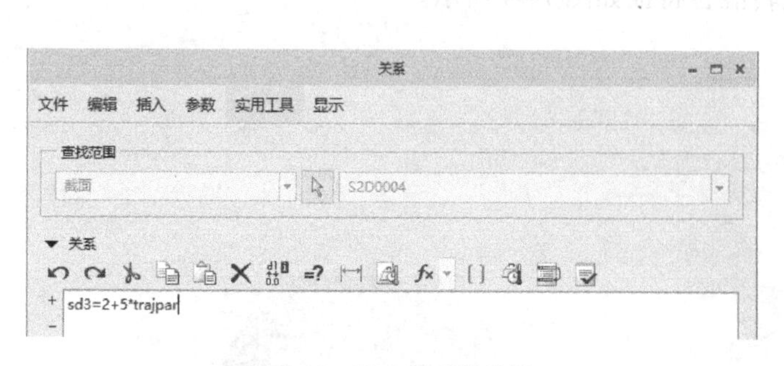

图 7-47 尺寸关系的编辑

图 7-48 苹果柄端的扫描特征

4. 为苹果模型着色

1）单击“视图”选项卡中的【外观】按钮，打开下拉列表，选择“更多外观”，弹出“外观编辑器”对话框，单击【颜色】按钮，使用颜色轮盘，选择红色，对苹果模型进行整体着色，如图 7-49 所示。

2）用同样的方法，使用 RGB（R=0、G=0、B=0）三色法，对苹果柄端进行黑色着色，最终效果如图 7-50 所示。

5. 保存模型

保存当前建立的苹果模型。

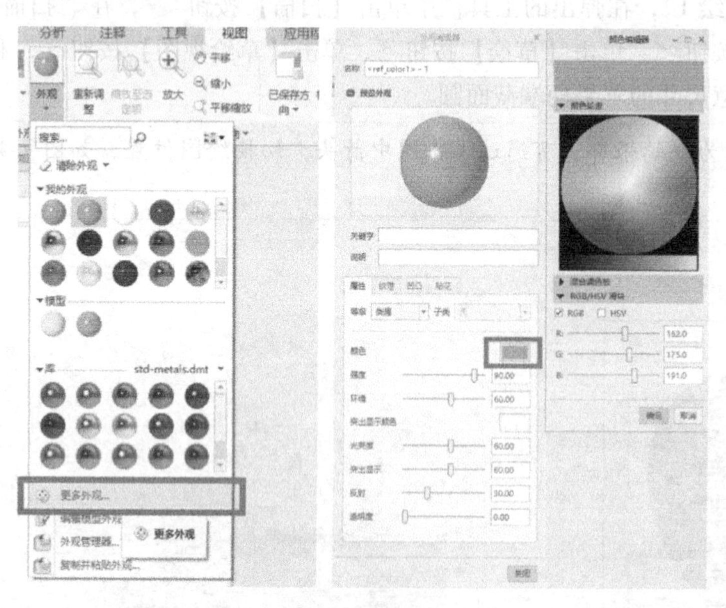

图 7-49 外观修改设置

图 7-50 苹果模型的外观显示效果

7.3 习题

1. 完成如图 7-51 所示 26 面体的建模。其中，底面和顶面为边长 20mm 的正四边形，中间两个平面为边长 20mm 的正八边形。以底面为混合的第 1 平面，以此类推，顶面为混合的第 4 平面。第 1 平面距离第 2 平面 16mm，第 3 平面距离第 2 平面 20mm，第 4 平面距离第 3 平面 16mm。在该例中，要注意使用混合顶点，具体可参照配套资源中的模型。

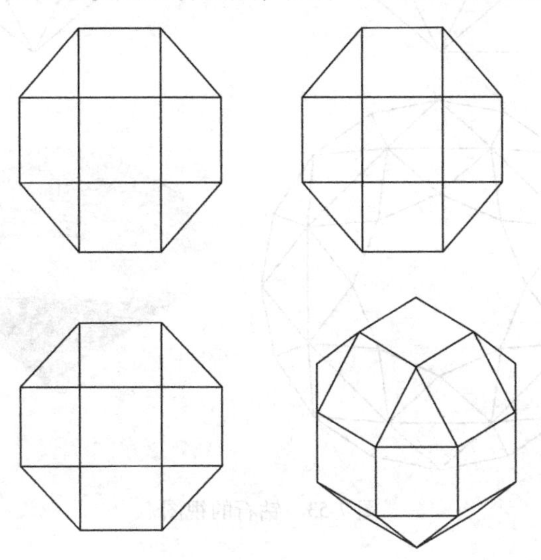

图 7-51　26 面体的视图

2. 按照图 7-52 所示，完成小帽子的建模。

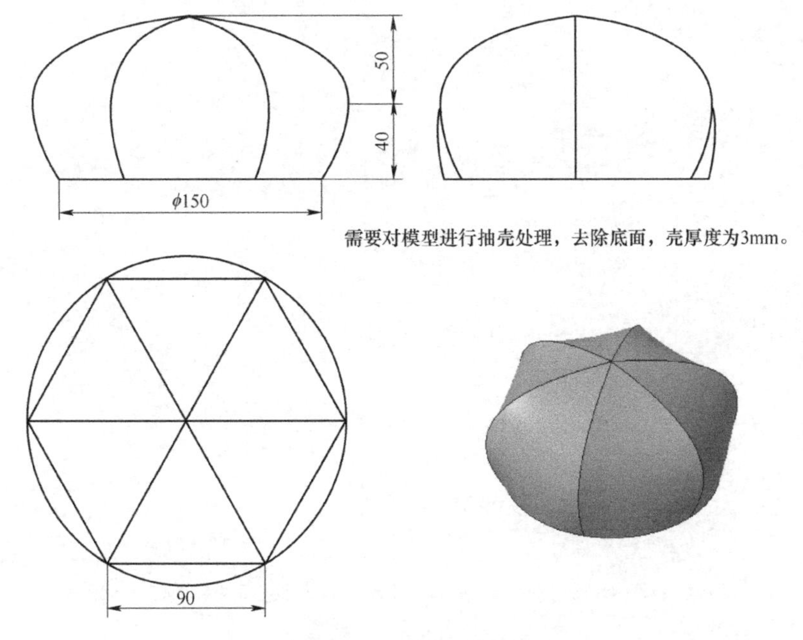

图 7-52　小帽子的视图

3. 按照图 7-53 所示，完成钻石的建模，图中未标注尺寸见配套资源中的模型。在该例中，要注意使用混合顶点。

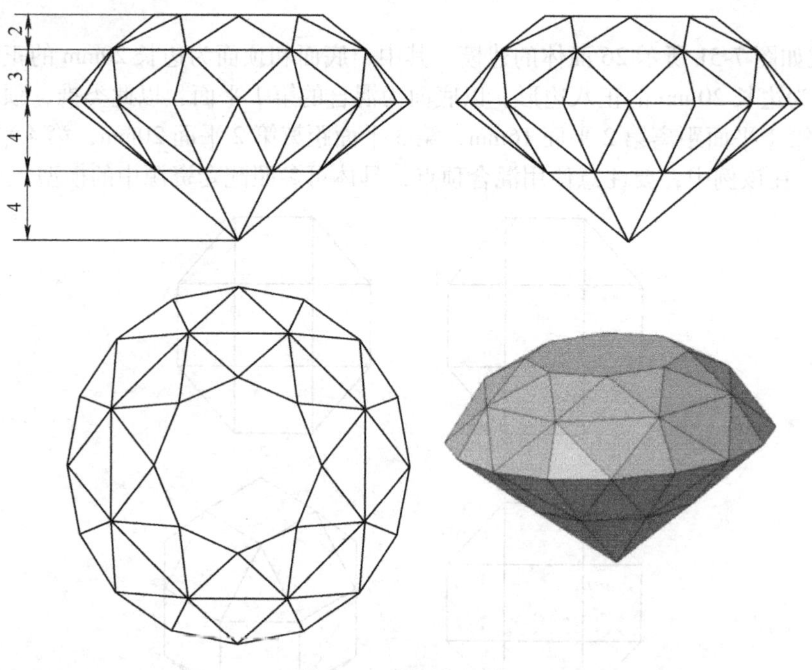

图 7-53　钻石的视图

第 8 章　扫描混合特征零件的建模

在 Creo Parametric 9.0 软件中，扫描混合是将过渡表面沿着指定轨迹延伸，依次连接多个二维草绘以形成一个连续特征的造型方法，可添加材料创建实体、曲面及薄板特征，也可去除材料创建特征。本章首先介绍扫描混合特征建模的基本功能与操作方法，接着通过多个扫描混合特征建模实例帮助读者掌握与巩固扫描混合特征的创建方法。

8.1　扫描混合功能简介

本节将介绍创建扫描混合特征的一般流程、扫描混合特征的设置。其中，扫描混合特征的设置选项较多，读者应充分理解并掌握其相关操作。

8.1.1　创建扫描混合特征的一般流程

1）选择平面进行草绘，并使用【分割】命令对其进行分割，各分割点将作为扫描混合特征各截面的草绘插入点。

2）在图形显示区或模型树中选择扫描混合轨迹，在弹出的工具栏中单击【扫描混合】按钮，在“截面”选项卡中单击【草绘】按钮，完成截面 1 的绘制。

3）在“截面”选项卡中单击【插入】按钮，选择轨迹中的分割点，单击【草绘】按钮，完成截面 2 的绘制，以此类推，完成后续截面的绘制，须注意每个截面的起点设置及特征（分割）点数量。

4）在扫描混合设置界面，对扫描混合进行实体、曲面、薄特征、去除材料等设置，完成扫描混合的创建。

8.1.2　扫描混合特征的设置

下面通过一个例子讲解扫描混合操作的设置及各选项的区别，新建文件“扫描混合命令简介 . prt”。

1. 创建扫描混合的轨迹

在 FRONT 平面完成草绘，对草绘进行分割，分割点为直线与圆弧的切点，如图 8-1 所示。

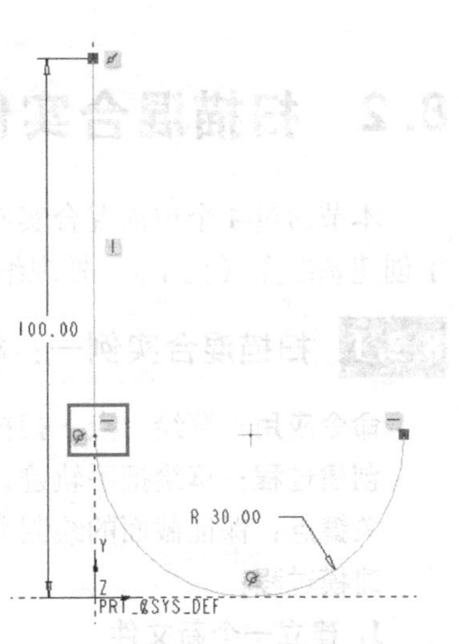

图 8-1　扫描混合的轨迹绘制

2. 创建扫描混合特征的截面

1）在图形显示区或模型树中选择轨迹“草绘 1”，在弹出的工具栏中单击【扫描混合】按钮；在“截面”选项卡中单击【草绘】按钮，使用【分割】命令从第一象限开始依次单击圆与中心线的 4 个交点，完成截面 1 的绘制，如图 8-2 所示。

2）在“截面”选项卡中单击【插入】按钮，选择轨迹中的分割点，单击【草绘】按钮，完成截面 2 的绘制，此时的模型如图 8-3 所示。

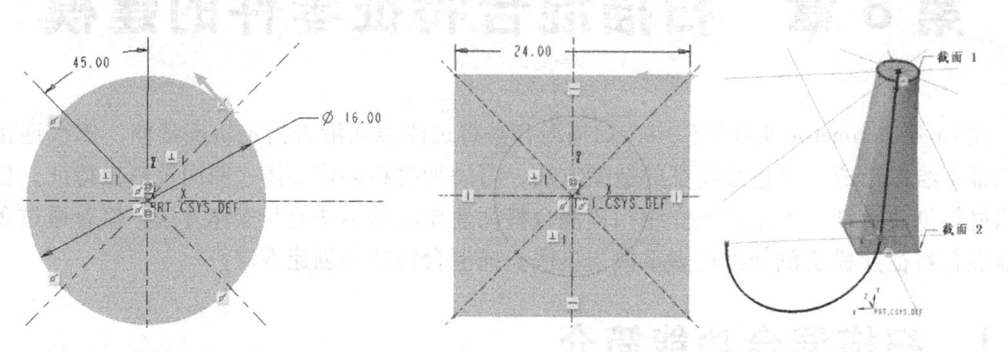

图 8-2　扫描混合的截面 1 草绘　　　图 8-3　截面 2 草绘及模型

3）在“截面”选项卡中再次单击【插入】按钮，此时系统将默认选择轨迹终点作为草绘插入点，单击【草绘】按钮，草绘如图 8-4a 所示，使用【分割】命令，从第一象限开始依次单击椭圆与中心线的 4 个交点，完成截面 3 的绘制，此时的模型如图 8-4b 所示。

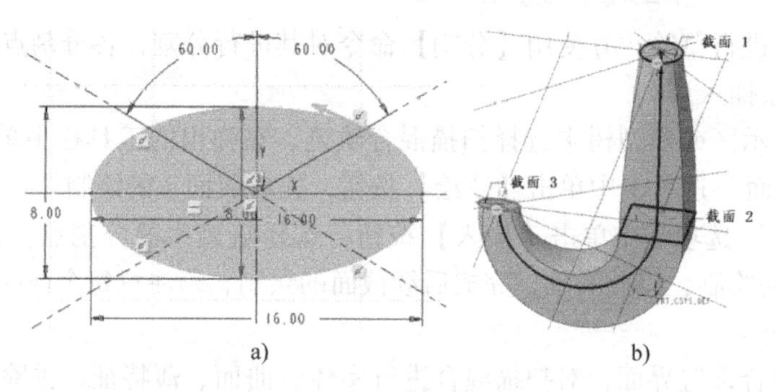

图 8-4　绘制扫描混合的轨迹

8.2　扫描混合实例

本节通过 4 个扫描混合实例，帮助读者掌握与巩固扫描混合特征的创建方法，同时融入了创建基准点（比率）、外观编辑等功能，读者应多加练习以掌握相关操作方法。

8.2.1　扫描混合实例一：柜门把手模型的建立

8.2.1　扫描混合实例一：柜门把手模型的建立

命令应用： 草绘、点、扫描混合等。

创建过程： 草绘把手轨迹，新建点，使用扫描混合功能创建实体。

关键点： 保证截面的绘制顺序与轨迹中各点的正确关系。

建模过程：

1. 建立一个新文件

建立对象“类型”为“零件”、“名称”为“柜门把手”的新文件。

2. 绘制柜门把手的扫描混合轨迹

1）在图形显示区选择FRONT平面，在弹出的工具栏中单击【草绘】按钮，单击【草绘视图】按钮，在草绘平面中进行样条绘制，如图8-5所示。注意样条边界与中心线的相切约束。

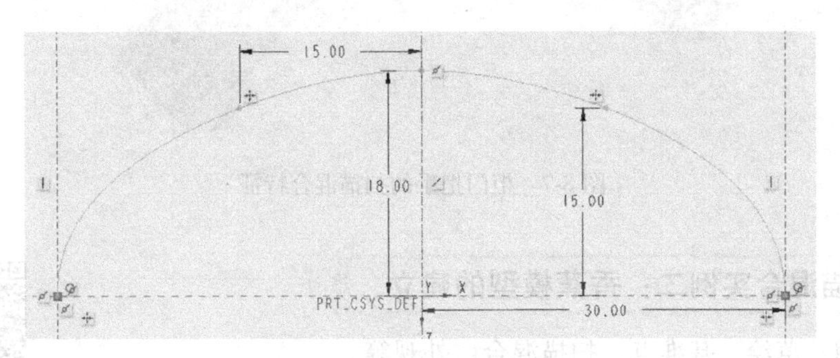

图8-5　柜门把手的扫描混合轨迹

2）使用【点】命令，在样条最高处新建一点PNT1。

3. 绘制柜门把手截面，创建柜门把手实体

1）在图形显示区选择把手的轨迹，在弹出的工具栏中单击【扫描混合】按钮。

2）轨迹中共计有三个截面绘制点（起点、PNT1、终点），分别对应截面1、截面2、截面3，三个截面的草绘如图8-6所示。

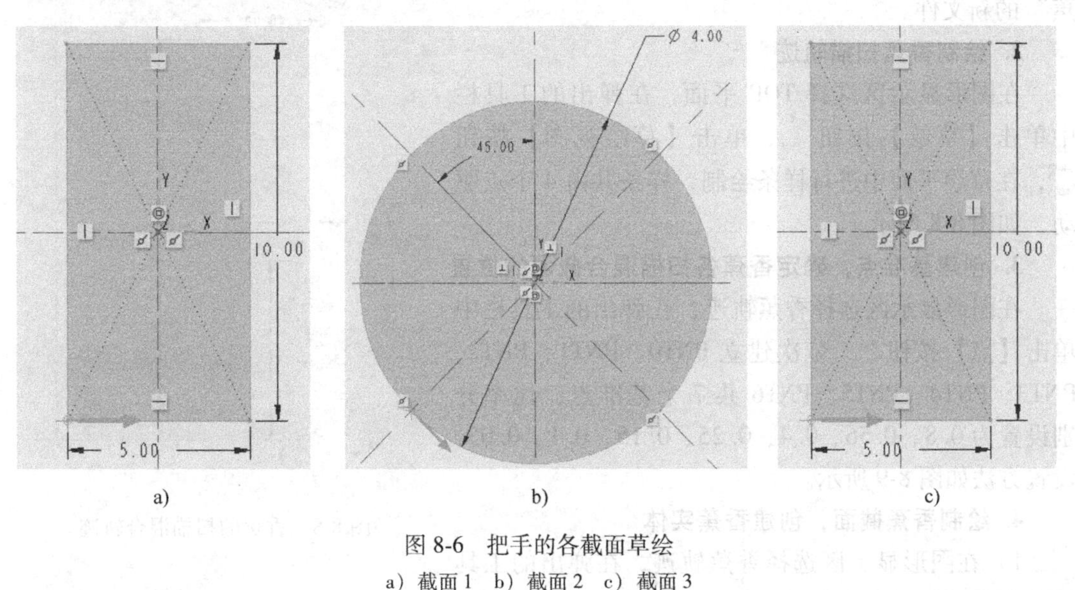

图8-6　把手的各截面草绘
a）截面1　b）截面2　c）截面3

使用【分割】命令将截面2的圆分割4个点，并注意每个截面的起点位置箭头要一致。

3）创建的模型如图8-7所示。

4. 保存模型

保存当前建立的柜门把手模型。

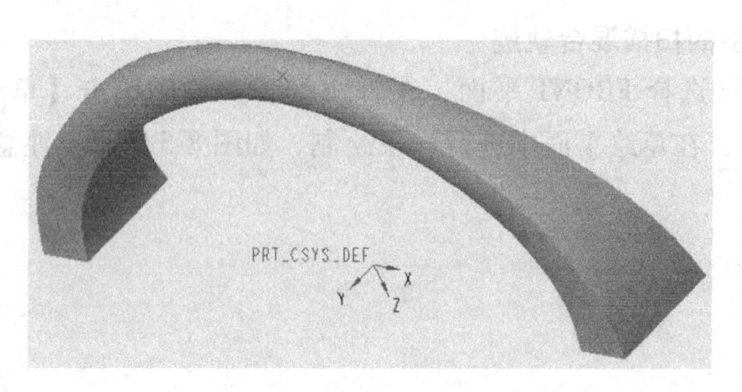

图 8-7　柜门把手的扫描混合特征

8.2.2　扫描混合实例二：香蕉模型的建立

8.2.2　扫描混合实例二：香蕉模型的建立

命令应用：草绘、基准点、扫描混合、外观等。

创建过程：草绘香蕉轨迹、建立香蕉截面的各基准点、扫描混合创建香蕉实体、香蕉着色。

关键点：保证截面的绘制顺序与香蕉轨迹中各点的正确关系。

建模过程：

1. 建立一个新文件

建立对象“类型”为“零件”、“名称”为“香蕉”的新文件。

2. 绘制香蕉扫描轨迹

在图形显示区选择 TOP 平面，在弹出的工具栏中单击【草绘】按钮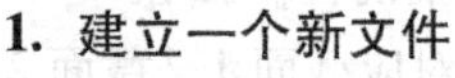，单击【草绘视图】按钮，在草绘平面中进行样条绘制，样条共由 4 个点驱动，如图 8-8 所示。

3. 创建基准点，确定香蕉各扫描混合截面的位置

在图形显示区选择香蕉轨迹，在弹出的工具栏中单击【点】按钮，依次建立 PNT0、PNT1、PNT2、PNT3、PNT4、PNT5、PNT6 共 7 个基准点，比率分别设置为 0. 8、0. 56、0. 4、0. 25、0. 15、0. 1、0. 05，设置方法如图 8-9 所示。

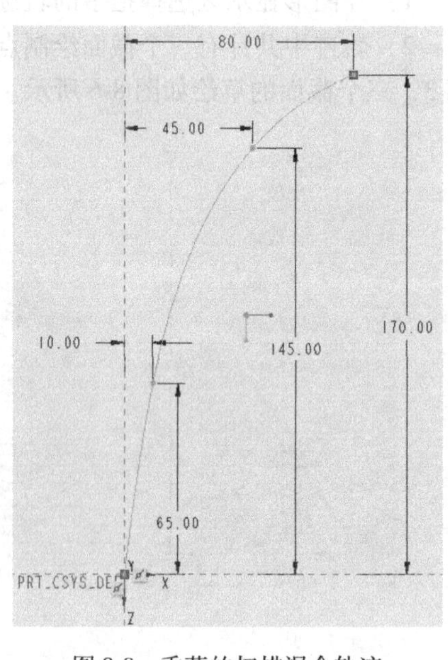

图 8-8　香蕉的扫描混合轨迹

4. 绘制香蕉截面，创建香蕉实体

1）在图形显示区选择香蕉轨迹，在弹出的工具栏中单击【扫描混合】按钮。

2）在样条的起点、PNT0、PNT1、PNT2、PNT3、PNT4、PNT5、PNT6、终点进行截面草绘，所有截面均为正六边形，边长依次为 3mm、15mm、18mm、19mm、19mm、5mm、5mm、5mm、7mm，单击【确定】按钮，创建香蕉扫描混合特征。

3）对由正六边形创建的香蕉的六条棱线进行倒圆角处理，圆角半径设置为 1mm，创建的模型如图 8-10 所示。

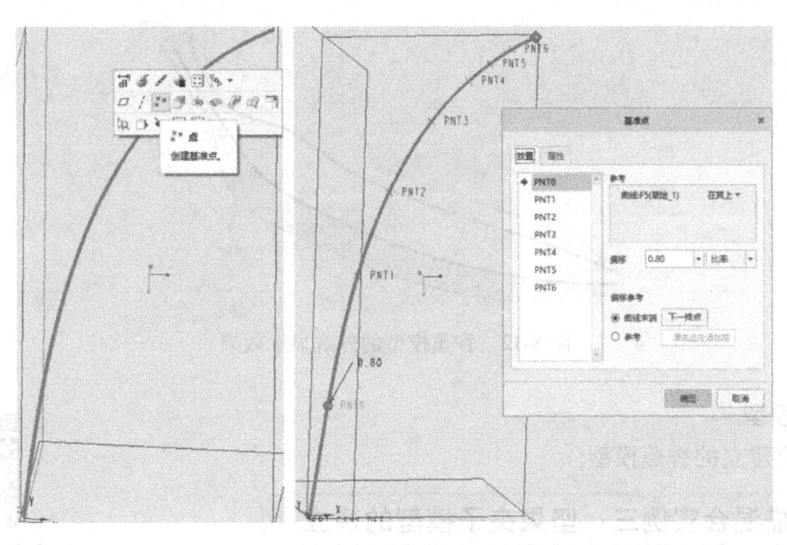

图 8-9　创建基准点

5. 模型着色

1）单击“视图”选项卡中的【外观】按钮，打开下拉列表，选择“更多外观”，弹出“外观编辑器”对话框，单击【颜色】按钮，使用颜色轮盘，对香蕉模型进行整体着色，相关操作如图 8-11 所示。

2）用同样的方法，对香蕉的棱线进行着色，模型的最终显示效果如图 8-12 所示。

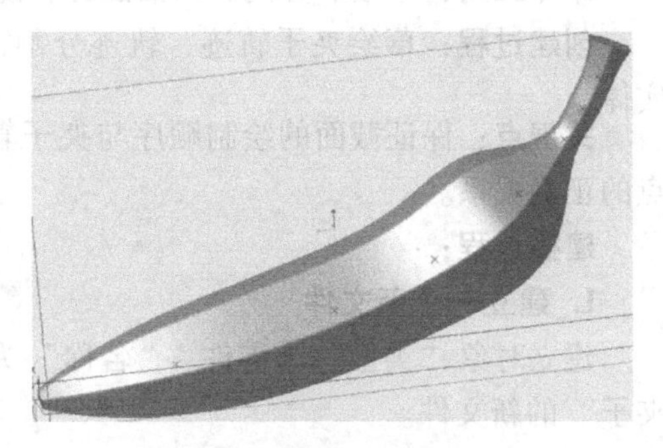

图 8-10　香蕉的扫描混合特征

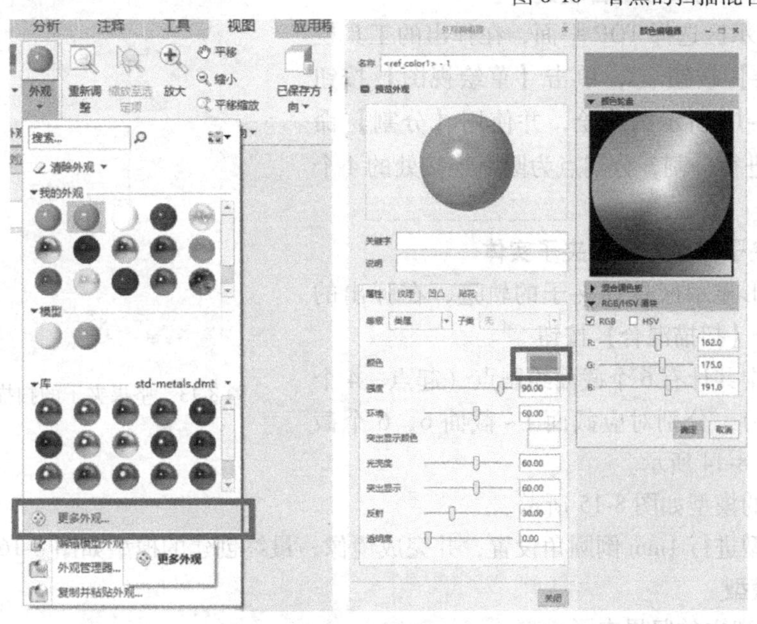

图 8-11　模型外观编辑

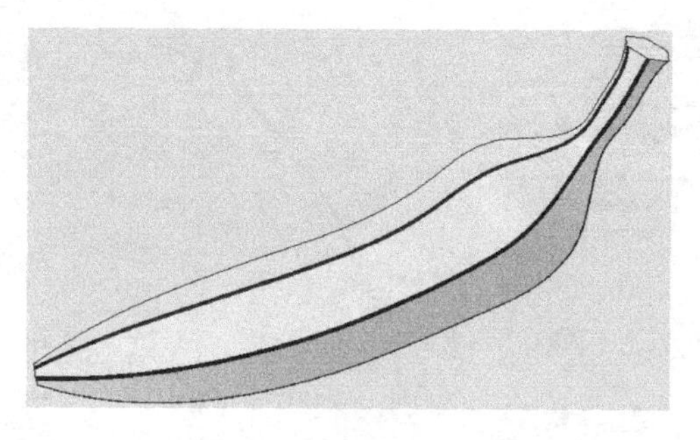

图 8-12　香蕉模型的外观显示效果

6. 保存模型

保存当前建立的香蕉模型。

8.2.3　扫描混合实例三：坚果夹子模型的建立

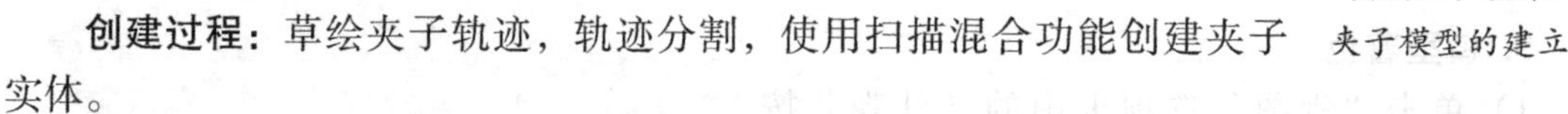

8.2.3 扫描混合实例三：坚果夹子模型的建立

命令应用：草绘、分割、扫描混合、镜像等。

创建过程：草绘夹子轨迹，轨迹分割，使用扫描混合功能创建夹子实体。

关键点：保证截面的绘制顺序与夹子轨迹中各点的正确关系。

建模过程：

1. 建立一个新文件

建立对象“类型”为零件、“名称”为“坚果夹子”的新文件。

2. 绘制夹子的扫描混合轨迹

在图形显示区选择 TOP 平面，在弹出的工具栏中单击【草绘】按钮，单击【草绘视图】按钮，完成图 8-13 所示的草绘，并使用【分割】命令对草绘进行分割，分割点为圆弧连接处的 4 个切点。

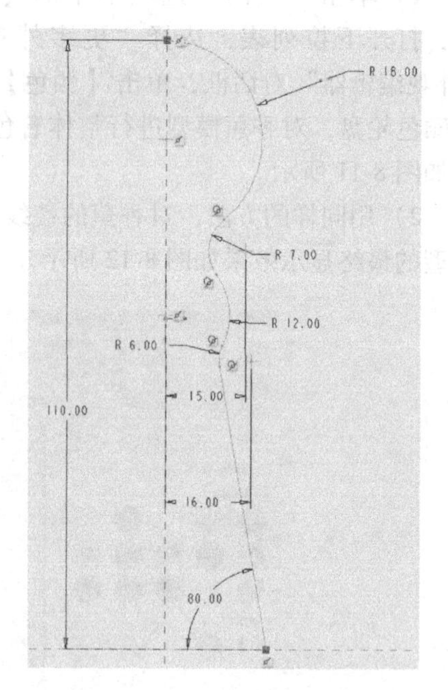

图 8-13　坚果夹子的扫描混合轨迹

3. 绘制夹子截面，创建夹子实体

1）在图形显示区选择夹子的轨迹，在弹出的工具栏中单击【扫描混合】按钮。

2）轨迹中共计有 6 个截面绘制点（起点、4 个分割点、终点），分别对应截面 1 ~ 截面 6，6 个截面的草绘如图 8-14 所示。

3）创建的模型如图 8-15 所示。

4）对模型进行 1mm 倒圆角设置，并完成镜像，最终创建的模型如图 8-16 所示。

4. 保存模型

保存当前建立的坚果夹子模型。

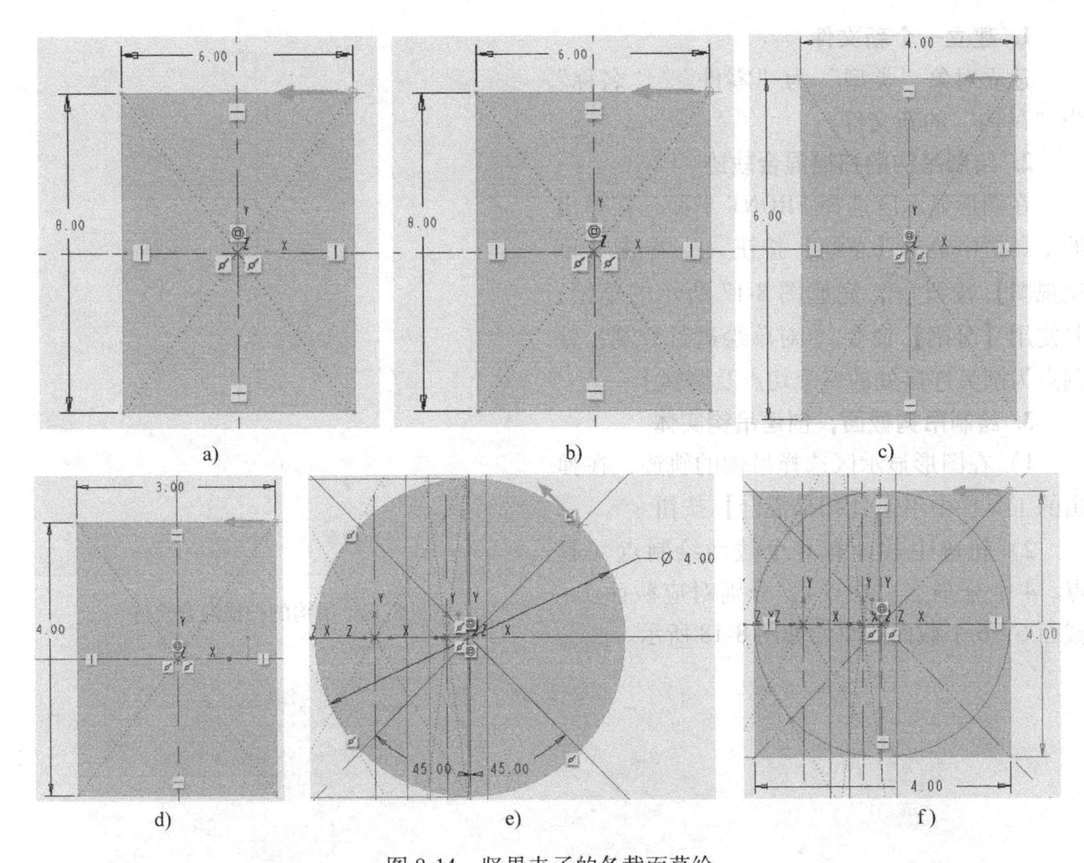

图 8-14 坚果夹子的各截面草绘

a）截面 1 b）截面 2 c）截面 3 d）截面 4 e）截面 5 f）截面 6

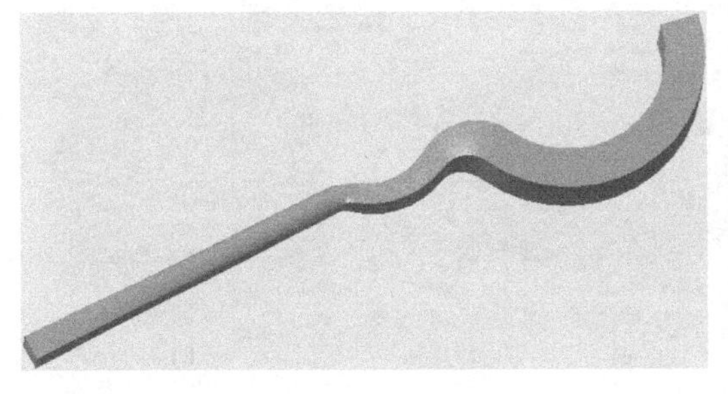

图 8-15 坚果夹子的扫描混合特征

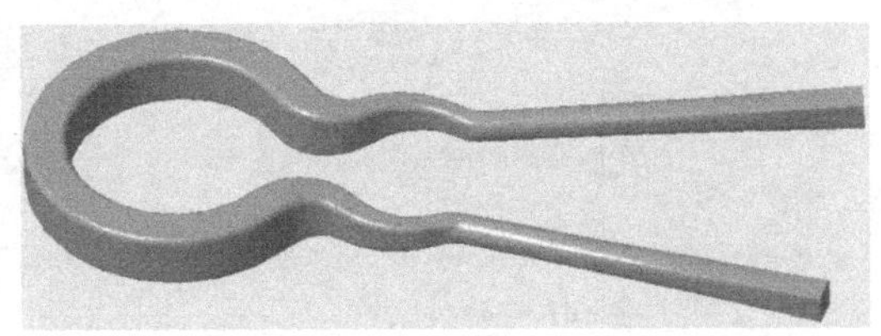

图 8-16 坚果夹子模型

8.2.4 扫描混合实例四：吊钩模型的建立

8.2.4 扫描混合实例四：吊钩模型的建立

命令应用：草绘、分割、扫描混合、倒圆角等。

创建过程：草绘吊钩轨迹，轨迹分割，使用扫描混合功能创建吊钩实体。

关键点：保证截面的绘制顺序与吊钩轨迹中各点的正确关系。

建模过程：

1. 建立一个新文件

建立对象“类型”为“零件”、“名称”为“吊钩”的新文件。

2. 绘制吊钩的扫描混合轨迹

在图形显示区选择 FRONT 平面，在弹出的工具栏中单击【草绘】按钮，单击【草绘视图】按钮，完成图 8-17 所示的草绘，并使用【分割】命令对草绘进行分割，分割点为圆弧连接处的三个切点及圆弧上一点。

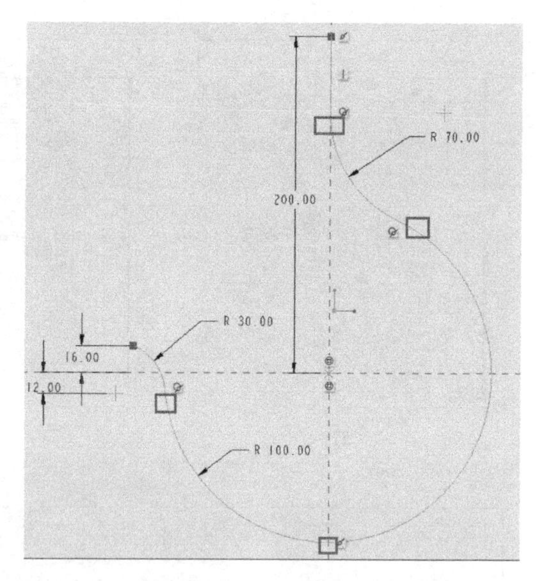

图 8-17　吊钩的扫描混合轨迹

3. 绘制吊钩截面，创建吊钩实体

1）在图形显示区选择吊钩的轨迹，在弹出的工具栏中单击【扫描混合】按钮。

2）轨迹中共计有 6 个截面绘制点（起点、4 个分割点、终点），分别对应截面 1～截面 6，6 个截面的草绘如图 8-18 所示。

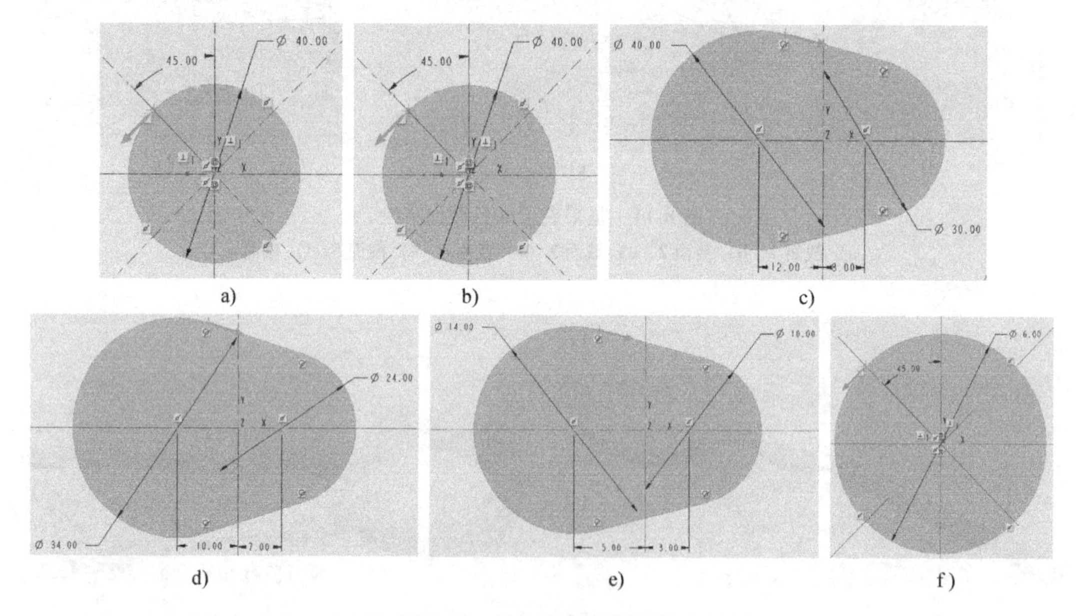

图 8-18　吊钩的各截面草绘

a）截面 1　b）截面 2　c）截面 3　d）截面 4　e）截面 5　f）截面 6

📖 使用【分割】命令将截面 1、截面 2、截面 6 的圆用 4 个点分割，并注意每个截面的起点位置箭头须一致。

3）创建的模型如图 8-19 所示。

4）对吊钩顶端进行 2mm 倒圆角设置，完成模型的建立。

4. 保存模型

保存当前建立的吊钩模型。

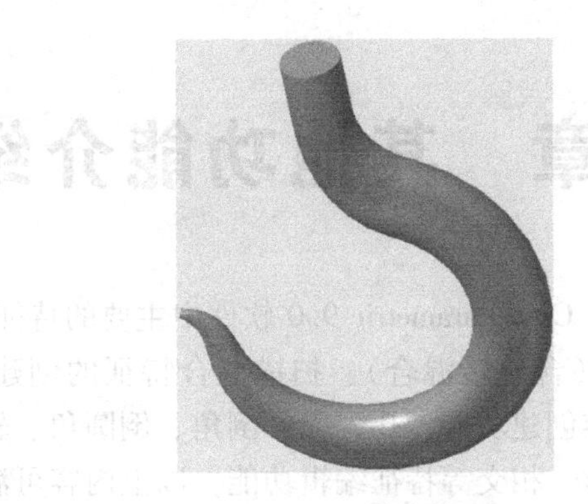

图 8-19　吊钩模型

8.3　习题

按照图 8-20 所示，完成摇把的建模。其中，M8×1 用【修饰螺纹】命令创建，*B*—*B* 截面为扫描混合截面（非 *S*ϕ8 球体截面）。

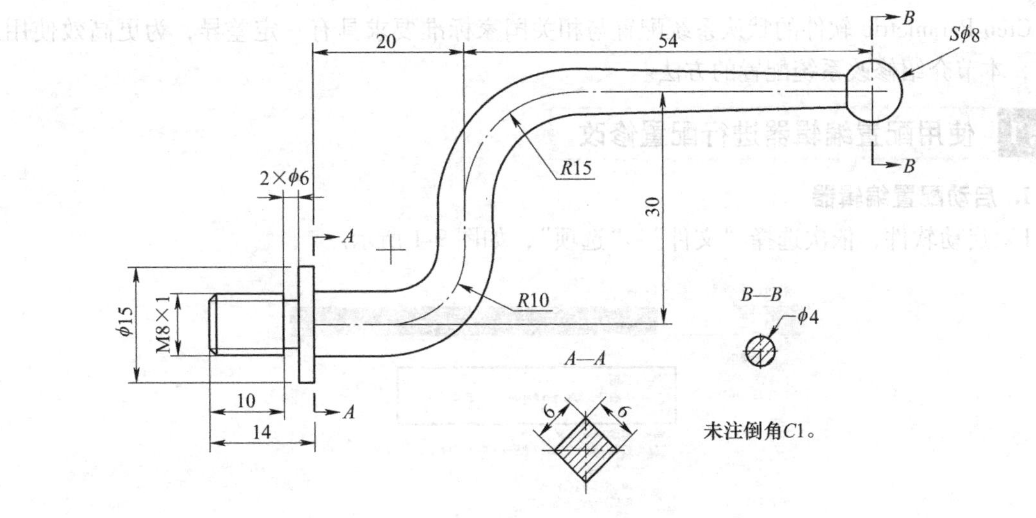

图 8-20　摇把工程图

第 9 章　其他功能介绍

本书第 3 章至第 8 章介绍了 Creo Parametric 9.0 软件中主要的特征创建方法，包括拉伸、旋转、扫描、螺旋扫描、混合（含旋转混合）、扫描混合特征的创建，同时融入了新建平面、新建轴、新建基准点等基准创建功能，孔、壳、倒角、倒圆角、轮廓筋、修饰螺纹等工程特征功能，阵列、镜像、投影、相交等特征编辑功能，以上内容可满足绝大部分零件的特征创建。

本章将介绍 Creo Parametric 软件的系统配置文件、映射键的设置与修改方法，这些设置将大幅提升软件的操作效率。同时介绍轨迹筋、边界混合、族表、参数化重新生成的建模功能，以帮助读者更全面地掌握特征建模方法。

9.1　软件的系统配置修改

Creo Parametric 软件的默认系统配置与相关国家标准要求具有一定差异，为更高效使用软件，本节介绍修改系统配置的方法。

9.1.1　使用配置编辑器进行配置修改

1. 启动配置编辑器

1）启动软件，依次选择“文件”→“选项”，如图 9-1 所示。

图 9-1　选择“选项”

2）在弹出的“Creo Parametric 选项”对话框中选择“配置编辑器”，如图 9-2 所示。

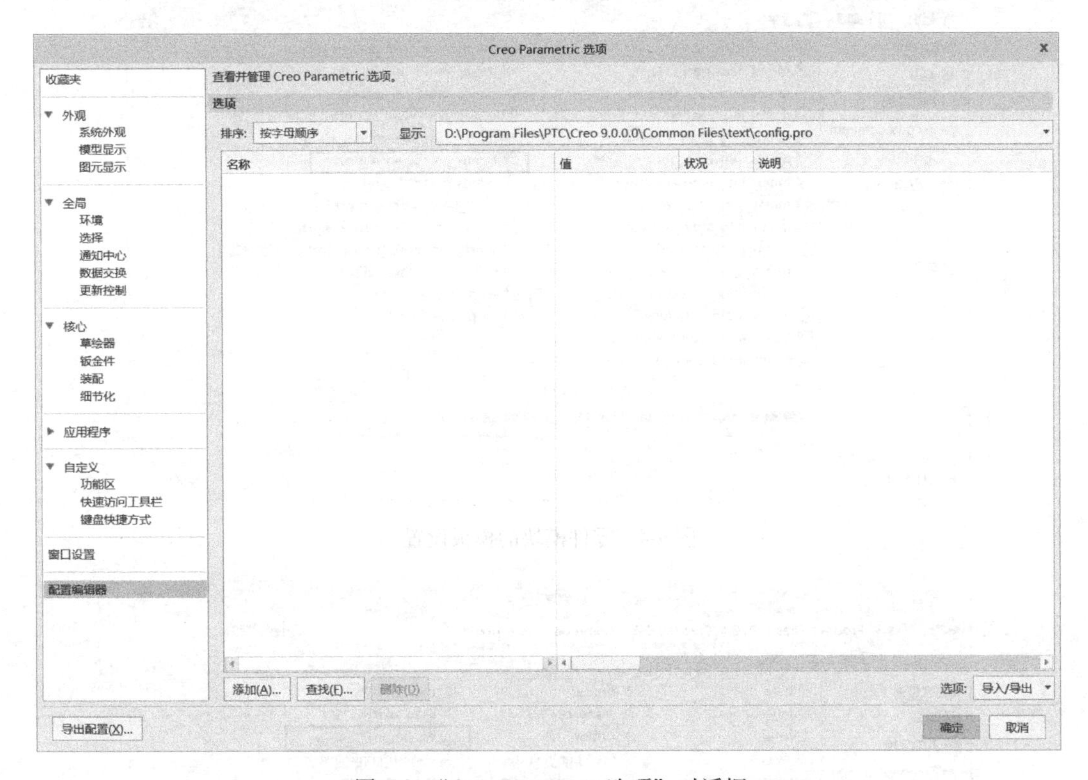

图 9-2 “Creo Parametric 选项”对话框

2. 相关选项设置

（1）零件模板的设置

1）在配置编辑器中单击【添加】按钮，在弹出的“添加选项”对话框的“选项名称”文本框中输入“template_solidpart”，单击【浏览】按钮，如图 9-3 所示。

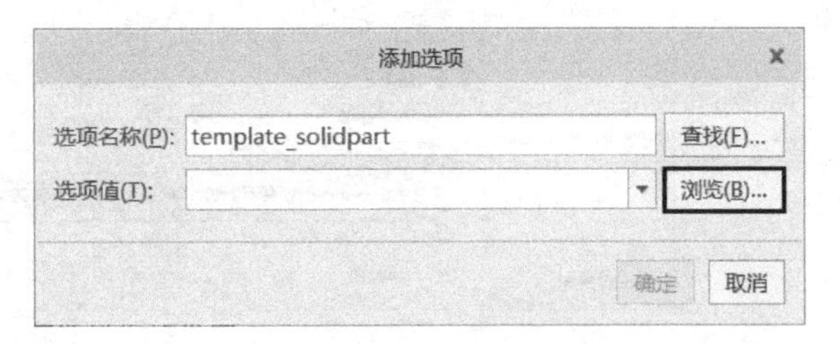

图 9-3 “添加选项”对话框

2）在弹出的“选择文件”对话框中，按路径“软件安装盘符:\ Program Files \ PTC \ Creo 9. 0. 0. 0 \ Common Files \ templates \ ”找到 mmns_part_solid_abs. prt 文件，单击【打开】、【确定】按钮，完成软件零件模块的模板设置，如图 9-4 所示。

3）此时系统切换到“Creo Parametric 选项”对话框，单击【导出配置】按钮，在弹出的“另存为”对话框中单击 config. pro 文件，单击【确定】按钮，完成配置修改，如图 9-5 所示。

4）完成设置后，在新建零件时，就可以支持“使用默认模板”选项，而不需要重新选择零件模板，提升操作效率。验证时，只需新建零件，保持“使用默认模板”为选中状态，进入零件模块后，依次选择“文件”→“准备”→“模型属性”，在弹出的“模型属性”对话

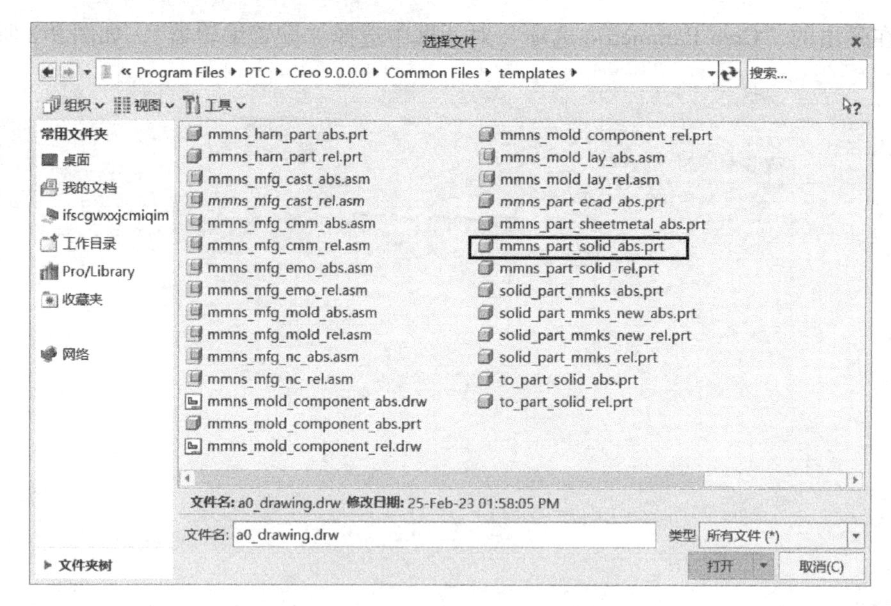

图 9-4　零件模块的模板设置

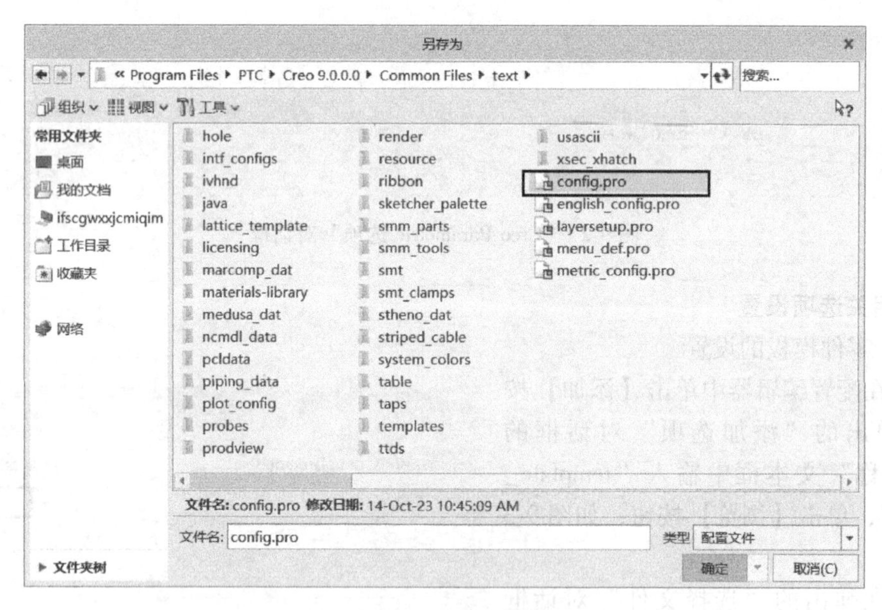

图 9-5　保存配置修改至系统文件

框中，单位若为“毫米牛顿秒（mmNs）”，便说明更改已生效，如图 9-6 所示。

（2）装配体模板的设置

在“添加选项”对话框的“选项名称”文本框中输入“template_designasm”，在路径“软件安装盘符:\ Program Files \ PTC \ Creo 9. 0. 0. 0 \ Common Files \ templates \ ”下找到 mmns_asm_design_abs. asm 文件，作为装配模块（第 10 章介绍）的模板。完成更改后，同样需要单击【导出配置】按钮，保存修改的配置。

（3）装配自动约束关系的设置

在“添加选项”对话框的“选项名称”文本框中输入“auto_constr_always_use_offset”，

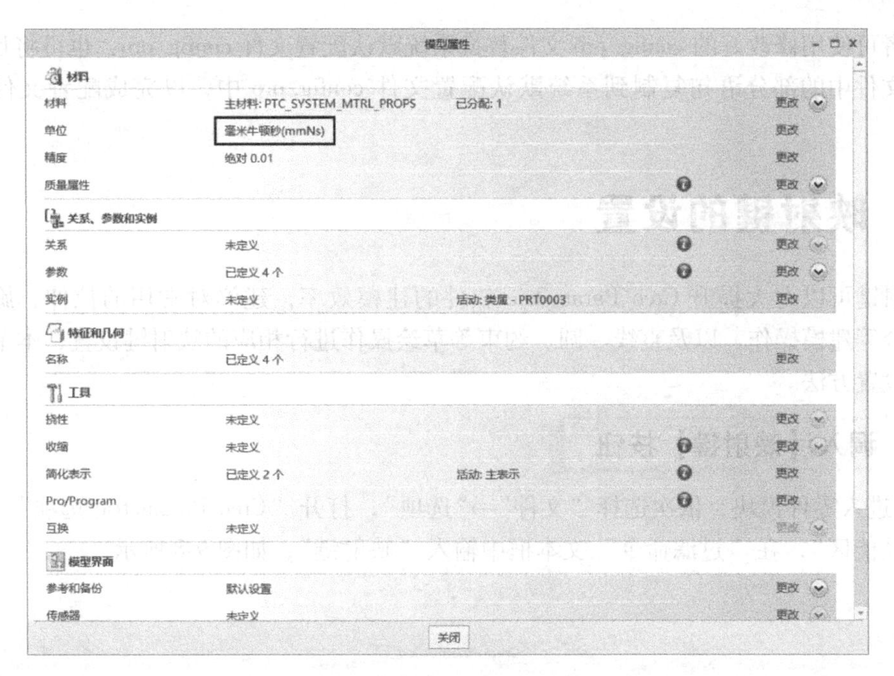

图 9-6　检查模型属性

将“选项值”改为“never”。完成更改后，同样需要单击【导出配置】按钮，保存修改的配置。完成装配自动约束关系的设置后，在装配零件时，其装配关系就不会默认选择“偏移”了，这个知识点会在第 10 章中体现。

9.1.2 使用 config. pro 文件进行配置修改

使用配置编辑器修改系统配置后，按路径“软件安装盘符：\ Program Files \ PTC \ Creo 9. 0. 0. 0 \ Common Files \ text \ ”，找到 config. pro 文件，双击该文件，以记事本方式打开，可以发现之前对系统配置的修改都写入了该文件，如图 9-7 所示。

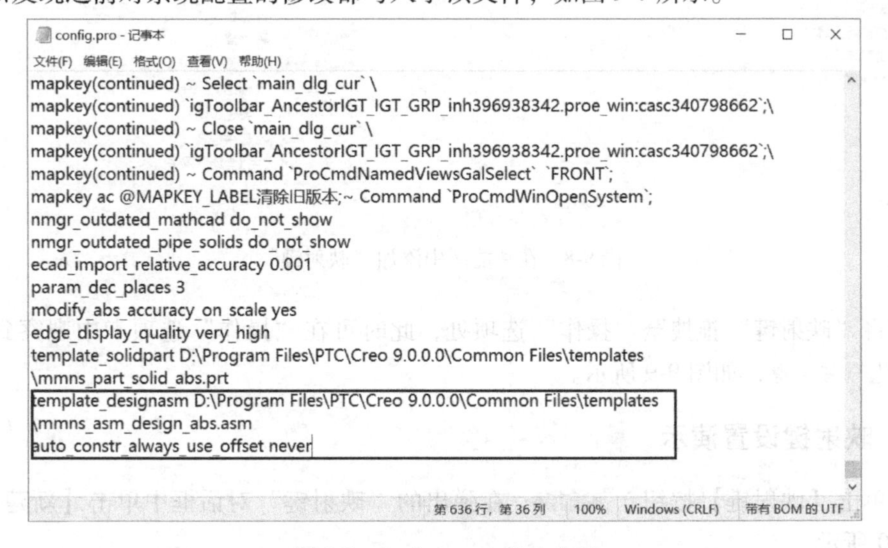

图 9-7　config. pro 文件的内容

读者可使用修改好的 config. pro 文件替换系统默认配置文件 config. pro，也可将目标 config. pro 文件中的部分语句复制到系统默认配置文件 config. pro 中，以完成配置文件的快速修改。

9.2 映射键的设置

映射键可以大大提升 Creo Parametric 软件的建模效率，建议对常用的拉伸、旋转、扫描、混合等建模操作，以及直线、圆、约束等草绘操作进行相应的映射键设置，本节介绍映射键的设置方法。

9.2.1 调入【映射键】按钮

1）进入零件模块，依次选择“文件”→“选项”，打开“Creo Parametric 选项”对话框，选择“功能区”，在“过滤命令”文本框中输入“映射键”，如图 9-8 所示。

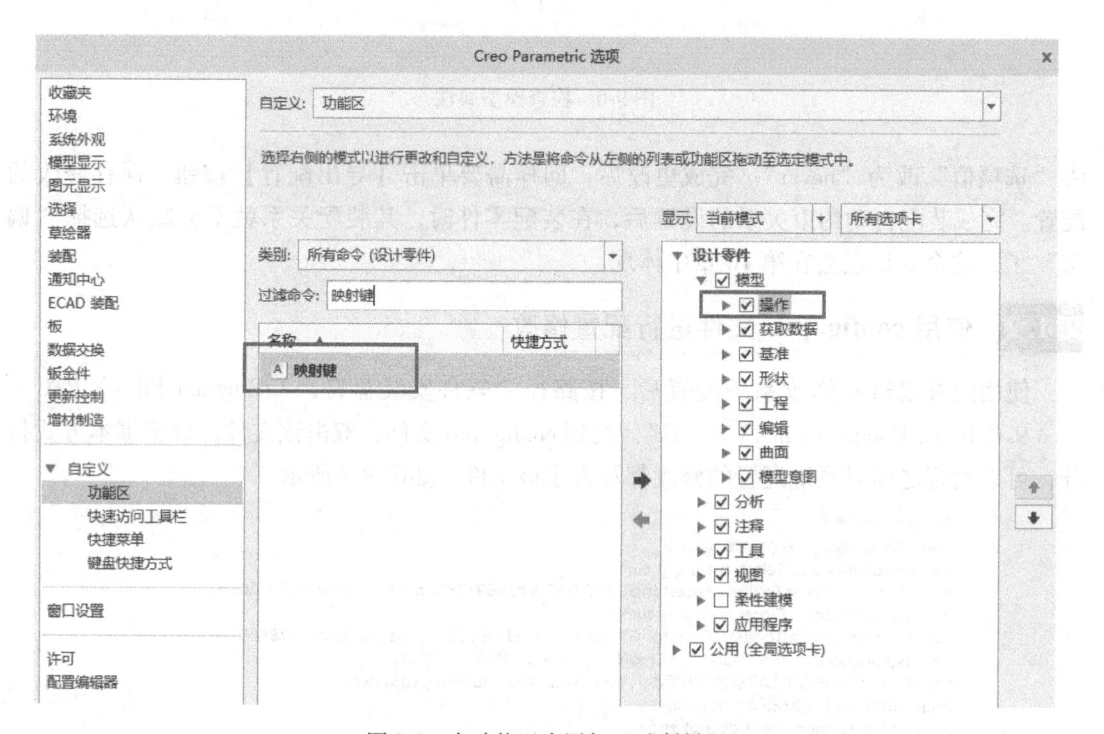

图 9-8 在功能区中添加“映射键”

2）将“映射键”拖拽至“操作”选项处，此时可在“操作”选项卡中观察到【映射键】按钮 映射键，如图 9-9 所示。

9.2.2 映射键设置演示

1）单击【映射键】按钮 映射键，在弹出的“映射键”对话框中单击【新建】按钮，如图 9-10 所示。

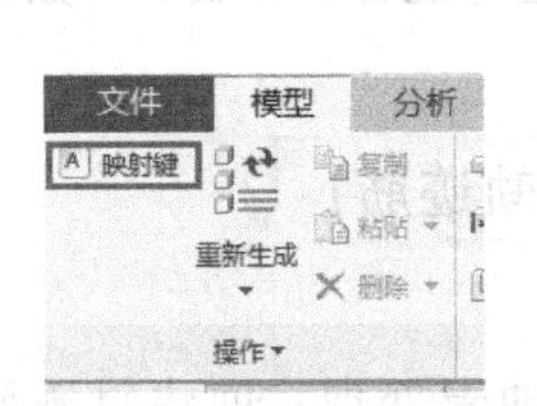

图 9-9　【映射键】按钮

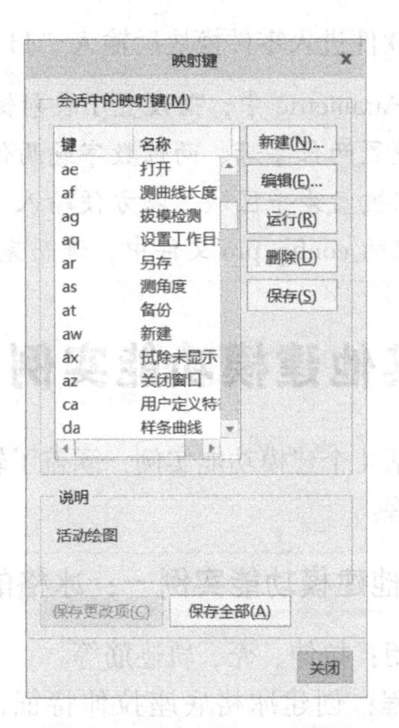

图 9-10　“映射键”对话框

2）弹出“录制映射键”对话框，在“键盘快捷方式”组合框中输入“11”，“名称”文本框中输入“拉伸”，单击【录制】按钮，如图 9-11 所示。

3）在绘图区域选择 Top、Front、Right 平面中的任一平面，在弹出的工具栏中单击【拉伸】按钮，接着单击【草绘视图】按钮，单击【关闭】、【确定】按钮，完成拉伸映射键“11”的设置，如图 9-12 所示。

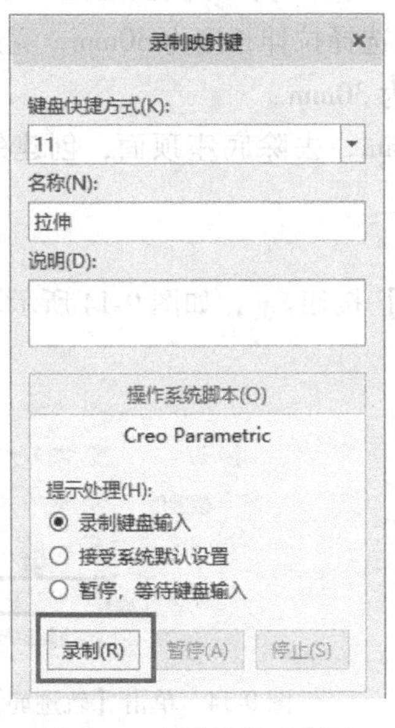

图 9-11　创建拉伸映射键

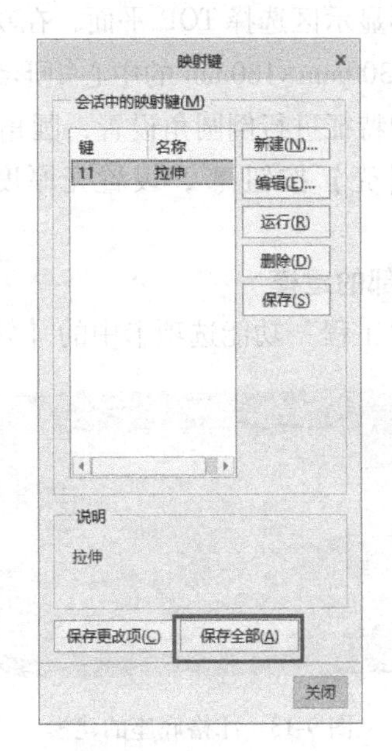

图 9-12　保存映射键

单击【保存全部】按钮，在弹出的对话框中按路径“软件安装盘符：\ Program Files \ PTC \ Creo 9. 0. 0. 0 \ Common Files \ text \ ”，找到文件 config. pro，单击【保存】按钮。此

时，可重启软件进入零件模块后输入“11”，验证映射键的设置是否成功。

📖 在 Creo Parametric 中，若设置了映射键 1，则 11、12 等以 1 开头的映射键将全部失效，故建议设置两位字母、两位数字或两位的字母数字组合作为映射键，且字母或数字的按键集中在键盘左手区域，以方便输入。读者可将目标 config. pro 文件中的映射键语句复制到自己的 config. pro 文件中，进而完成映射键的快速修改。

9.3 其他建模功能实例

本节包括 4 个建模功能实例，涵盖了轨迹筋、边界混合、族表、参数化编辑等功能，读者应练习掌握。

9.3.1 其他建模功能实例一：冰格的建模（轨迹筋）

9.3.1 其他建模功能实例一：冰格的建模（轨迹筋）

命令应用：拉伸、壳、轨迹筋等。

创建过程：创建冰格底座拉伸特征，底座的抽壳处理，创建轨迹筋特征。

关键点：正确选择轨迹筋的轨迹草绘平面。

建模过程：

1. 建立一个新文件

建立对象“类型”为“零件”、“名称”为“冰格”的新文件。

2. 冰格底座的建模

1）在图形显示区选择 TOP 平面，在功能区中单击【拉伸】按钮，单击【草绘视图】按钮，完成 300mm×180mm 的中心矩形绘制，选择拉伸长度为 30mm，完成拉伸。

2）对拉伸特征进行倒圆角设置，圆角半径为 30mm。

3）单击【壳】按钮，设置壳厚度为 2mm，去除底座顶面，创建的模型如图 9-13 所示。

3. 冰格内部的建模

1）单击“工程”功能选项卡中的【轨迹筋】按钮，如图 9-14 所示。

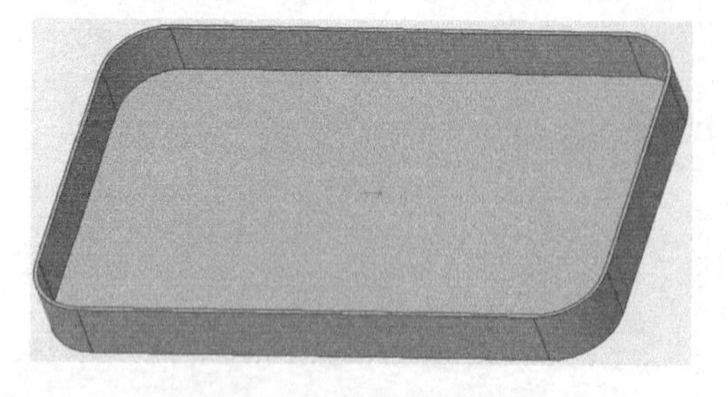

图 9-13 冰格底座的建模

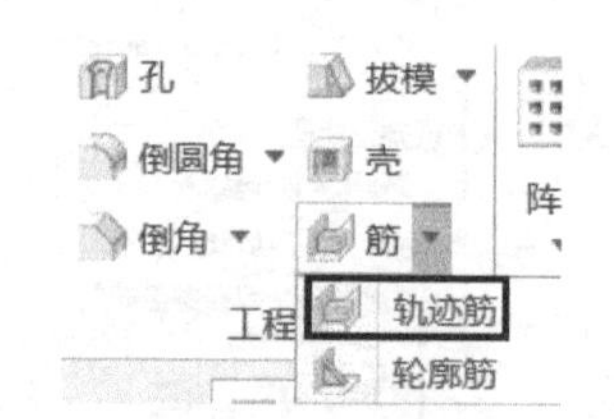

图 9-14 单击【轨迹筋】按钮

2）单击冰格底座上表面，进入草绘环境，完成图 9-15 所示的草绘。

3）将轨迹筋厚度设置为 2mm，如图 9-16 所示。

4）最终创建的模型如图 9-17 所示。

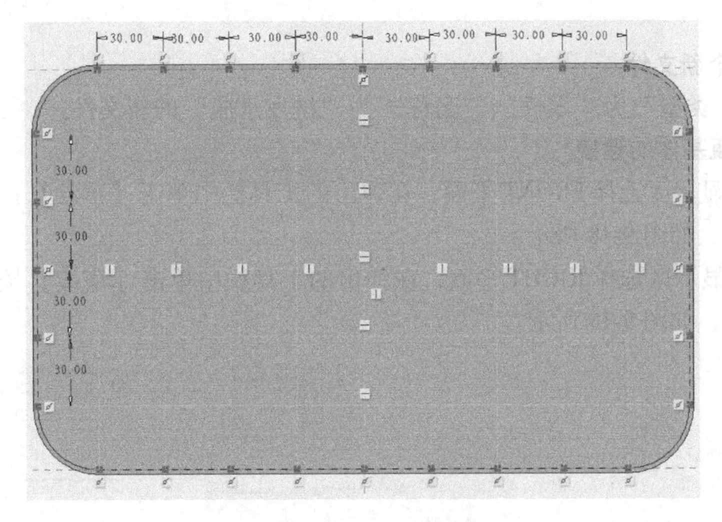

图 9-15 创建轨迹筋的轨迹

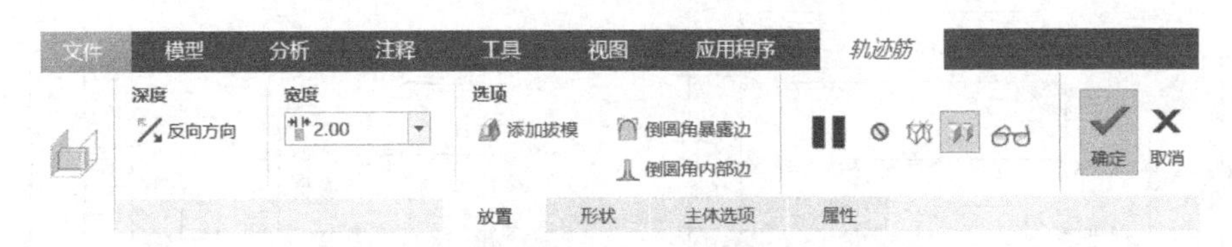

图 9-16 “轨迹筋”面板的设置

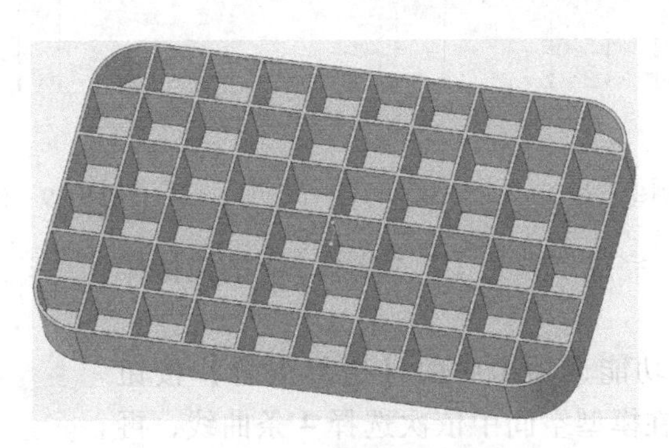

图 9-17 冰格的三维模型

4. 保存模型

保存当前建立的冰格模型。

9.3.2 其他建模功能实例二：洗发水瓶的建模（边界混合）

9.3.2 其他建模功能实例二：洗发水瓶的建模（边界混合）

命令应用：草绘、镜像、边界混合、填充、合并、加厚、投影、扫描等。

创建过程：创建洗发水瓶的边界轮廓草绘，洗发水瓶轮廓的边界混合，洗发水瓶底部的平面填充，洗发水瓶曲面合并及加厚，装饰曲线建模。

关键点：边界混合时的闭合混合操作。

建模过程：

1. 建立一个新文件

建立对象“类型”为“零件”、“名称”为“洗发水瓶”的新文件。

2. 洗发水瓶基体的建模

1）在图形显示区选择 FRONT 平面，在弹出的工具栏中单击【草绘】按钮，用样条曲线完成草绘 1，如图 9-18 所示。

2）在图形显示区选择 RIGHT 平面，在弹出的工具栏中单击【草绘】按钮，用样条曲线完成草绘 2，如图 9-19 所示。

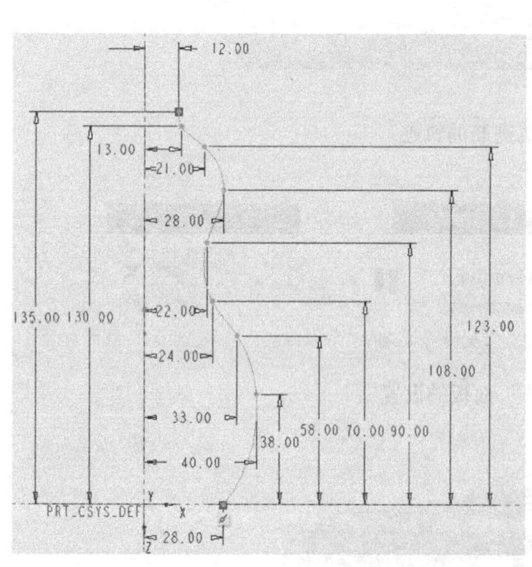

图 9-18 创建草绘 1

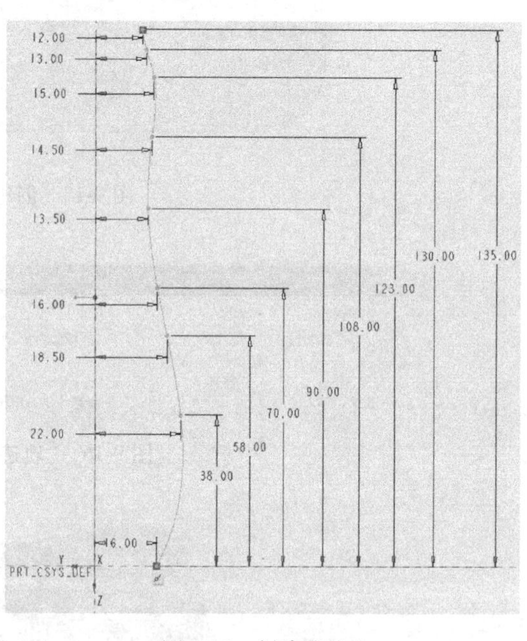

图 9-19 创建草绘 2

3）使用镜像功能，完成“草绘 1”“草绘 2”的镜像操作，如图 9-20 所示。

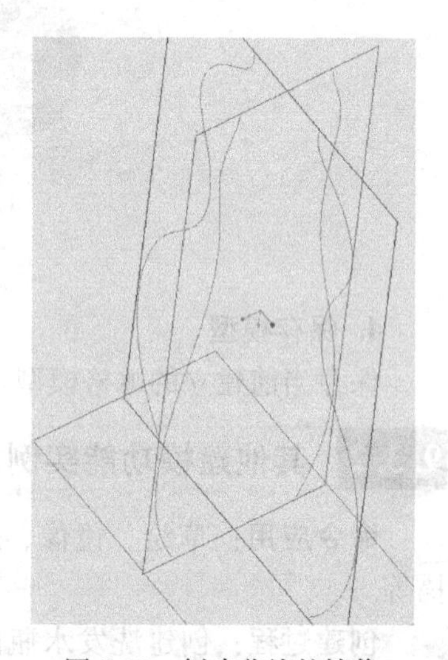

图 9-20 创建草绘的镜像

4）单击“曲面”功能选项卡中的【边界混合】按钮，按住〈Ctrl〉键，在模型空间中依次选择 4 条曲线，再选中“闭合混合”选项，如图 9-21 所示。

5）创建的曲面如图 9-22 所示。

6）选择 TOP 平面，在弹出的工具栏中单击【草绘】按钮，单击【中心和轴椭圆】按钮，绘制椭圆，如图 9-23 所示。

7）在图形显示区选择步骤 6）创建的底部草绘，单击“曲面”功能选项卡中的【填充】按钮 **填充**，完成底部的填充，如图 9-24 所示。

8）按住键盘〈Ctrl〉键，在模型树中选择“边界混合 1”“填充 1”，接着单击“编辑”功能选项卡中的【合并】

按钮◻，如图 9-25 所示。

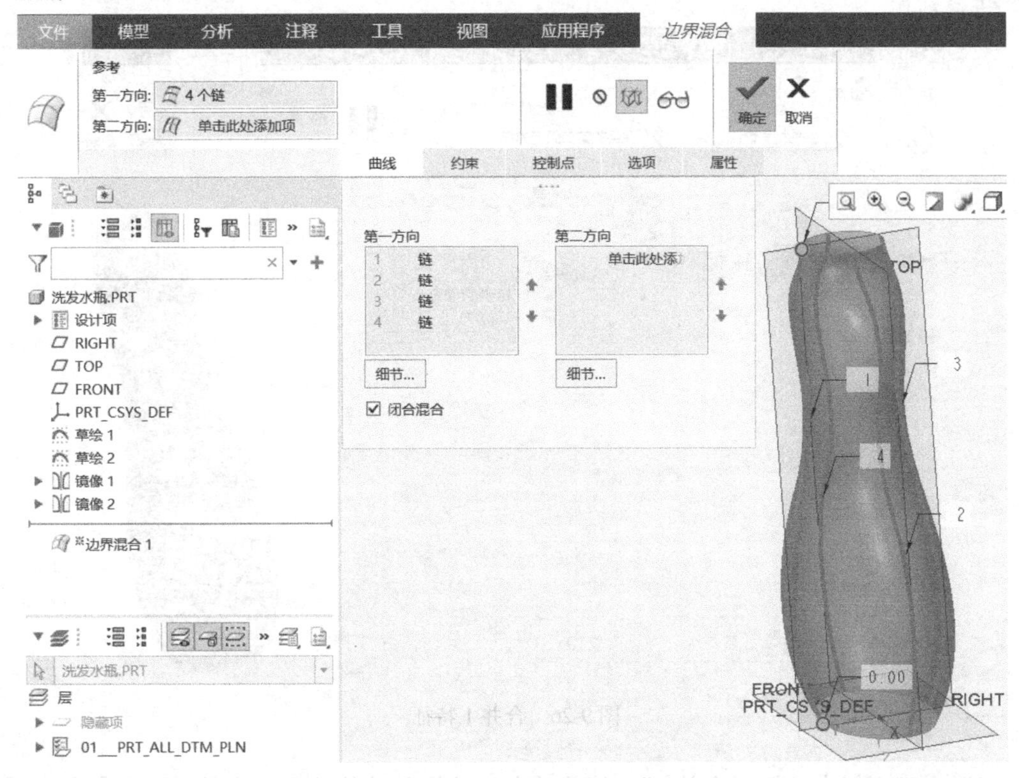

图 9-21 “边界混合”面板设置

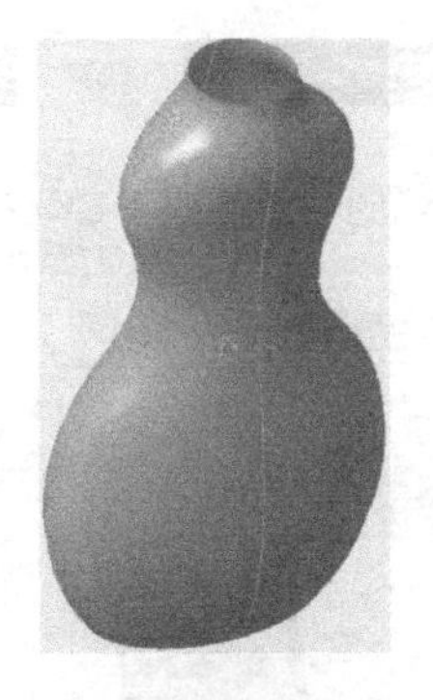

图 9-22 边界混合特征

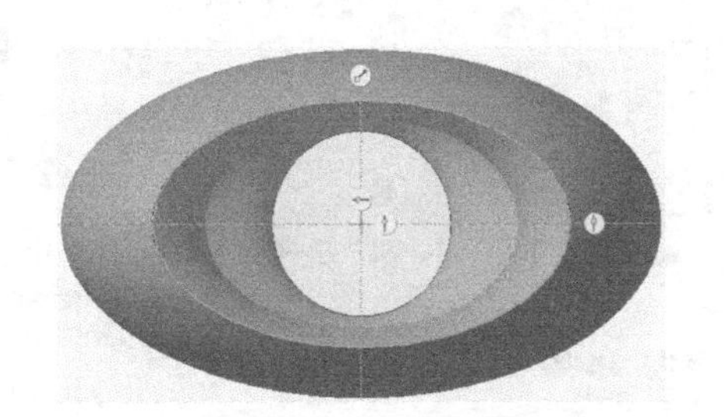

图 9-23 底部草绘

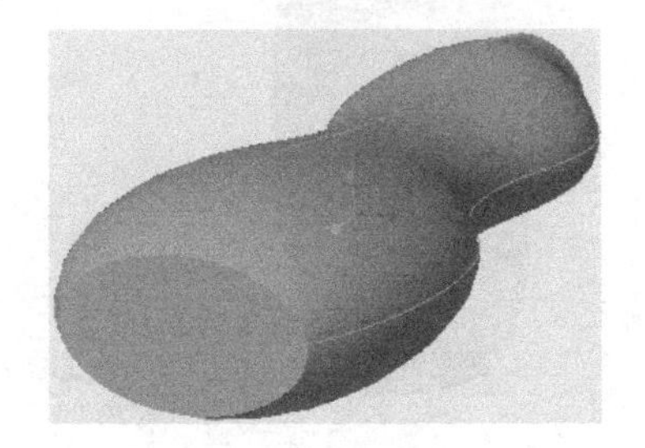

图 9-24 填充模型

图 9-25 单击【合并】按钮

9）完成合并 1 特征的创建，如图 9-26 所示。

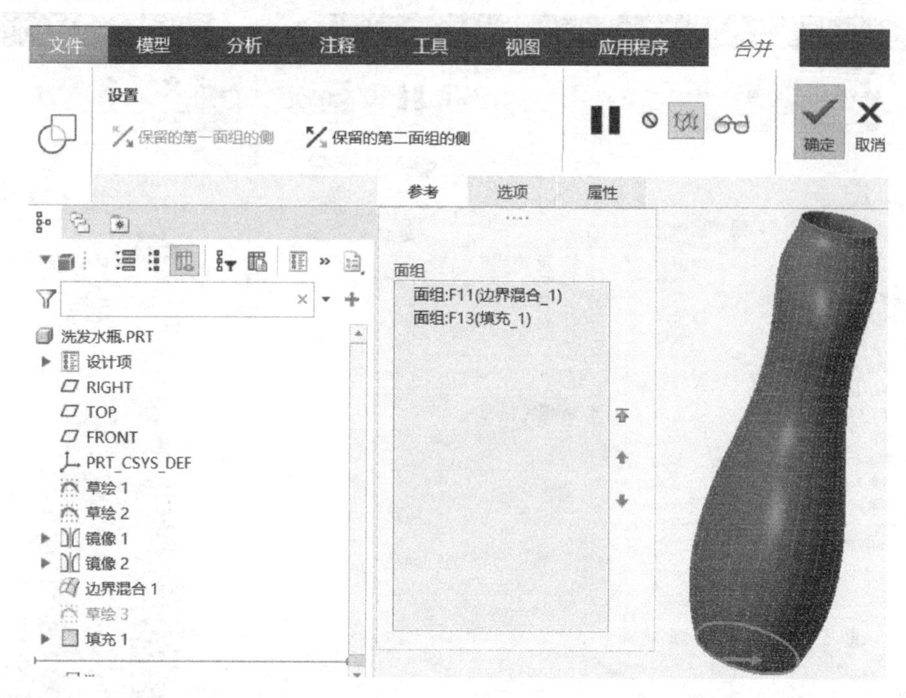

图 9-26　合并 1 特征

10）在模型树中选择“合并 1”，接着单击“编辑”功能选项卡中的【加厚】按钮 ⊏，设置厚度为 2mm，如图 9-27 所示，完成曲面的实体化。

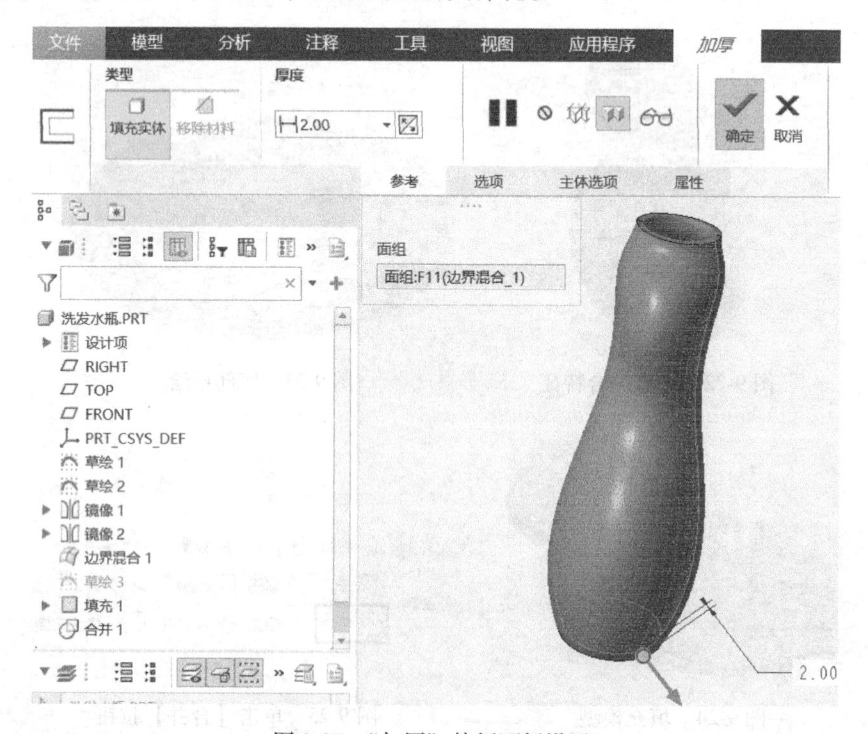

图 9-27　“加厚”特征面板设置

11）创建的加厚特征如图 9-28 所示。

3. 洗发水瓶装饰曲线的建模

1）在图形显示区选择 FRONT 平面，在弹出的工具栏中单击【平面】按钮▱，以 FRONT 平面为参考，偏移 30mm，创建 DTM1 平面。

2）在 DTM1 平面完成草绘，如图 9-29 所示。

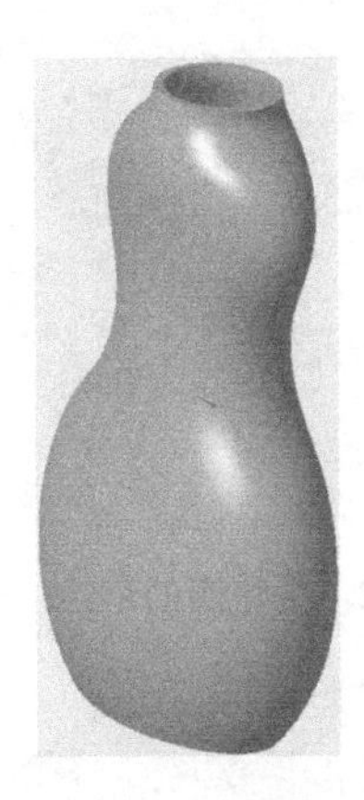

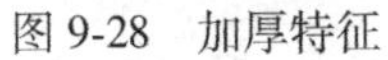

图 9-28 加厚特征

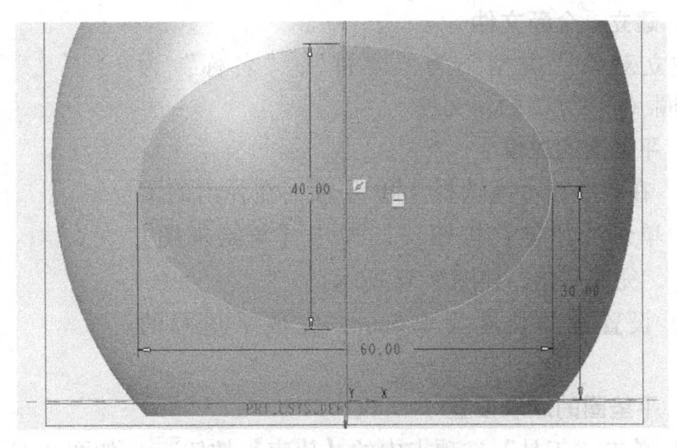

图 9-29 创建装饰曲线草绘

3）在模型树中选择步骤 2）创建的草绘轨迹，接着单击“编辑”功能选项卡中的【投影】按钮，选择洗发水瓶曲面，完成草绘的投影，如图 9-30 所示。

4）以曲线为扫描轨迹、ϕ2mm 圆为扫描截面，完成装饰曲线的扫描，最终创建的模型如图 9-31 所示。

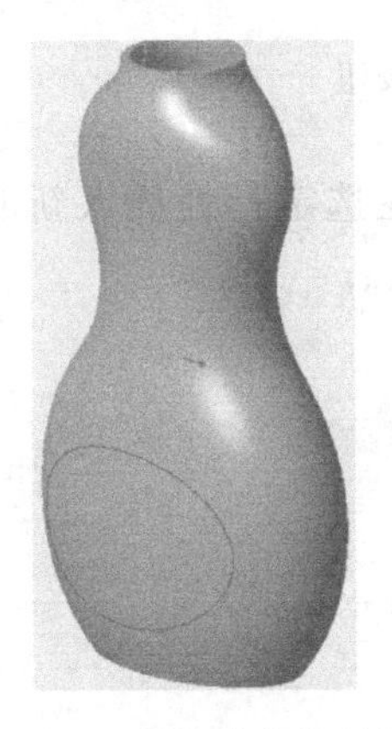

图 9-30 装饰曲线的投影

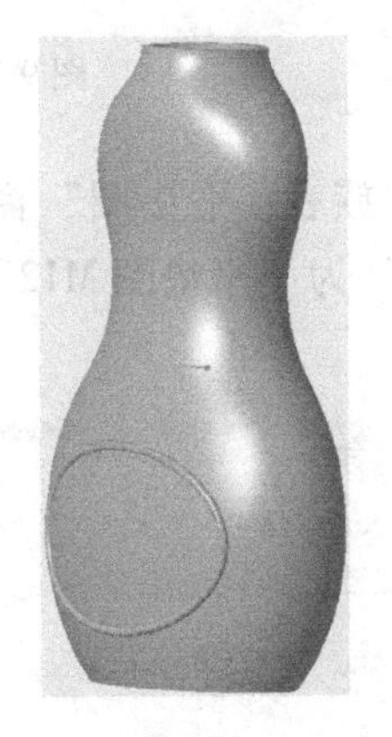

图 9-31 创建装饰曲线的扫描特征

4. 保存模型

保存当前建立的洗发水瓶模型。

9.3.3 其他建模功能实例三：平垫圈的建模（族表）

9.3.3 其他建模功能实例三：平垫圈的建模（族表）

标准件具备同一外形、不同尺寸，可使用族表功能一次完成系列化产品的建模。本节以 M8、M10、M12 平垫圈系列化建模为例，讲述族表功能的使用。

命令应用：拉伸、族表等。

创建过程：创建垫圈拉伸特征，族表的设置与验证。

关键点：族表的设置。

建模过程：

1. 建立一个新文件

建立对象“类型”为“零件”、“名称”为“平垫圈（族表）”的新文件。

2. 平垫圈的建模

1）在图形显示区选择 TOP 平面，在弹出的工具栏中单击【拉伸】按钮，单击【草绘视图】按钮，完成草绘，如图 9-32 所示。

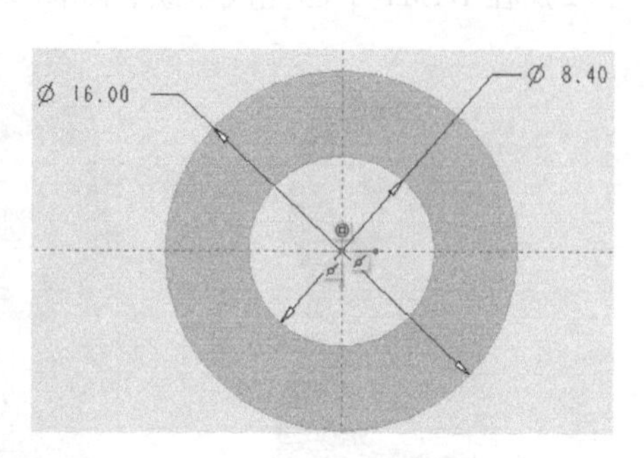

图 9-32 平垫圈的草绘

2）设置拉伸长度为 1.6mm，完成平垫圈的建模。

3. 平垫圈的族表设置

1）单击“工具”选项卡中的【族表】按钮，如图 9-33 所示。

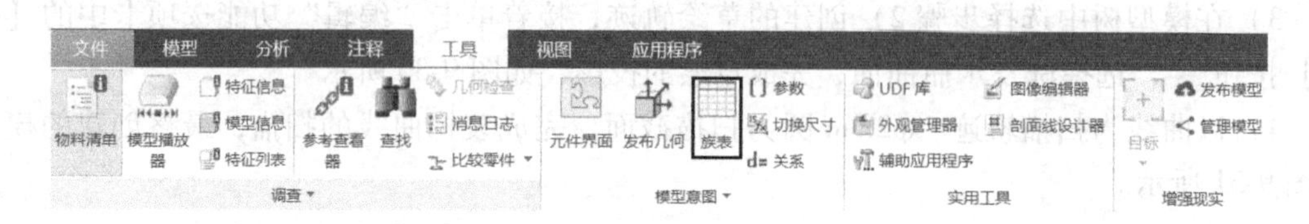

图 9-33 单击【族表】按钮

2）在弹出的“族表：平垫圈”窗口中，单击【在选定行处插入新的实例】按钮，修改“实例文件名”为“平垫圈 M12”，如图 9-34 所示。

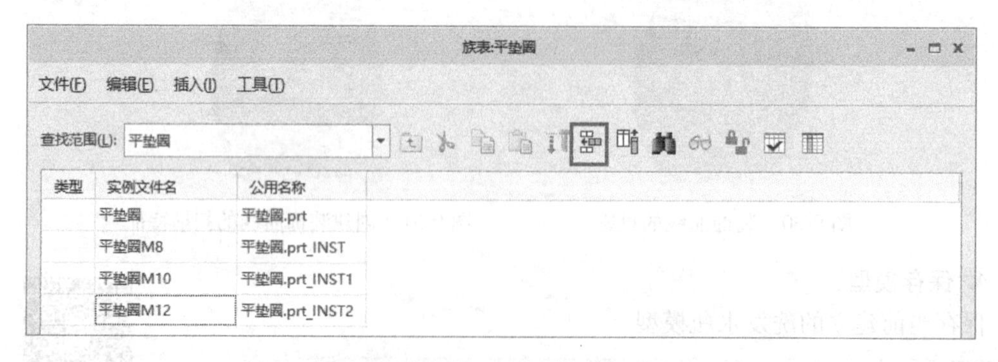

类型	实例文件名	公用名称
	平垫圈	平垫圈.prt
	平垫圈M8	平垫圈.prt_INST
	平垫圈M10	平垫圈.prt_INST1
	平垫圈M12	平垫圈.prt_INST2

图 9-34 “族表：平垫圈”窗口设置

3）在“族表：平垫圈”窗口中，单击【添加/删除表列】按钮，系统弹出“族项，类属模型：平垫圈”对话框，单击平垫圈模型，再依次拾取 8.4、16、1.6 三个尺寸，如图

9-35 所示，单击【确定】按钮。

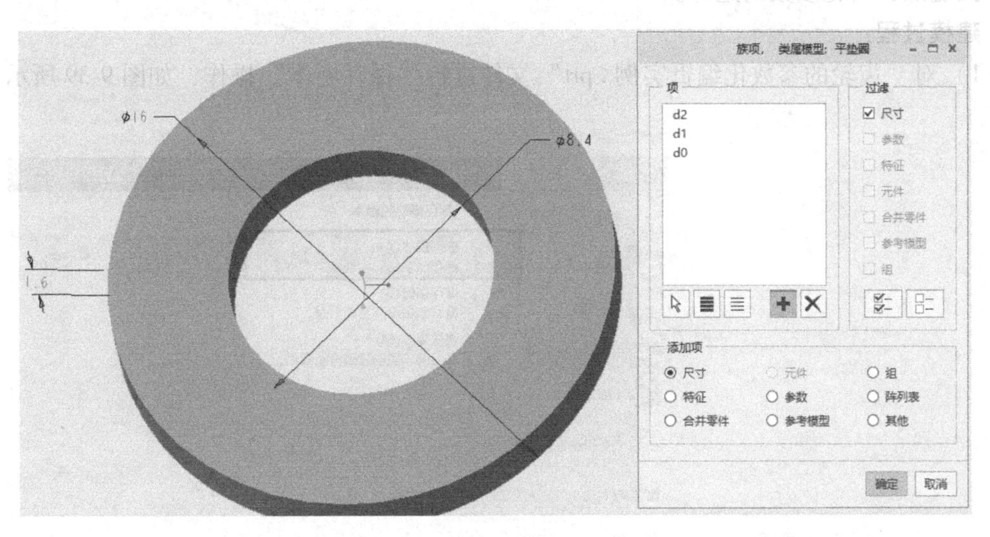

图 9-35　拾取族表尺寸

4）系统切换到“族表：平垫圈”窗口，完成尺寸参数设置，如图 9-36 所示，保存模型。

4. 族表设置完成后的验证

打开平垫圈（族表）模型，出现如图 9-37 所示“选择实例”对话框，说明设置成功。

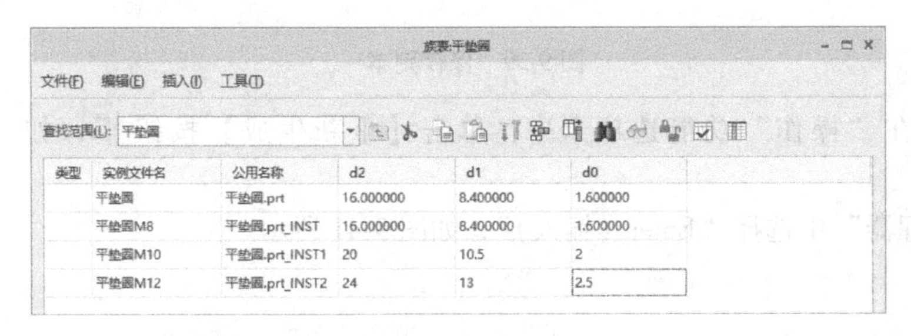

类型	实例文件名	公用名称	d2	d1	d0
	平垫圈	平垫圈.prt	16.000000	8.400000	1.600000
	平垫圈M8	平垫圈.prt_INST	16.000000	8.400000	1.600000
	平垫圈M10	平垫圈.prt_INST1	20	10.5	2
	平垫圈M12	平垫圈.prt_INST2	24	13	2.5

图 9-36　编辑族表

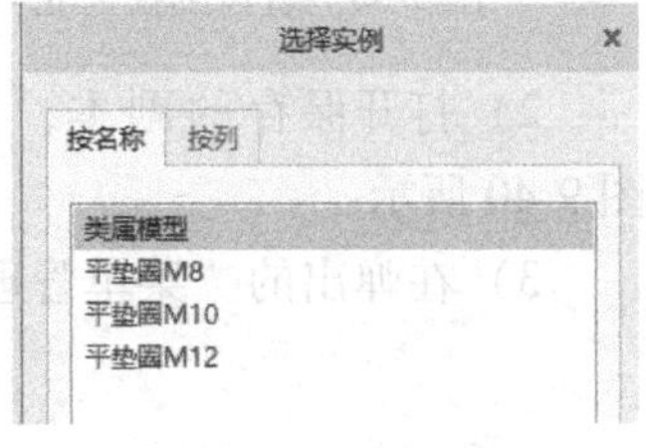

图 9-37　验证族表

5. 保存模型

保存当前建立的平垫圈（族表）模型。

9.3.4 其他建模功能实例四：齿轮的重新生成（参数化编辑）

9.3.4　其他建模功能实例四：齿轮的重新生成（参数化编辑）

打开本书配套资源中的“齿轮的参数化编辑实例 .prt”文件，操作模型如图 9-38 所示。

现要将齿轮模型改为模数 $M=5$、齿数 $Z=30$、齿轮宽度 $B=40$ 的直齿圆柱齿轮。

命令应用：保存副本、重新生成等。

创建过程：齿轮参数的选择、齿轮参数的设置与重新生成。

关键点：齿轮参数的选择。

建模过程：

1）对“齿轮的参数化编辑实例 . prt”文件进行“保存副本”操作，如图 9-39 所示。

图 9-38　直齿圆柱齿轮　　　　图 9-39　保存副本

2）打开保存的副本，在“操作”功能选项卡中，单击【重新生成】按钮，如图 9-40 所示。

3）在弹出的“菜单管理器”中选择“Enter（输入）”，如图 9-41 所示。

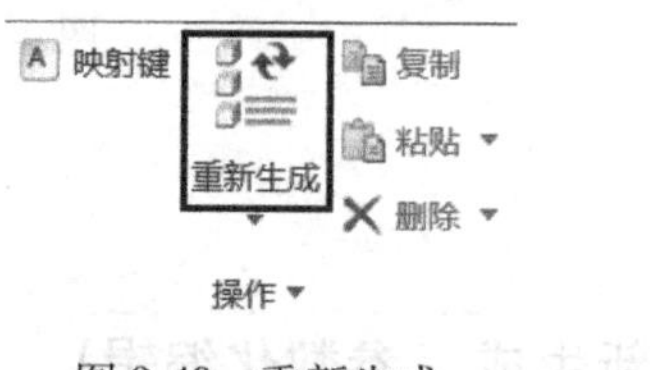

图 9-40　重新生成

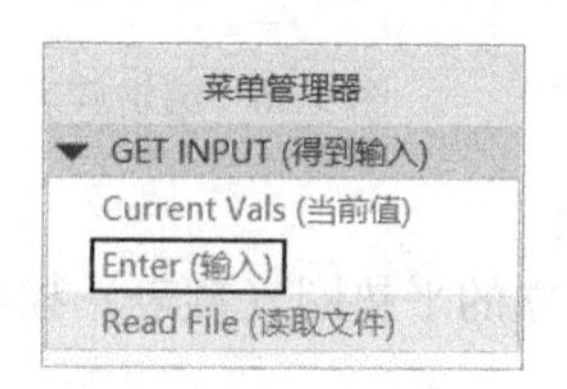

图 9-41　菜单管理器

4）选中“M”（模数）、“Z”（齿数）、“B”（齿轮宽度），选择“Done Sel（完成选择）”，如图 9-42 所示。

📖 其他参数说明：ALPHA 为齿轮的齿形角；HAX 为齿顶高系数；CX 为齿顶间隙系数；X 为变位系数。对于标准齿轮，以上参数不需要更改。

5）在弹出的“模数、齿数、齿轮宽度”对话框中依次输入“5”“30”“40”，重新生成的模型如图 9-43 所示。

6）保存当前修改的齿轮模型。

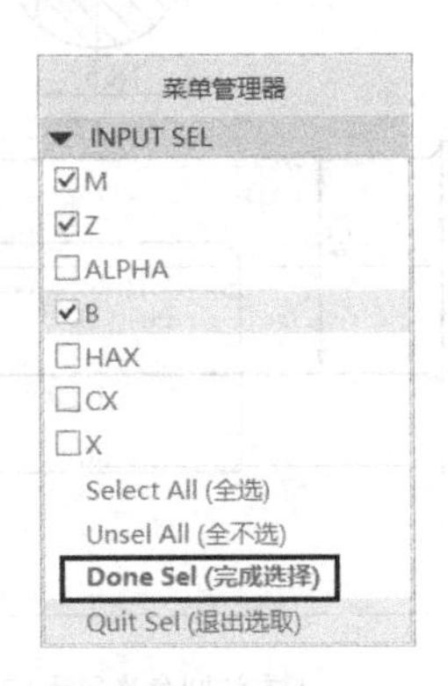

图 9-42　完成参数选择

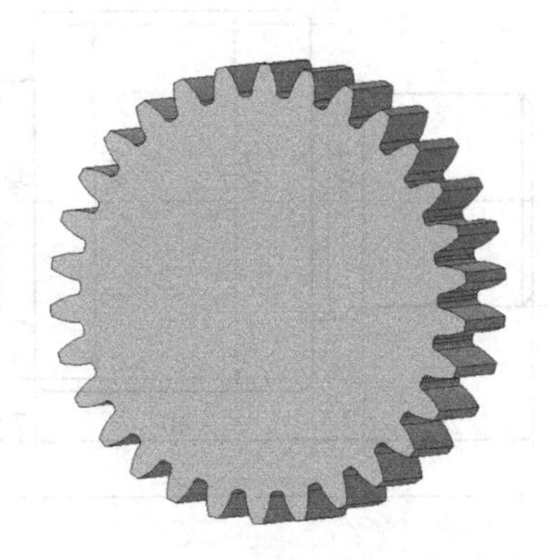

图 9-43　重新生成的直齿圆柱齿轮

9.4　习题

1. 完成如图 9-44 所示齿轮轴的建模。其中 $M=3$，$Z=14$，$\alpha=20°$，齿轮在本书配套资源提供的“齿轮的参数化编辑实例 . prt”文件基础上重新创建，文件命名为“齿轮轴A”。

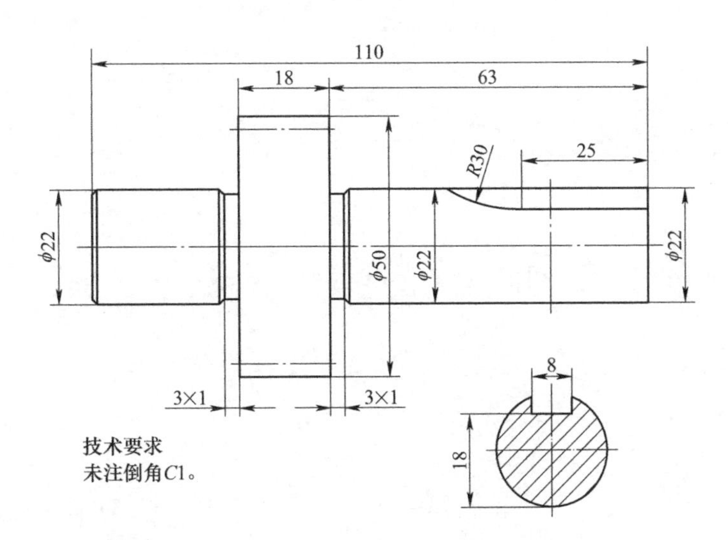

图 9-44　齿轮轴 A 工程图

2. 完成如图 9-45 所示齿轮轴的建模。其中 $M=2$，$Z=25$，$\alpha=20°$，齿轮在本书配套资源提供的“齿轮的参数化编辑实例 . prt”文件基础上重新创建，文件命名为“齿轮轴B”。

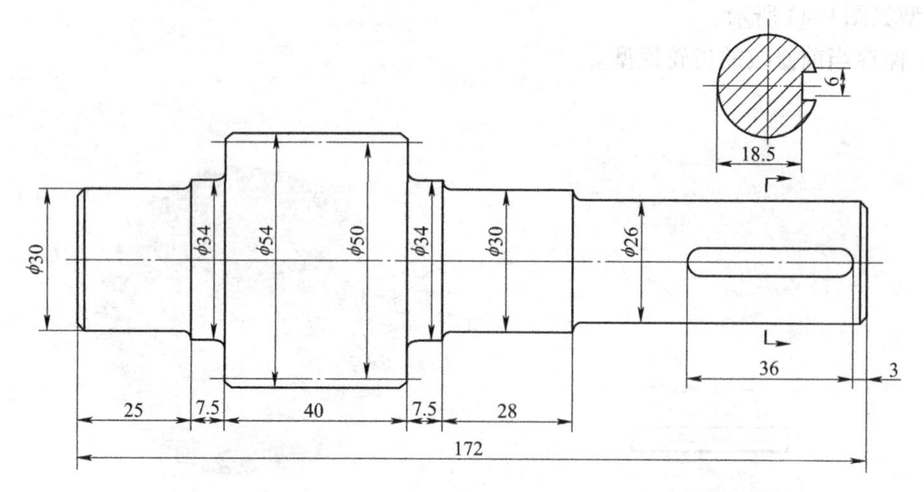

图 9-45　齿轮轴 B 工程图

第 10 章　装　配

用户可通过 Creo Parametric 9.0 软件的装配功能将零件、子装配以指定的装配约束关系（如重合、平行、法向、相切等）建立装配体；也可通过【分解视图】、【编辑位置】等命令对装配体进行分解，形成产品爆炸图。在装配模块中可通过【创建】命令，借助已有零件轮廓设计新的零件；也可对各零件、子装配进行阵列、镜像、重复装配等操作，以简化装配过程。本章首先介绍装配的基本功能与操作方法，接着通过多个装配实例帮助读者掌握与巩固相关装配操作。

10.1　装配功能简介

本节将介绍新建装配体的方法、装配约束关系、3D 拖动器。其中，装配约束关系的类型较多，读者应充分理解并掌握其相关操作。

10.1.1　新建装配体的方法

1）单击【新建】按钮，弹出“新建”对话框，选择“类型”为“装配”，“子类型”为“设计”，取消选择“使用默认模板”选项，输入装配体名称，如图 10-1 所示。

2）单击【确定】按钮，弹出“新文件选项”对话框。“模板”选择“mmns_asm_design_abs”，单击【确定】按钮，进入装配环境，如图 10-2 所示。

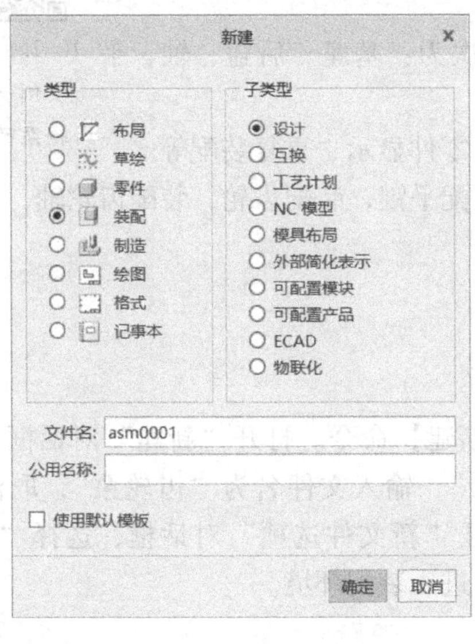

图 10-1　“新建”对话框

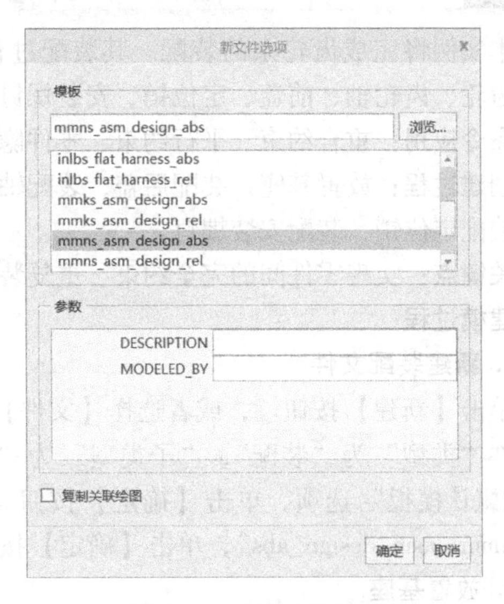

图 10-2　选择装配模板

10.1.2　装配约束关系

Creo Parametric 软件通过建立零件间的装配约束关系，实现零件间的装配。具体的约束类型包括自动约束、重合约束、距离约束、平行约束、法向约束、角度偏离约束、共面约束、居中约束、相切约束等。下面介绍使用频率较高的约束关系。

- 自动约束：元件参考相对于装配参考自动放置。在进行零件装配时，往往默认选择“自动”约束，软件会根据用户的操作及零件的相对位置推断出用户的意图，可提升装配效率。
- 重合约束：元件参考与装配参考重合。重合约束是装配时使用最多的约束，用户可通过建立零件间的平面、曲面、轴线、坐标面、坐标系等元素的重合约束关系，实现零件的装配。
- 平行约束：元件参考与装配参考平行。
- 距离约束：元件参考与装配参考有一定距离的偏移。

10.1.3 3D 拖动器

3D 拖动器的作用是在装配零件时，通过 3D 拖动器实现零件沿三坐标轴的移动、绕三坐标轴的转动，方便用户判断、定义零件间的装配关系。用户可通过单击【显示拖动器】按钮，开启或关闭该功能。

10.2 装配实例

本节通过两个装配实例，帮助读者掌握与巩固装配体及装配约束的创建方法。其中，二级齿轮减速器的总装，须在完成各传动轴子装配的基础上进行。

10.2.1 装配实例一：齿轮泵的装配

10.2.1 装配实例一：齿轮泵的装配

本实例将完成齿轮泵的装配。其装配过程依次为：基座、后盖、轴、平键、齿轮、齿轮轴、前盖、定位销、安装螺钉。

命令应用：重合约束、平行约束、零件隐藏、零件显示、重复装配等。

创建过程：放置基座，装配后盖，装配轴，装配平键，装配齿轮，装配齿轮轴，装配前盖，装配定位销，装配安装螺钉。

关键点：实现零件间的完全约束、重复装配。

建模过程：

1. 新建装配文件

单击【新建】按钮，或者选择【文件】→【新建】命令。打开“新建”对话框。选择新文件“类型”为“装配”，“子类型”为“设计”，输入文件名为“齿轮泵”，取消选择“使用默认模板”选项，单击【确定】按钮。打开“新文件选项”对话框，选择“模板”为“mmns_asm_design_abs”，单击【确定】按钮，进入装配环境。

2. 放置基座

1）单击【组装】按钮，弹出“打开”对话框，找到“基座.prt”文件，单击【打开】按钮或双击该文件，将基座调入到装配环境中。

2）此时，系统将切换到“元件放置”操作面板。分别单击选择“基座”的坐标系和装配环境的坐标系作为约束参考，将“约束类型”设定为“重合”，单击【确定】按钮，完成第一个零件“基座”的放置，如图10-3所示。

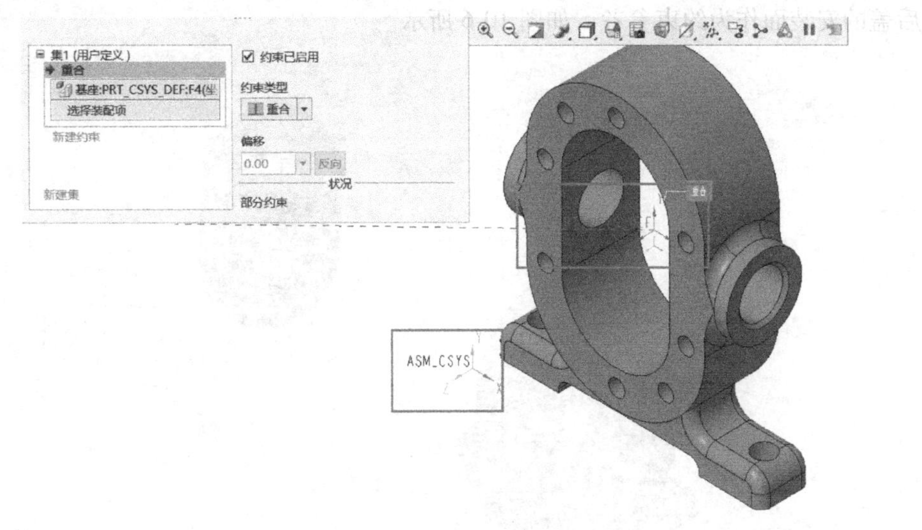

图10-3　基座放置

📖 为方便选择与单击坐标系，可单击【仅显示坐标系】按钮，如图10-4所示。

3. 装配后盖

图10-4　单击【仅显示坐标系】按钮

1）调入名为“后盖”的零件模型。在“元件放置”操作面板的“元件显示”中，选择“单独窗口”，并取消“主窗口”显示，如图10-5所示。

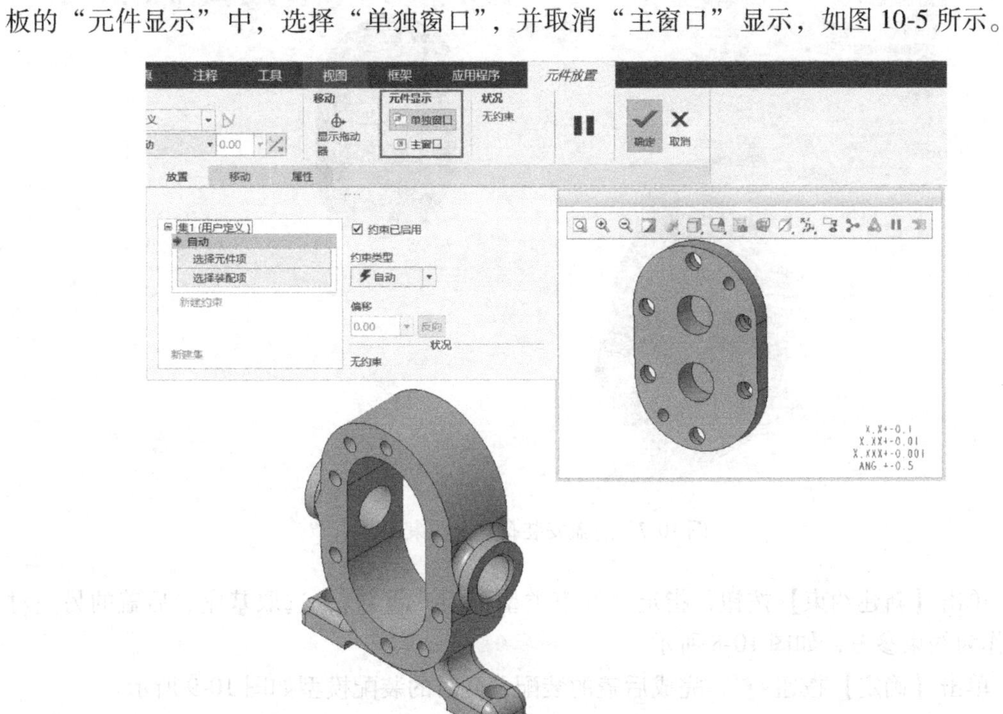

图10-5　后盖以单独窗口显示

2）在“元件放置”操作面板中，指定“约束类型”为“重合”，分别选取基座的背面、后盖的安装面作为约束参考，如图 10-6 所示。

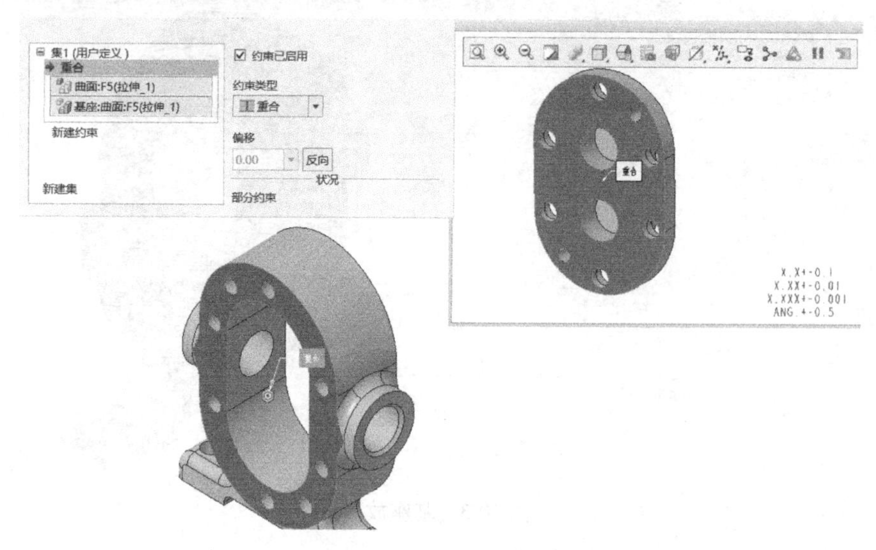

图 10-6　后盖安装面重合约束

3）单击【新建约束】按钮，指定“约束类型”为“重合”，选取基座、后盖的一对安装孔作为约束参考，如图 10-7 所示。

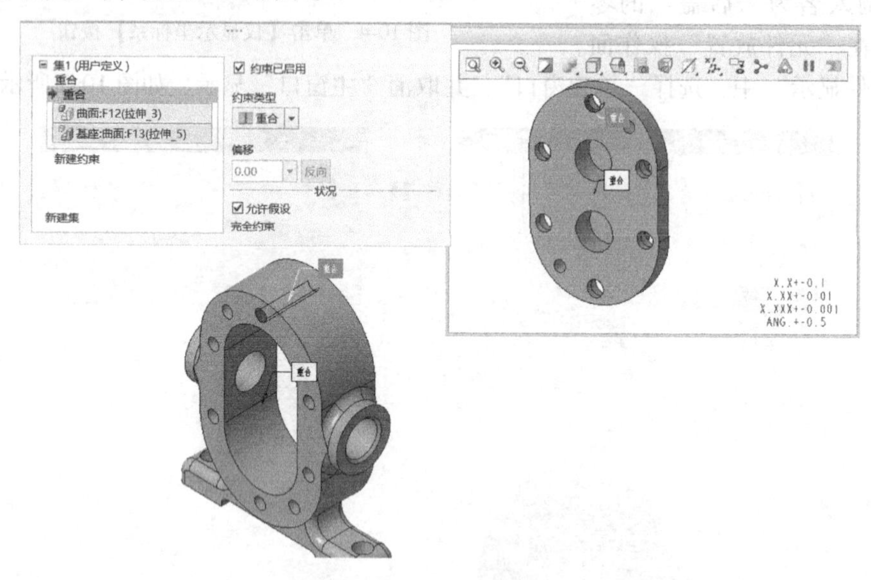

图 10-7　后盖安装孔重合约束 1

4）单击【新建约束】按钮，指定“约束类型”为“重合”，选取基座、后盖的另一对安装孔作为约束参考，如图 10-8 所示。

5）单击【确定】按钮✔，完成后盖的装配，此时的装配模型如图 10-9 所示。

4. 装配轴

1）调入名为“轴”的零件模型。在“元件放置”操作面板中，指定“约束类型”为

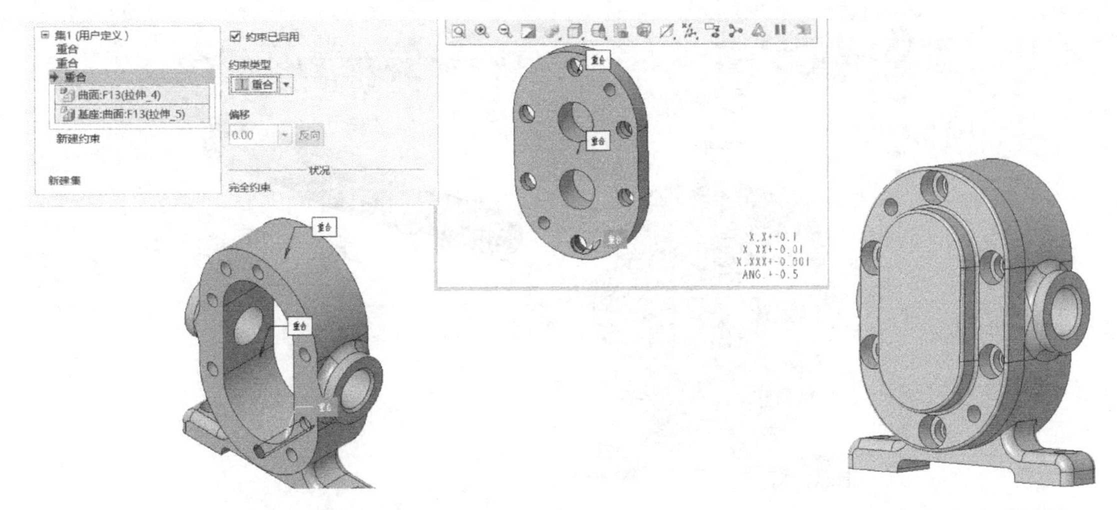

图 10-8　后盖安装孔重合约束 2

图 10-9　完成后盖装配

“重合”，分别选取后盖的轴安装孔、轴的圆周面作为约束参考，如图 10-10 所示。

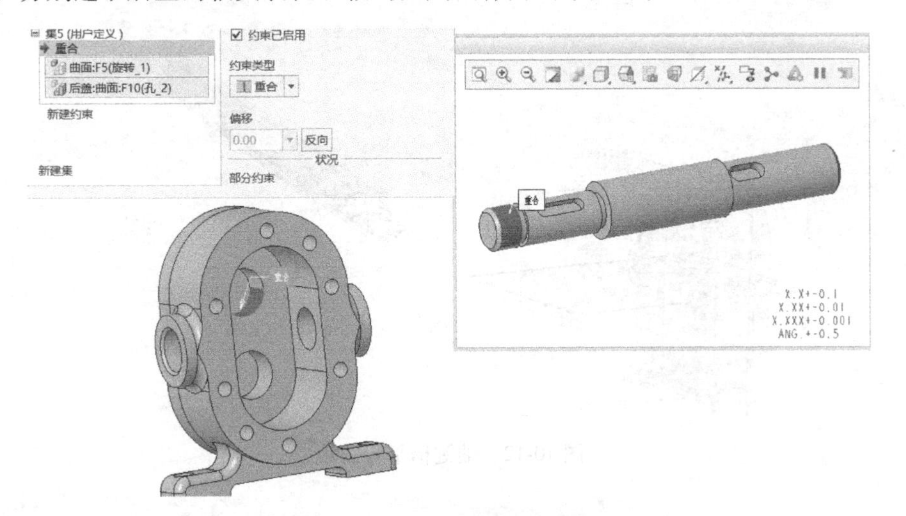

图 10-10　轴圆周面重合约束

2）单击【新建约束】按钮，指定“约束类型”为“重合”，分别选取后盖的轴安装孔端面、轴的端面作为约束参考，如图 10-11 所示。

3）单击【新建约束】按钮，再指定“约束类型”为“平行”，选取轴的键槽底面、装配体 ASM_TOP 面作为约束参考，如图 10-12 所示。进行“平行”约束的目的是为了方便呈现键槽。

4）单击【确定】按钮✔，完成轴的装配，此时的装配模型如图 10-13 所示。

5. 装配平键

1）调入名为“平键”的零件模型。在“元件放置”操作面板中，指定“约束类型”为“重合”，分别选取轴的键槽底面、平键的底面作为约束参考，如图 10-14 所示。

2）单击【新建约束】按钮，再指定“约束类型”为“重合”，分别选取轴的键槽圆周面、平键的圆周面作为约束参考，如图 10-15 所示。

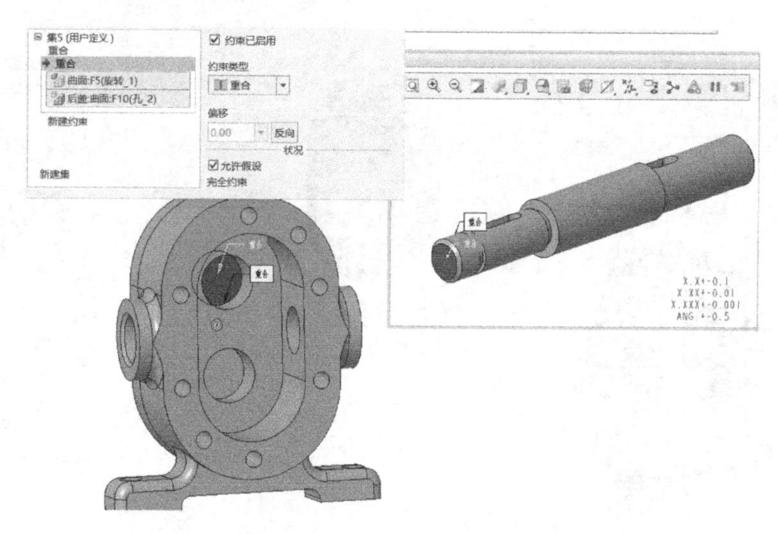

图 10-11　轴端面重合约束

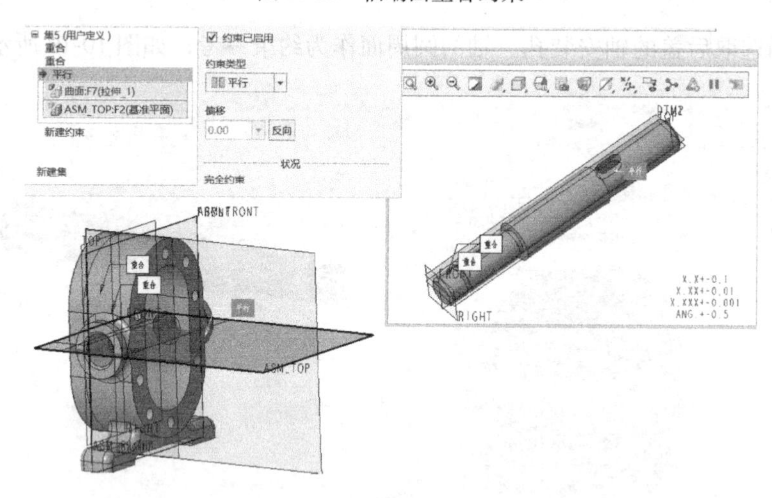

图 10-12　轴键槽平行约束

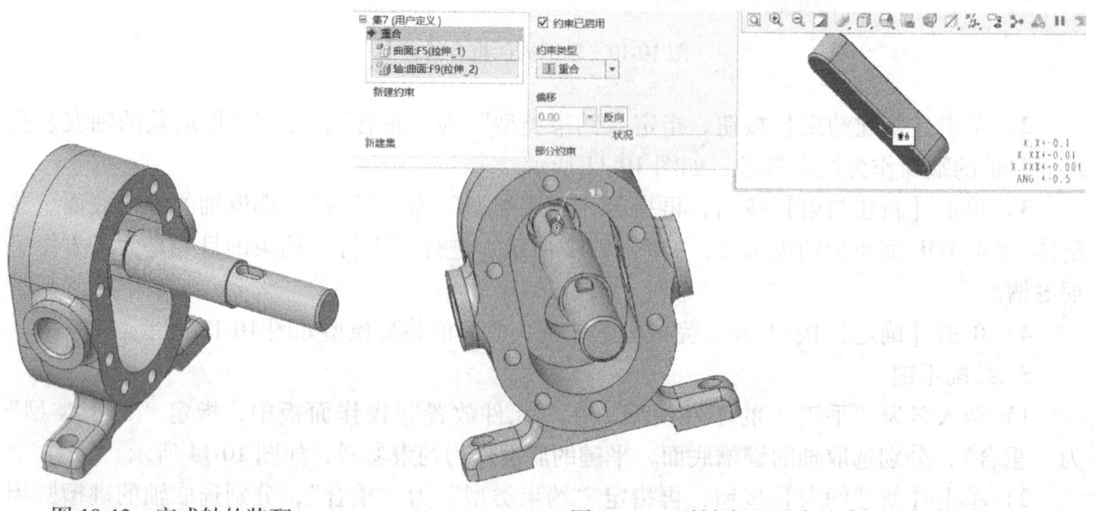

图 10-13　完成轴的装配

图 10-14　平键底面重合约束

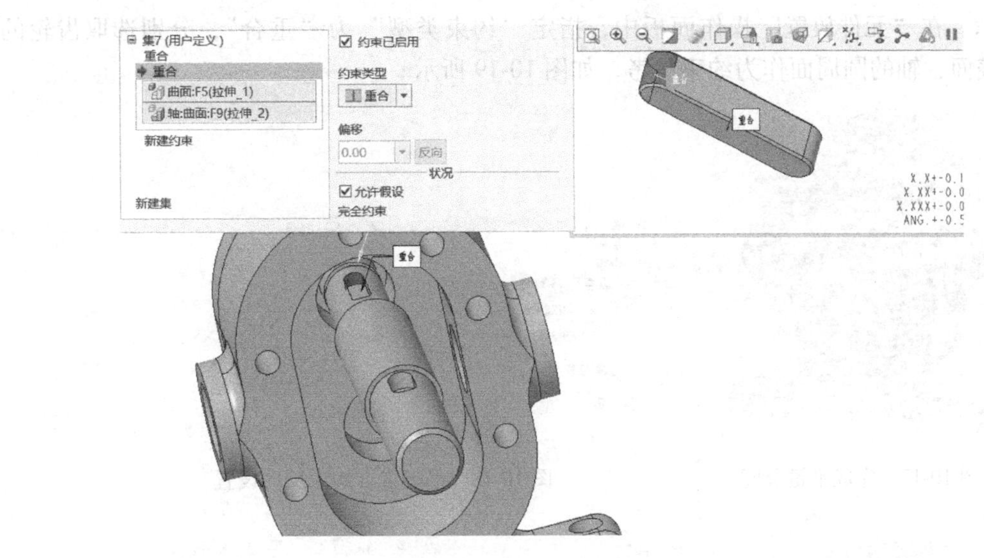

图 10-15　平键曲面重合约束

3）单击【新建约束】按钮，再指定“约束类型”为“重合”，选取轴的键槽侧面、平键侧面作为约束参考，如图 10-16 所示。

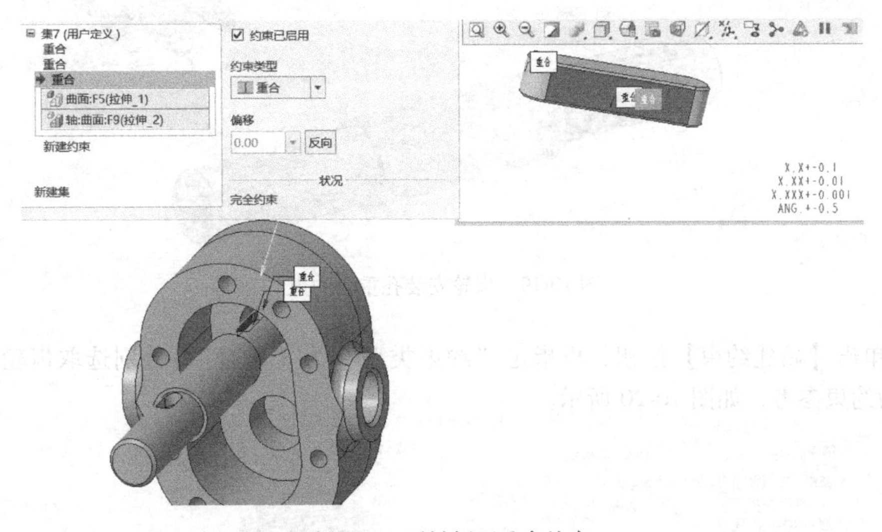

图 10-16　平键侧面重合约束

4）单击【确定】按钮，完成平键的装配，此时的装配模型如图 10-17 所示。

如平键安装位置颠倒，可将步骤 3）的重合约束调整为“反向”，以调整平键的方向，具体操作如图 10-18 所示。

6. 装配齿轮

1）为了方便齿轮装配，按住键盘〈Ctrl〉键，用鼠标选中模型树中的“基座”“后盖”，在弹出的工具栏中单击【隐藏】按钮，只显示轴与平键。调入名为“齿轮”的齿轮模型。在“元件放置”操作面板的“元件显示”中，选择“单独窗口”，并取消“主窗口”显示。在“元件放置”操作面板中，指定“约束类型”为“重合”，分别选取齿轮的安装孔表面、轴的圆周面作为约束参考，如图 10-19 所示。

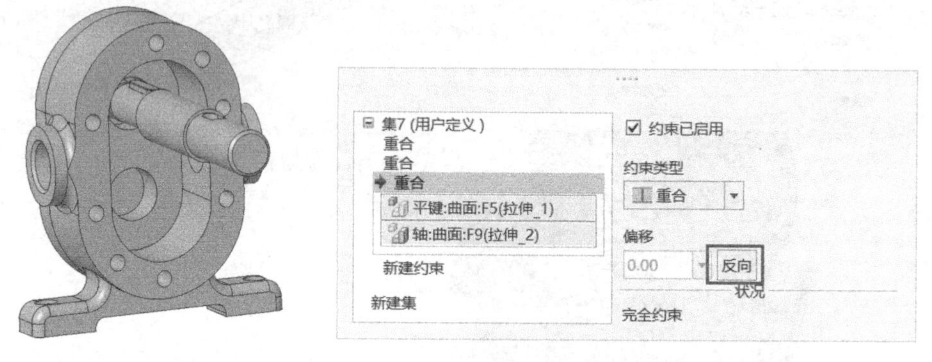

图 10-17　完成平键装配　　　　图 10-18　平键重合约束反向设置

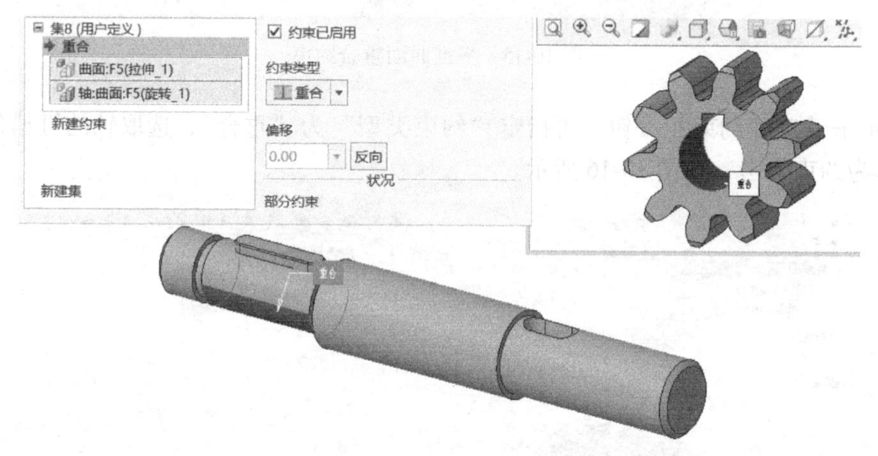

图 10-19　齿轮安装孔重合约束

2）单击【新建约束】按钮，再指定“约束类型”为“重合”，分别选取齿轮的端面、轴肩作为约束参考，如图 10-20 所示。

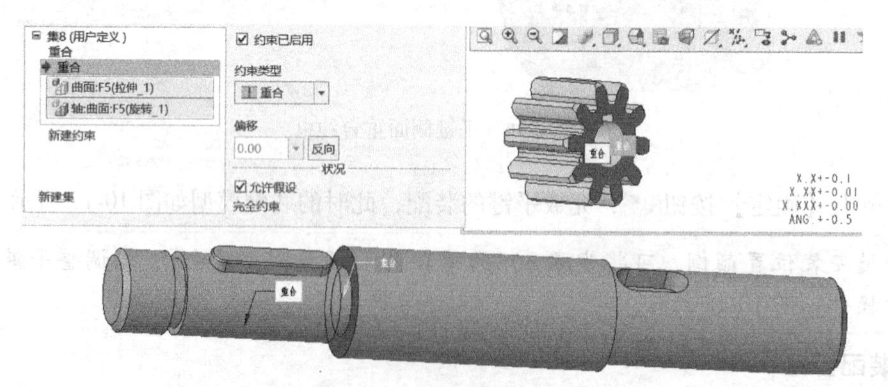

图 10-20　齿轮端面重合约束

3）单击【新建约束】按钮，再指定“约束类型”为“平行”，分别选取齿轮安装孔键槽的底面、平键的上表面作为约束参考，如图 10-21 所示。

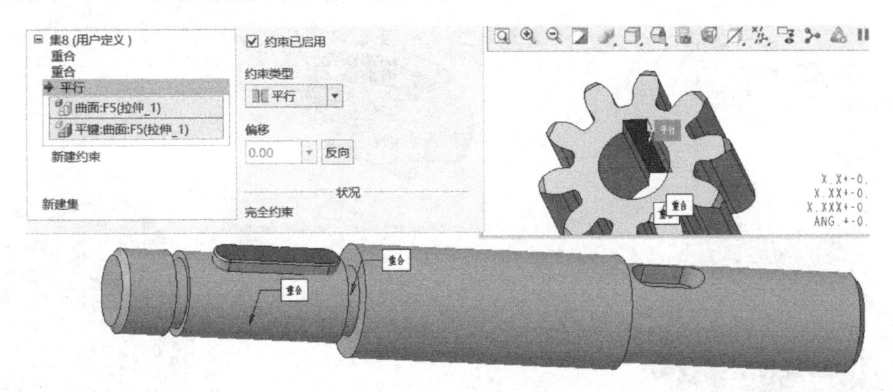

图 10-21　齿轮键槽平行约束

4）单击【确定】按钮 ✔，完成齿轮的装配。此时的装配模型如图 10-22 所示。若齿轮安装位置颠倒，可将步骤 3）的平行约束调整为“反向”，以调整齿轮的方向。

图 10-22　完成齿轮装配

7. 装配齿轮轴

1）按住〈Ctrl〉键，用鼠标选中模型树中的“基座”“后盖”，在弹出的工具栏中单击【显示】按钮，恢复“基座”与“后盖”的显示。调入名为“齿轮轴”的零件模型。在“元件放置”操作面板中，指定“约束类型”为“重合”，分别选取齿轮轴的圆周面、后盖的齿轮轴安装孔作为约束参考，如图 10-23 所示。

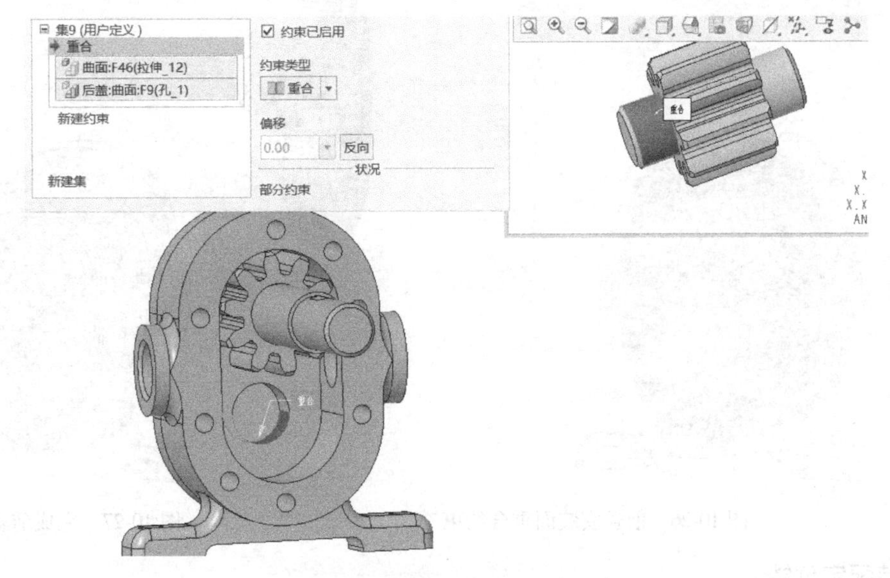

图 10-23　齿轮轴圆周面重合约束

2）单击【新建约束】按钮，再次指定“约束类型”为“重合”，分别选取齿轮轴的端面、后盖的齿轮轴安装孔端面作为约束参考，如图 10-24 所示。

3）单击【确定】按钮✔，完成齿轮轴的装配，此时的装配模型如图 10-25 所示。

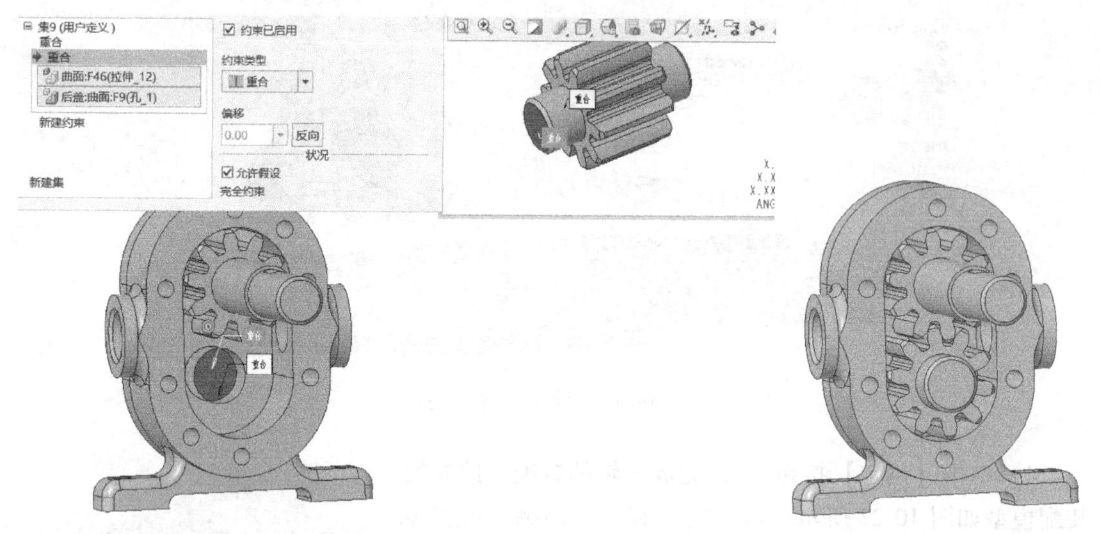

图 10-24　齿轮轴端面重合约束　　　　图 10-25　完成齿轮轴装配

8. 装配前盖

1）调入名为“前盖”的零件模型。在“元件放置”操作面板中，指定“约束类型”为“重合”，分别选取基座的背面、前盖的安装面作为约束参考，如图 10-26 所示。

2）选取基座、前盖的两对安装孔作为重合约束参考，完成前盖的装配，此时的装配模型如图 10-27 所示。

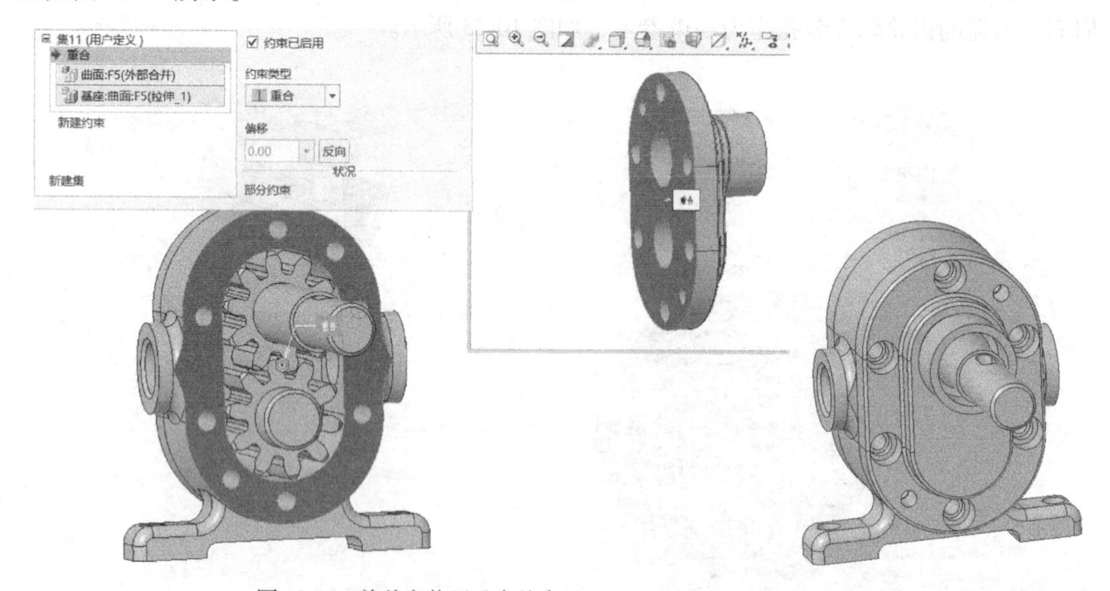

图 10-26　前盖安装面重合约束　　　　图 10-27　完成前盖装配

9. 装配定位销

1）调入名为“销”的零件模型。在“元件放置”操作面板中，指定“约束类型”为“重合”，分别选取销的圆周面、前盖的销孔作为约束参考，如图 10-28 所示。

2）单击【新建约束】按钮，再次指定“约束类型”为“重合”，分别选取销的端面、

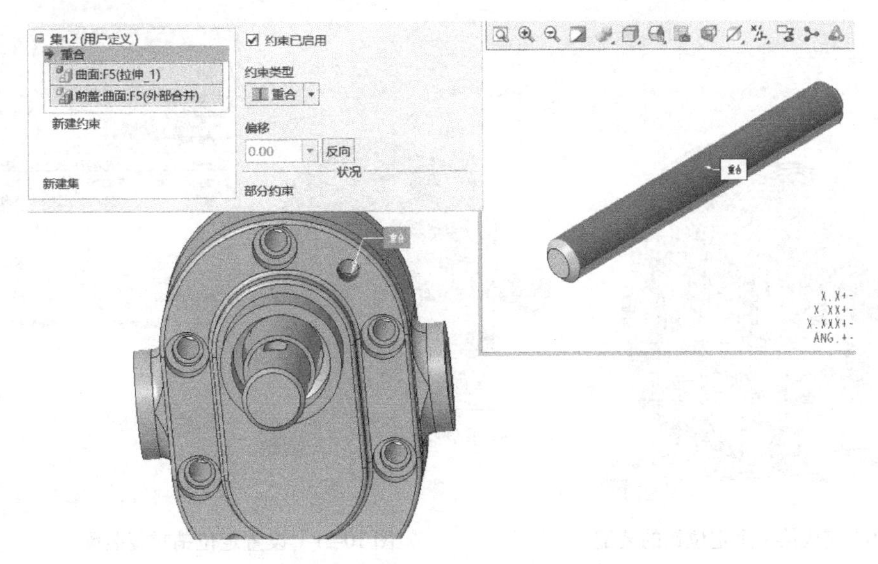

图 10-28　定位销圆周面重合约束

前盖的端面作为约束参考，如图 10-29 所示。

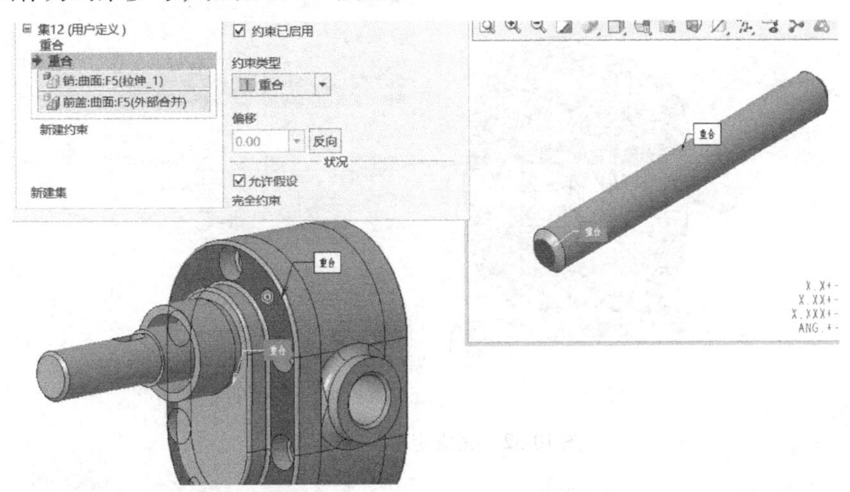

图 10-29　定位销端面重合约束

3）单击【确定】按钮，完成第一个定位销的装配，此时的装配模型如图 10-30 所示。

4）在模型树中选择“销”，单击【重复】按钮，按照图 10-31 所示，在弹出的对话框中选择“可变装配参考”，单击【添加】按钮。

5）依次单击前盖的销孔、端面，单击【确定】按钮，创建的模型如图 10-32 所示。

10. 装配安装螺钉

1）调入名为“螺钉”的零件模型。在“元件放置”操作面板中，指定“约束类型”为“重合”，分别选取螺钉的圆周面、前盖的螺钉孔作为约束参考，如图 10-33 所示。

2）单击【新建约束】按钮，再次指定“约束类型”为“重合”，分别选取螺钉的安装面、前盖的螺钉孔台阶面作为约束参考，如图 10-34 所示。

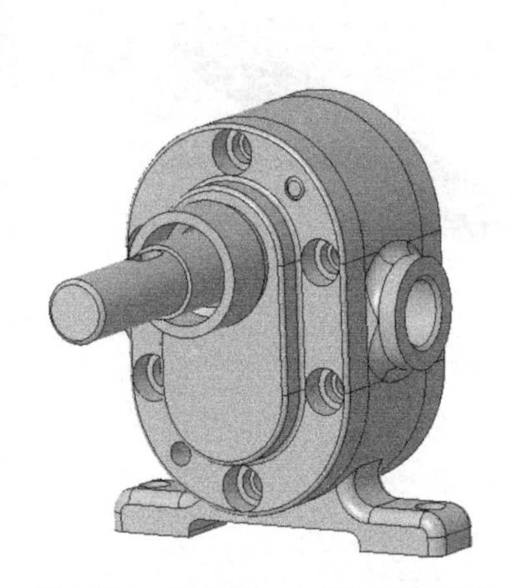

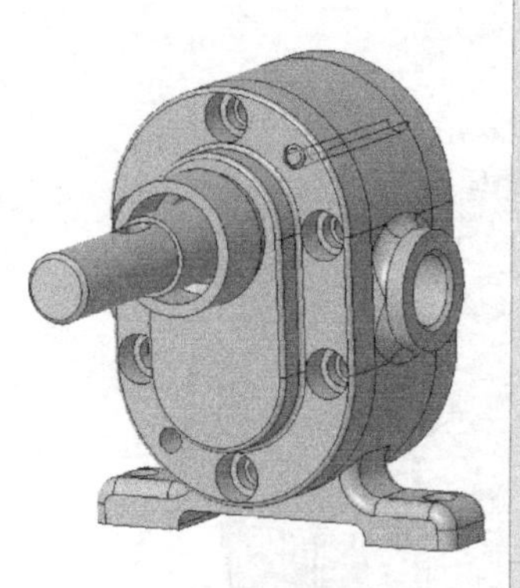

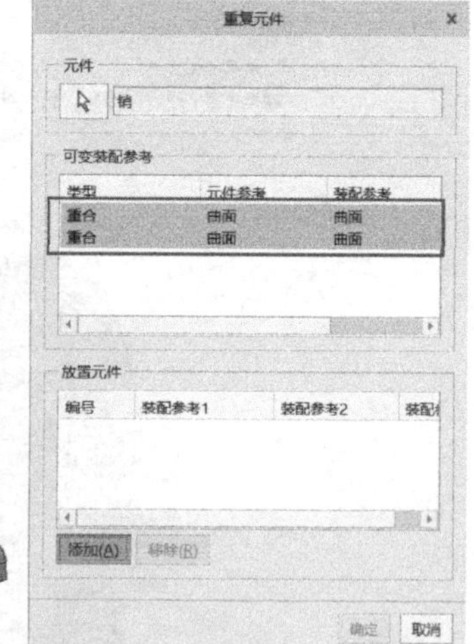

图 10-30　完成第一个定位销的装配

图 10-31　设置定位销重复装配

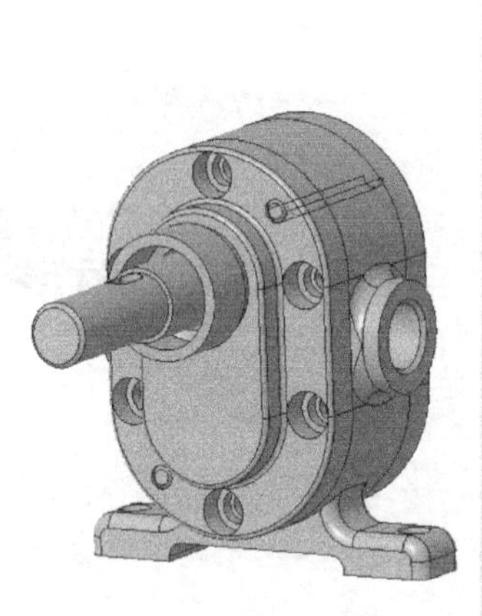

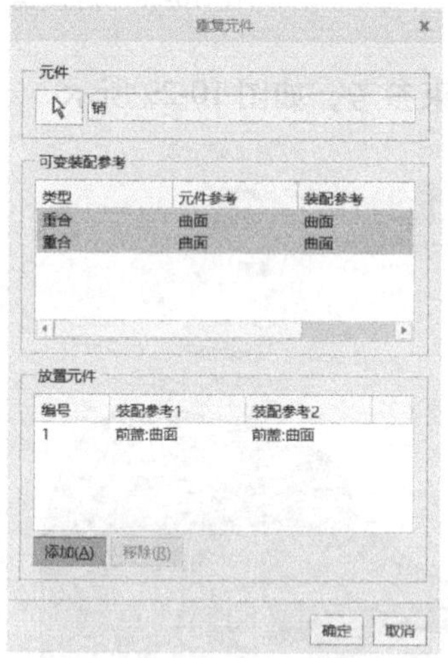

图 10-32　完成定位销重复装配

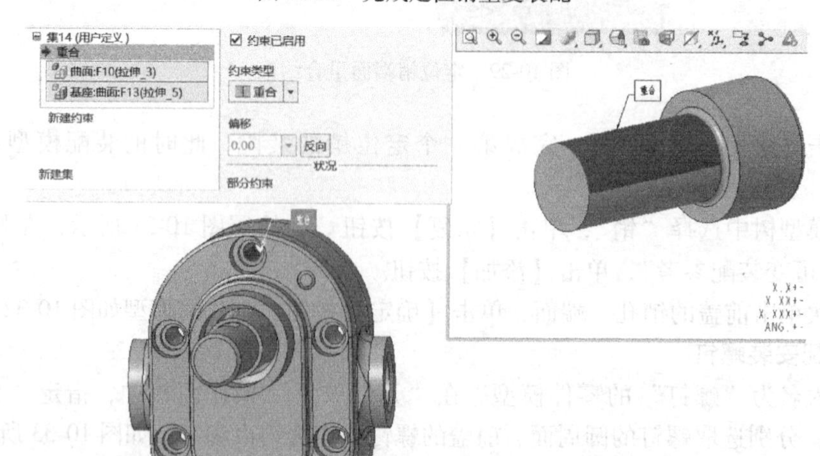

图 10-33　安装螺钉圆周面重合约束

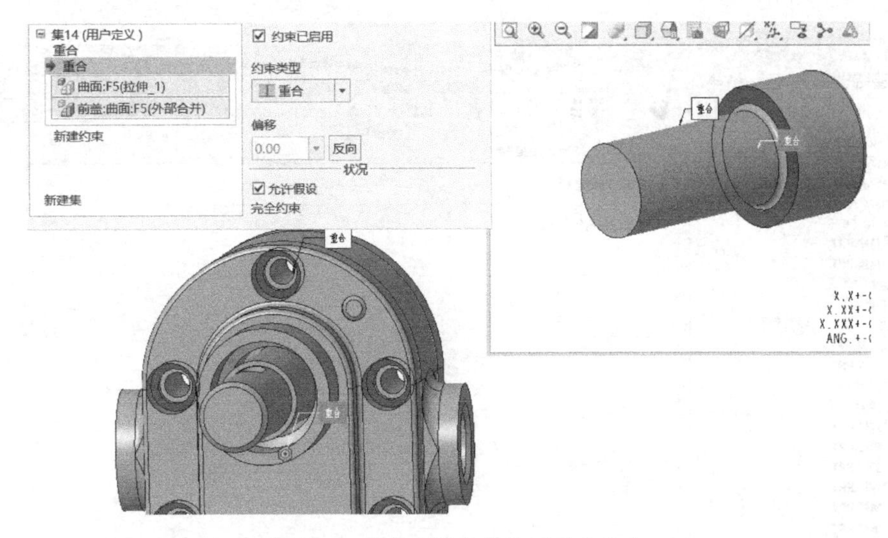

图 10-34　安装螺钉孔台阶面重合约束

3）单击【确定】按钮✔，完成第一个安装螺钉的装配，此时的装配模型如图 10-35 所示。

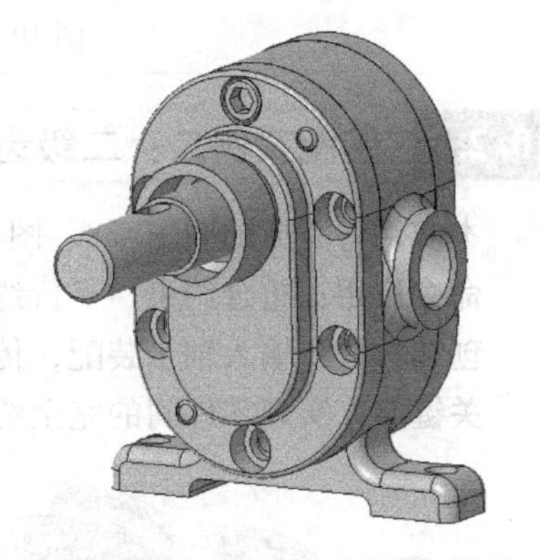

图 10-35　完成第一个安装螺钉装配

4）在模型树中单击选择“螺钉”，单击【重复】按钮↻，在弹出的对话框中选择“可变装配参考”，单击【添加】按钮。依次单击前盖的螺钉孔、螺钉孔台阶面，单击【确定】按钮，完成其余安装螺钉的装配，创建的模型如图 10-36 所示。

11. 保存模型

保存当前建立的齿轮泵装配体模型。

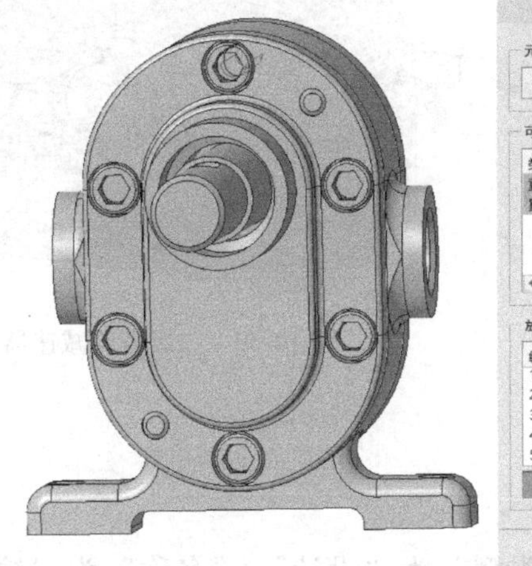

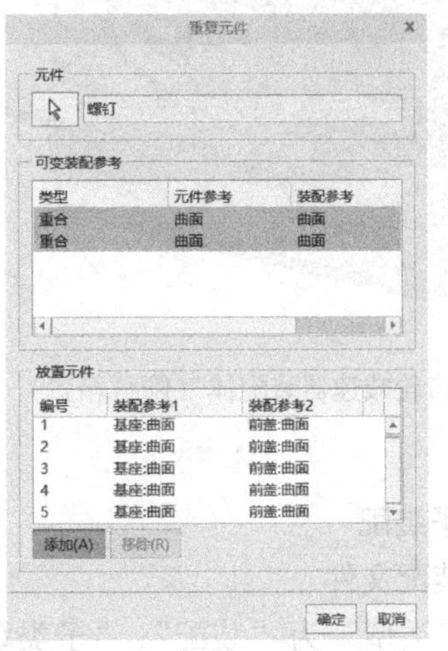

图 10-36　完成安装螺钉重复装配

📖 装配体文件（.asm 格式）与所有子零件必须保存于同一文件夹，否则再次打开装配体后将无法显示子零件，如图 10-37 所示。

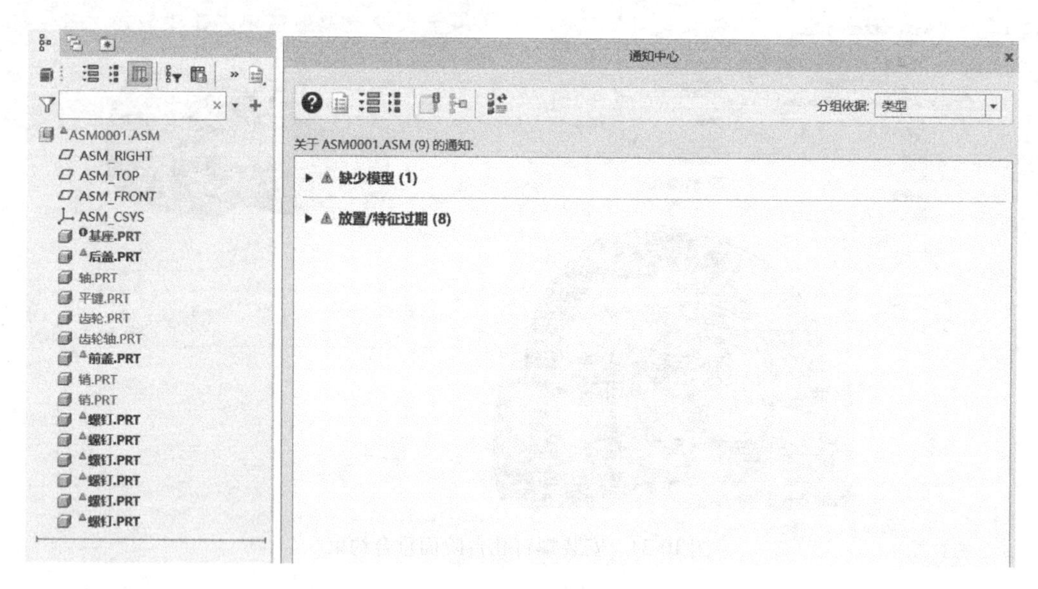

图 10-37　装配体文件保存位置错误提示界面

10.2.2 装配实例二：二级齿轮减速器的装配

10.2.2 装配实例二：二级齿轮减速器的装配

本实例将完成如图 10-38、图 10-39 所示的二级齿轮减速器的装配。

命令应用：重合约束、平行约束、距离约束、重复装配等。

创建过程：输入轴子装配，传动轴子装配，输出轴子装配，总装配。

关键点：实现零件间的完全约束、重复装配。

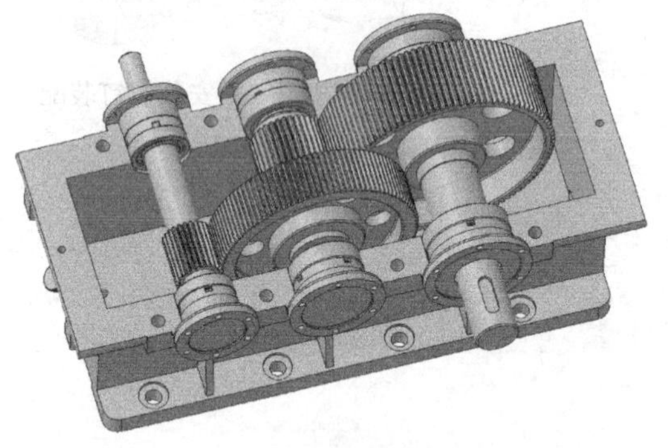

图 10-38　二级齿轮减速器装配体（隐藏箱盖）

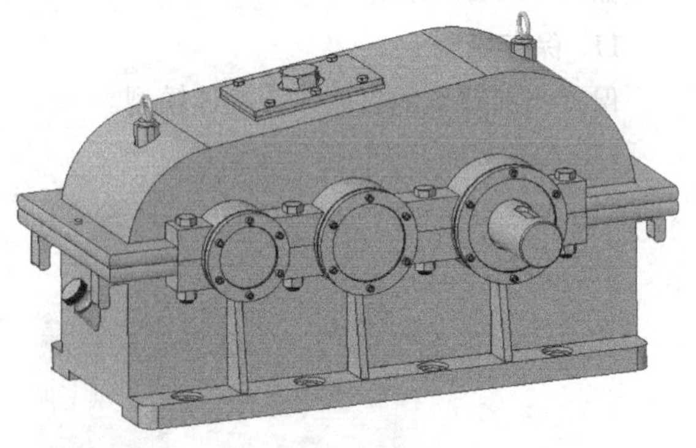

图 10-39　二级齿轮减速器装配体

建模过程：

1. 输入轴子装配

(1) 新建装配文件

建立对象“类型”为“装配”、“子类型”为“设计”、“名称”为“输入轴”的新文件，进入装配环境。

(2) 放置齿轮轴

1）单击【组装】按钮，弹出“打开”对话框，选择“齿轮轴 . prt”，单击【打开】

按钮或者直接双击该文件，调入到装配环境中。

2）在“元件放置”操作面板，分别单击选择“齿轮轴”的坐标系和装配环境的坐标系作为约束参考，将“约束类型”设定为“重合”，单击【确定】按钮，完成第一个零件“齿轮轴”的放置，如图 10-40 所示。

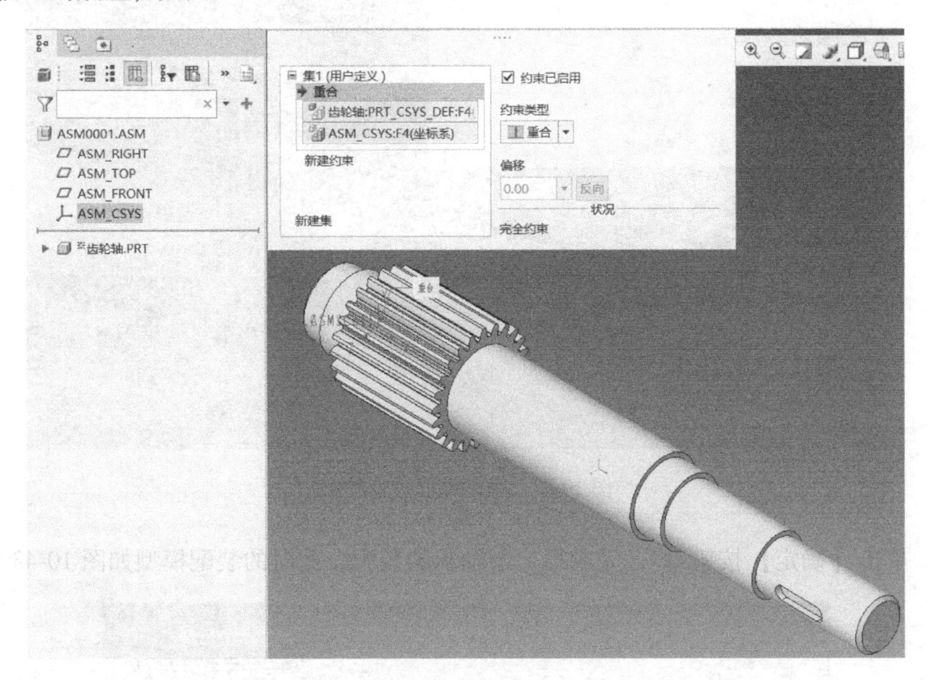

图 10-40　齿轮轴坐标系重合约束

（3）装配第一个轴承

1）调入名为“轴承 6208”的轴承模型。在“元件放置”操作面板中，指定“约束类型”为“重合”，分别选取轴承的内圈内表面、轴的圆周面作为约束参考，如图 10-41 所示。

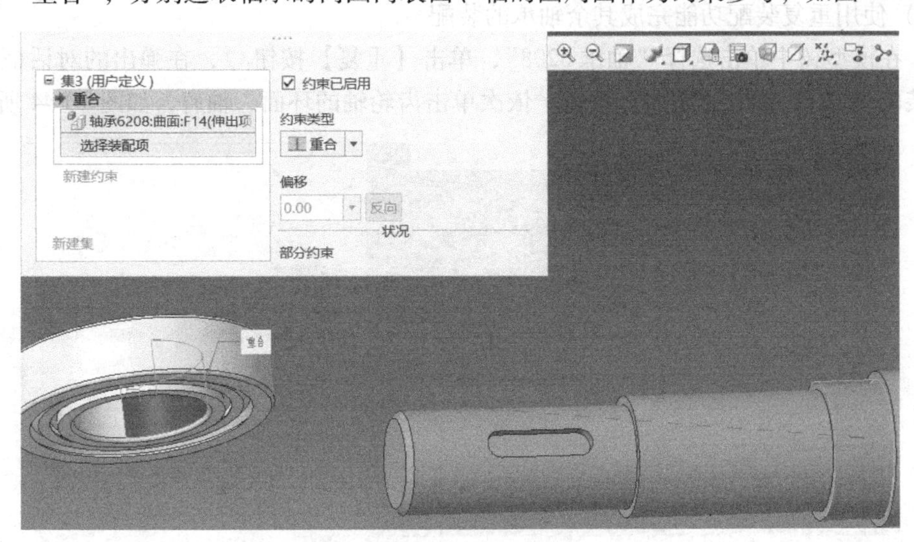

图 10-41　轴承内圈内表面重合约束

2）单击【新建约束】按钮，再次指定“约束类型”为“重合”，分别选取轴承的端面、轴肩作为约束参考，如图 10-42 所示。

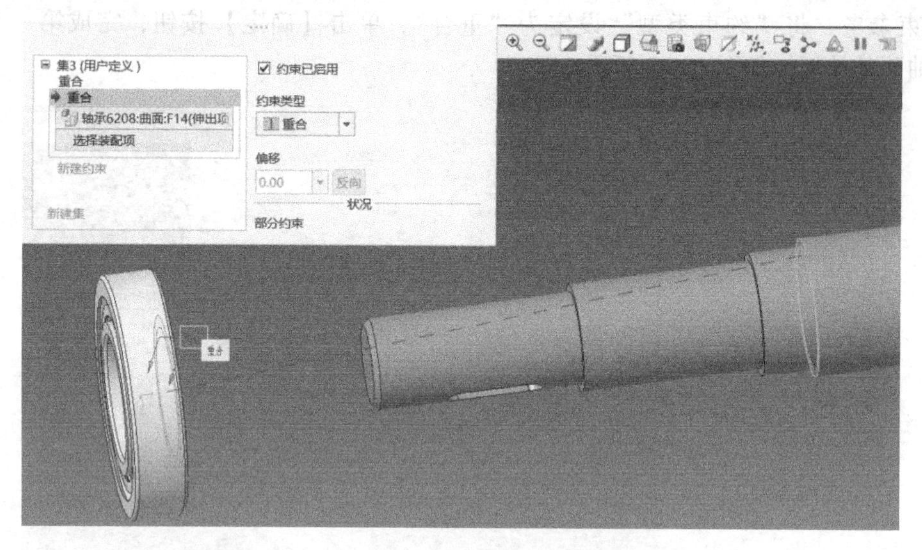

图 10-42　轴承端面重合约束

3）单击【确定】按钮，完成第一个轴承的装配，此时的装配模型如图 10-43 所示。

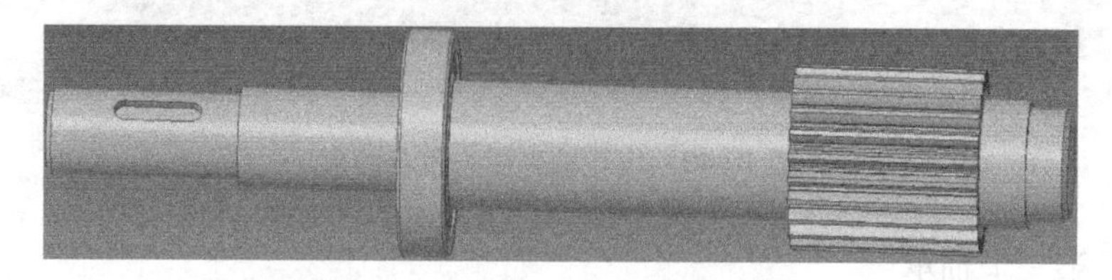

图 10-43　完成第一个轴承的装配

（4）使用重复装配功能完成其余轴承的装配

1）在模型树中单击选择“轴承 6208”，单击【重复】按钮，在弹出的对话框中选择“可变装配参考”，单击【添加】按钮。依次单击齿轮轴的环面、轴肩，如图 10-44 所示。

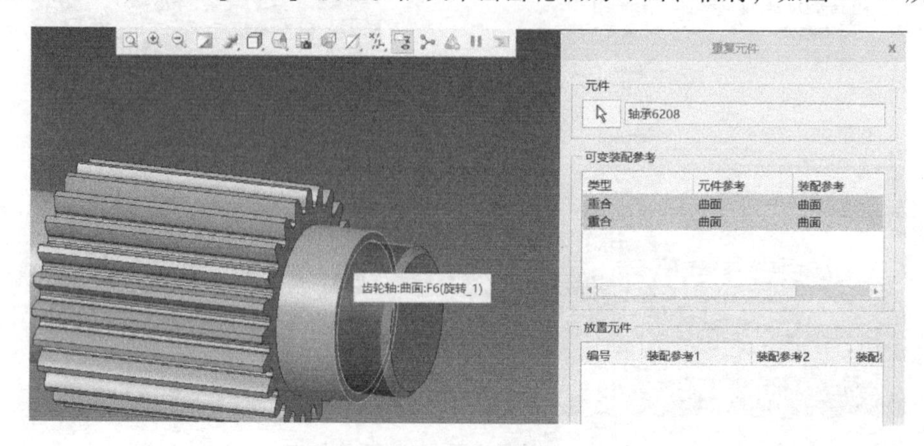

图 10-44　设置轴承重复装配

2）创建的模型如图 10-45 所示。

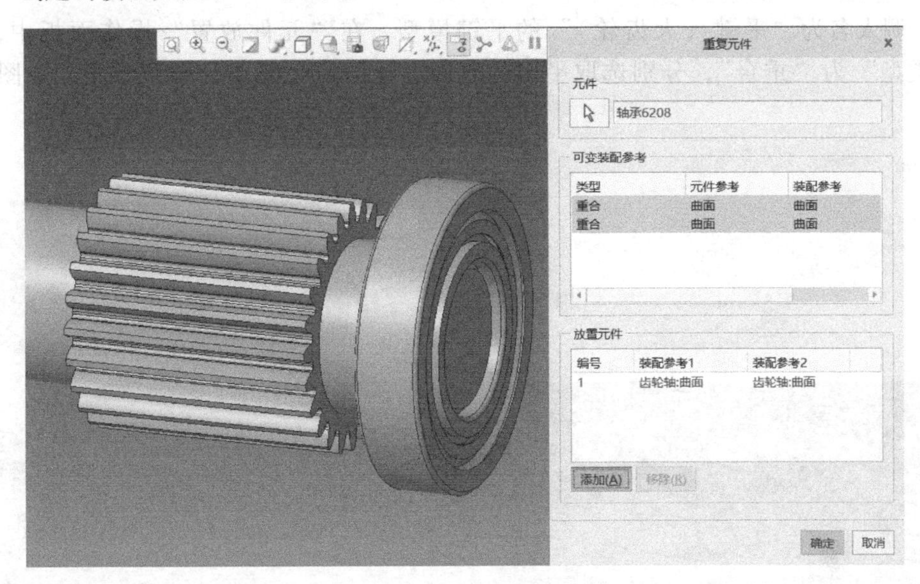

图 10-45　完成轴承重复装配

（5）保存模型

保存当前建立的输入轴子装配体模型。

2. 传动轴子装配

（1）新建装配文件“传动轴”

建立对象“类型”为“装配”、“子类型”为“设计”、“名称”为“传动轴”的新文件，进入装配环境。

（2）放置传动轴

调入名为“传动轴”的零件模型。在“元件放置”操作面板中，指定“约束类型”为“重合”，分别单击选择传动轴的坐标系和装配环境的坐标系作为约束参考，单击【确定】按钮，完成传动轴的放置，如图 10-46 所示。

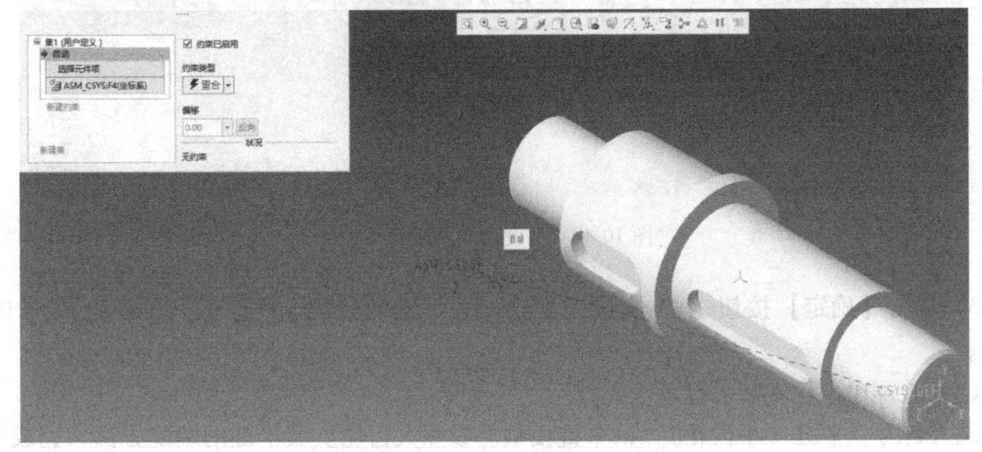

图 10-46　传动轴坐标系重合约束

（3）装配大齿轮安装平键

1）调入名为“平键（大齿轮）”的平键模型。在“元件放置”操作面板中，指定“约束类型”为“重合”，分别选取平键的底面、键槽的底面作为约束参考，如图 10-47 所示。

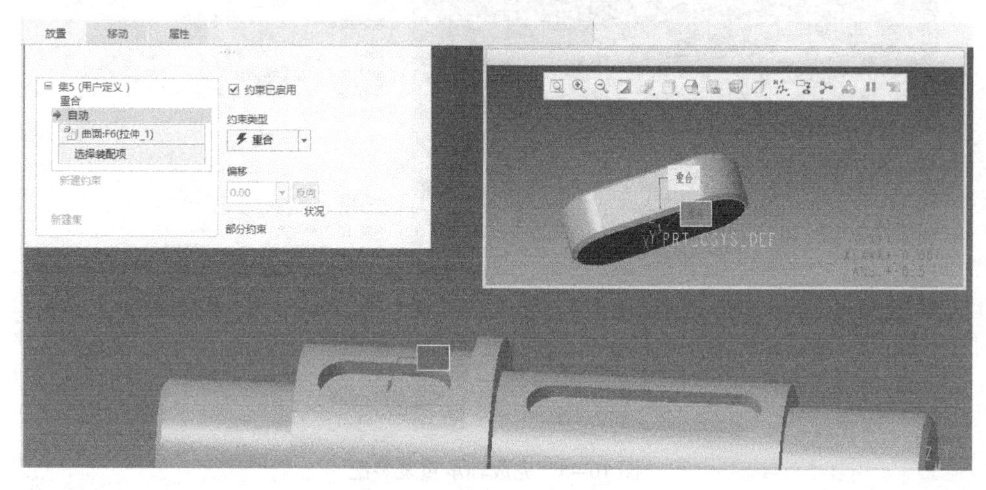

图 10-47　平键底面重合约束

2）单击【新建约束】按钮，再次指定“约束类型”为“重合”，分别选取平键的圆周面、键槽的圆周面作为约束参考，如图 10-48 所示。

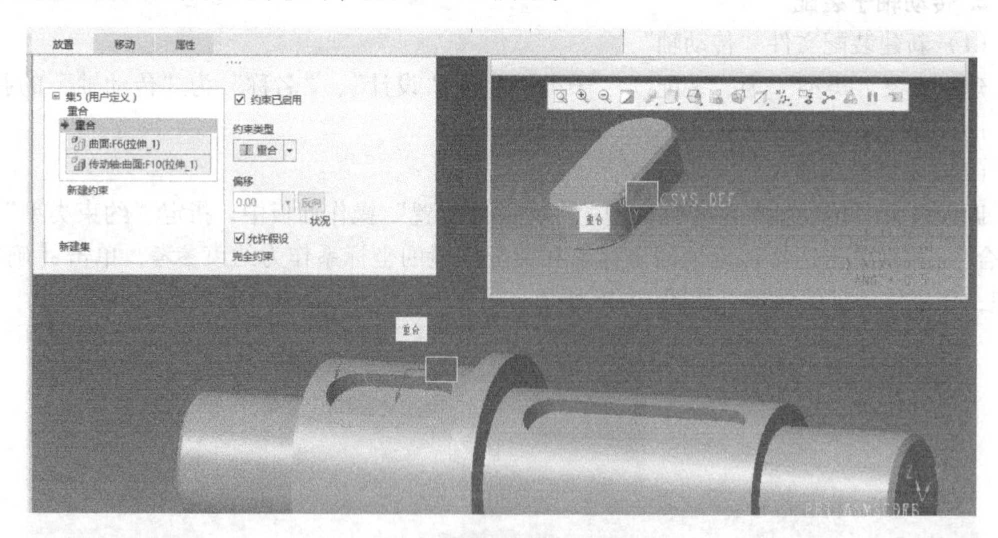

图 10-48　平键圆周面重合约束

3）单击【确定】按钮✔，完成大齿轮安装平键的装配，此时的装配模型如图 10-49 所示。

（4）装配小齿轮安装平键

调入名为“平键（小齿轮）”的平键模型。参照大齿轮安装平键的装配方法，完成小齿轮安装平键的装配，此时的装配模型如图 10-50 所示。

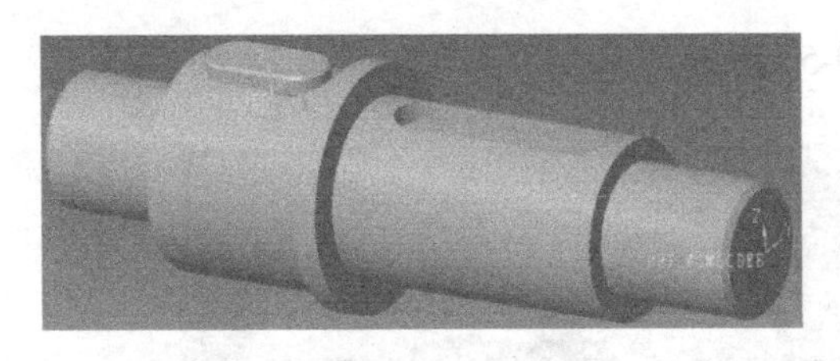

图 10-49　完成大齿轮安装平键的装配

图 10-50　完成小齿轮安装平键的装配

（5）装配传动轴大齿轮

1）调入名为“传动轴大齿轮”的齿轮模型。在“元件放置”操作面板中，指定“约束类型”为“重合”，分别选取齿轮的安装孔、轴的圆周面作为约束参考，如图 10-51 所示。

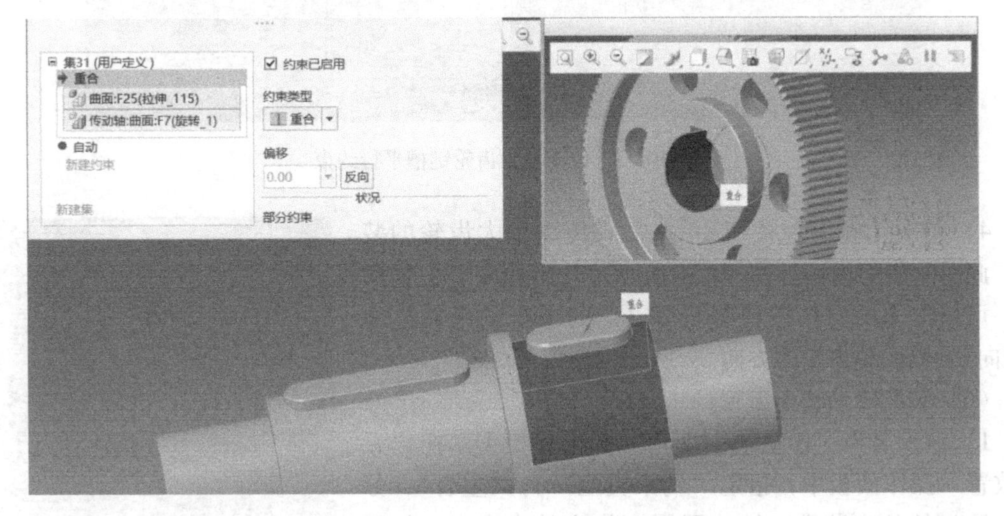

图 10-51　传动轴大齿轮安装孔重合约束

2）单击【新建约束】按钮，再次指定“约束类型”为“重合”，分别选取齿轮的端面、轴肩作为约束参考，如图 10-52 所示。

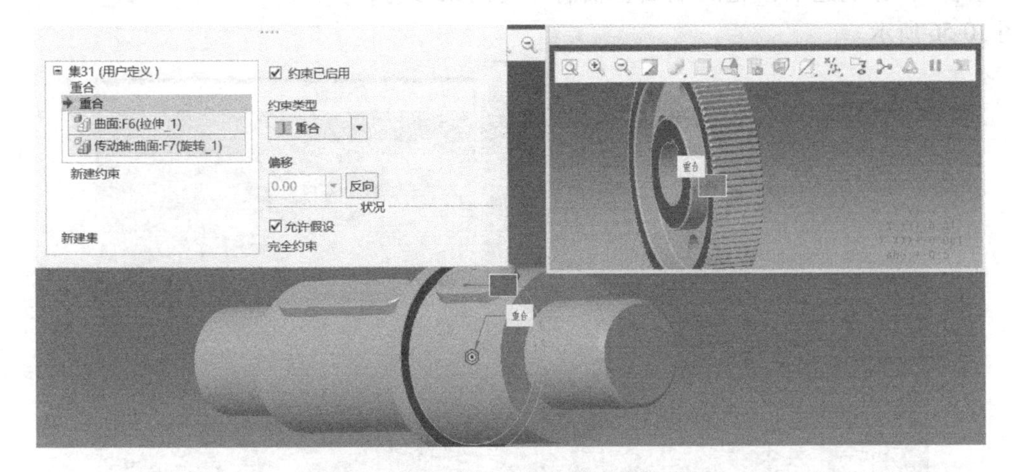

图 10-52　传动轴大齿轮端面重合约束

3）单击【新建约束】按钮，指定“约束类型”为“平行”，分别选取齿轮安装孔键槽的底面、平键的上表面作为约束参考，如图 10-53 所示。

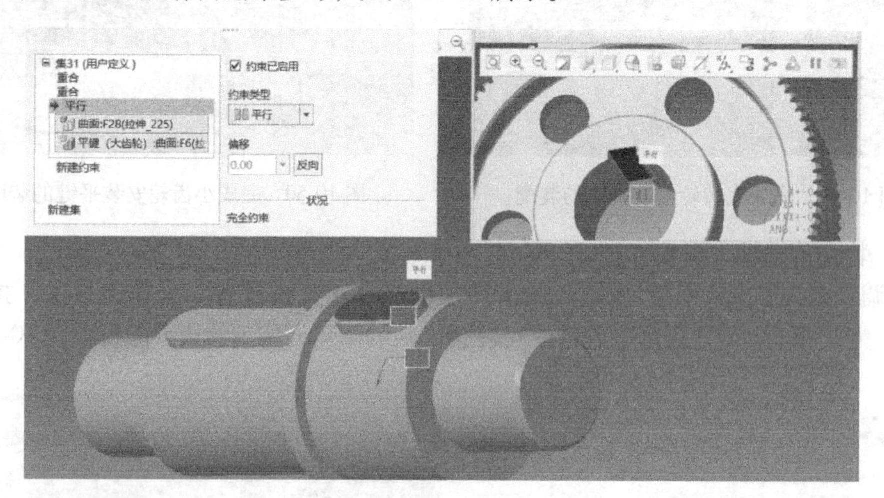

图 10-53　传动轴大齿轮键槽平行约束

4）单击【确定】按钮✔，完成传动轴大齿轮的装配，此时的装配模型如图 10-54 所示。若齿轮安装位置颠倒，可单击【反向】按钮将步骤 3）的平行约束调整为“反向”，以调整齿轮的方向。

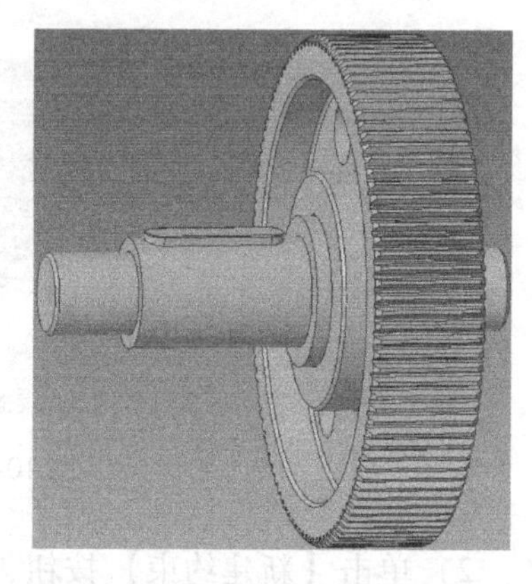

图 10-54　完成传动轴大齿轮的装配

（6）装配传动轴小齿轮

1）调入名为“传动轴小齿轮”的齿轮模型。在“元件放置”操作面板中，指定“约束类型”为“重合”，分别选取齿轮的安装孔、轴的圆周面作为约束参考，如图 10-55 所示。

2）单击【新建约束】按钮，再次指定“约束类型”为“重合”，分别选取齿轮的端面、轴肩作为约束参考，如图 10-56 所示。

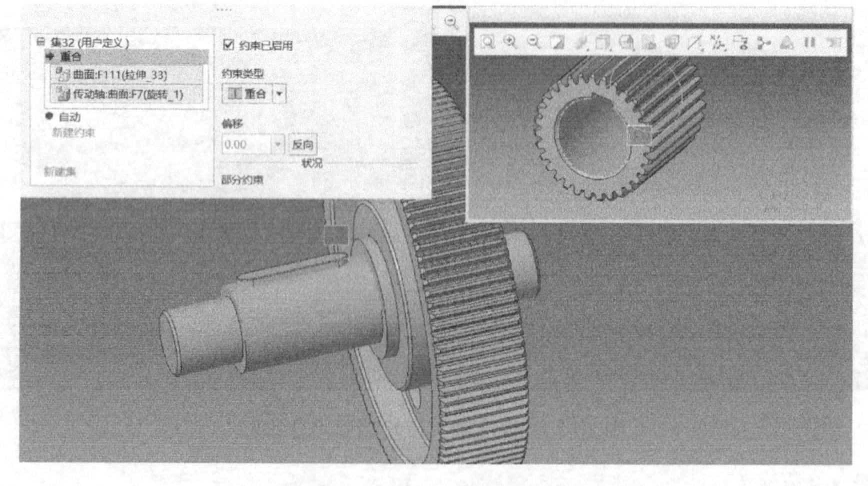

图 10-55　传动轴小齿轮安装孔重合约束

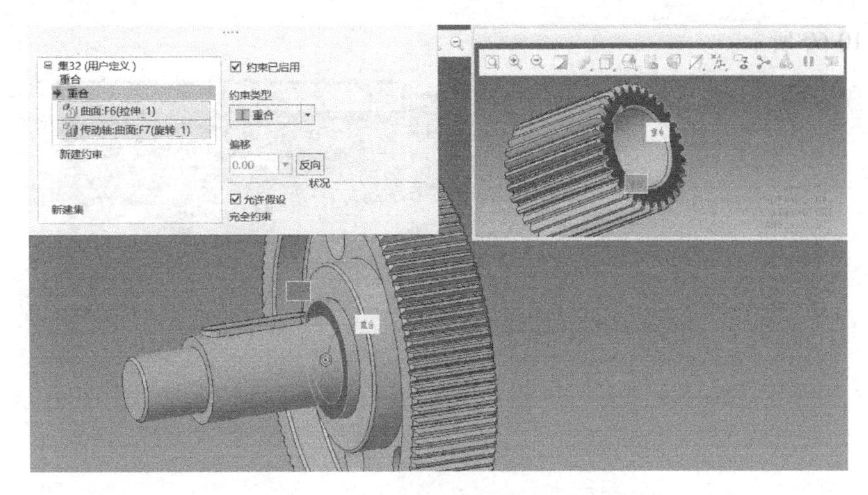

图 10-56　传动轴小齿轮端面重合约束

3）单击【新建约束】按钮，指定“约束类型”为“平行”，分别选取齿轮键槽的底面、平键的上表面作为约束参考，如图 10-57 所示。

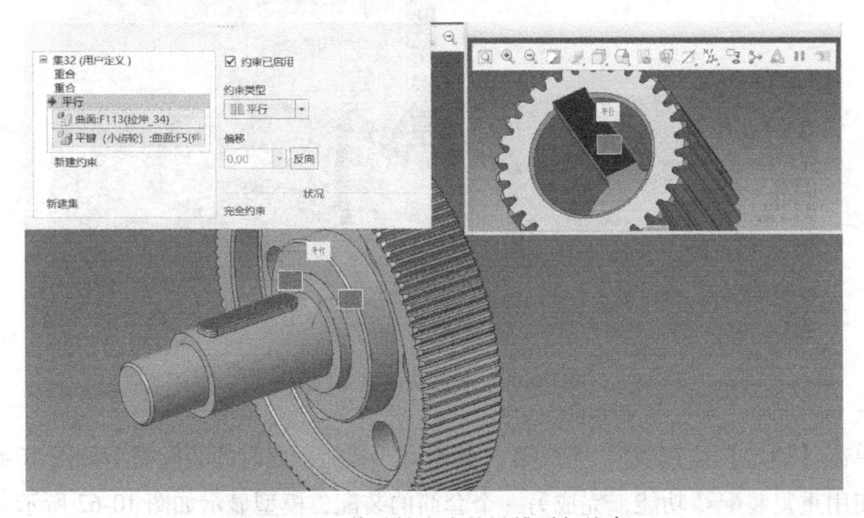

图 10-57　传动轴小齿轮键槽平行约束

4）单击【确定】按钮，完成传动轴小齿轮的装配，此时的装配模型如图 10-58 所示。

（7）装配传动轴套筒

1）调入名为“传动轴套筒”的模型。在“元件放置”操作面板的“元件显示”中，选择“单独窗口”，并取消“主窗口”显示。在“元件放置”操作面板中，指定“约束类型”为“重合”，分别选取套筒通孔的内表面、轴的圆周面作为约束参考，如图 10-59 所示。

2）单击【新建约束】按钮，再次指定“约束类型”为“重合”，分别选取套筒的端面、齿轮端面作为约束参

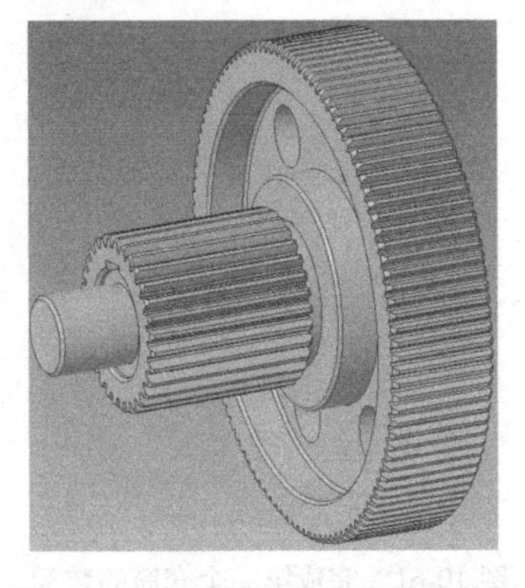

图 10-58　完成传动轴小齿轮的装配

考，如图 10-60 所示。

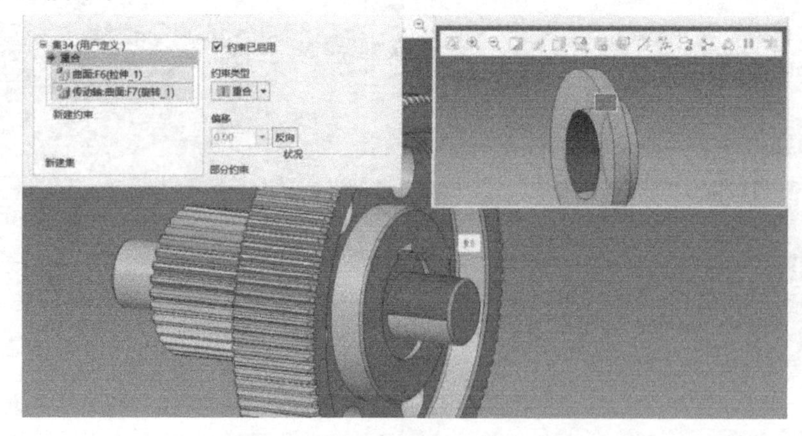

图 10-59　套筒通孔内表面重合约束

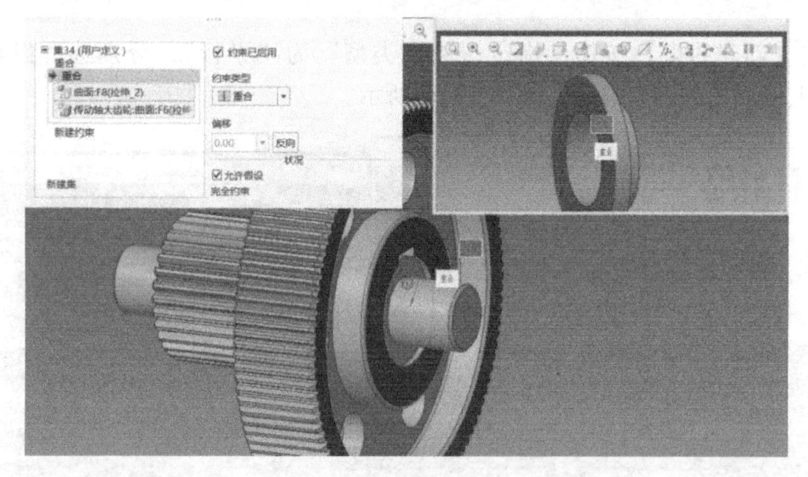

图 10-60　套筒端面重合约束

3）单击【确定】按钮✔，完成第一个套筒的装配，此时的装配模型如图 10-61 所示。

4）使用重复装配↻功能，完成另一个套筒的装配，模型显示如图 10-62 所示。

图 10-61　完成第一个套筒的装配

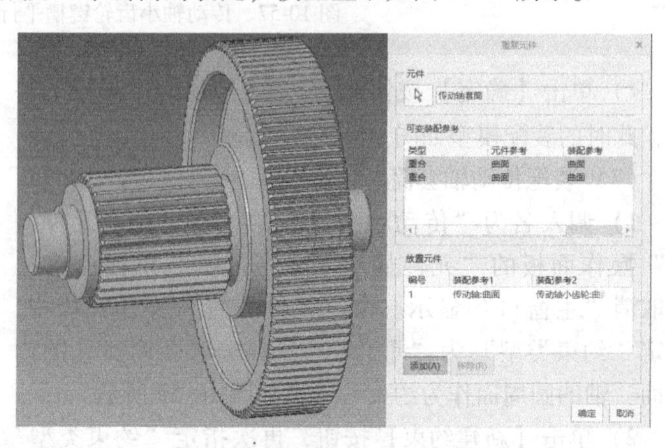

图 10-62　设置套筒重复装配

（8）装配传动轴轴承

1）调入名为“轴承 6309”的轴承模型。通过建立轴承内圈与轴圆周面之间的重合约束、轴承端面与轴端面之间的重合约束，完成第一个传动轴轴承的装配，如图 10-63 所示。

2）使用重复装配功能，完成另一个轴承 6309 的装配，模型显示如图 10-64 所示。

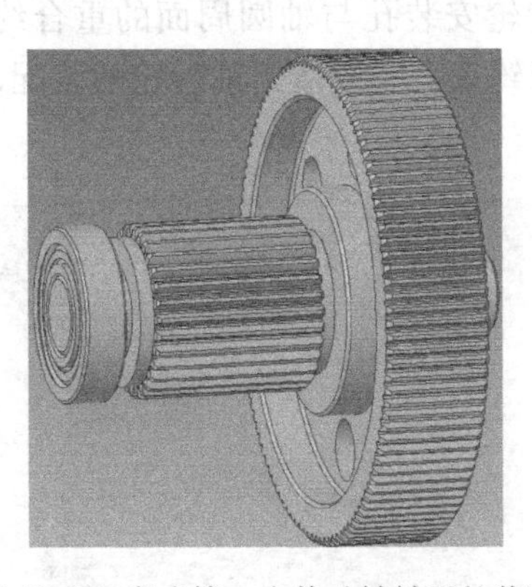

图 10-63　完成第一个传动轴轴承的装配

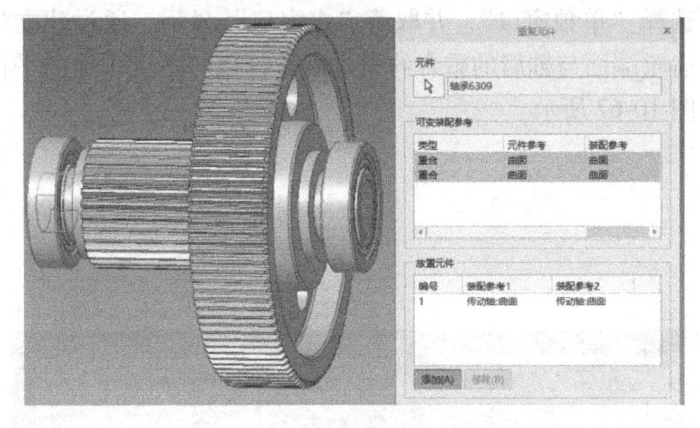

图 10-64　设置轴承的重复装配

（9）保存模型

保存当前建立的传动轴子装配体模型。

3. 输出轴子装配

（1）新建装配文件“输出轴”

建立对象“类型”为“装配”、“子类型”为“设计”、“名称”为“输出轴”的新文件，进入装配环境。

（2）放置输出轴

调入名为“输出轴”的零件模型。在“元件放置”操作面板中，指定“约束类型”为“重合”，分别选择“输出轴”的坐标系和装配环境的坐标系作为约束参考，如图 10-65 所示。

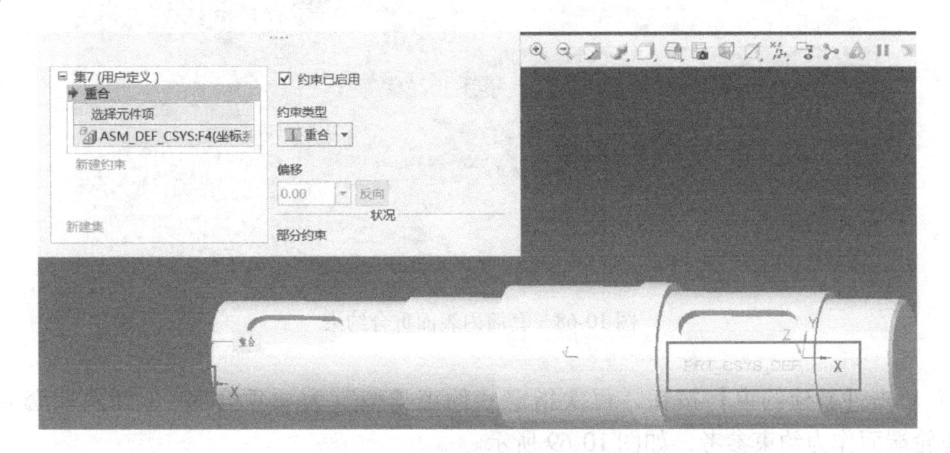

图 10-65　输出轴坐标系重合约束

（3）装配安装平键

调入名为“输出轴键”的平键模型。在“元件放置”操作面板的“元件显示”中，选择“单独窗口”，并取消“主窗口”显示。通过建立平键底面与键槽底面的重合约束、平键曲面与键槽曲面的重合约束，完成安装平键的装配，如图 10-66 所示。

（4）装配输出轴齿轮

调入名为“输出轴齿轮”的齿轮模型。在“元件放置”操作面板的“元件显示”中，选择“单独窗口”，并取消“主窗口”显示。通过建立齿轮安装孔与轴圆周面的重合约束、齿轮端面与轴肩的重合约束、齿轮键槽与平键顶面的平行约束，完成输出轴齿轮的装配，如图 10-67 所示。

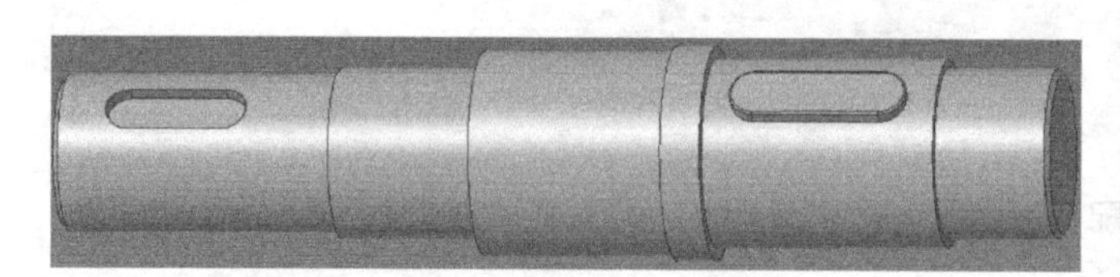

图 10-66　完成安装平键的装配

图 10-67　完成输出轴齿轮的装配

（5）装配输出轴套筒

1）调入名为“输出轴套筒”的模型。在“元件放置”操作面板的“元件显示”中，选择“单独窗口”，并取消“主窗口”显示。在“元件放置”操作面板中，指定“约束类型”为“重合”，分别选取套筒的内表面、轴的圆周面作为约束参考，如图 10-68 所示。

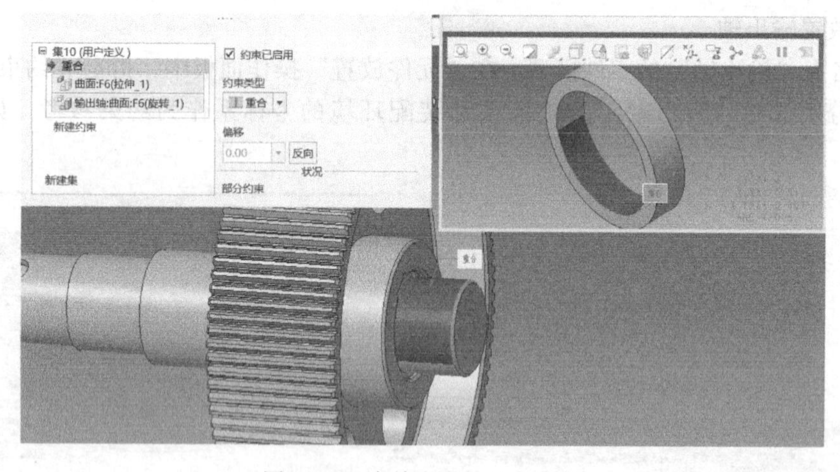

图 10-68　套筒内表面重合约束

2）单击【新建约束】按钮，再次指定“约束类型”为“重合”，分别选取套筒的端面、齿轮端面作为约束参考，如图 10-69 所示。

3）单击【确定】按钮，完成输出轴套筒的装配，此时的装配模型如图 10-70 所示。

（6）装配输出轴轴承

1）调入名为“轴承 6213”的轴承模型。在“元件放置”操作面板的“元件显示”中，

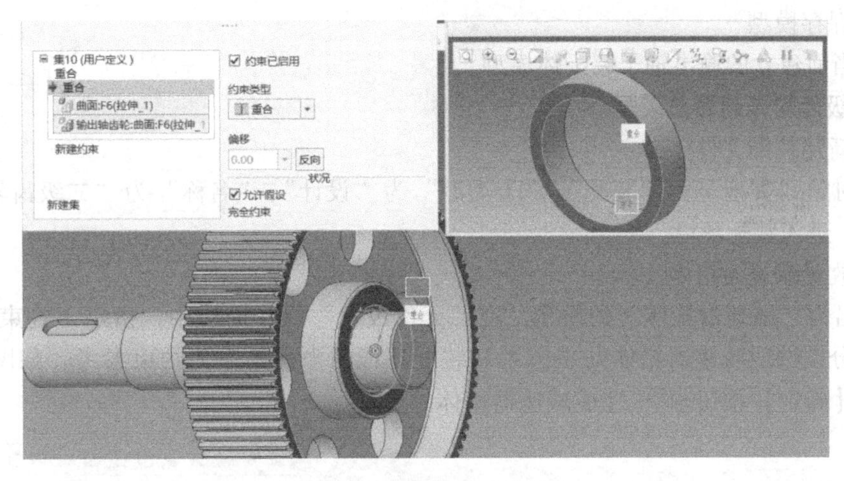

图 10-69　套筒端面重合约束

选择“单独窗口”，并取消“主窗口”显示。通过建立轴承内圈与轴的圆周面之间的重合约束、轴承端面与轴端面之间的重合约束，完成第一个输出轴轴承的装配，如图 10-71 所示。

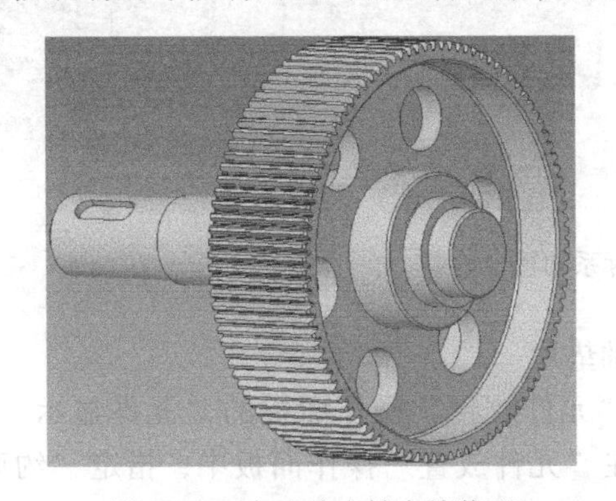

图 10-70　完成输出轴套筒装配

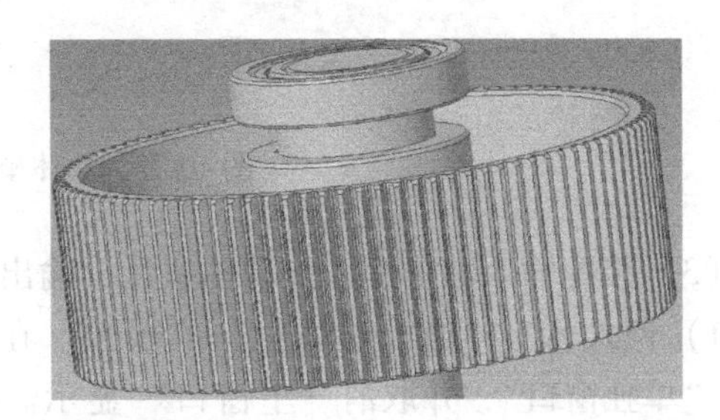

图 10-71　完成第一个输出轴轴承的装配

2）使用重复装配功能，完成另一个轴承 6213 的装配，模型显示如图 10-72 所示。

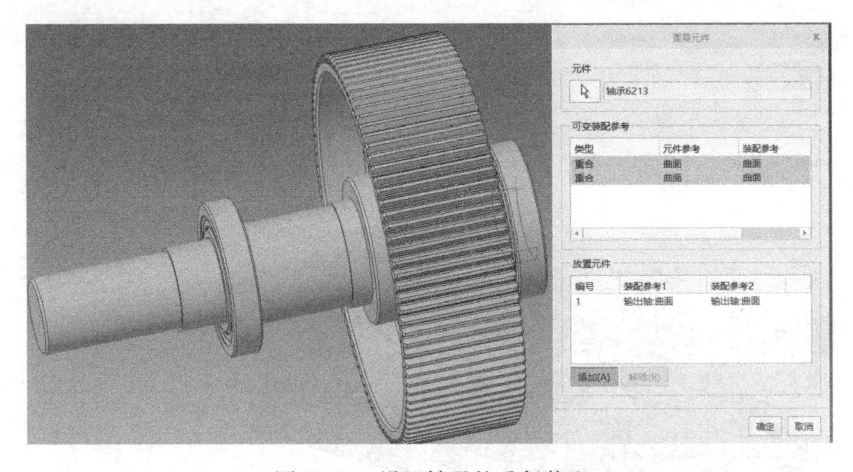

图 10-72　设置轴承的重复装配

（7）保存模型

保存当前建立的输出轴子装配体模型。

4. 二级齿轮减速器总装配

（1）新建装配文件

建立对象“类型”为“装配”、“子类型”为“设计”、“名称”为“二级齿轮减速器”的新文件，进入装配环境。

（2）放置减速器箱体

调入名为“减速器箱体”的模型。在“元件放置”操作面板中，指定“约束类型”为“重合”，分别选取减速器箱体的坐标系和装配环境的坐标系作为约束参考，如图 10-73 所示。单击【确定】按钮✓，完成减速器箱体的放置。

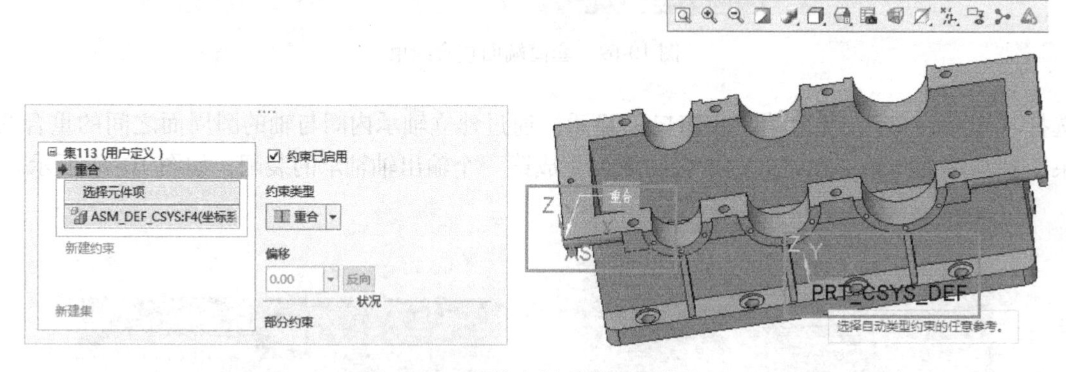

图 10-73　箱体坐标系的重合约束

（3）装配输入轴垫片、传动轴垫片、输出轴垫片

1）调入名为“输入轴垫片”的模型。在“元件放置”操作面板的“元件显示”中，选择“单独窗口”，并取消“主窗口”显示。在“元件放置”操作面板中，指定“约束类型”为“重合”，分别选取轴承座的外侧端面、输入轴垫片的安装面作为约束参考，如图 10-74 所示。

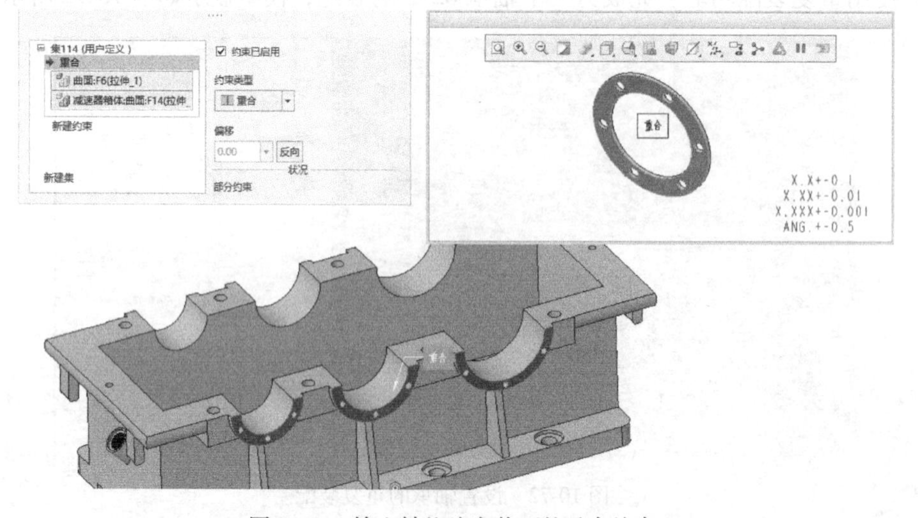

图 10-74　输入轴垫片安装面的重合约束

2）单击【新建约束】按钮，指定“约束类型”为“重合”，选取轴承座与输入轴垫片的一对安装孔作为约束参考，如图 10-75 所示。

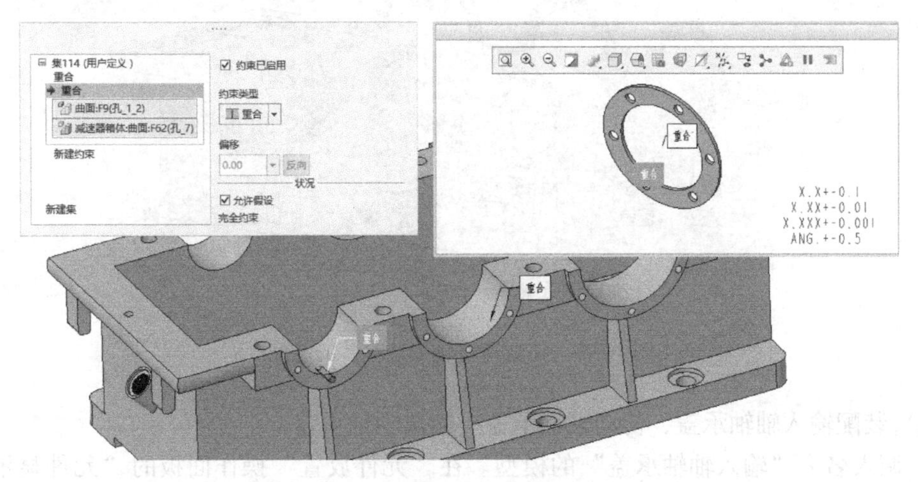

图 10-75　输入轴垫片安装孔的重合约束

3）单击【新建约束】按钮，指定“约束类型”为“重合”，选取轴承座与输入轴垫片的另一对安装孔作为约束参考，完成第一个输入轴垫片的装配，如图 10-76 所示。

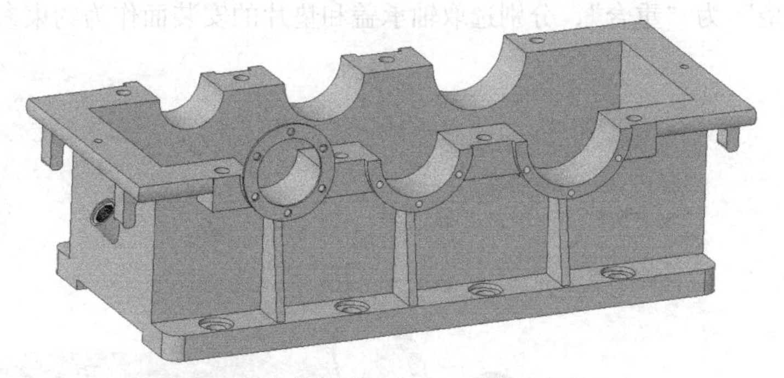

图 10-76　完成第一个输入轴垫片的装配

4）使用重复装配功能，完成另一个输入轴垫片的装配，如图 10-77 所示。

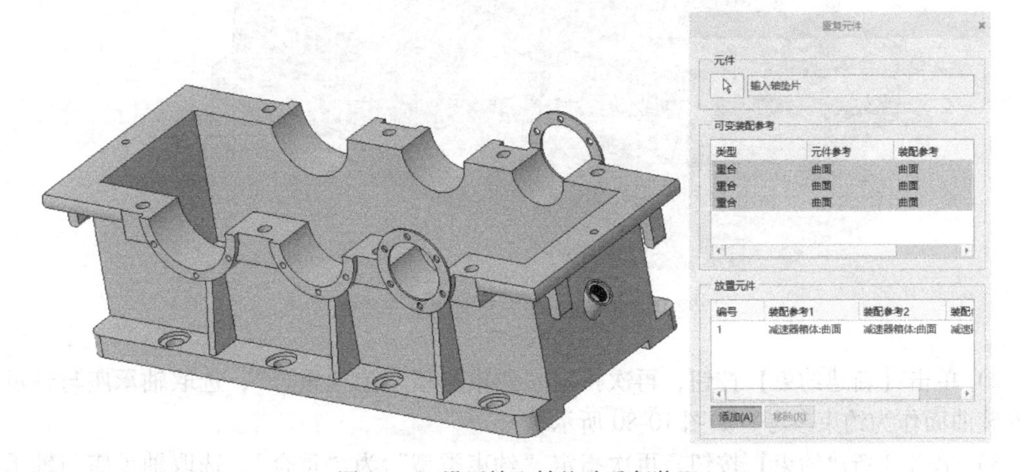

图 10-77　设置输入轴垫片重复装配

5）使用与输入轴垫片装配相同的装配方法，完成传动轴垫片、输出轴垫片的装配，此时的装配模型如图 10-78 所示。

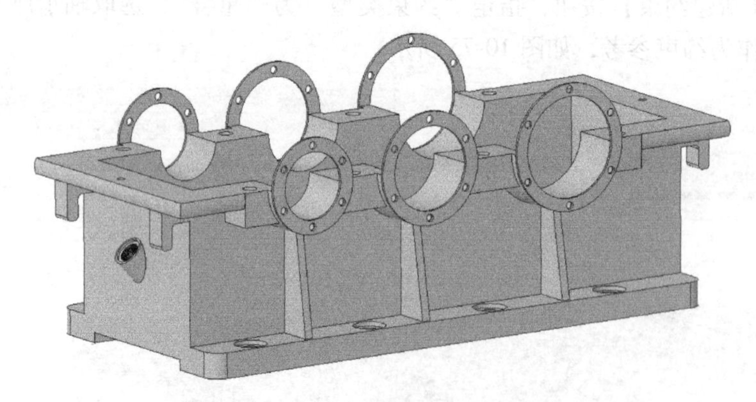

图 10-78　完成所有轴安装垫片的装配

（4）装配输入轴轴承盖、传动轴轴承盖、输出轴轴承盖

1）调入名为“输入轴轴承盖”的模型。在“元件放置”操作面板的“元件显示”中，选择“单独窗口”，并取消“主窗口”显示。在“元件放置”操作面板中，指定“约束类型”为“重合”，分别选取轴承盖和垫片的安装面作为约束参考，如图 10-79 所示。

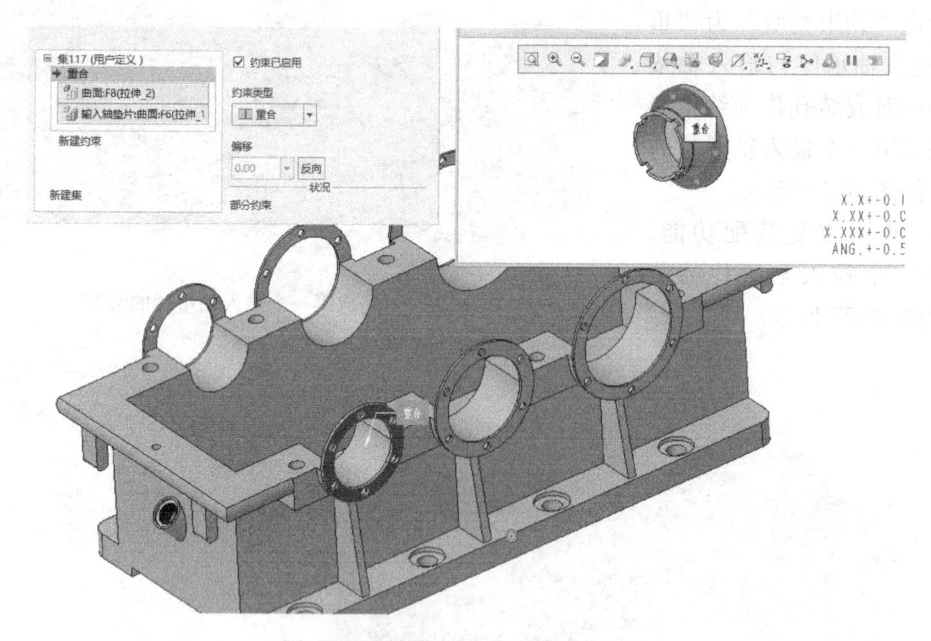

图 10-79　轴承盖安装面的重合约束

2）单击【新建约束】按钮，再次指定“约束类型”为“重合”，选取轴承座与轴承盖的安装曲面作为约束参考，如图 10-80 所示。

3）单击【新建约束】按钮，再次指定“约束类型”为“重合”，选取轴承座与轴承盖的一对安装孔作为约束参考，如图 10-81 所示。

4）单击【确定】按钮 ✓，完成第一个输入轴轴承盖的装配，此时的装配模型如图 10-82 所示。

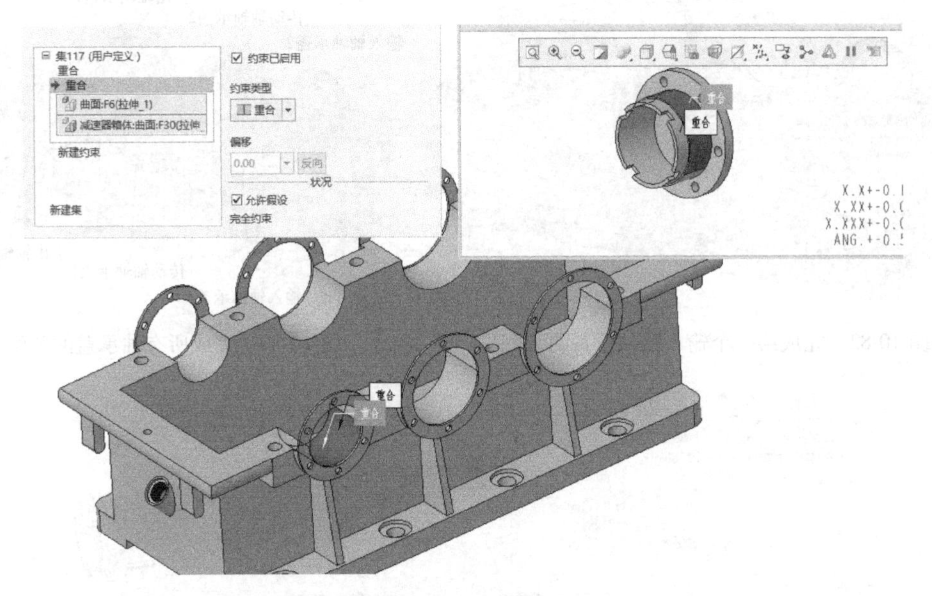

图 10-80　轴承座与轴承盖安装曲面的重合约束

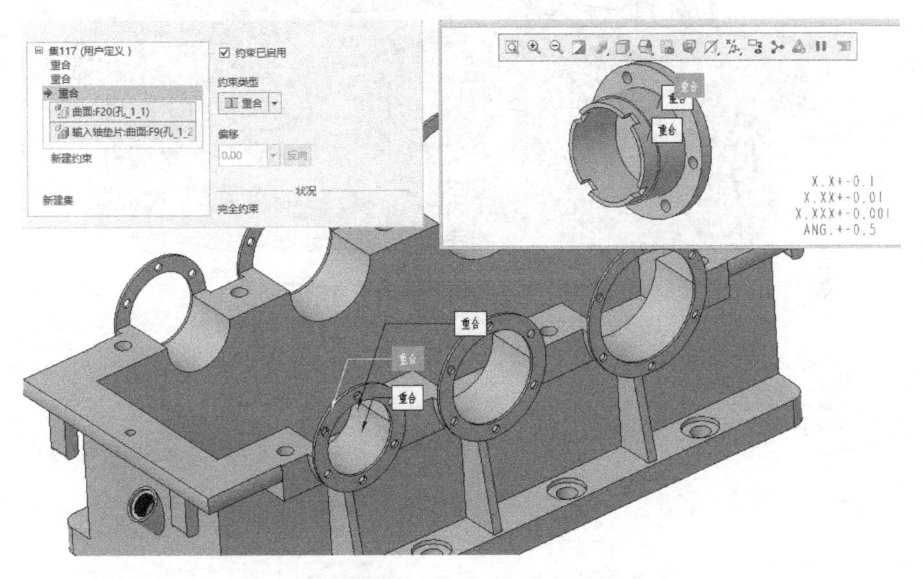

图 10-81　轴承座与轴承盖安装孔的重合约束

5）按照相同的方法完成其余 5 个轴承盖的装配，此时的装配模型如图 10-83 所示。

（5）装配输入轴、传动轴、输出轴

1）调入名为“输入轴”的装配体模型。在“元件放置”操作面板中，指定“约束类型”为“重合”，分别选取轴承座的安装曲面、轴承外圈环面作为约束参考，如图 10-84 所示。

2）单击【新建约束】按钮，再次指定“约束类型”为“重合”，选取轴承端面与轴承盖端面作为约束参考，如图 10-85 所示。

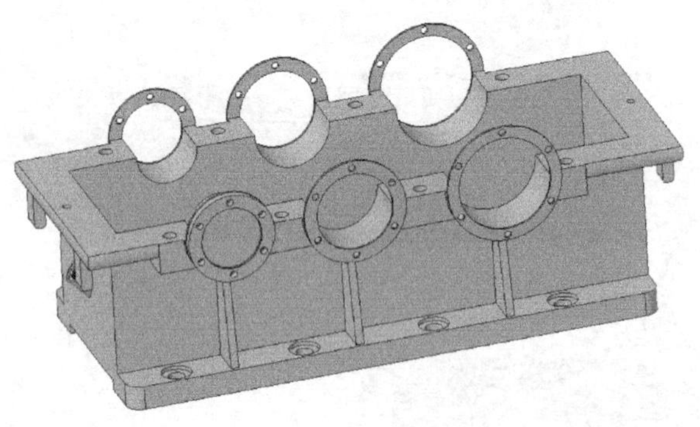

图 10-82　完成第一个输入轴轴承盖的装配

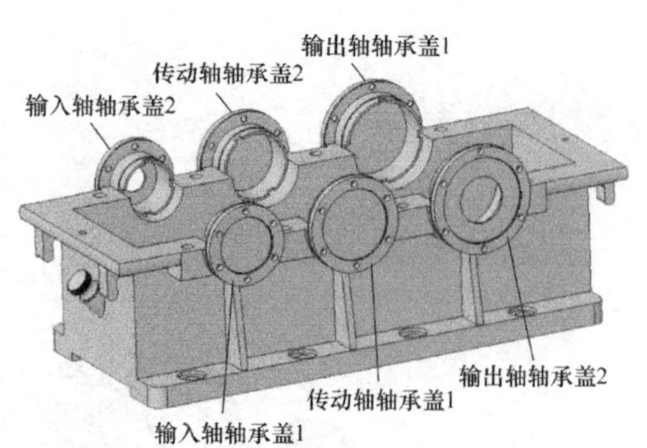

图 10-83　完成所有轴承盖的装配

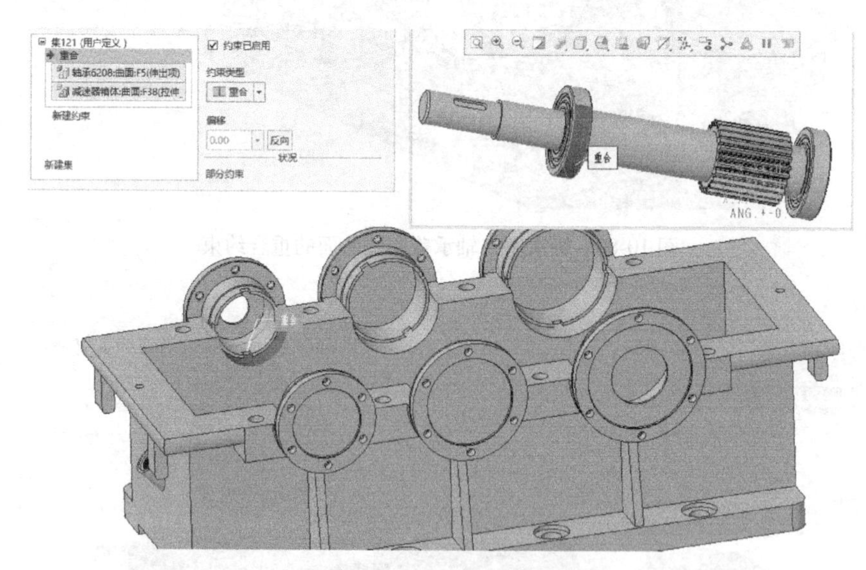

图 10-84　轴承外圈环面的重合约束

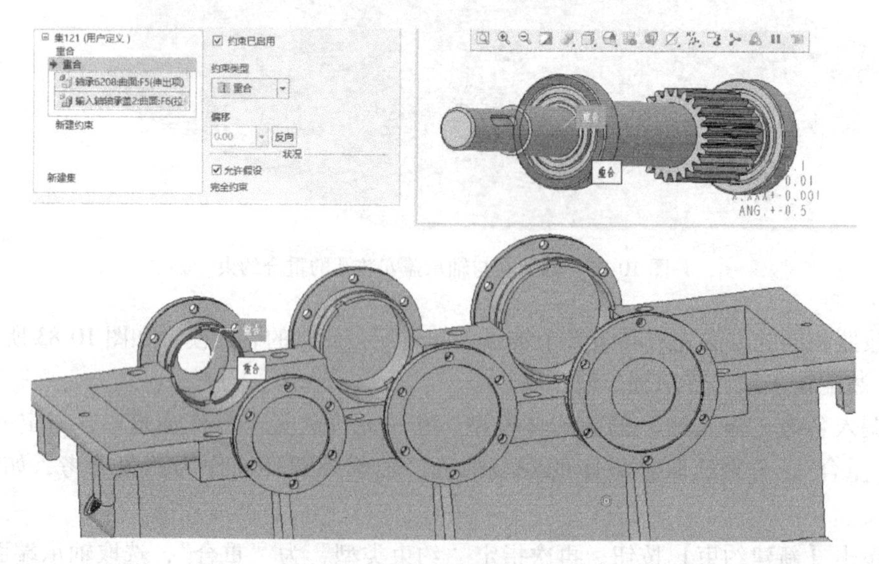

图 10-85　轴承端面的重合约束

3）单击【新建约束】按钮，指定“约束类型”为“平行”，选取输入轴键槽与减速器箱体箱沿作为约束参考，如图 10-86 所示。

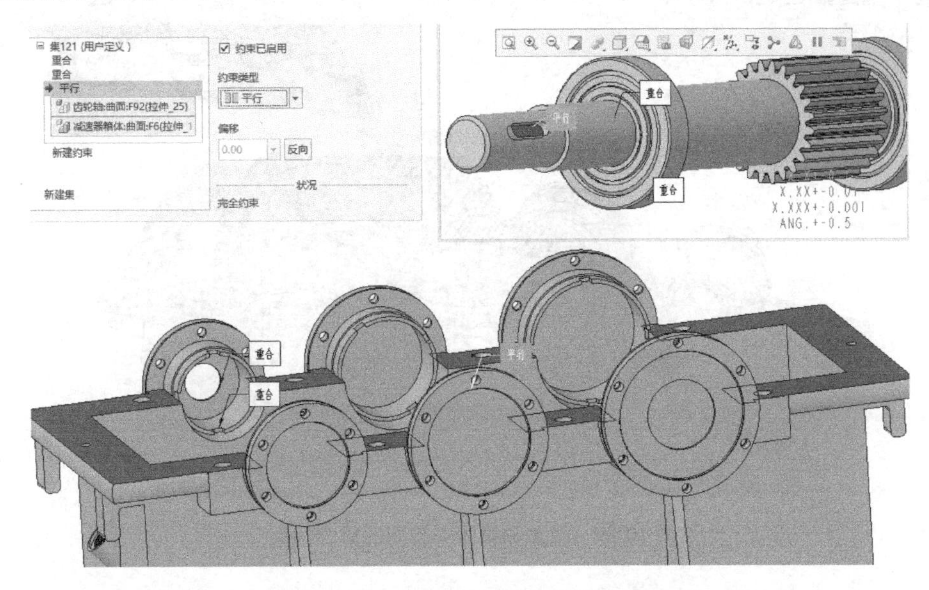

图 10-86 输入轴键槽的平行约束

4）单击【确定】按钮完成输入轴的装配，装配模型如图 10-87 所示。

5）按照相同的方法完成传动轴、输出轴的装配，此时的装配模型如图 10-88 所示。

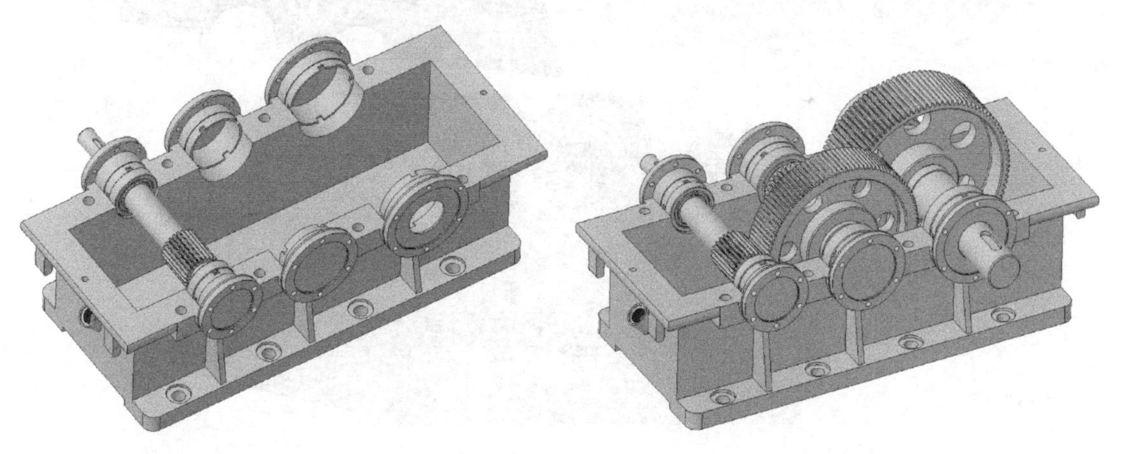

图 10-87 完成输入轴的装配　　图 10-88 完成所有轴的装配

（6）装配箱盖

1）调入名为“减速器上盖”的装配体模型。在“元件放置”操作面板中，指定“约束类型”为“重合”，分别选取箱盖安装面、箱体安装面作为约束参考，如图 10-89 所示。

2）单击【新建约束】按钮，再次指定“约束类型”为“重合”，选取箱盖和箱体间的一对安装孔作为约束参考，如图 10-90 所示。

3）使用同样的方法，选取箱盖和箱体间的另一对安装孔作为重合约束参考，完成箱盖的装配，此时的装配模型如图 10-91 所示。

（7）装配透视盖、透视盖通气器、透视盖螺钉

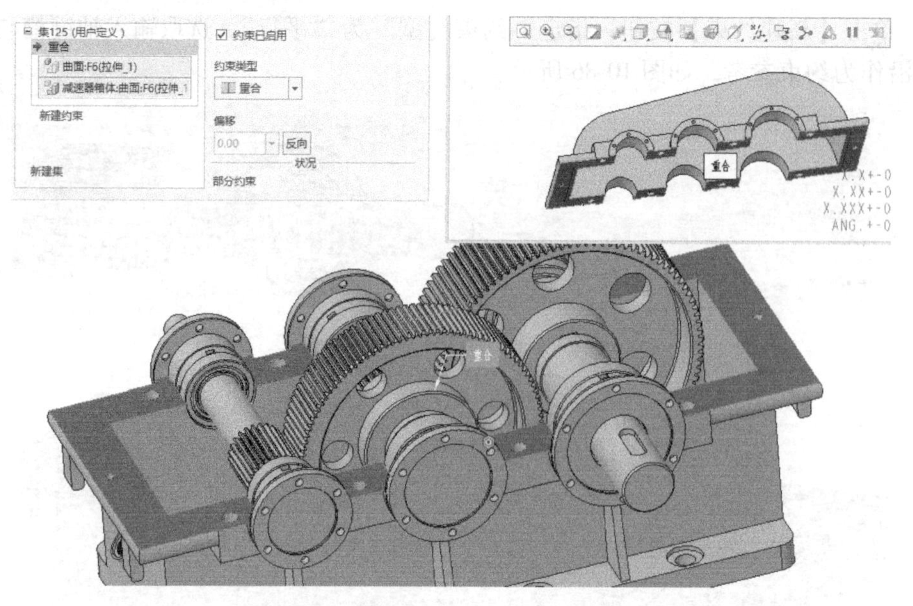

图 10-89　箱盖和箱体安装面的重合约束

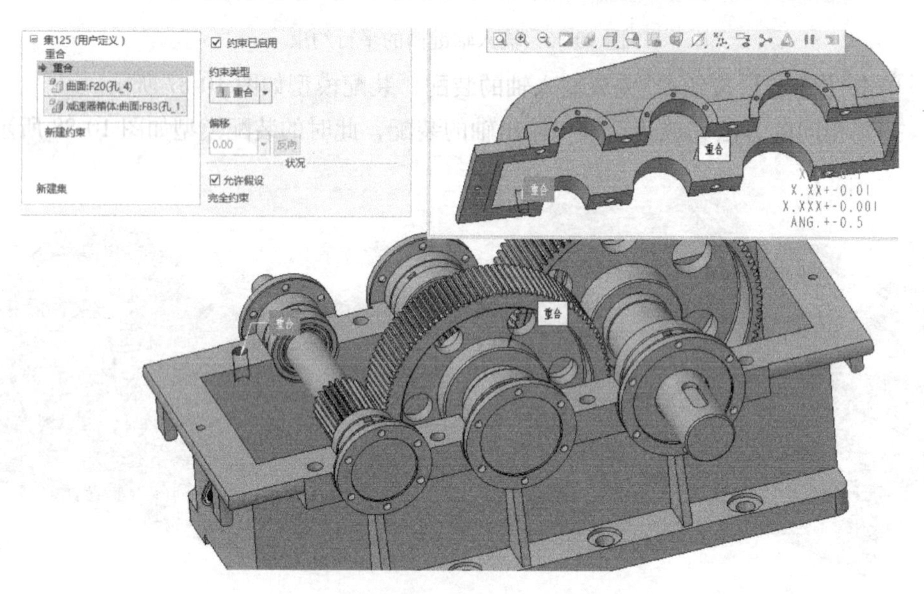

图 10-90　箱盖和箱体安装孔的重合约束

1）调入名为“透视盖”的装配体模型。在“元件放置”操作面板中，指定“约束类型”为“重合”，选取透视盖的安装面、箱盖的安装面作为约束参考，如图 10-92 所示。

2）单击【新建约束】按钮，再次指定“约束类型”为“重合”，选取透视盖和箱盖间的一对安装孔作为约束参考，如图 10-93 所示。

3）使用同样的方法，选取透视盖和箱盖间的另一对安装孔作为重合约束参考，完成透视盖的装配。

4）调入名为“透视盖通气器”的装配体模型。相关装配操作如图 10-94 ~ 图 10-96 所示。

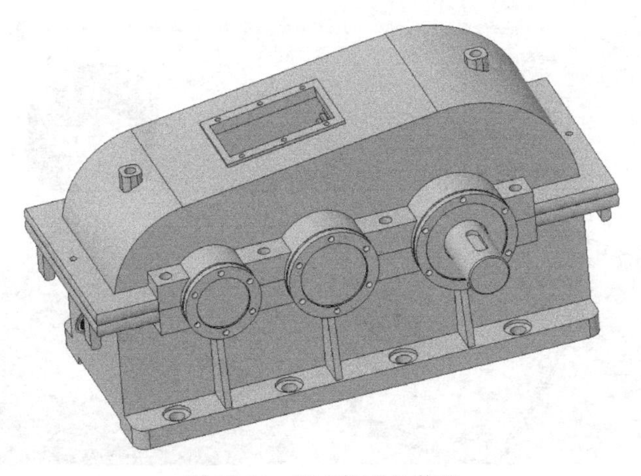

图 10-91 完成箱盖的装配

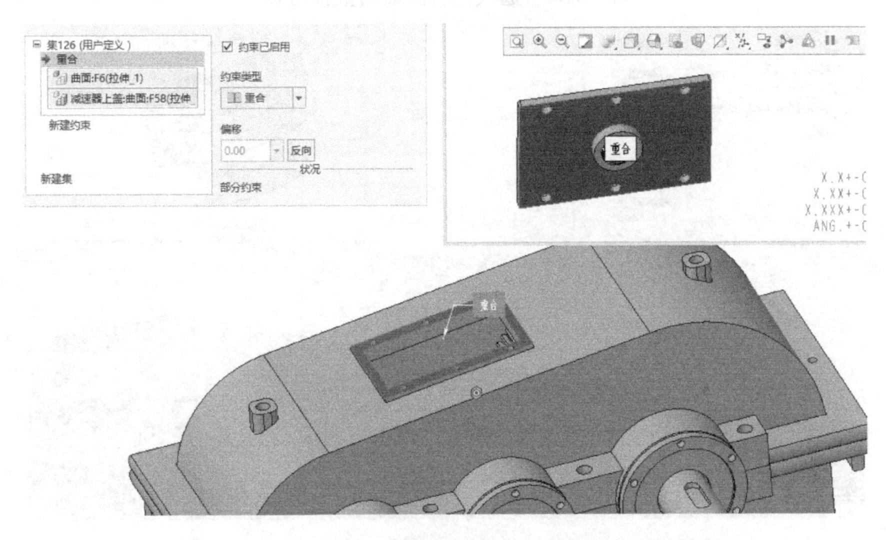

图 10-92 透视盖安装面的重合约束

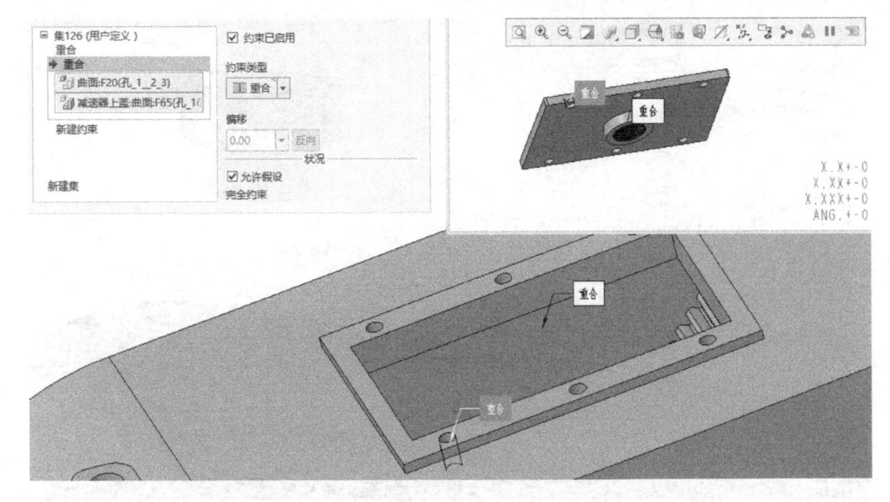

图 10-93 透视盖安装孔的重合约束

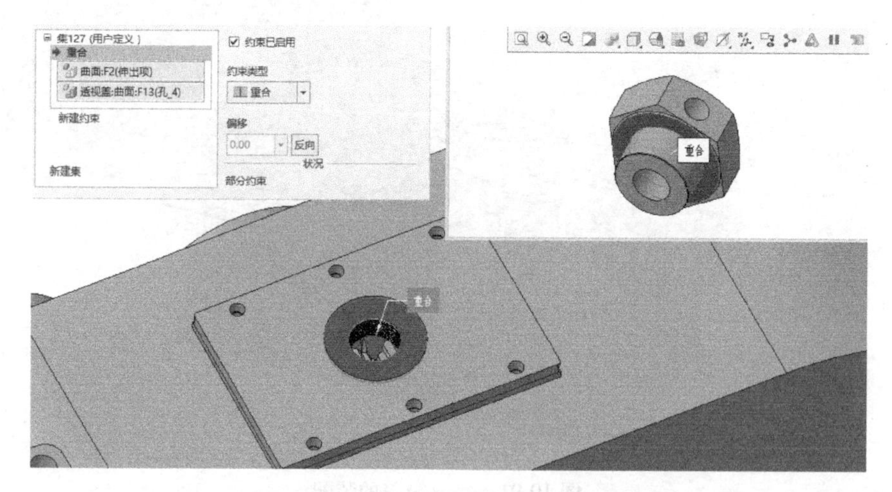

图 10-94 通气器台阶面的重合约束

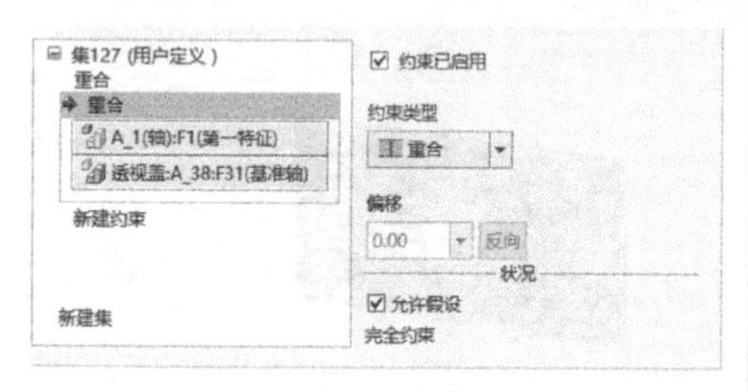

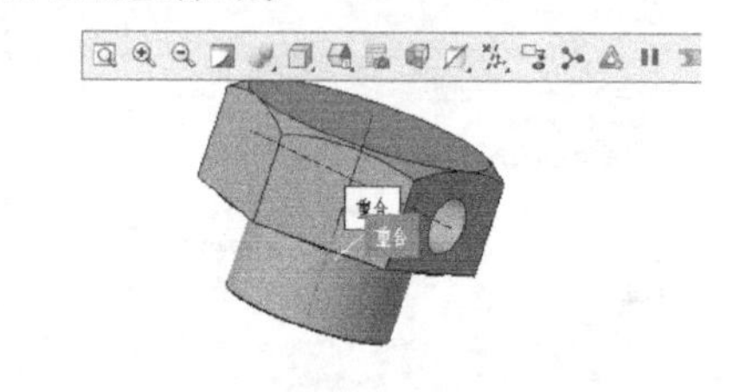

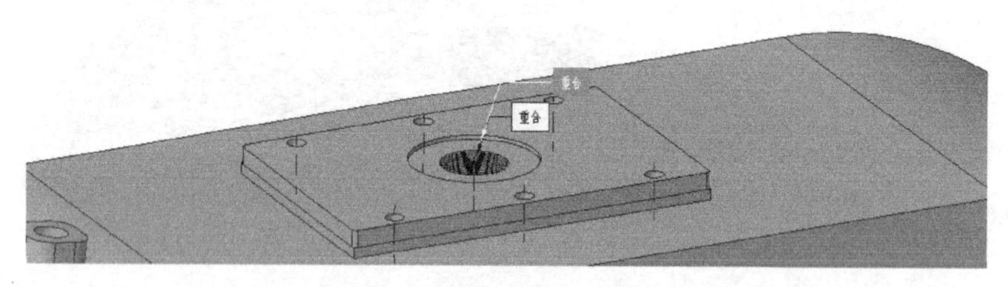

图 10-95 通气器轴线的重合约束

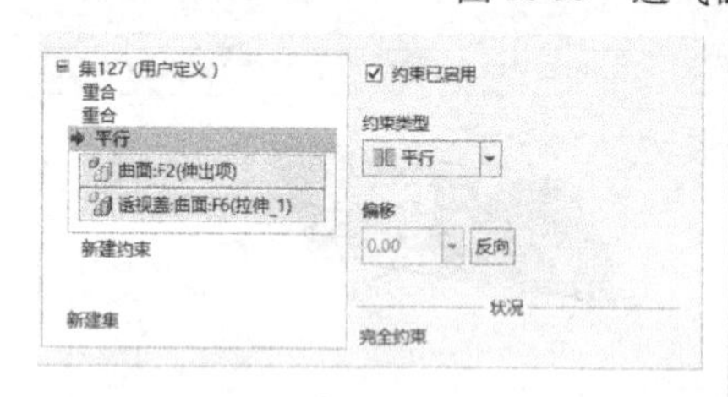

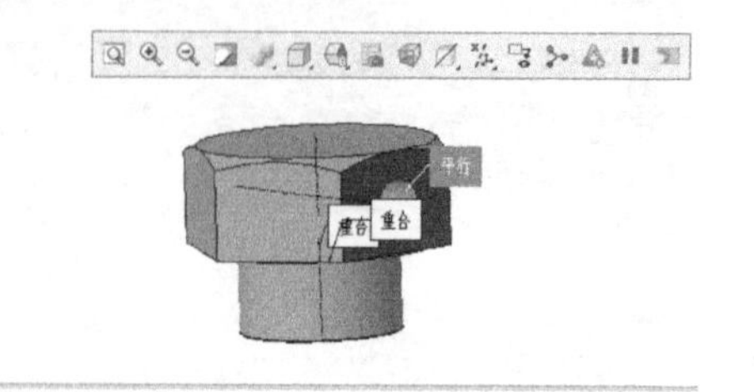

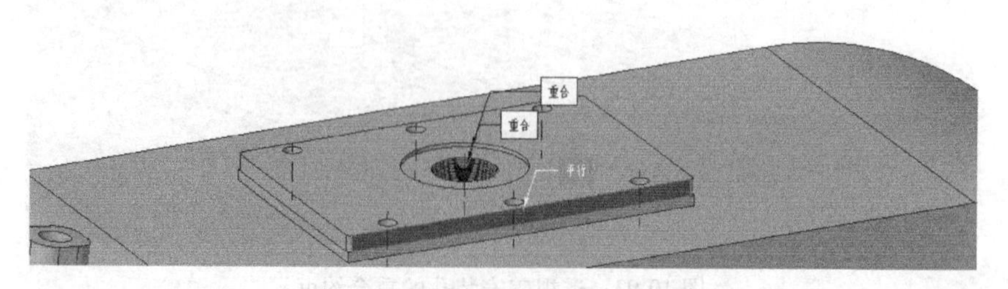

图 10-96 通气器侧面的平行约束

5）完成透视盖通气器的装配，此时的装配模型如图 10-97 所示。

图 10-97　完成透视盖通气器的装配

6）调入名为“透视盖螺钉”的模型。通过建立螺钉轴线与安装孔轴线间的重合约束、螺钉六角头底面与透视盖平面之间的重合约束、螺钉六角头侧面与透视盖侧面之间的平行约束，完成螺钉的装配。使用重复装配或阵列功能完成透视盖螺钉的装配，此时的装配模型如图 10-98 所示。

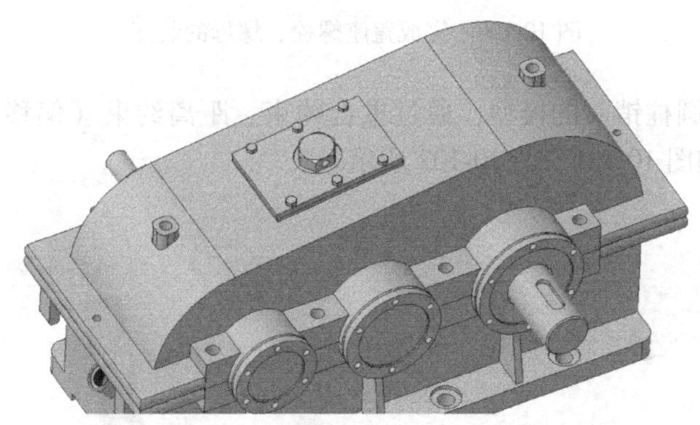

图 10-98　完成透视盖螺钉的装配

（8）装配紧固件、吊环、油塞、油标尺

1）调入名为“端盖螺钉”的模型。通过重合约束完成单个端盖螺钉的装配，通过阵列功能完成所有端盖螺钉的装配，此时的装配体模型如图 10-99 所示。

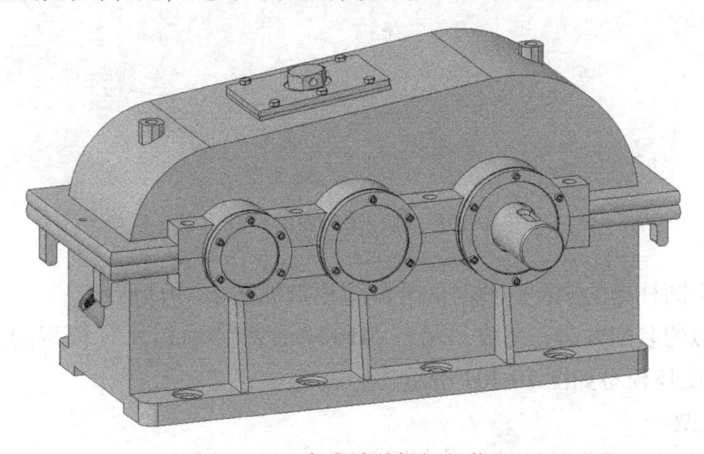

图 10-99　完成端盖螺钉的装配

2）调入名为“盖座螺栓”的模型，通过重合约束、平行约束完成单个螺栓的装配。调入名为“螺母 M16”的模型，通过重合约束、平行约束完成单个螺母的装配。通过重复装配功能完成所有盖座螺栓、螺母的装配，此时的装配体模型如图 10-100 所示。

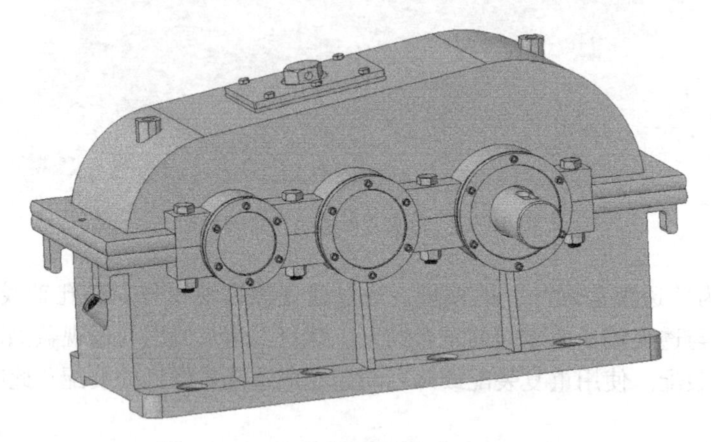

图 10-100　完成盖座螺栓、螺母的装配

3）调入名为“圆柱销”的模型，通过重合约束、距离约束（偏移 4mm）完成圆柱销的装配，相关操作如图 10-101、图 10-102 所示。

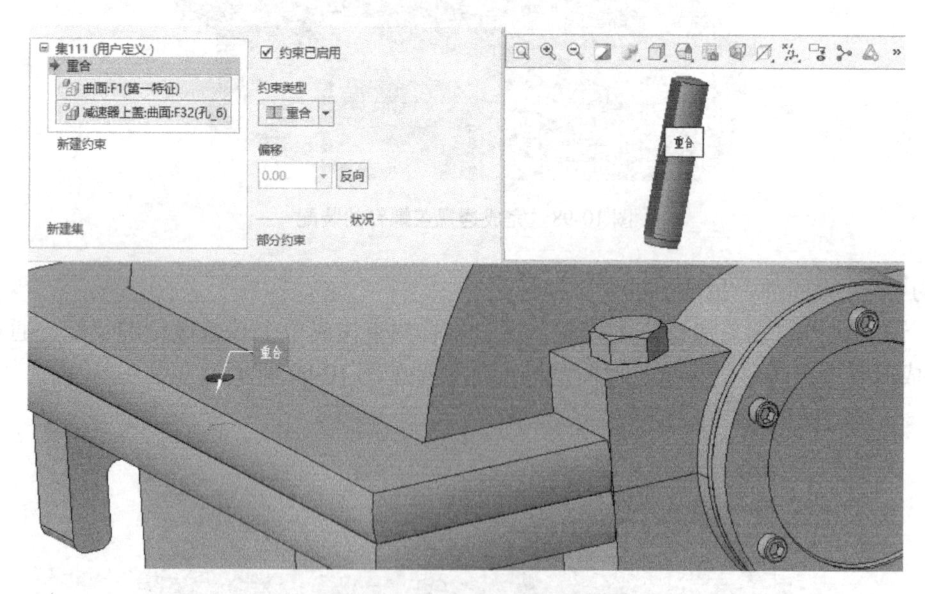

图 10-101　圆柱销曲面的重合约束

4）完成两个圆柱销的装配，此时的装配体模型如图 10-103 所示。

5）使用类似的装配方法，完成“吊环 M16”“油塞”“油标尺”模型的装配，最终的二级齿轮减速器装配体模型如图 10-104 所示。

（9）保存模型

保存当前建立的二级齿轮减速器总装配模型。

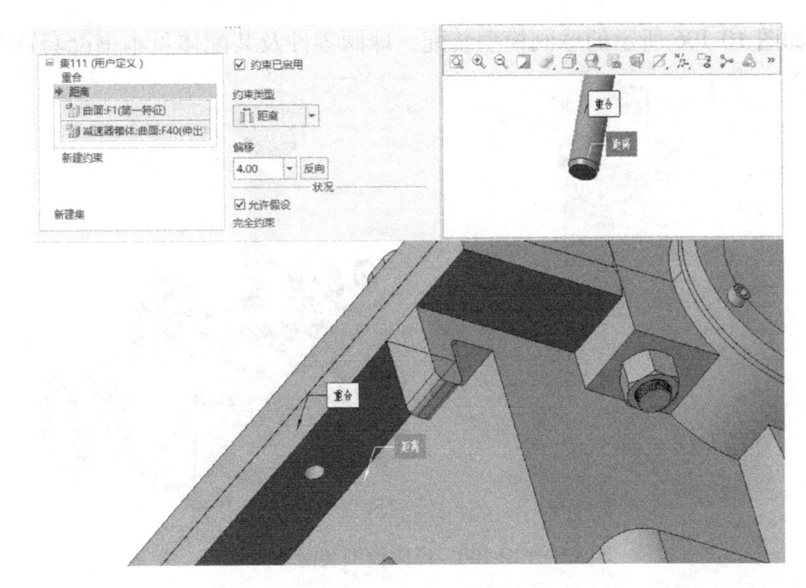

图 10-102　圆柱销端面的距离约束

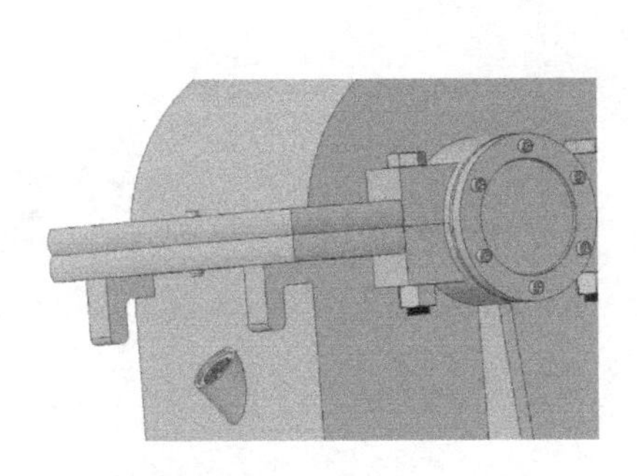

图 10-103　完成圆柱销的装配

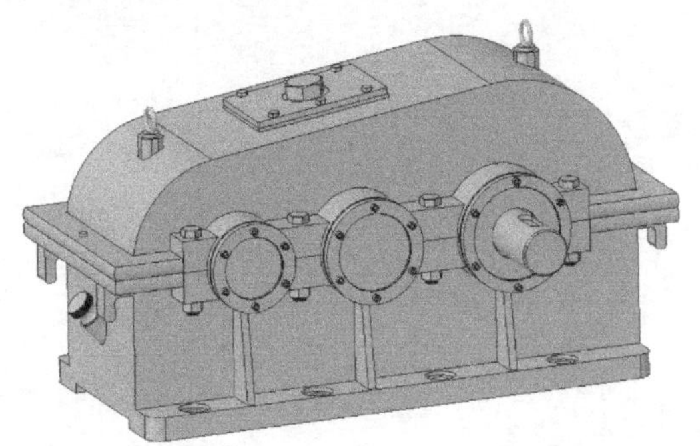

图 10-104　完成吊环、油塞、油标尺的装配

10.3　习题

1. 完成如图 10-105 所示的台虎钳模型装配，台虎钳零件及装配体见本书配套资源。

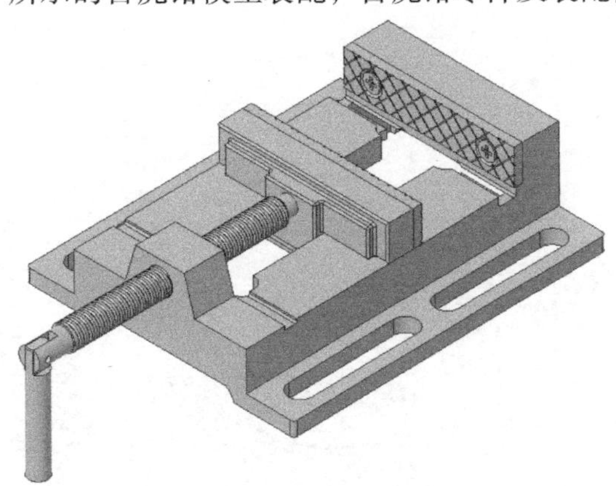

图 10-105　台虎钳模型装配体

2. 完成如图 10-106 所示的球阀模型装配，球阀零件及装配体见本书配套资源。

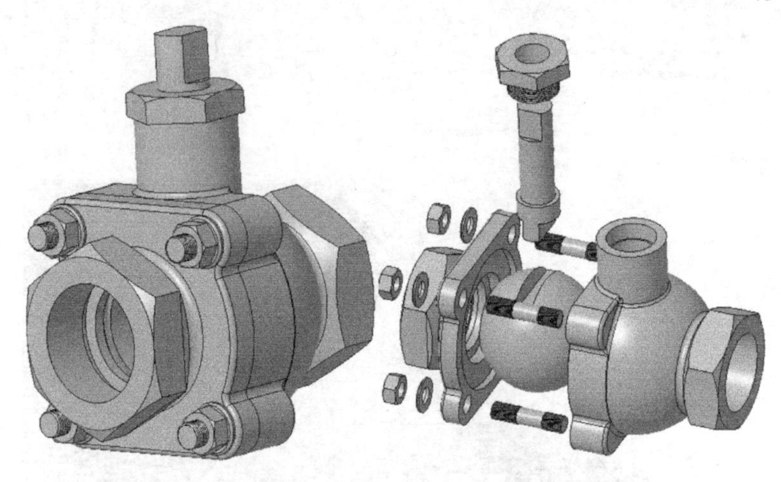

图 10-106　球阀模型装配体

第 11 章　工　程　图

用户可通过 Creo Parametric 9.0 软件的工程图模块表达零件、组件的结构及加工参数等信息，以图样的形式表达产品的结构特征、尺寸信息及制作要求等。工程图主要由零件或组件的各种视图、尺寸参数、技术要求、标题栏、明细栏等信息构成。本章首先介绍工程图的基本功能与必要配置，接着通过多个工程图实例帮助读者掌握与巩固工程图的表达和创建方法。

11.1　工程图功能简介

本节将介绍新建工程图的方法、工程图的必要配置。其中，工程图的必要设置（投影视角设置、视图与相切边显示），是创建工程图前必须完成的操作。

11.1.1　工程图的创建

1. 新建工程图文件

1）单击【新建】按钮，弹出“新建”对话框，选择“类型”为“绘图”，取消选择“使用默认模板”选项，输入工程图文件名，如图 11-1 所示。

2）单击【确定】按钮，打开“新建绘图”对话框，如图 11-2 所示，单击【确定】按钮。

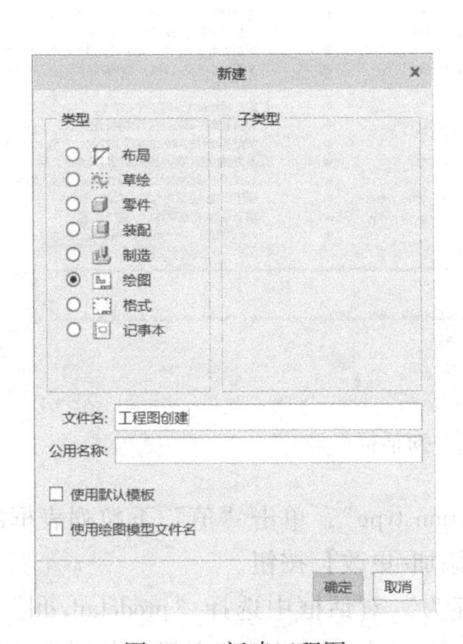

图 11-1　新建工程图

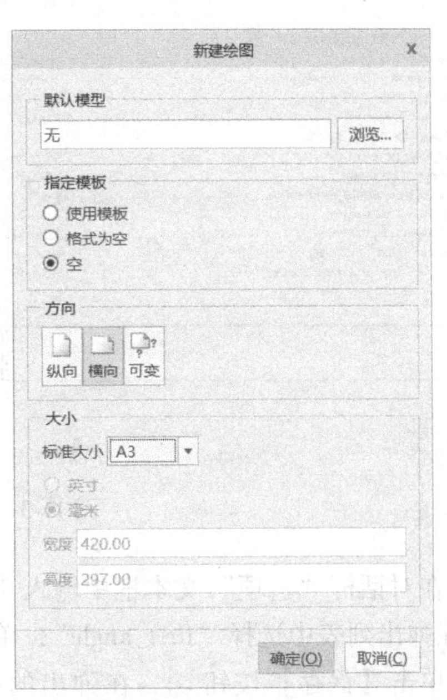

图 11-2　“新建绘图”对话框

- 默认模型：可保持默认设置，即不指定模型，待进入工程图模块再选择指定模型；也可单击【浏览】按钮指定模型。
- 指定模板：用户可根据需求，在“使用模板”“格式为空”和“空”之间进行选择。

2. 工程图工作界面

在“新建绘图”对话框中单击【确定】按钮，进入工程图工作界面。工程图工作界面主要包括快速访问工具栏、功能选项卡、菜单栏、命令群组区、图形区、图形工具栏、信息区等。常用的工程图功能选项卡主要有“布局”“表”“注释”和“草绘”等。

11.1.2 工程图的必要设置

为了使工程图符合国家标准，提升工程图出图效率，用户可通过修改绘图属性，对视图、截面、几何公差等格式进行限定。在创建工程图前，需要进行以下三个常用工程图设置。

1. 投影视角设置

我国使用第一角投影方法，而 Creo 工程图默认使用第三角投影方法，因此需要对此进行修改，设置流程如下。

1）在工程图工作界面依次选择【文件】→【准备】→【绘图属性】命令，弹出“绘图属性”对话框，单击对话框中“细节选项”后的【更改】按钮，弹出“选项”对话框，如图 11-3 所示。

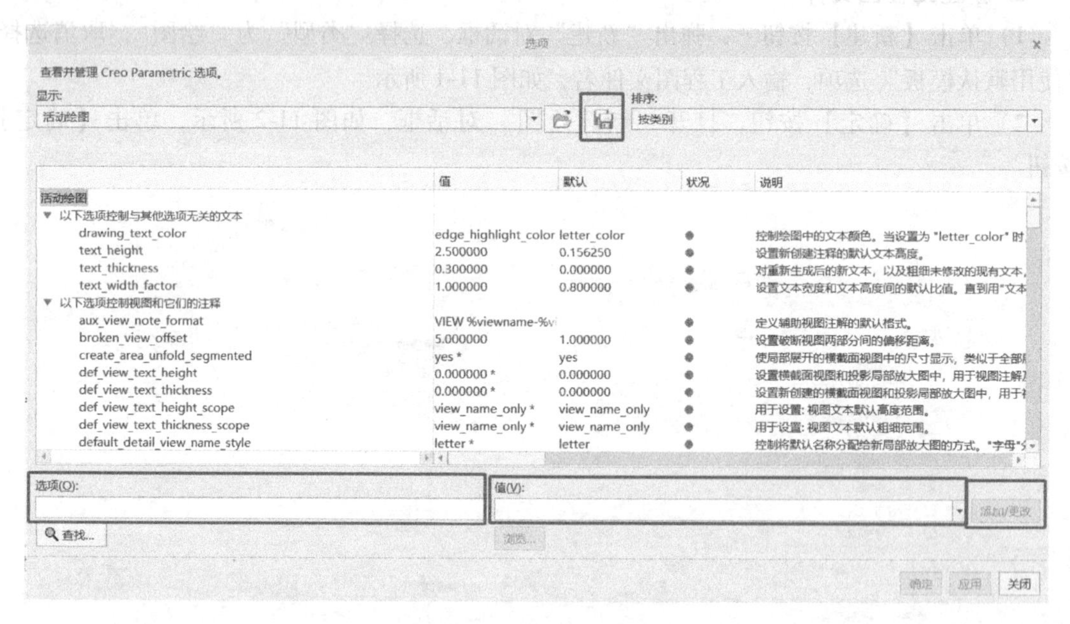

图 11-3 “选项”对话框

2）在对话框“选项”文本框中输入“projection type”，单击“值”下拉列表框的下拉按钮，在弹出列表中选择“first_angle”，单击【添加/更改】按钮。

3）单击【保存】按钮，在弹出的“另存为”对话框中选择“prodetail. dtl”文件，如图 11-4 所示，单击【确定】按钮保存修改。一般 prodetail. dtl 文件的默认位置为“软件安装盘符：\Program Files\PTC\Creo 9.0.0.0\Common Files\”。

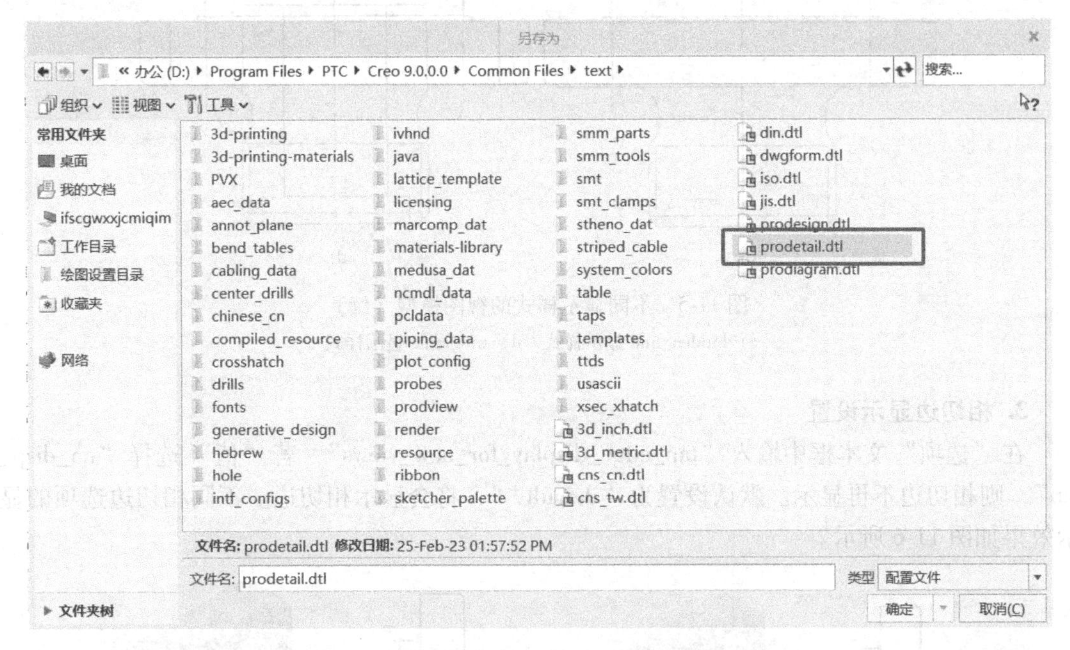

图 11-4 保存绘图属性修改

2. 视图模型显示样式设置

在“选项”文本框中输入“model_display_for_new_views”，“值”选择“no_hidden”。该条绘图属性修改，决定了工程图投影的显示方式。视图模型显示样式如下。

- follow_environment 为跟随环境。
- no_hidden 为仅显示可见线框。
- hidden_line 为显示所有线框，内外部轮廓线以不同线型表示。
- wireframe 为显示所有线框，且线型一致。

因工程图样表达一般不显示隐藏线，故将“值”设置为“no_hidden”。不同选项设置的区别如图 11-5 所示。

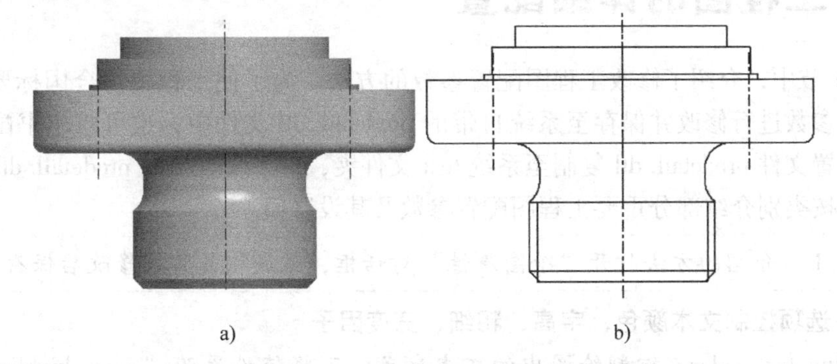

图 11-5 不同显示样式的视图模型

a）follow_environment 显示样式 b）no_hidden 显示样式

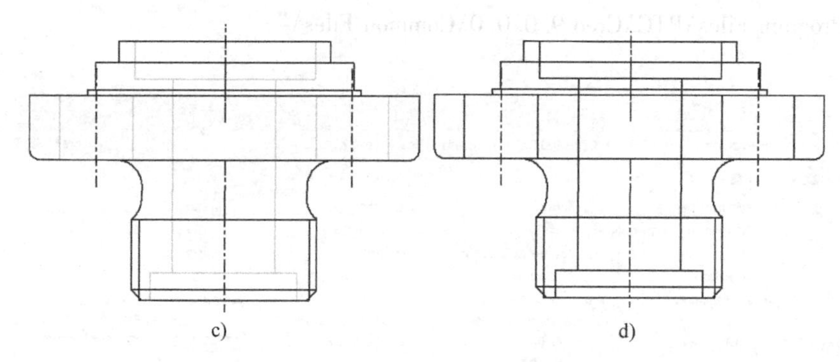

图 11-5　不同显示样式的视图模型（续）

c）hidden_line 显示样式　d）wireframe 显示样式

3. 相切边显示设置

在“选项”文本框中输入“tan_edge_display_for_new_views”，若“值”选择“no_disp_tan”，则相切边不再显示。默认设置为“default*”，将会显示相切边。不同相切边选项的显示效果如图 11-6 所示。

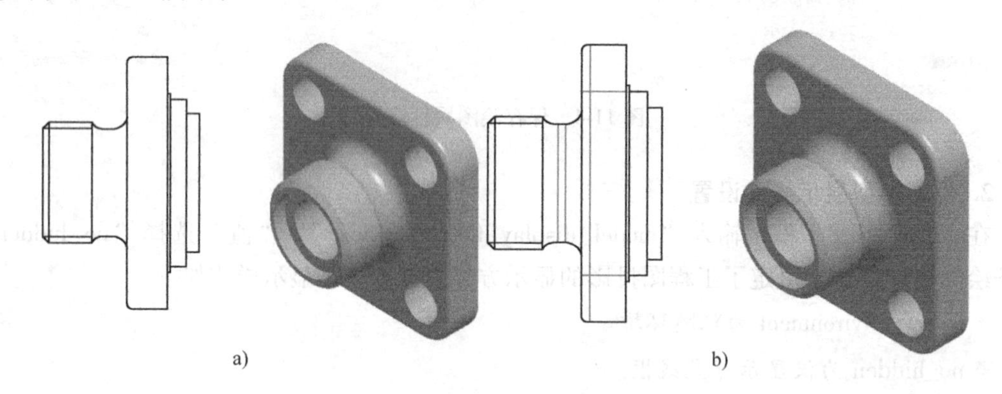

图 11-6　不同相切边选项的显示效果

a）no_disp_tan　b）default*

11.2　工程图的详细配置

在 11.1 节中，介绍了修改工程图配置参数的方法。为了使工程图符合国标要求，需要对部分配置参数进行修改并保存至系统自带的 prodetail. dtl 文件中；也可将本书配套资源中的工程图配置文件 prodetail. dtl 复制至系统 text 文件夹，对系统自带的 prodetail. dtl 文件进行替换。下面按类别介绍部分重要工程图配置参数及其设置值。

📖 按照 11.1 节介绍的方法打开“绘图属性”对话框，完成相关参数修改后保存。

1. 以下选项控制文本颜色、字高、粗细、宽度因子

- drawing_text_color：控制绘图中的文本颜色，可将值设置为“edge_highlight_color”，此时所有绘图文本显示颜色突出。

● text_height：控制字体文本高度，可将值设置为“3.5”，此时文本高度为3.5mm。
● text_thickness：控制文本粗细，可将值设置为“0.3”，此时文本粗细为0.3mm。
● text_width_factor：控制文本宽度和高度的默认比值，可将值设置为“0.7”。

2. 以下选项控制视图及其注释

● broken_view_offset：控制破断视图两部分间的偏移距离，可将值设置为“3”，此时破断视图两部分间的偏移距离为3mm。
● default_view_label_placement：控制视图标签的默认位置和对齐方式，可将值设置为“top_center”，此时视图标签将在视图上方居中放置。
● detail_view_scale_factor：控制局部放大图与其父视图间的默认比例因子，可将值保持默认设置“2”，此时局部放大图为其父视图的2倍大小。

3. 以下选项控制横截面及其箭头

● crossec_arrow_style：控制横截面箭头的一端位置，可将值保持默认设置“tail_online”，此时横截面箭头的尾部将放置在横截面剖切线上。
● crossec_text_place：控制横截面文本相对于横截面切割平面箭头的位置，可将值保持默认设置“after_head”，此时横截面文本将放置在箭头之后。

4. 以下选项控制尺寸

● default_chamf_text_orientation：控制倒角尺寸的引线样式默认文本方向，可将值设置为“parallel_to_and_above_leader”，此时倒角尺寸引线样式将在尺寸线上方且与其平行。
● default_diam_dim_arrow_state：控制新直径尺寸的初始箭头位置，可将值保持默认设置“inside”，此时新直径尺寸的初始箭头将布置在图形轮廓内部。
● default_angdim_text_orientation：控制角度尺寸的默认文本方向，可将值保持默认设置“horizontal”，此时角度尺寸为水平方向。
● default_diadim_text_orientation：控制直径尺寸的默认文本方向，可将值设置为“above_extended_elbow”，此时直径尺寸将放置在直径尺寸线折弯处之上。
● default_lindim_text_orientation：控制线性尺寸（中心引线配置除外）的默认文本方向，可将值设置为“parallel_to_and_above_leader”，此时线性尺寸将在尺寸线上方且与其平行。

5. 以下选项控制轴

● axis_line_offset：控制直轴线延伸超出其关联特征的默认距离，可将值保持默认设置“5”，此时直轴线超出轮廓边界5mm。
● circle_axis_offset：控制圆十字轴线延伸超出圆边的默认距离，可将值设置为“4”，此时圆十字轴线超出圆边4mm。

6. 以下选项控制尺寸公差

● tol_display：控制尺寸公差的显示，可将值设置为“yes”，此时将显示尺寸公差。
● tol_text_height_factor：控制公差文本高度与尺寸文本高度的默认比例，可将值设置为“0.7”。
● tol_text_width_factor：控制公差文本宽度与尺寸文本宽度的默认比例，可将值设置为

“0.7”。

7. 以下选项控制引线箭头

- arrow_style：控制所有带箭头的详图项的箭头样式，可将值保持默认设置“filled”，此时箭头为实心箭头。
- draw_arrow_length：控制引线箭头的长度，可将值设置为“3.5”，此时箭头长度为 3.5mm。
- draw_arrow_width：控制引线箭头的宽度，可将值设置为“1”，此时箭头宽度为 1mm。

11.3 工程图实例

本节通过 5 个工程图创建实例，帮助读者掌握与巩固工程图中各种视图与尺寸标注的操作方法。在实例中，包含了断面图、移出断面图、剖视图、半剖视图、破断视图、局部剖视图、局部放大图、向视图、标题栏、粗糙度、几何工程、技术条件等功能的操作方法，读者应多加练习以掌握相关操作方法。

11.3.1 工程图实例一：轴的工程图创建

11.3.1 工程图实例一：轴的工程图创建

本实例将完成如图 11-7 所示的轴零件的工程图创建。

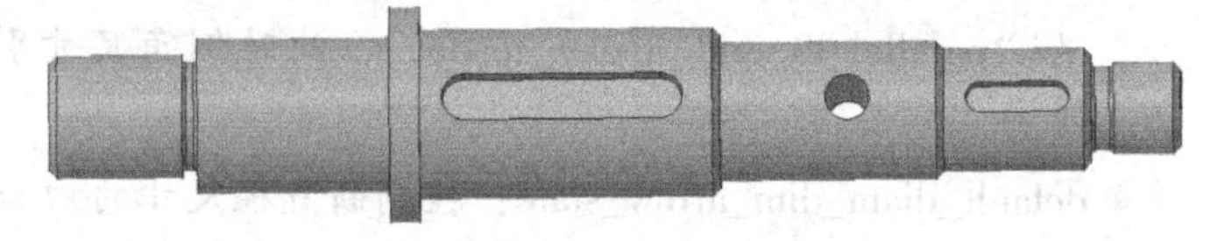

图 11-7 轴零件模型

在本例中，为清晰表达键槽、通孔的结构，可利用工程图中的剖视功能创建断面图，但需要先在轴的零件模块中新建平面以作为剖切面；为表达退刀槽、越程槽等小结构的尺寸，可利用工程图中的局部放大图功能创建局部放大图；为节省图纸空间，可采用破断视图方法。

命令应用：平面创建、普通视图、破断视图、2D 横截面、局部放大图等。

创建过程：在零件模块中创建键槽与通孔的剖切平面，创建主视图，创建主视图的破断视图，创建键槽与通孔的断面图，创建退刀槽的局部放大图。

关键点：破断视图、断面图的创建。

建模过程：

1. 在轴零件中建立剖切平面

打开如图 11-8 所示的轴零件“连接轴.prt”模型，建立三个分别垂直于键槽、通孔的平面，其定位尺寸如图所示，DTM4 距离轴顶端 20mm，保存模型。

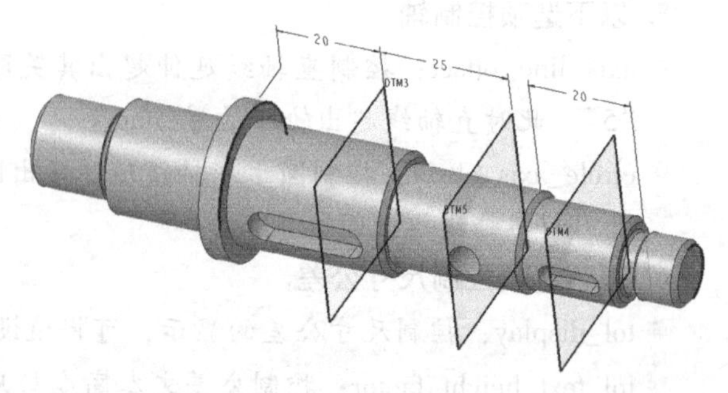

图 11-8 新建剖切平面

2. 新建工程图零件

新建一个“名称”为“连接轴”的绘图文件，并将轴零件“连接轴.prt”导入“默认模型”，绘图幅面为 A4、横向，其余设置如图 11-9 所示。单击【确定】按钮，进入工程图工作界面。

3. 创建主视图

1）在功能区“模型视图”面板中单击【普通视图】按钮，弹出如图11-10所示的“选择组合状态”对话框。接受默认设置，单击【确定】按钮。

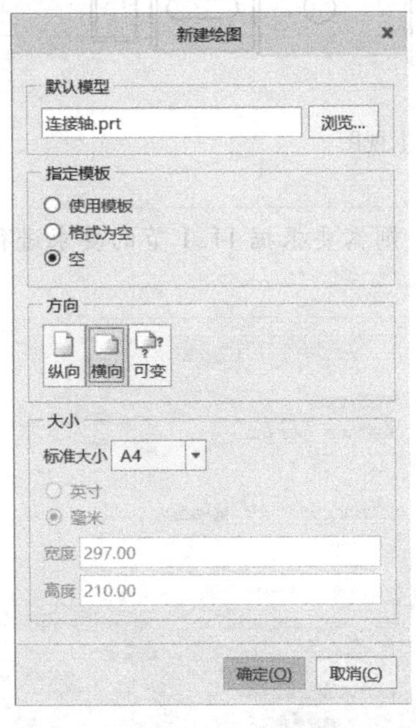

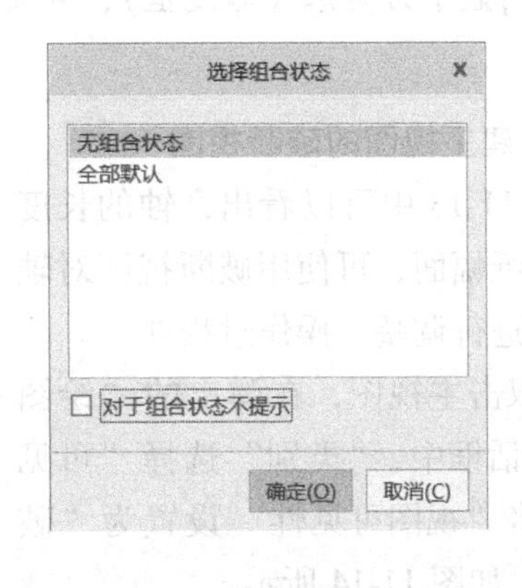

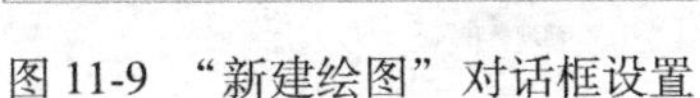

图11-9　“新建绘图”对话框设置　　　　图11-10　“选择组合状态”对话框

2）在图形区方框内任意一点单击，系统弹出“绘图视图”对话框，“类别”选择“视图类型”，“模型视图名”选择“FRONT”，如图11-11所示。

3）“类别”选择“比例”，然后选择“自定义比例”，将值设置为2，如图11-12所示。

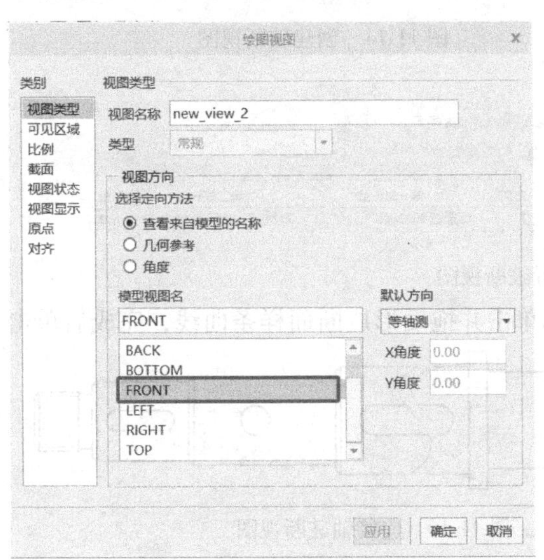

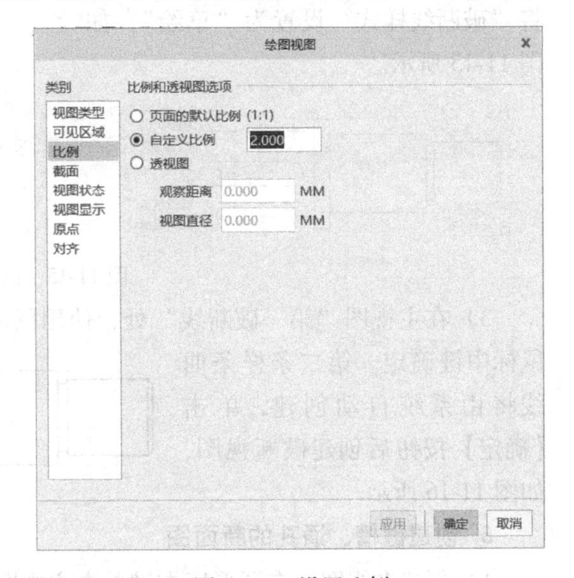

图11-11　设置视图方向　　　　图11-12　设置比例

4）单击【确定】按钮，此时“连接轴”主视图如图11-13所示。

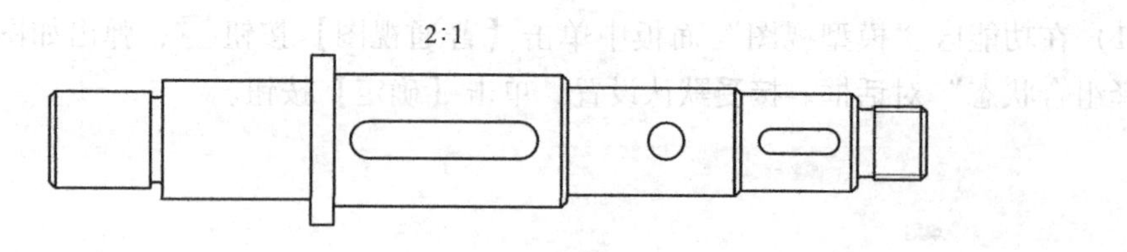

图 11-13　连接轴主视图

📖 若视图显示为实体（非线框），且显示相切边，则需要根据 11.1 节的要求进行绘图属性修改。

4. 创建主视图的破断视图

从图 11-13 中可以看出，轴的长度超出了图纸幅面，可使用破断视图对轴的主视图进行调整，操作过程如下。

1）双击主视图，在弹出的“绘图视图”对话框中，“类别”选择“可见区域”，将“视图可见性”设置为“破断视图”，如图 11-14 所示。

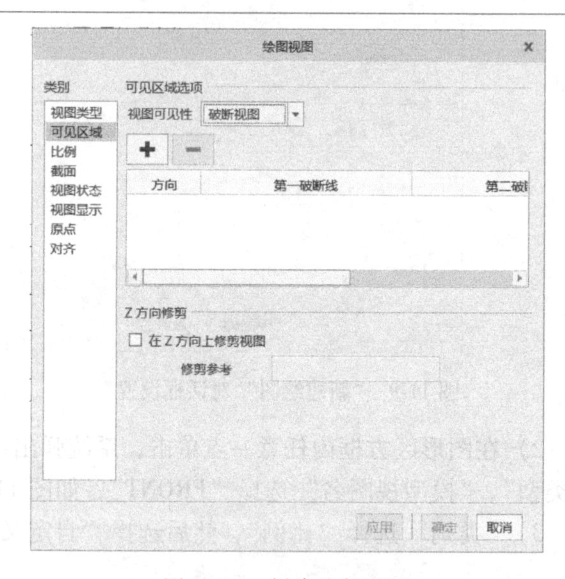

图 11-14　创建破断视图

2）单击【添加断点】按钮➕，在主视图中单击轴的转向轮廓线，并拖动鼠标，生成“第一破断线”，在主视图中单击第二点，生成“第二破断线”，将“破断线样式”设置为“草绘”，如图 11-15 所示。

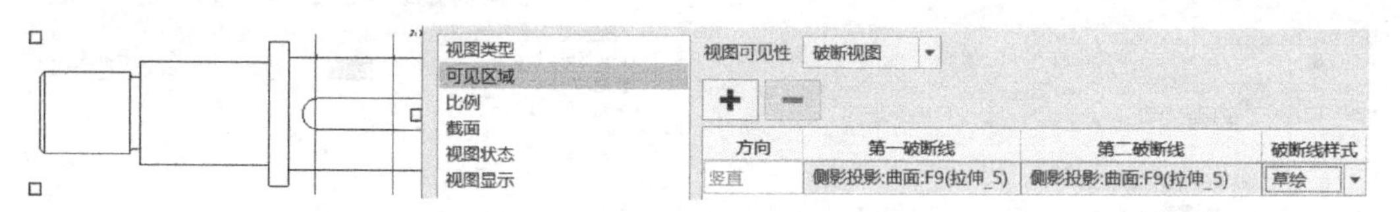

图 11-15　设置破断视图

3）在主视图“第一破断线”处，使用鼠标单击并拖动形成断面样条曲线，完成后单击鼠标中键确定。第二条样条曲线将由系统自动创建，单击【确定】按钮后创建破断视图，如图 11-16 所示。

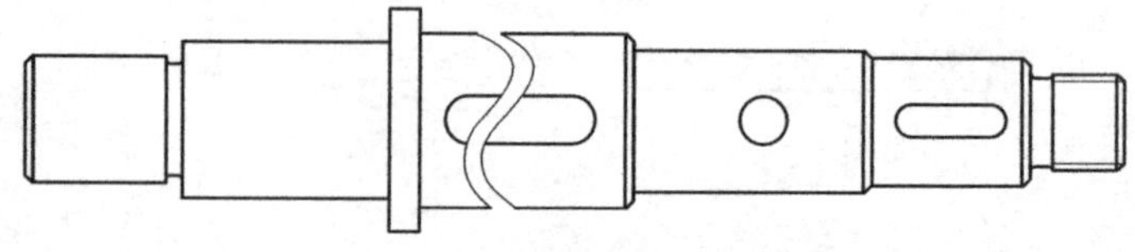

图 11-16　连接轴破断视图

5. 创建键槽、通孔的断面图

1）创建左视图。在图形区右键单击主视图，在弹出的对话框中单击【投影视图】按钮，鼠标向右移动放置左视图，如图 11-17 所示。

2）双击左视图，弹出“绘图视图”对话框，“类别”选择“截面”，选中“2D 横截面”，单击【将横截面添加到视图】按钮➕，弹出菜单管理器，保持默认选项，选择“Done（完成）”，如图 11-18 所示。

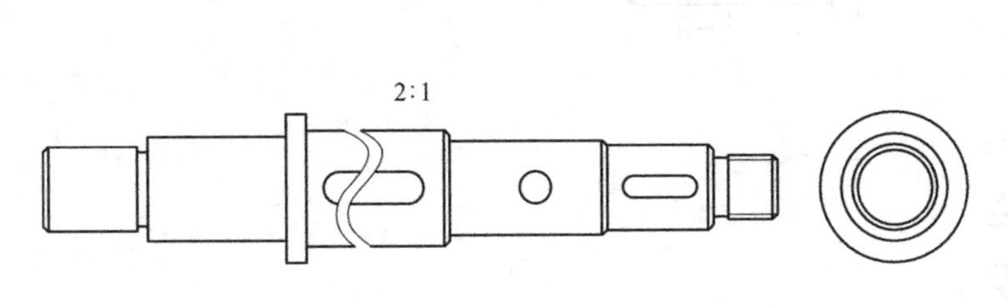

图 11-17　创建连接轴左视图

图 11-18　设置横截面

3）在弹出的“输入横截面名称”对话框中输入“A”，单击鼠标中键确认，弹出菜单管理器，保持默认选项“Plane（平面）”，在图形显示区选择“DTM3”（需要打开平面显示），如图 11-19 所示。

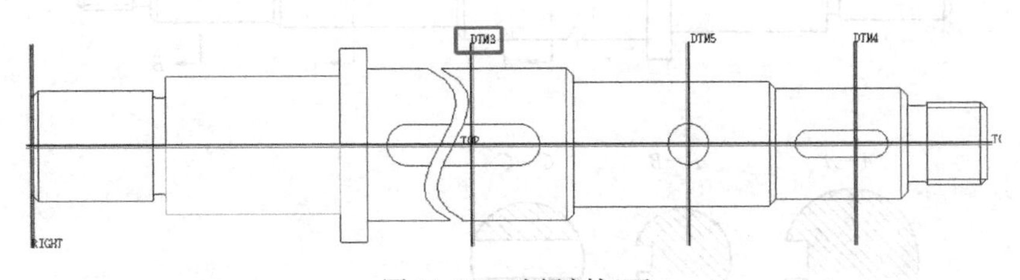

图 11-19　选择剖切面

4）此时，系统回到“绘图视图”对话框的“截面”选项界面，保持“剖切区域”为“完整”，“模型边可见性”选择“区域”（选择“区域”将显示断面图，选择“总计”将显示剖视图）。单击“箭头显示”下方空格，在图形显示区选择右侧破断视图，此时的“绘图视图”对话框如图 11-20 所示。

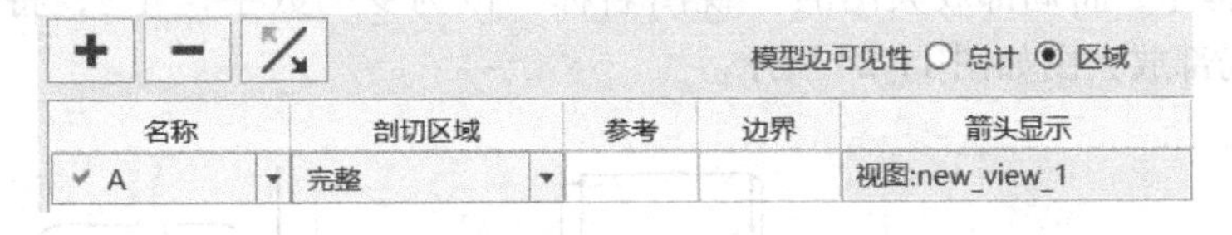

图 11-20　设置断面图

5）在“绘图视图”对话框中，“类别”选择“对齐”，取消选择“将此视图与其他视图对齐”选项，单击【确定】按钮，将断面图移动到轴下方，右键单击断面图剖面线，在弹出的快捷菜单中单击【将图案大小加倍】按钮，增加剖面线间距，键槽断面图如图 11-21 所示。

6）用上述方法创建其余键槽及通孔截面，结果如图 11-22 所示。

6. 创建退刀槽的局部放大图

1）在“布局”功能选项卡的“模型视图”面板中单击【局部放大图】按钮 局部放大图，在主视图中选中退刀槽上一点作为局部放大图中心，接着对局部放大图进行边

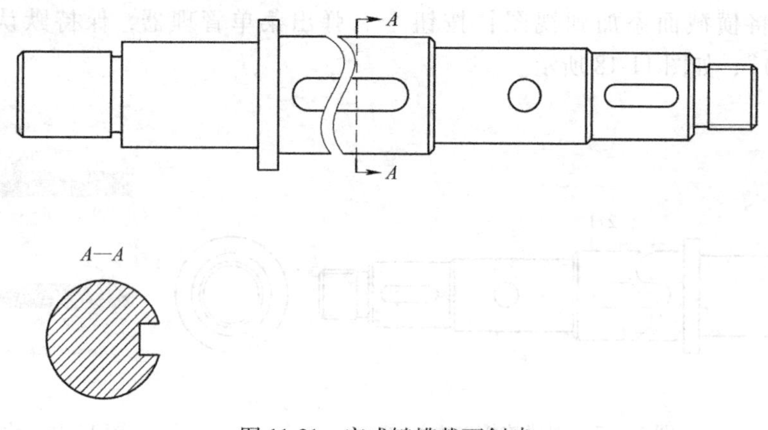

图 11-21　完成键槽截面创建

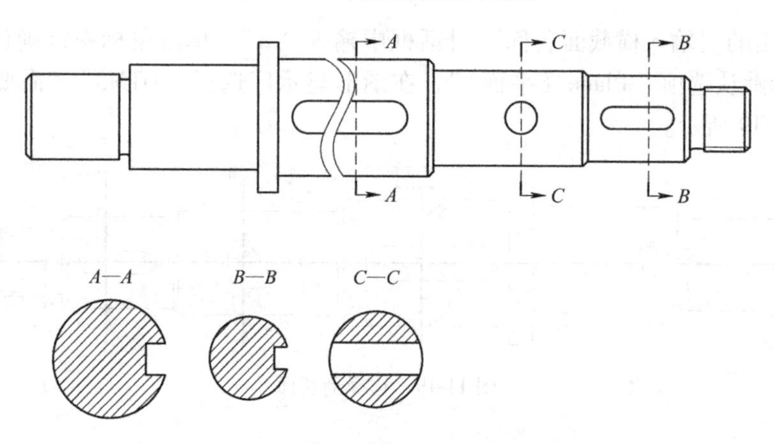

图 11-22　完成键槽、通孔截面创建

界样条绘制，如图 11-23 所示，单击鼠标中键完成样条绘制。

2）用鼠标单击图形显示区空白处，放置局部放大图。双击局部放大图，在弹出的“绘图视图”对话框中，将局部放大图的“视图名称”改为罗马数字“Ⅰ”，将“比例”改为“3”，此时的局部放大图如图 11-24 所示。

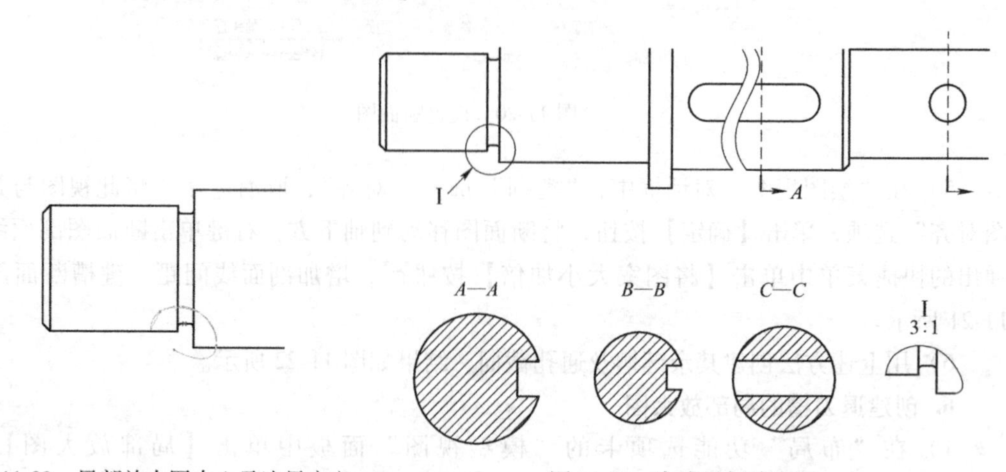

图 11-23　局部放大图中心及边界定义　　　图 11-24　完成局部放大图

3）用上述方法创建其余局部放大图，结果如图 11-25 所示。

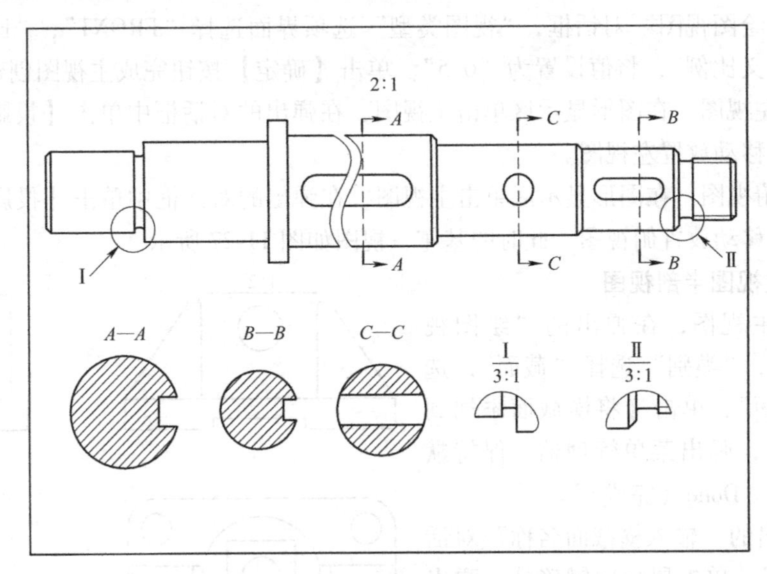

图 11-25　完成所有局部放大图

7. 保存工程图文件

单击界面顶部快速访问工具栏中的【保存】按钮，完成轴的工程图创建。

📖 必须将工程图文件（.drw 格式）与对应零件模型保存在同一文件夹中，否则再次打开工程图后将无法正常显示。

11.3.2　工程图实例二：基座的工程图创建

11.3.2　工程图实例二：基座的工程图创建

本实例将完成如图 11-26 所示的基座零件的工程图创建。

在本例中，为清晰表达基座的内外部结构，可创建基座主视图的半剖视图；为表达基座安装孔的结构，可在基座主视图中绘制局部剖视图；为表达水平孔特征，可创建基座左视图的全剖视图。

命令应用：普通视图、半剖视图、局部剖视图、全剖视图等。

创建过程：创建基座三视图，创建与编辑主视图半剖视图，创建左视图全剖视图。

关键点：半剖视图中加强筋的非剖处理。

建模过程：

1. 新建工程图零件

新建“名称”为“基座”的绘图文件，并将零件“基座 .prt”导入“默认模型”，“指定模板”选择“空”，图纸方向横向，大小为 A3，单击【确定】按钮，进入工程图工作界面。

图 11-26　基座零件模型

2. 创建基座三视图

1）创建主视图。在功能区“模型视图”面板中单击【普通视图】按钮，弹出“选择组合状态”对话框。接受默认设置，单击【确定】按钮。在图形显示区方框内选择一点单击，弹出“绘图视图”对话框，“视图类型”选项界面选择“FRONT”；“比例”选项界面选择“自定义比例”，将值设置为“0.5”。单击【确定】按钮完成主视图创建。

2）创建左视图。在图形显示区单击主视图，在弹出的对话框中单击【投影视图】按钮 ，鼠标向右移动放置左视图。

3）创建俯视图。在图形显示区单击主视图，在弹出的对话框中单击【投影视图】按钮 ，鼠标向下移动放置俯视图。此时的基座三视图如图 11-27 所示。

3. 创建主视图半剖视图

1）双击主视图，在弹出的“绘图视图”对话框中，“类别”选择“截面”，选中“2D 横截面”，单击【将横截面添加到视图】按钮 ，弹出菜单管理器，保持默认选项，选择“Done（完成）”。

2）在弹出的“输入横截面名称”对话框中输入“A”，单击鼠标中键确认，弹出菜单管理器，保持默认选项“Plane（平面）”，在图形显示区的俯视图中选择 FRONT 平面（需要打开平面显示）。

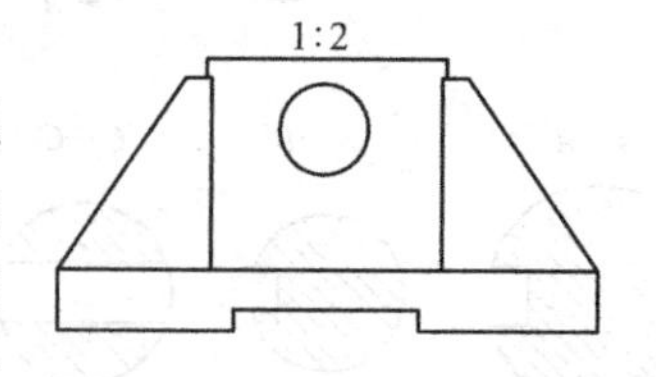

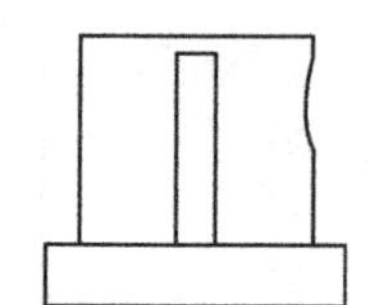
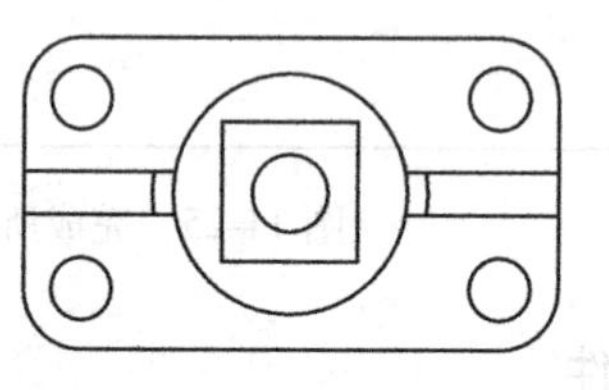

图 11-27　基座三视图

3）此时，系统回到“绘图视图”对话框的“截面”选项界面，将“剖切区域”调整为“半剖”，“模型边可见性”选择“总计”。单击“参考”下方空格，在图形显示区的主视图选择 RIGHT 平面，单击右半部分主视图作为剖视区域；单击“箭头显示”下方空格，单击图形显示区中的俯视图。此时，“绘图视图”对话框中的半剖视图设置如图 11-28 所示。

模型边可见性 ◉ 总计 ○ 区域

名称	剖切区域	参考	边界	箭头显示
✔ A	半剖	RIGHT:F1(基准平面)	已定义侧	视图:顶部_2

图 11-28　半剖视图设置

4）单击【确定】按钮，完成主视图半剖视图创建，如图 11-29 所示。

4. 编辑主视图半剖视图

在剖视图中，加强筋应以不剖形式呈现，故需要对半剖视图进行完善，下面介绍其中一种方法。

1）右键单击剖面线，在弹出的快捷菜单中单击【隐藏】按钮 ，此时剖面线将不显示，如图 11-30 所示。

2）切换到“草绘”功能选项卡，

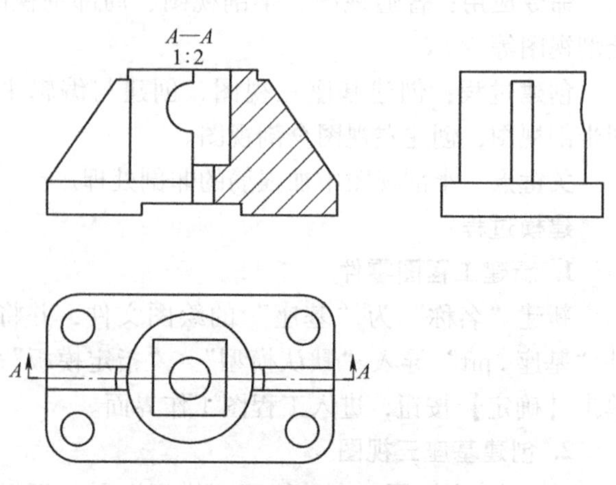

图 11-29　主视图半剖视图

使用【直线】命令 、【拐角】命令 完成加强筋轮廓补充，同时使用【直线】命令 将剖面区域补充完整，如图 11-31 所示。

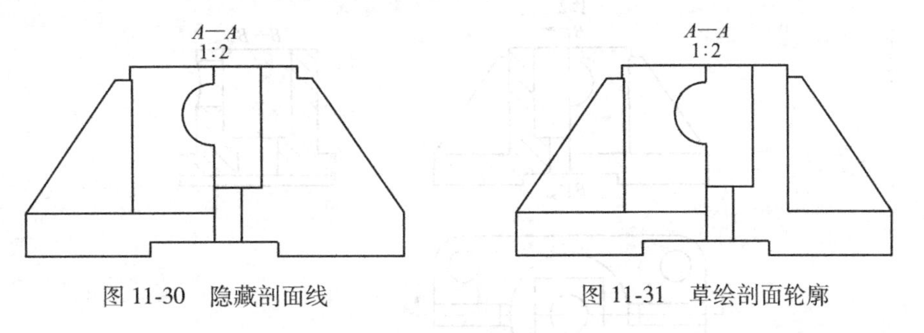

图 11-30　隐藏剖面线　　图 11-31　草绘剖面轮廓

📖 剖面区域必须完整，剖面区域中的所有线段均需要绘制，剖面区域如图 11-32 所示。

3）在“草绘”功能选项卡中，框选主视图，单击【剖面线/填充】按钮 剖面线/填充，在弹出的“输入横截面”对话框中保持原名称不变，单击鼠标中键确定。在弹出的菜单管理器中保持默认选项不变，单击鼠标中键完成剖面线填充，如图 11-33 所示。

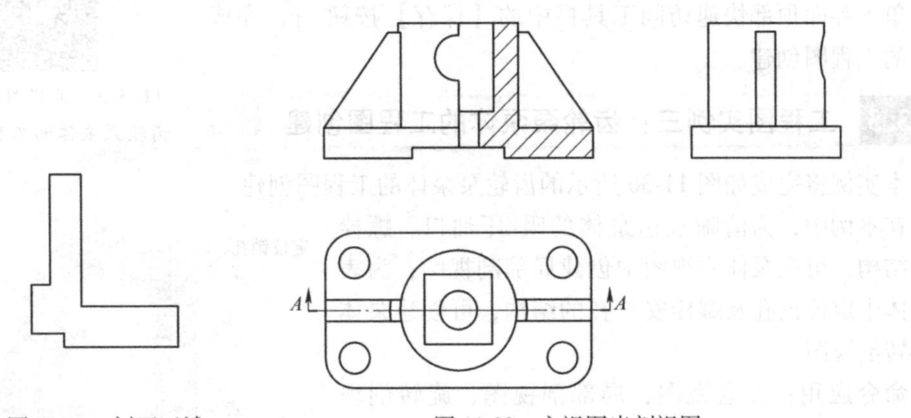

图 11-32　剖面区域　　图 11-33　主视图半剖视图

5. 创建左视图全剖视图

1）双击左视图，在弹出的“绘图视图”对话框的“截面”选项界面中，选中“2D 横截面”，单击【将横截面添加到视图】按钮 ➕，弹出菜单管理器，保持默认选项，选择“Done（完成）”。

2）在弹出的“输入横截面名称”对话框中输入“B”，单击鼠标中键确认，弹出菜单管理器，保持默认选项“Plane（平面）”，在图形显示区的主视图中选择 RIGHT 平面（需要打开平面显示）。

3）此时，系统回到“绘图视图”对话框的“截面”选项界面，将“剖切区域”调整为“完整”，“模型边可见性”选择“总计”。单击“箭头显示”下方空格，单击图形显示区中的主视图。此时，“绘图视图”对话框中的全剖视图设置如图 11-34 所示。

图 11-34　全剖视图设置

4）单击【确定】按钮，完成左视图全剖视图创建，如图 11-35 所示。

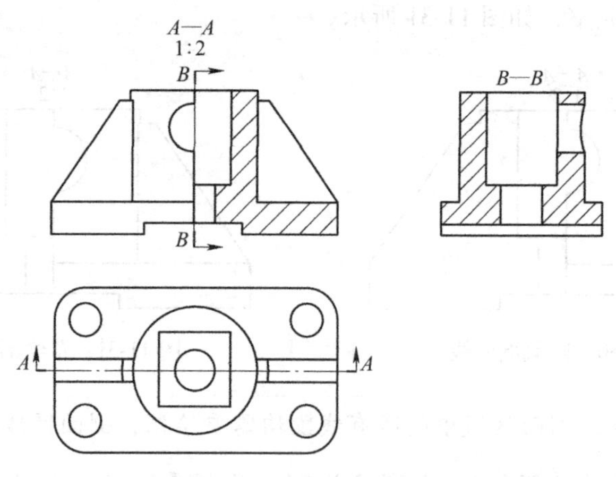

图 11-35　左视图全剖视图

6. 保存工程图文件

单击界面顶部快速访问工具栏中的【保存】按钮，完成基座的工程图创建。

11.3.3　工程图实例三：齿轮泵泵体的工程图创建

11.3.3　工程图实例三：齿轮泵泵体的工程图创建

本实例将完成如图 11-36 所示的齿轮泵泵体的工程图创建。

在本例中，为清晰表达泵体的吸/压油口、螺栓孔的结构，可在泵体主视图中创建局部剖视图；为表达泵体中定位销孔及螺栓安装孔的结构，可创建泵体的旋转剖视图。

命令应用：普通视图、局部剖视图、旋转剖视图、向视图等。

创建过程：创建基本视图，创建主视图局部剖视图，创建右视图旋转剖视图，创建泵体底面向视图。

关键点：旋转剖视图的创建操作。

建模过程：

定位销孔

螺钉孔

吸/压油口

螺栓孔

图 11-36　齿轮泵泵体模型

1. 新建工程图零件

新建“名称”为“齿轮泵泵体”的绘图文件，并将零件“齿轮泵泵体 . prt”导入“默认模型”，“指定模板”选择“空”，图纸方向横向，大小为 A4，单击【确定】按钮，进入工程图工作界面。

2. 创建基本视图

1）创建主视图。在功能区“模型视图”面板中单击【普通视图】按钮，弹出“选择组合状态”对话框。接受默认设置，单击【确定】按钮。在图形显示区方框内选择一点单击，弹出“绘图视图”对话框。在对话框的“视图类型”选项界面中选择 FRONT；在“比例”选项界面中保持默认 1 : 1 比例不变。单击【确定】按钮完成主视图创建。

2）创建左视图。在图形显示区单击主视图，在弹出的对话框中单击【投影视图】按钮，鼠标向右移动放置左视图。

3）创建右视图。在图形区单击主视图，在弹出的对话框中单击【投影视图】按钮，鼠标向左移动放置右视图。此时的基本视图如图 11-37 所示。

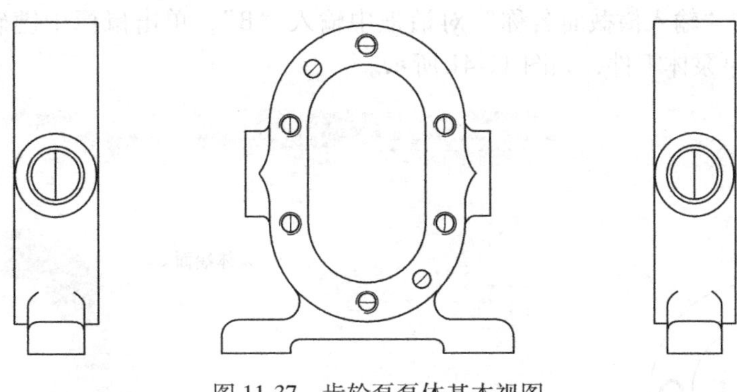

图 11-37 齿轮泵泵体基本视图

4）在工程图工作界面左下角的工程图模型树中选择曲线对象“03_PRT_ALL_CURVES”，如图 11-38 所示。鼠标右键单击，在弹出的快捷菜单中选择“隐藏”，图形将不显示多余曲线。此时的基本视图如图 11-39 所示，注意图 11-37 与图 11-39 的区别。

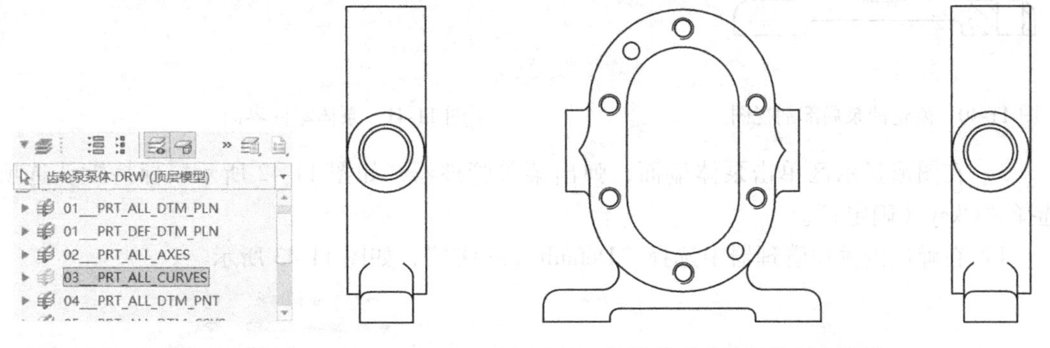

图 11-38 选择曲线对象　　图 11-39 隐藏多余曲线后的基本视图

3. 创建主视图局部剖视图

1）双击主视图，在弹出的“绘图视图”对话框的“截面”选项界面中，选中“2D 横截面”，单击【将横截面添加到视图】按钮，弹出菜单管理器，保持默认选项，选择“Done（完成）”。

2）在弹出的“输入横截面名称”对话框中输入“A”，单击鼠标中键确认，弹出菜单管理器，保持默认选项“Plane（平面）”，在图形显示区的左视图中选择 FRONT 平面（需打开平面显示）。

3）此时，系统回到“绘图视图”对话框的“截面”选项界面，将“剖切区域”调整为“局部”，“模型边可见性”选择“总计”。对泵体的吸压油口、安装螺栓孔进行参考点及边界定义，单击“箭头显示”下方空格，单击图形显示区中的主视图。此时的局部剖视图如图 11-40 所示。

4. 创建右视图旋转剖视图

1）双击右视图，在弹出的“绘图视图”对话框的“截面”选项界面中，选中“2D 横截面”，单击【将横截面添加到视图】按钮➕，弹出菜单管理器，选择“偏移”“双侧”“单一”，选择“Done（完成）”。

2）在弹出的“输入横截面名称”对话框中输入“B”，单击鼠标中键确认。此时软件将自动打开齿轮泵泵体零件，如图 11-41 所示。

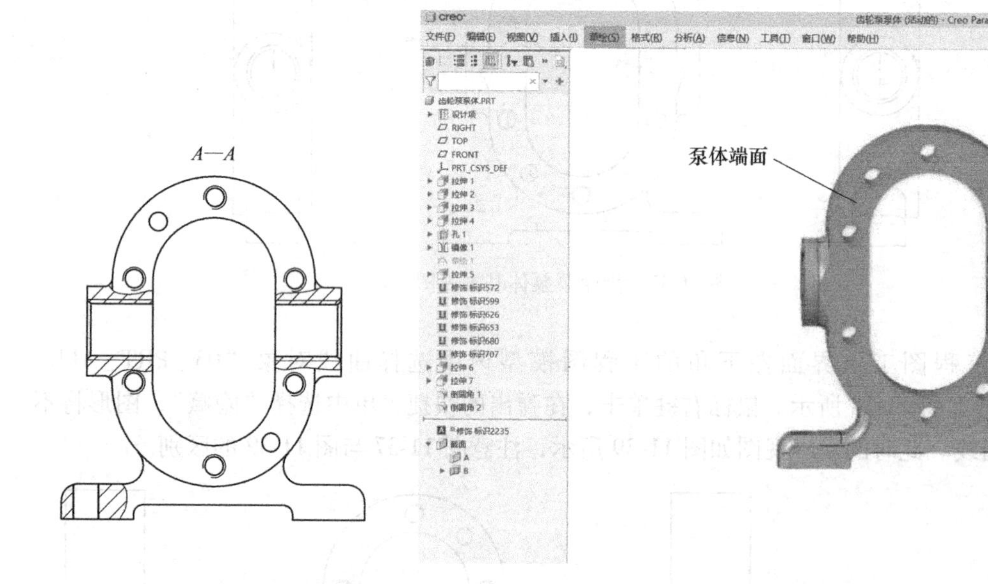

图 11-40 齿轮油泵局部剖视图　　　　图 11-41 泵体零件界面

3）在图形显示区单击泵体端面，弹出菜单管理器，如图 11-42 所示，保持默认选项，选择“Okay（确定）”。

4）在弹出的菜单管理器中选择“Default（默认）”，如图 11-43 所示。

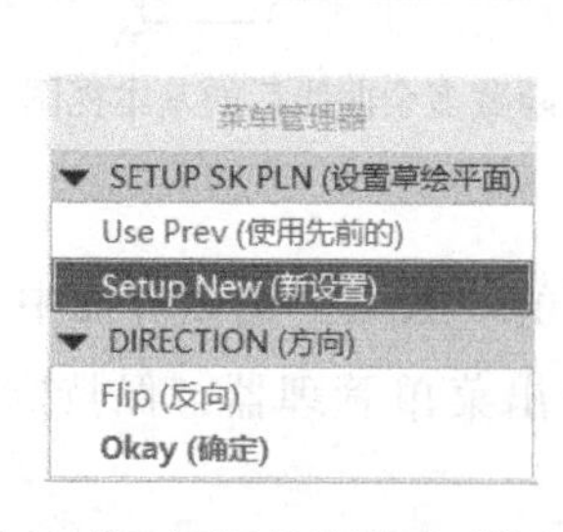

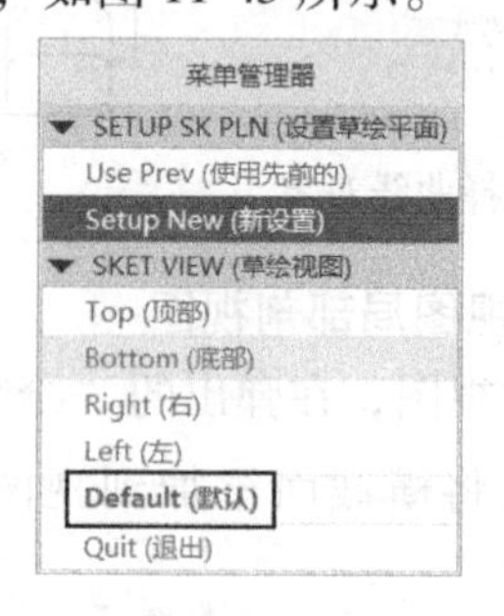

图 11-42 设置草绘平面正视方向　　　　图 11-43 设置草绘平面位置参考

5）在零件模型界面，选择【直线】命令，如图 11-44 所示。

6）完成如图 11-45 所示的草绘，该草绘为旋转剖视图的剖切面投影，在“草绘”面板中单击【完成】按钮。

7）此时，系统回到“绘图视图”对话框的“截面”选项界面，将“剖切区域”调整为“完整”，“模型边可见性”选择“总计”。单击“箭头显示”下方空格，单击图形显示区中的主视图，单击【确定】按钮，完成定位销孔及螺钉孔的旋转剖视图，如图 11-46 所示。

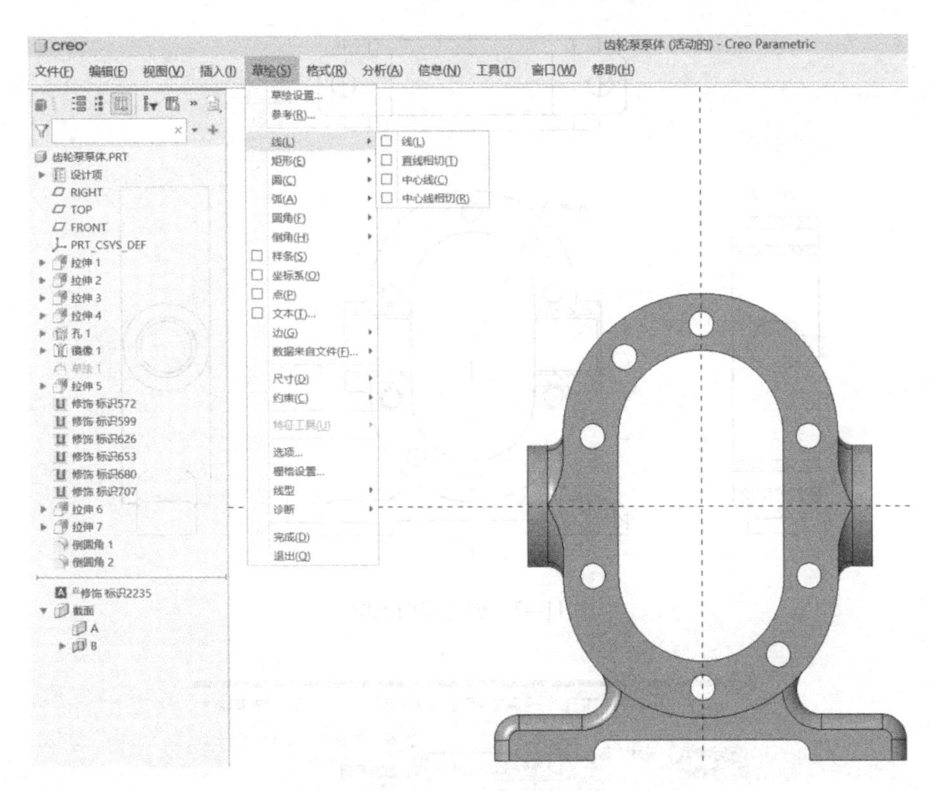

图 11-44 绘制剖切线

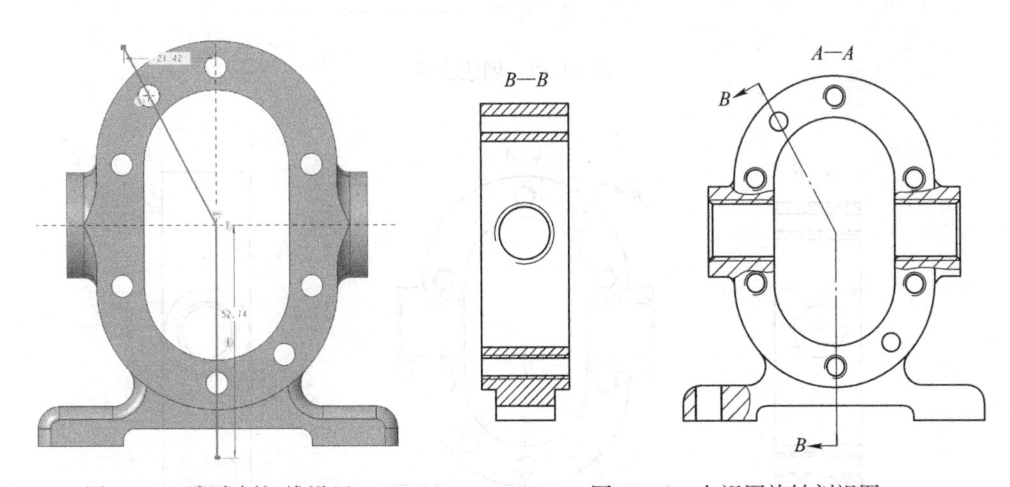

图 11-45 完成剖切线设置

图 11-46 右视图旋转剖视图

5. 创建泵体底面向视图

1）在“布局”功能选项卡的“模型视图”面板中，单击【辅助视图】按钮辅助视图，在图形显示区选择主视图的底边，鼠标向上移动放置向视图，如图 11-47 所示。

2）切换至“注释”功能选项卡，选择“独立注解”，如图 11-48 所示，为向视图输入名称“C”。

3）调整向视图位置，结果如图 11-49 所示。

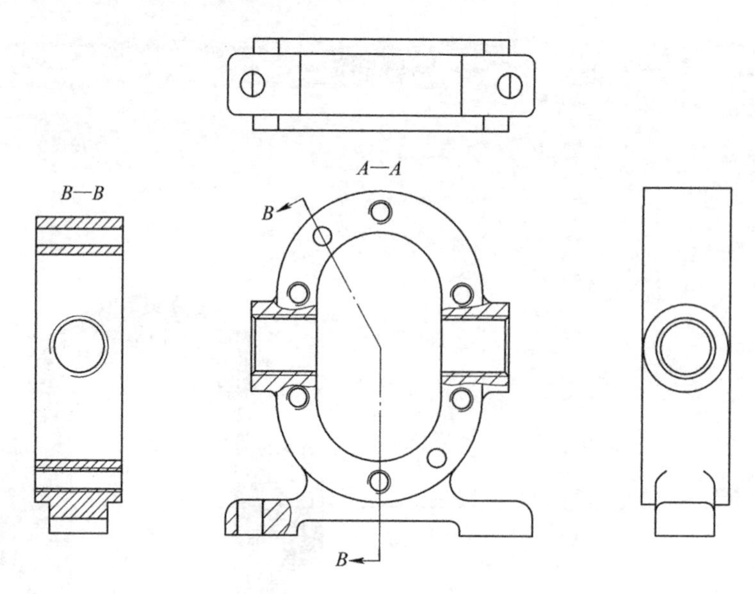

图 11-47　创建辅助视图

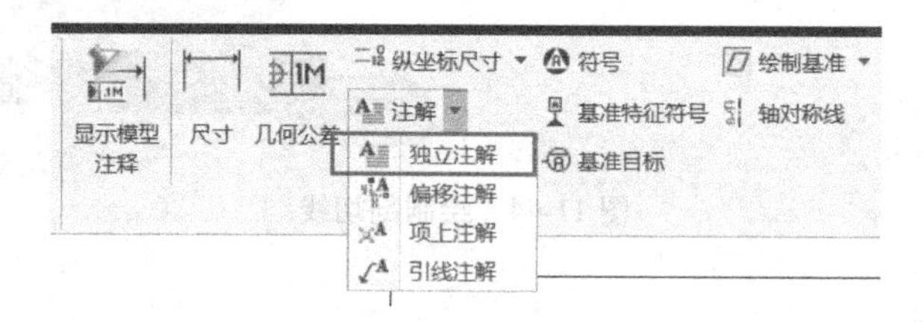

图 11-48　创建注解

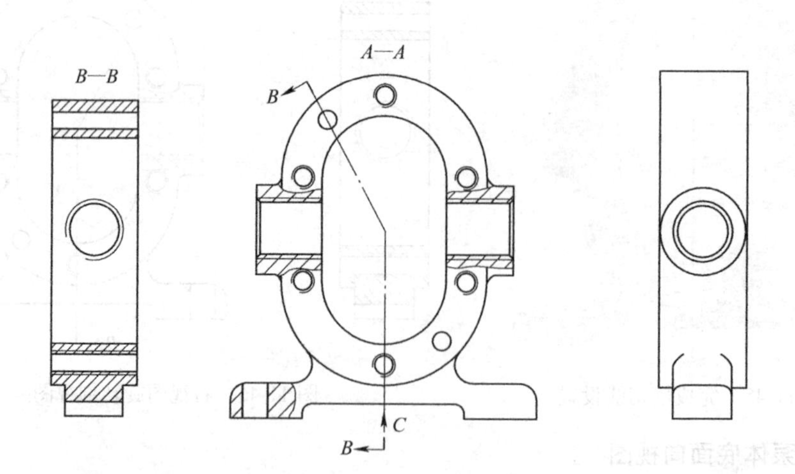

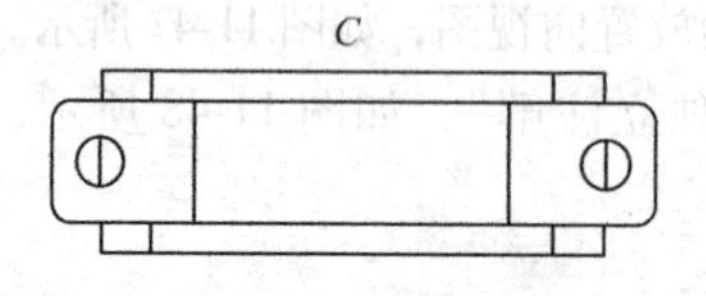

图 11-49　完成泵体工程图创建

6. 保存工程图文件

单击界面顶部快速访问工具栏中的【保存】按钮，完成齿轮泵泵体的工程图创建。

11.3.4 工程图实例四：安装架的工程图创建

11.3.4 工程图实例四：安装架的工程图创建

本实例将完成如图 11-50 所示的安装架的工程图创建。

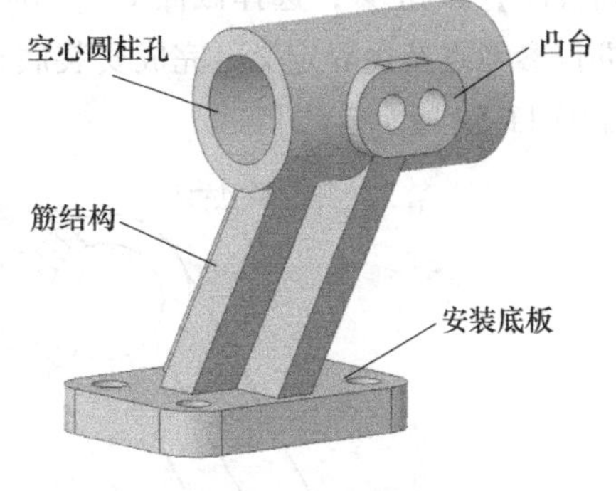

图 11-50 安装架模型

在本例中，为清晰表达安装架的空心圆柱孔、底板安装孔的结构，可在安装架主视图中创建局部剖视图；为表达凸台安装面、安装底板的结构，可创建向视图；为表达筋的结构，可创建移出断面图。

命令应用：普通视图、局部剖视图、局部向视图、向视图、移出断面图等。

创建过程：创建主视图，创建主视图局部剖视图，创建凸台局部向视图，创建安装底板向视图，创建十字筋结构的移出断面图。

关键点：局部向视图、移出断面图的创建。

建模过程：

1. 新建工程图零件

新建“名称”为“安装架”的绘图文件，并将零件“安装架 . prt”导入“默认模型”列表框中，“指定模板”选择“空”，图纸方向横向，大小为 A4，单击【确定】按钮，进入工程图工作界面。

2. 创建主视图

1）在功能区“模型视图”面板中单击【普通视图】按钮，弹出“选择组合状态”对话框。接受默认设置，单击【确定】按钮。在图形显示区方框内选择一点单击，弹出“绘图视图”对话框，在对话框的“视图类型”选项界面中选择“TOP”，选择“角度”，“旋转参考”保持“法向”，在“角度值”中输入“60”，“绘图视图”对话框设置界面如图 11-51 所示。

图 11-51 视图角度设置

2）在“绘图视图”对话框的“比例”选项界面中保持默认 1 : 1 比例不变。单击【确定】按钮完成主视图创建，结果如图 11-52 所示。

3. 创建主视图局部剖视图

1）双击主视图，在弹出的“绘图视图”对话框的“截面”选项界面中，选中“2D 横截面”，单击【将横截面添加到视图】按钮➕，选择截面 A，“剖切区域”选择“局部”，进行参考点及边界定义，完成空心圆柱孔的局部剖视图，如图 11-53 所示。

2）双击主视图，在弹出的“绘图视图”对话框的“截面”选项界面中，选中“2D 横截面”，单击【将横截面添加到视图】按钮➕，选择截面 F，“剖切区域”选择“局部”，进行参考点及边界定义，完成安装底板安装孔的局部剖视图，如图 11-54 所示。

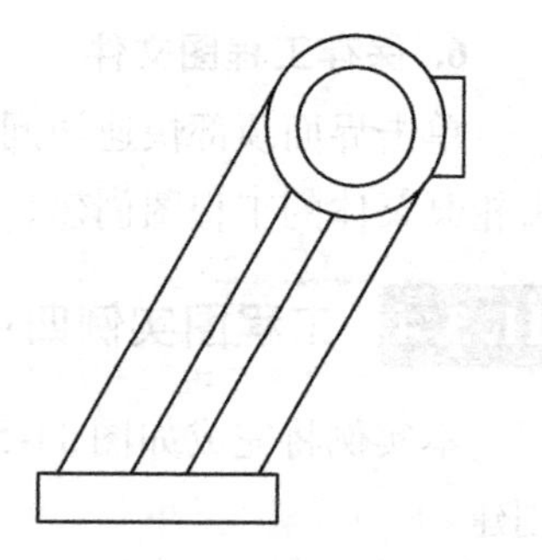

图 11-52　安装架主视图

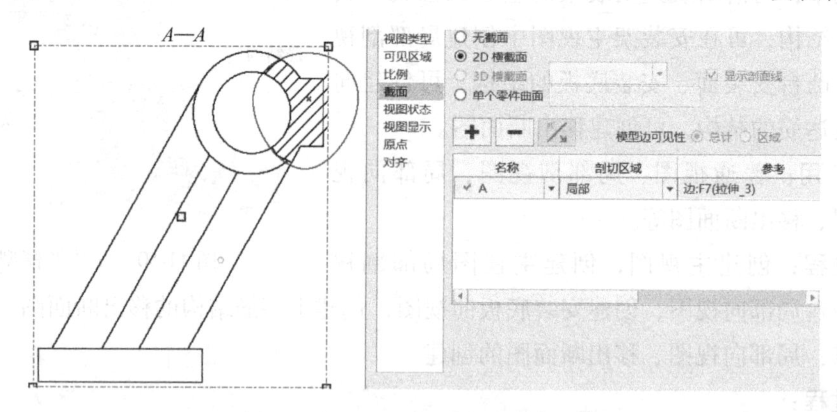

图 11-53　空心圆柱孔的局部剖视图

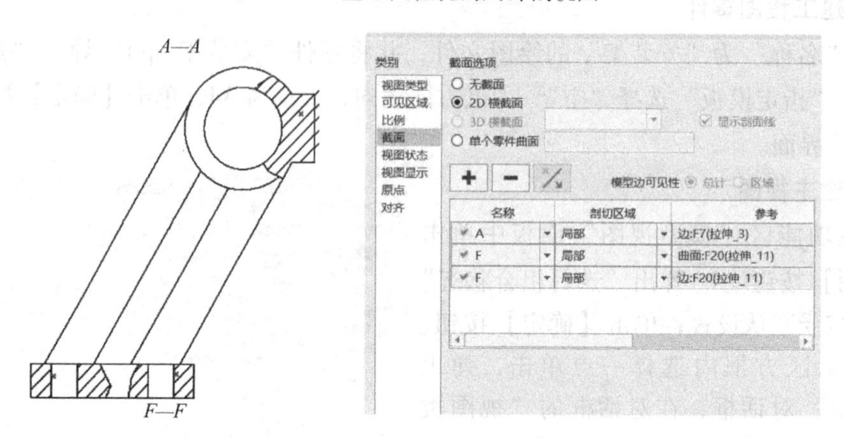

图 11-54　底板安装孔的局部剖视图

4. 创建凸台局部向视图

1）根据主视图，创建右视图，如图 11-55 所示。

2）双击右视图，弹出“绘图视图”对话框，在“可见区域”选项界面中将“视图可见性”设置为“局部视图”，定义“几何上的参考点”和“样条边界”，如图 11-56 所示。

3）单击【确定】按钮，创建的凸台局部

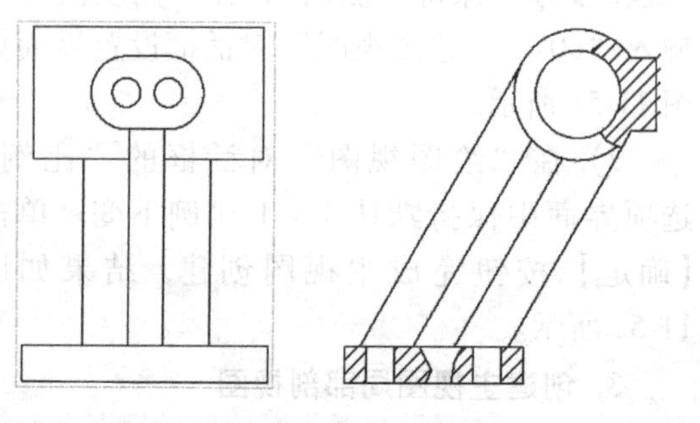

图 11-55　创建右视图

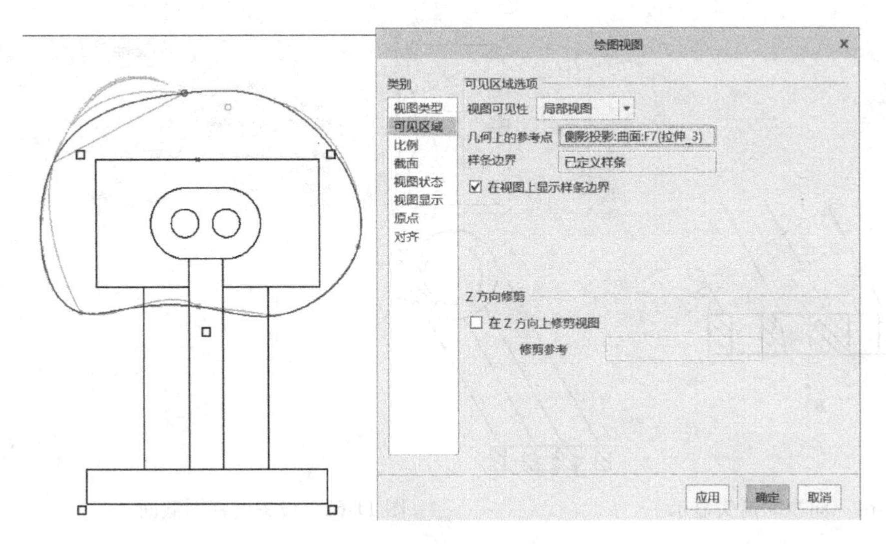

图 11-56 创建凸台局部视图

向视图如图 11-57 所示。

5. 创建安装底板向视图

1）在“布局”功能选项卡的“模型视图”面板中，单击【辅助视图】按钮 辅助视图，在图形显示区单击安装底板的底边，如图 11-58 所示。

2）鼠标向上移动放置向视图，如图 11-59 所示。

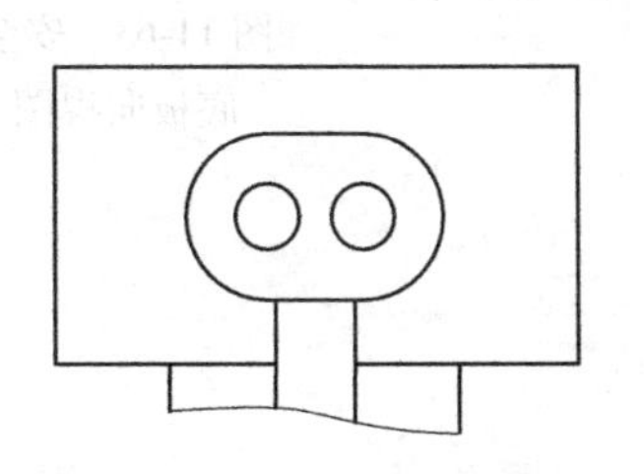

图 11-57 凸台局部向视图

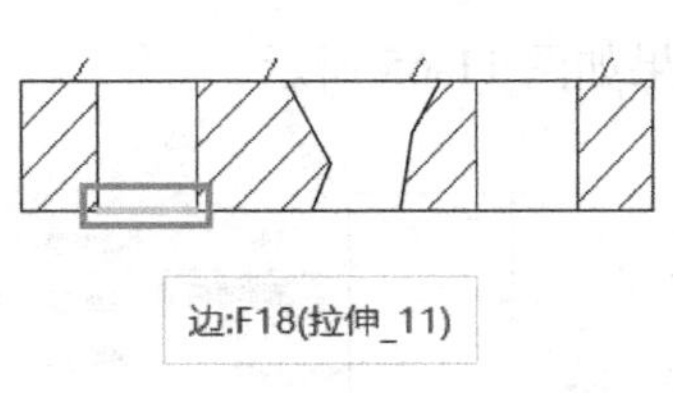

图 11-58 创建向视图

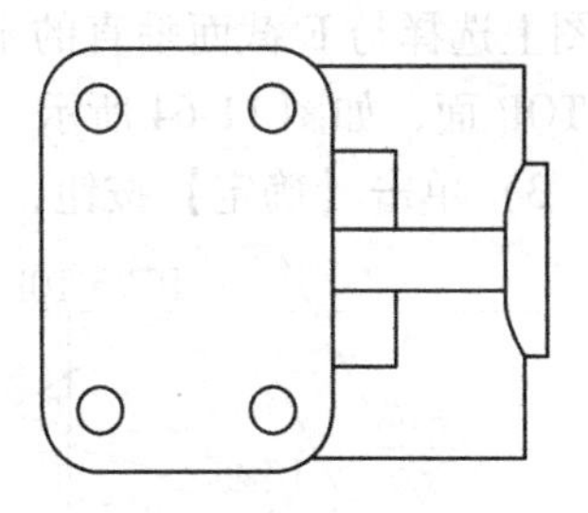

图 11-59 放置向视图

3）双击向视图，弹出“绘图视图”对话框，在“视图类型”选项界面中将“视图名称”设置为“B”；“投影箭头”选择“单箭头”，单击安装底板的底边，“绘图视图”对话框如图 11-60 所示。

4）单击【确定】按钮，调整主视图上单箭头的位置，结果如图 11-61 所示。

5）双击向视图，弹出“绘图视图”对话框，将“绘图视图”对话框中的类别选择为“截面”，接着在“截面选项”中选择“单个零件曲面”，单击向视图中的安装底板平面，此时的工程图及“绘图视图”对话框如图 11-62 所示。

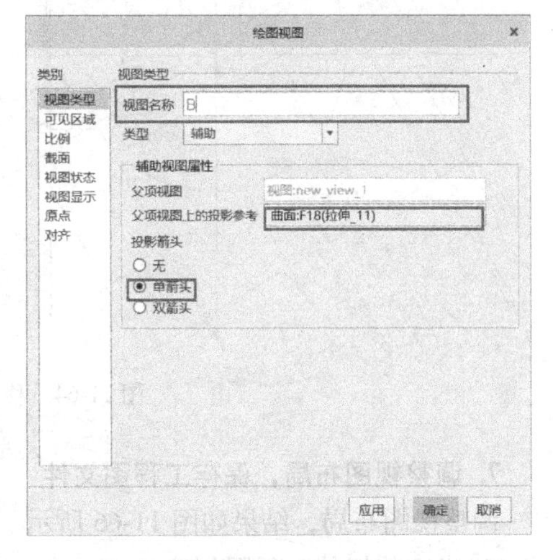

图 11-60 设置向视图的名称和箭头

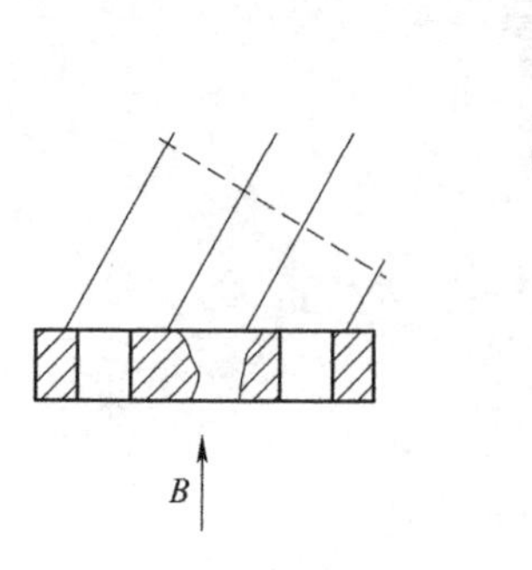

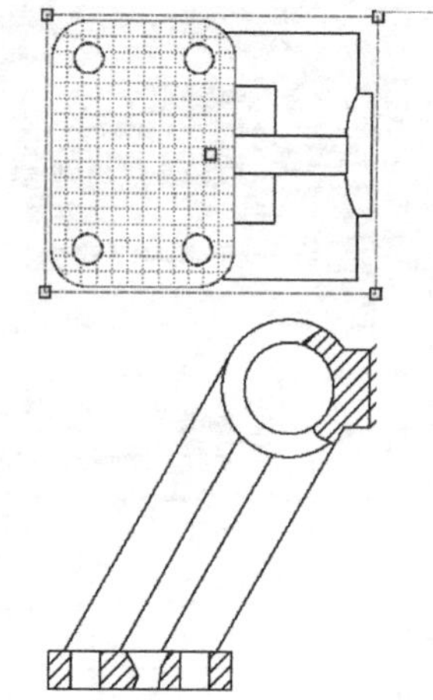

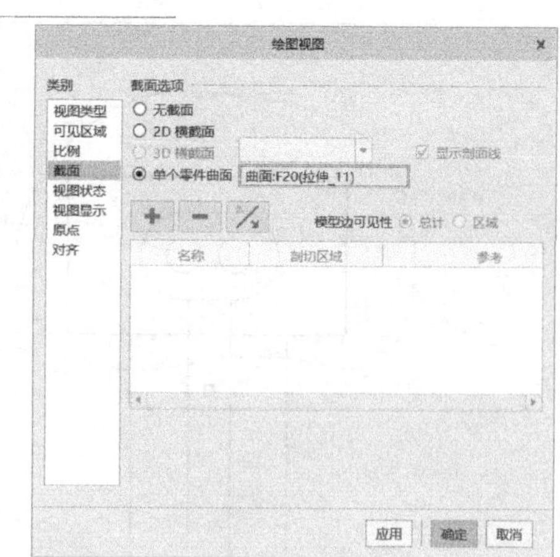

图 11-61　向视图箭头显示　　　　图 11-62　设置向视图截面

6）单击【确定】按钮，创建安装底板向视图，如图 11-63 所示。

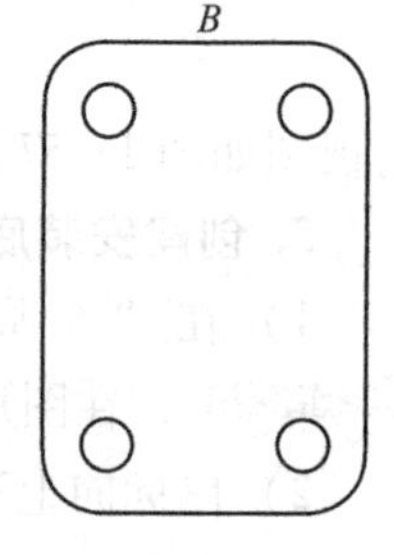

图 11-63　安装底板向视图

6. 创建十字筋结构的移出断面图

1）单击“布局”选项卡中的【旋转视图】按钮 旋转视图，选择主视图作为旋转视图的父视图，接着在图形显示区任意位置单击。

2）系统弹出“绘图视图”对话框，在“视图类型”选项界面中选择“旋转视图属性”的“横截面”为“E”，单击“对齐参考”选项，在主视图上选择与 E 截面垂直的平面（E 截面可打开安装架三维模型查看），如 TOP 面，如图 11-64 所示。

3）单击【确定】按钮，结果如图 11-65 所示。

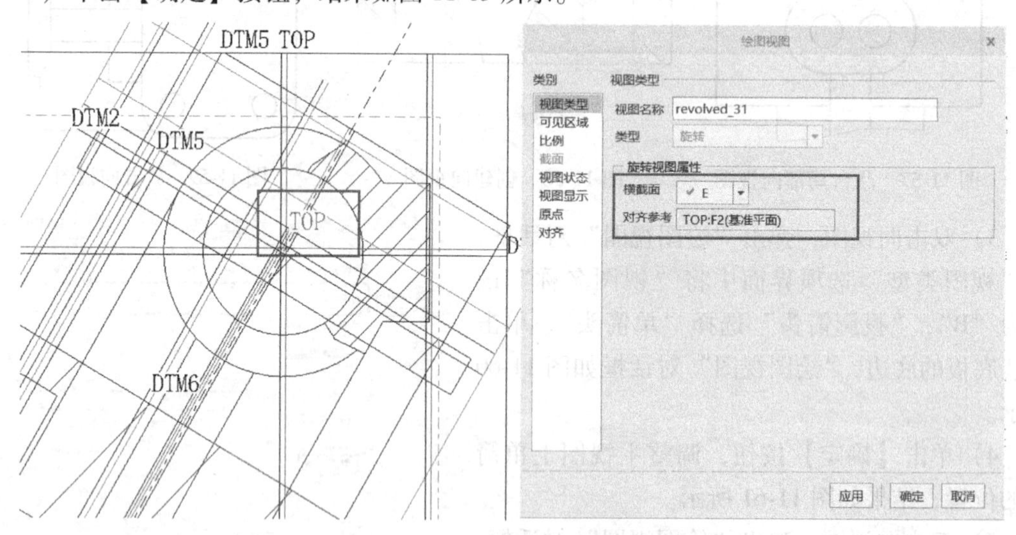

图 11-64　移出断面图横截面设置

7. 调整视图布局，保存工程图文件

调整视图布局，结果如图 11-66 所示。单击界面顶部快速访问工具栏中的【保存】按钮 ，完成安装架的工程图创建。

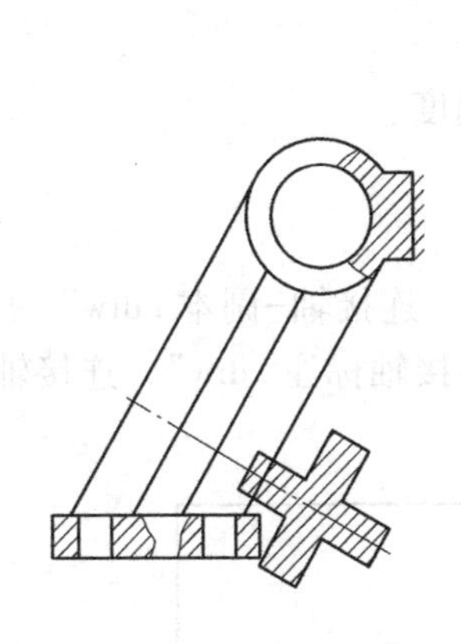

图 11-65　完成断面图创建

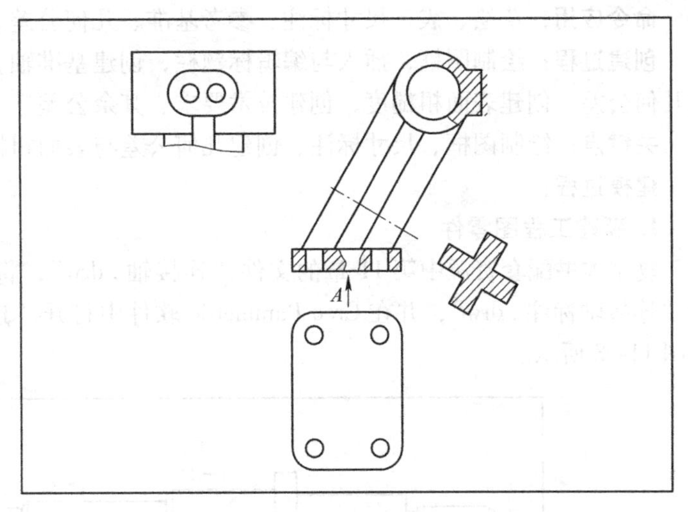

图 11-66　完成安装架的工程图创建

11.3.5　工程图实例五：轴的工程图标注

11.3.5　工程图实例五：轴的工程图标注

本实例将完成如图 11-67 所示轴工程图的创建。

读者需要掌握图框绘制、尺寸标注、基准与几何公差标注、文本注释等操作，才能完成该实例。

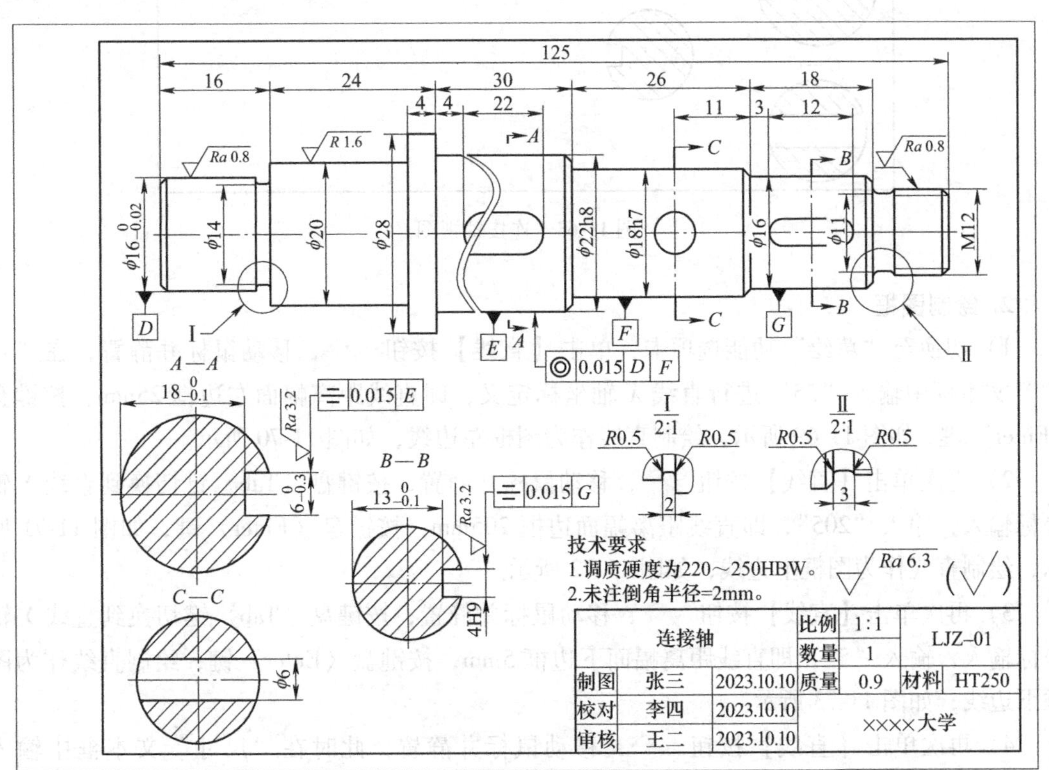

图 11-67　轴工程图

命令应用： 草绘、表、尺寸标注、参考基准、几何公差、表面粗糙度等。

创建过程： 绘制图框，插入与编辑标题栏，创建基准轴，尺寸标注，创建参考基准，创建几何公差，创建表面粗糙度，创建技术要求、其余公差。

关键点： 绘制图框、尺寸标注、创建几何公差与表面粗糙度。

建模过程：

1. 新建工程图零件

复制本书配套资源中第 11 章的文件“连接轴 . drw”，将“连接轴-副本 . drw”重命名为“连接轴标注 . drw”，并在 Creo Parametric 软件中打开“连接轴标注 . drw”，连接轴视图如图 11-68 所示。

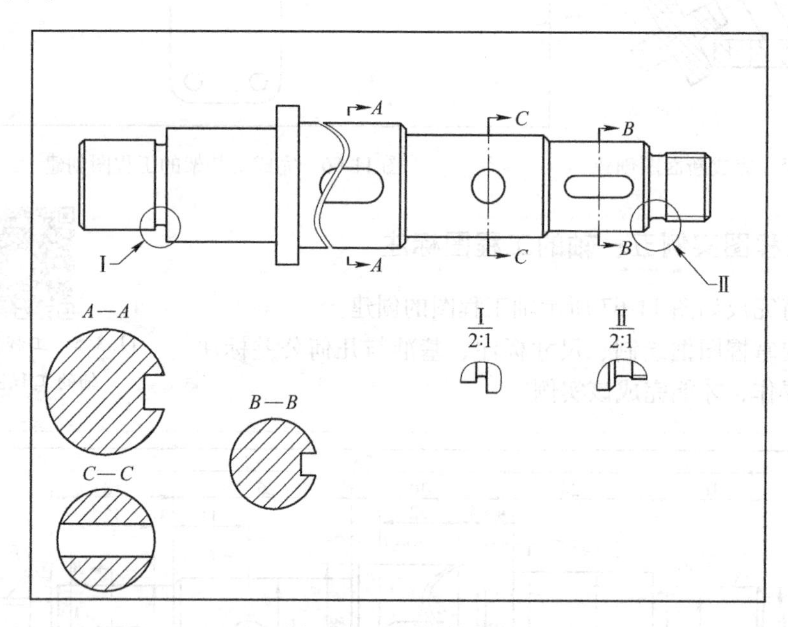

图 11-68　连接轴视图

2. 绘制图框

1）切换至“草绘”功能选项卡，单击【直线】按钮，移动鼠标并静置，在“尺寸”文本框中输入“25”进行直线 *X* 轴坐标定义，即直线距离幅面左边框 25mm，按键盘〈Enter〉键，如图 11-69 所示，绘制直线作为图框左边线，如图 11-70 所示。

2）再次单击【直线】按钮，移动鼠标并静置，按键盘〈Tab〉键切换到直线 *Y* 轴坐标输入，输入“205”，即直线距离幅面边框 205mm，按键盘〈Enter〉键，如图 11-71 所示，绘制直线作为图框上边线，如图 11-72 所示。

3）再次单击【直线】按钮，移动鼠标并静置，按键盘〈Tab〉键切换到直线 *Y* 轴坐标输入，输入“5”，即直线距离幅面下边框 5mm，按键盘〈Enter〉键，绘制直线作为图框下边线，如图 11-73 所示。

4）再次单击【直线】按钮，移动鼠标并静置，此时在“尺寸”文本框中输入“292”，进行直线 *X* 轴坐标定义，即直线距离幅面左边框 292mm，按键盘〈Enter〉键，绘制直线作为图框右边线，如图 11-74 所示。

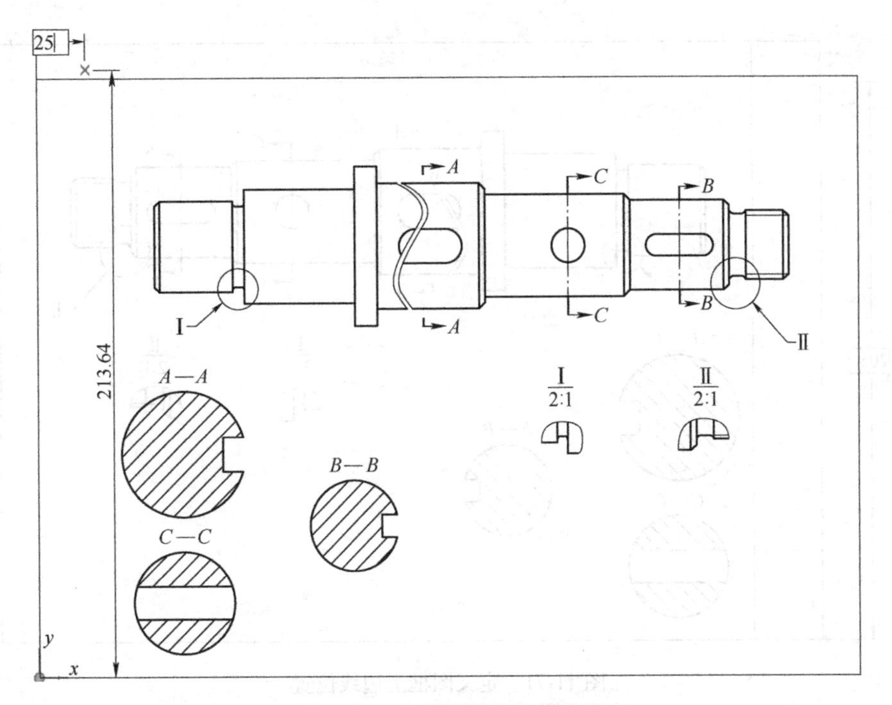

图 11-69　定义图框左边线位置

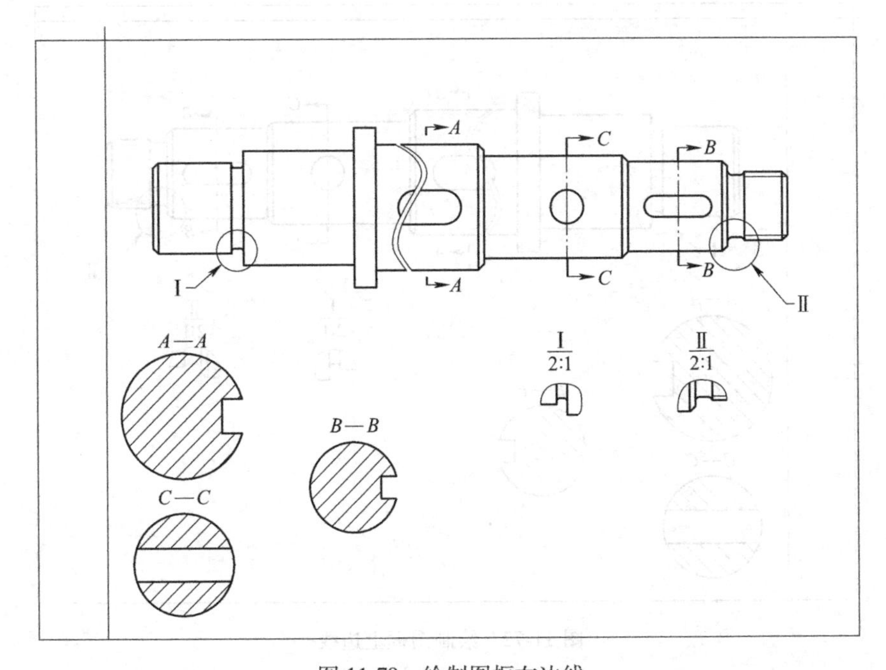

图 11-70　绘制图框左边线

5）使用【拐角】命令完成图框修剪，如图 11-75 所示。

3. 插入与编辑标题栏

1）切换至“表”功能选项卡，单击【表来自文件】按钮 表来自文件，在“打开”对话

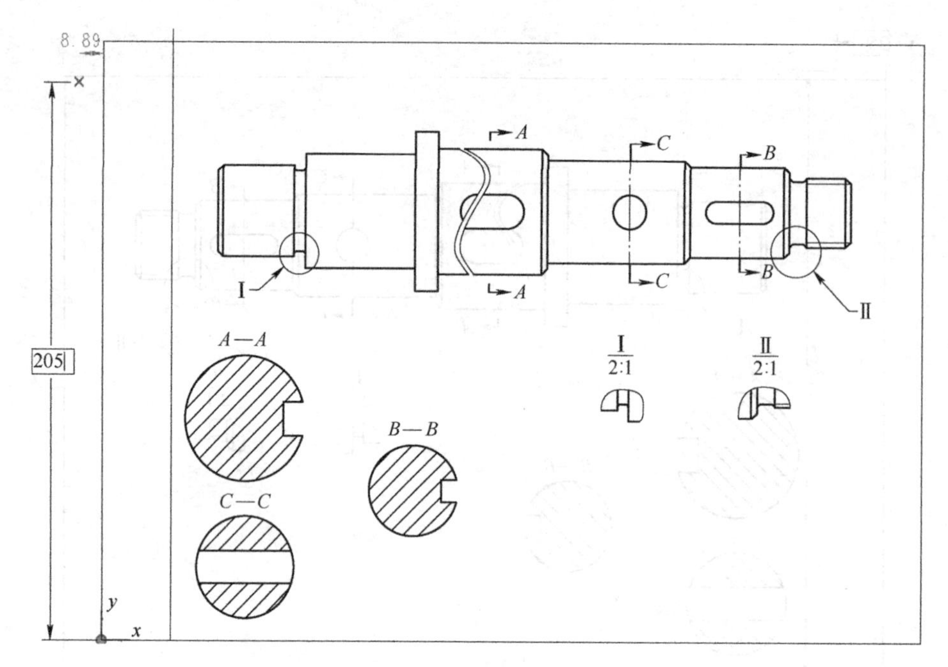

图 11-71　定义图框上边线位置

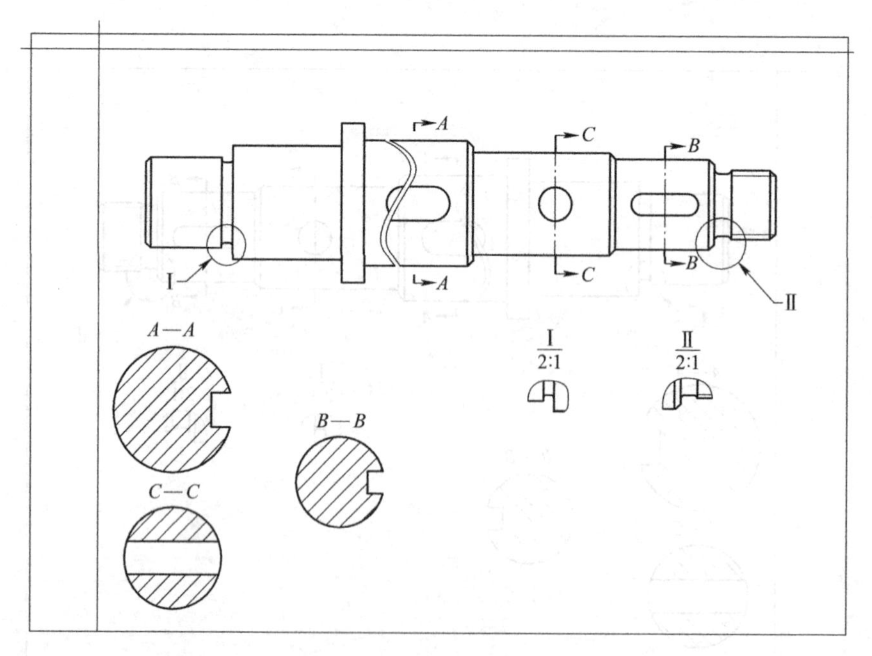

图 11-72　绘制图框上边线

框中找到本书配套资源中的文件“标题栏 . tbl”，单击【确定】按钮，用鼠标在绘图区任意位置单击放置标题栏，如图 11-76 所示。

2）单击“表”功能选项卡，在绘图区框选标题栏，打开“表”下拉列表，单击【移动特殊】按钮，如图 11-77 所示。

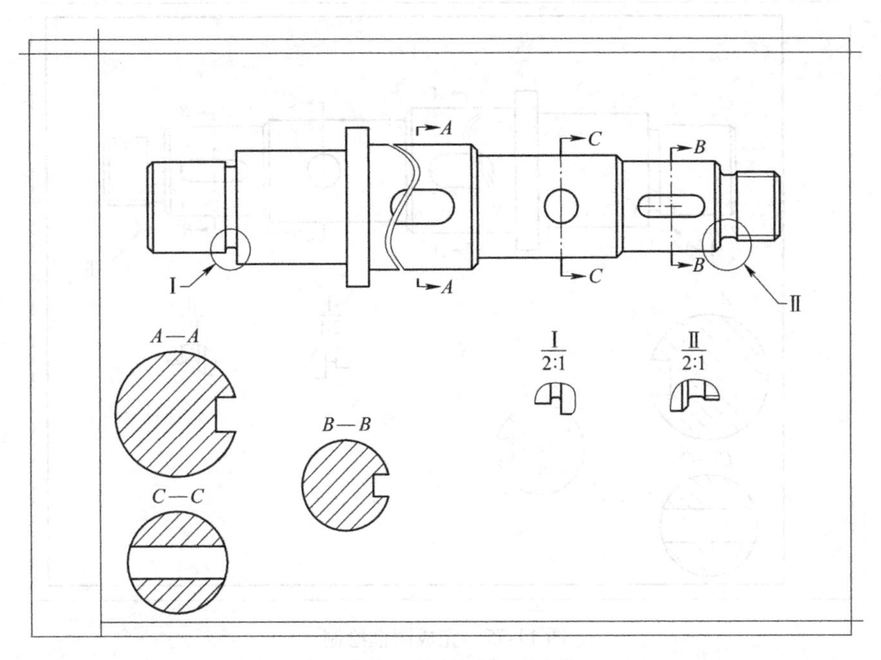

图 11-73 绘制图框下边线

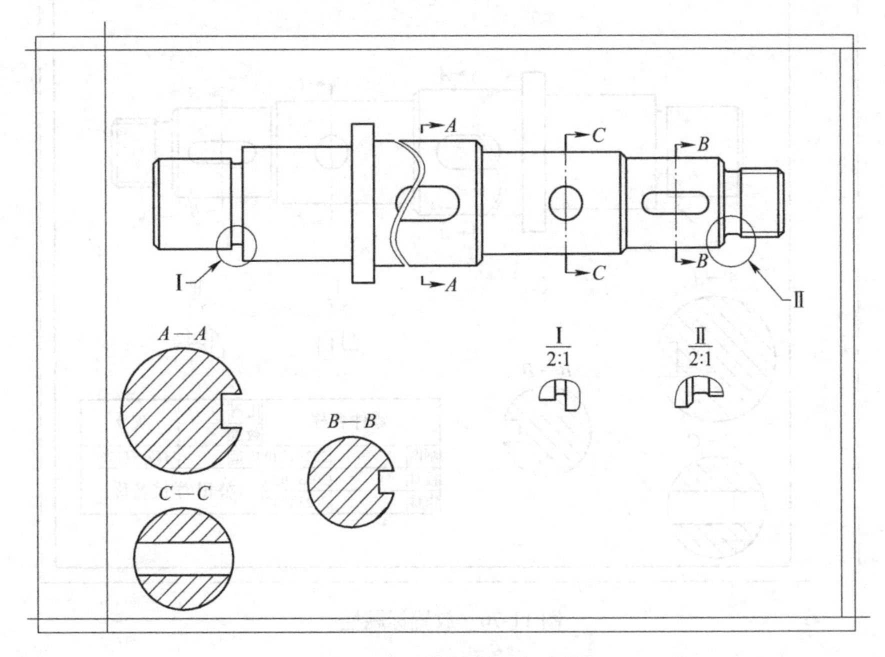

图 11-74 绘制图框右边线

3）单击标题栏右下角，系统弹出“移动特殊”对话框，单击【将对象捕捉到指定顶点】按钮，如图 11-78 所示。

4）单击图框右下角，单击【确定】按钮，完成标题栏的放置，如图 11-79 所示。

5）在“表”功能选项卡中，单击标题栏中“制图”后方的空格，在弹出的快捷菜

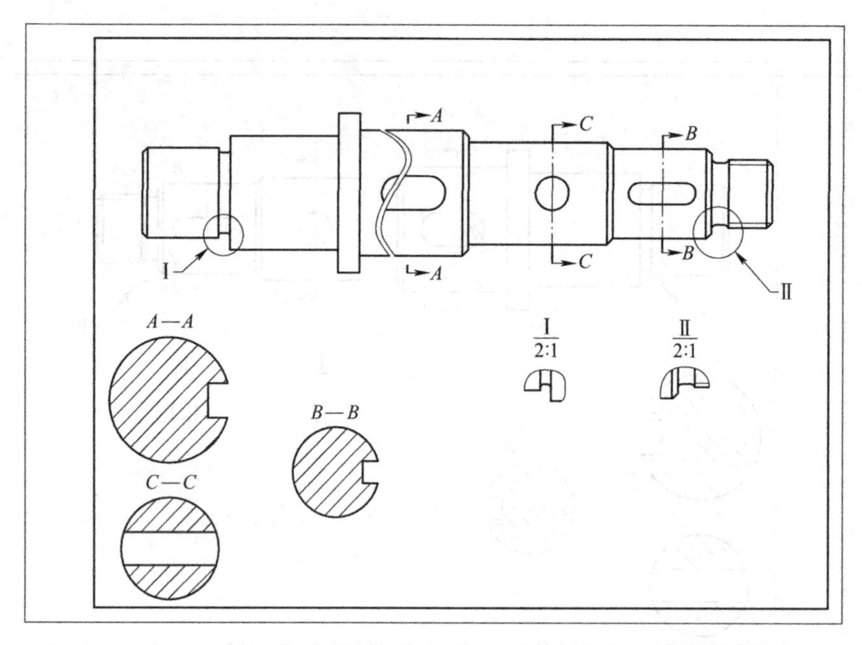

图 11-75　完成图框绘制

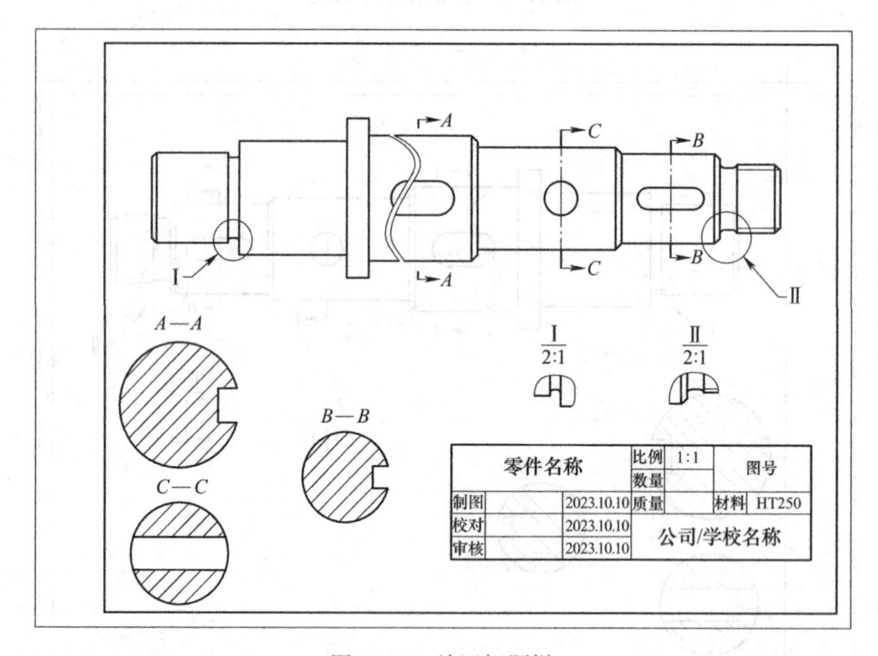

图 11-76　放置标题栏

单中，单击【属性】按钮，弹出“注解属性”对话框。在该对话框的“文本”选项卡中输入制图人姓名后，单击“文本样式”选项卡，单击【选择文本】按钮，如图 11-80 所示。接着单击标题栏中的“制图”，完成制图人姓名的格式修改，单击【确定】按钮。

6）用同样的方式完成标题栏其他文本的输入，如图 11-81 所示。

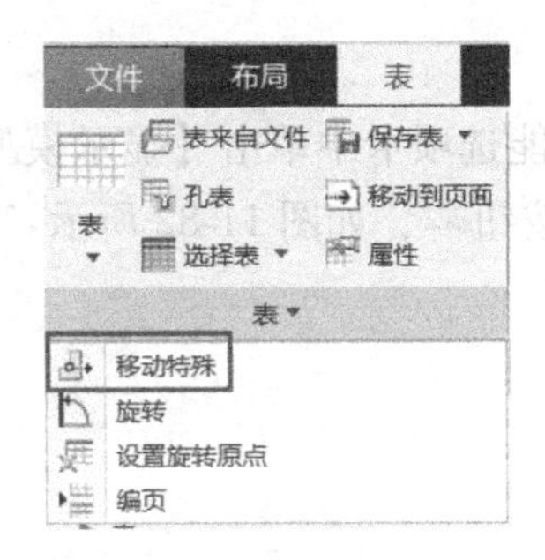

图 11-77　设置标题栏移动

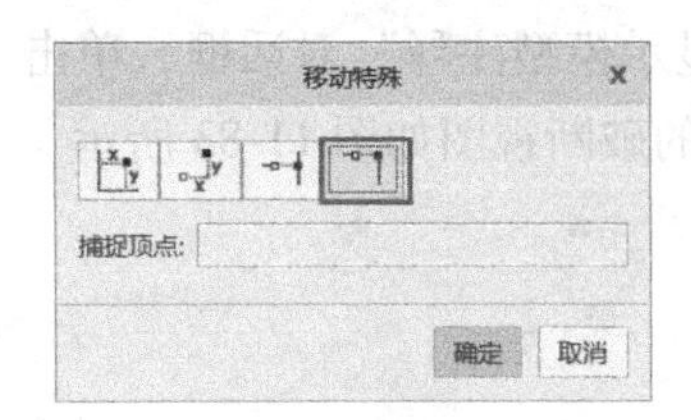

图 11-78　设置标题栏移动特殊方式

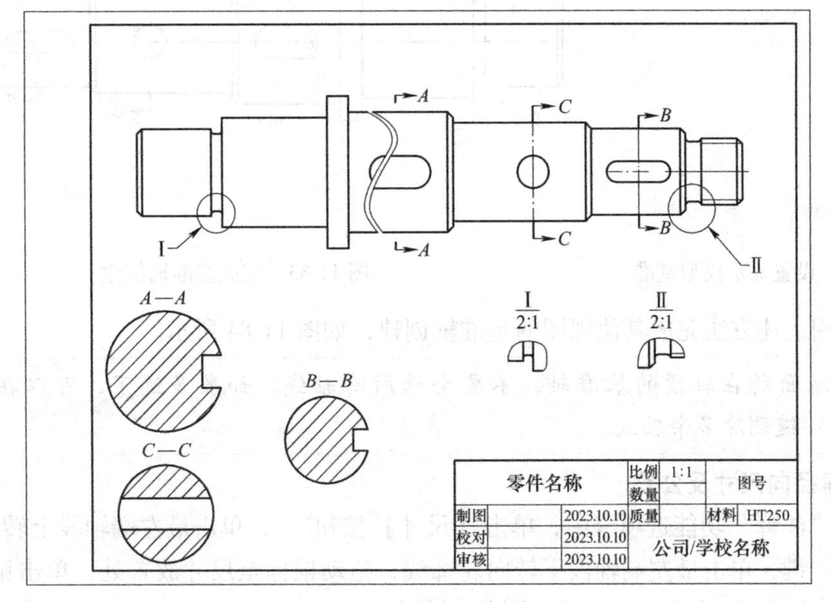

图 11-79　完成标题栏放置

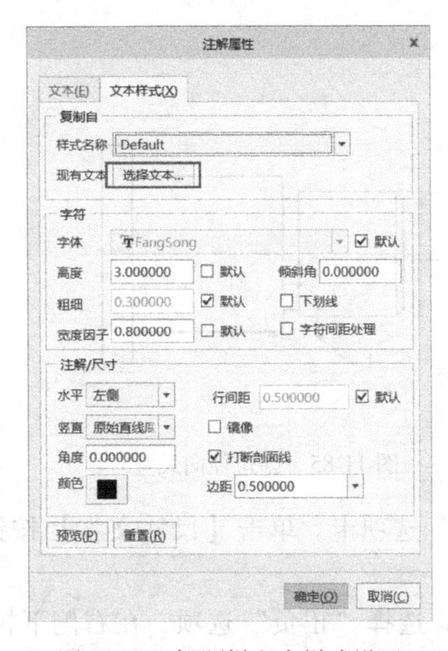

图 11-80　标题栏文本样式设置

连接轴			比例	1:1	LJZ–01	
			数量	1		
制图	张三	2023.10.10	质量	0.9	材料	HT250
校对	李四	2023.10.10	××××大学			
审核	王二	2023.10.10				

图 11-81　完成标题栏其他文本的输入

4. 创建基准轴（自动创建）

1）在绘图区框选破断视图，然后在“注释”功能选项卡中单击【显示模型注释】按钮，弹出“显示模型注释”对话框，单击【全选】按钮，如图 11-82 所示。

2）此时的破断视图如图 11-83 所示。

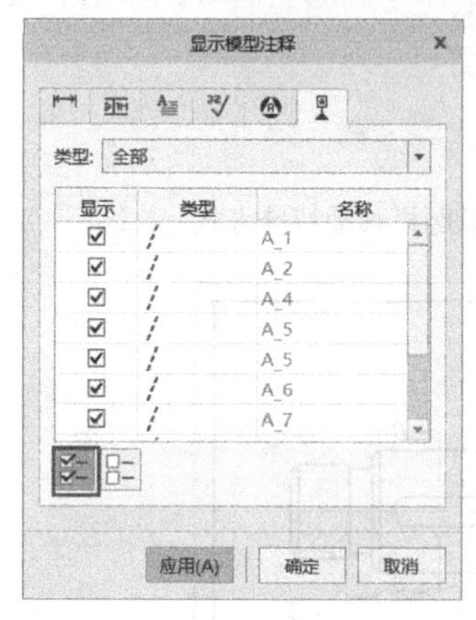

图 11-82 设置显示模型基准

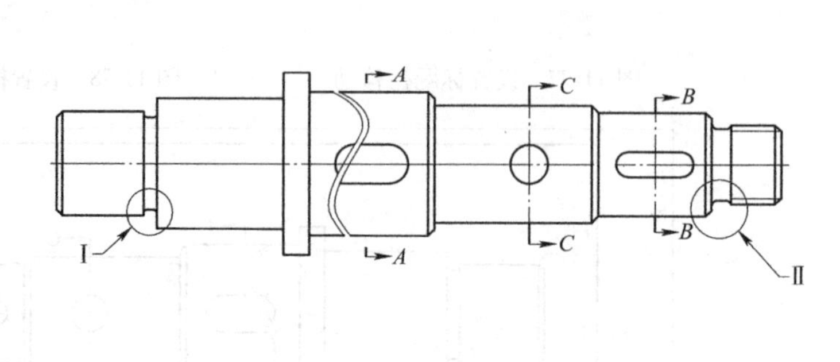

图 11-83 完成基准轴创建

3）使用上述方法完成其他视图的基准轴创建，如图 11-84 所示。

📖 仅选择断面所在轴段的基准轴，不要全选所有轴线。如果多选了，可以在视图中按〈Delete〉键删除多余轴线。

5. 创建径向尺寸及公差

1）在“注释”功能选项卡中，单击【尺寸】按钮，单击最左端轴段上转向轮廓线，按住〈Ctrl〉键，单击最左端轴段下转向轮廓线，拖动鼠标至尺寸放置处，单击鼠标中键放置尺寸，如图 11-85 所示。

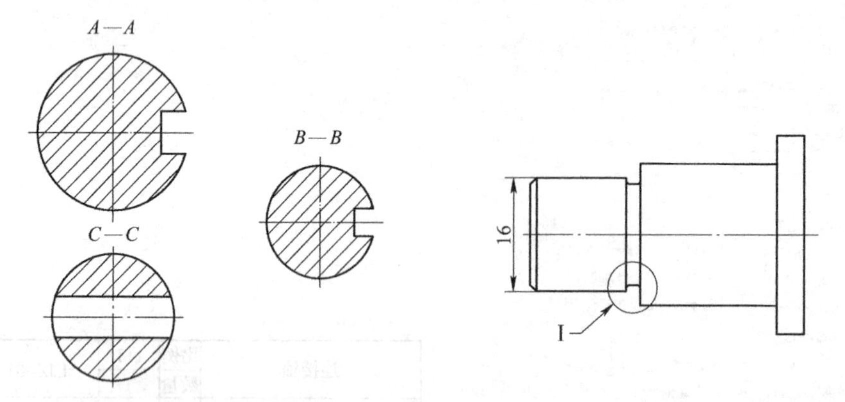

图 11-84 完成断面基准轴创建

图 11-85 创建径向尺寸

2）单击步骤 1）创建的尺寸 16，弹出“尺寸”选项卡。单击【尺寸文本】按钮，选择符号“ϕ”，如图 11-86 所示。

3）在“尺寸”选项卡中，单击【公差】按钮，选择“正负”选项，在右侧下拉列表框中选择“无”，输入上、下极限偏差，如图 11-87 所示。

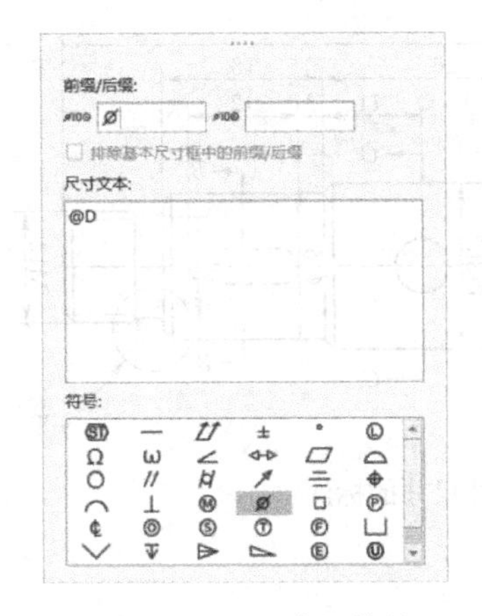

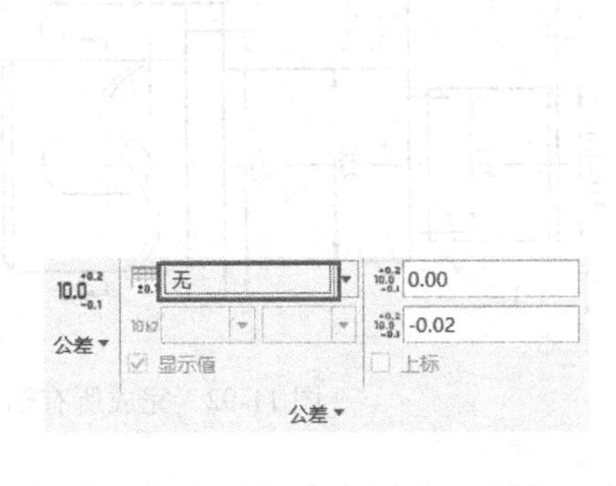

图 11-86　显示直径符号　　　　图 11-87　标注上、下极限偏差

4）按照上述方法完成其他径向尺寸及公差标注，如图 11-88 所示。

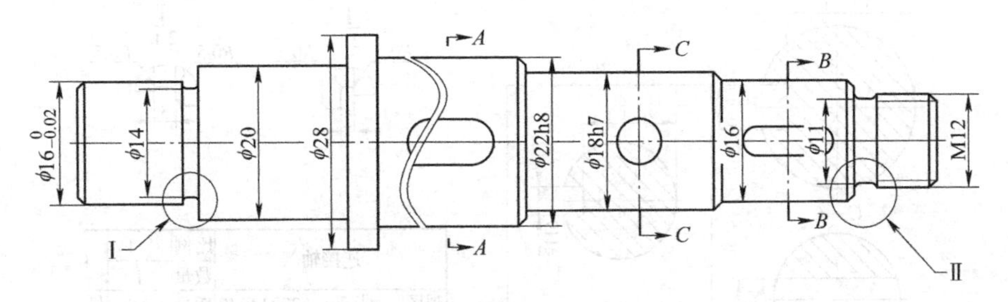

图 11-88　完成其他径向尺寸及公差标注

对于最右端的 M12 尺寸，可按图 11-89 所示进行编辑。

6. 创建轴向线性尺寸

1）在“注释”功能选项卡中，单击【尺寸】按钮，单击破断视图段的键槽左端，按住键盘〈Ctrl〉键，单击键槽右端，拖动鼠标至尺寸放置处，单击鼠标中键放置尺寸，如图 11-90 所示。

2）单击步骤 1）创建的尺寸 16，弹出“尺寸”选项卡，将“弧连接”均调整为“最大”，此时将标注键槽总长，如图 11-91 所示。

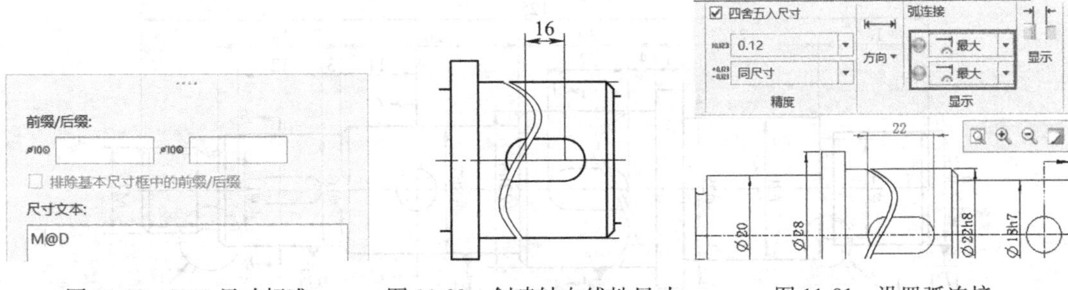

图 11-89　M12 尺寸标准　　图 11-90　创建轴向线性尺寸　　图 11-91　设置弧连接

3）按照上述方法，完成所有轴向线性尺寸的标注，结果如图 11-92 所示。

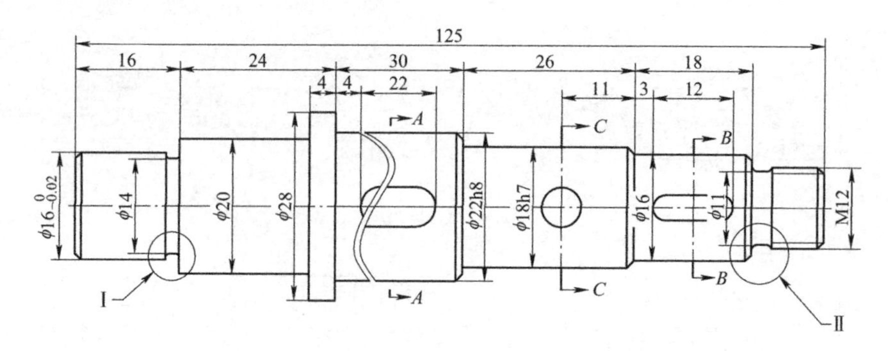

图 11-92　完成所有轴向线性尺寸的标注

7. 完成剖视图、局部放大图的尺寸及公差标注

按照上述方法，完成剖视图、局部放大图的尺寸及公差标注，结果如图 11-93 所示。

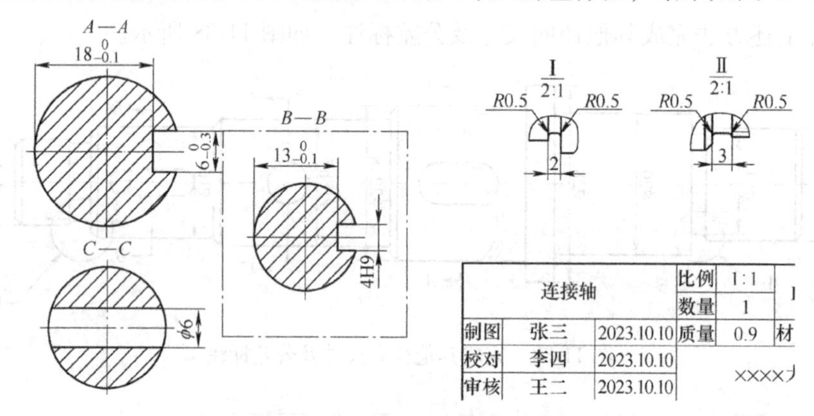

图 11-93　完成其他视图尺寸及公差标注

8. 创建参考基准

1）在“注释”功能选项卡中，单击【基准特征符号】按钮 基准特征符号，单击 ϕ16 尺寸界线，向下拖动鼠标后单击鼠标中键确认，结果如图 11-94 所示。

2）按照上述方法，完成其余参考基准的创建，结果如图 11-95 所示。

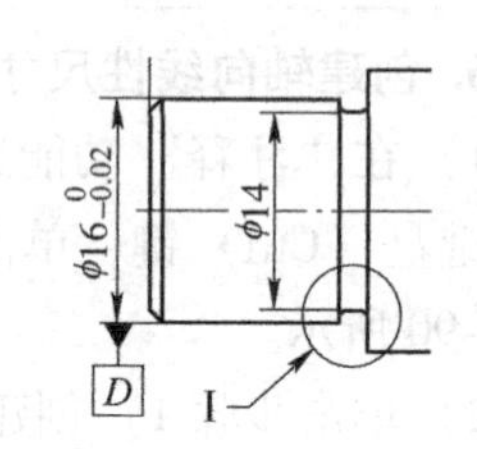

图 11-94　完成基准 D 创建

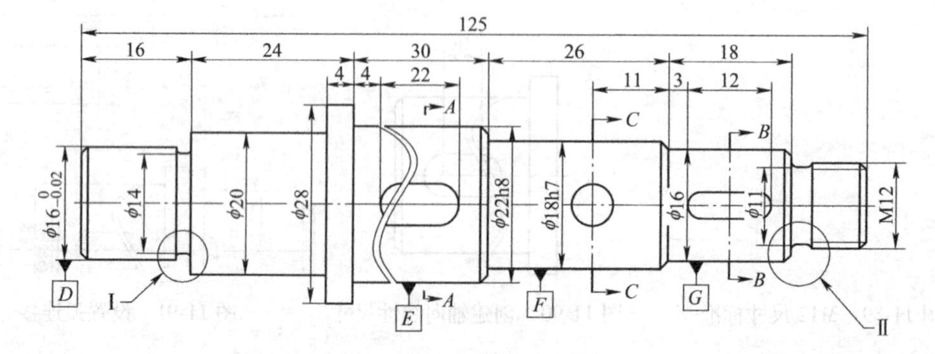

图 11-95　完成其余基准创建

9. 创建几何公差

1）在“注释”功能选项卡中，单击【几何公差】按钮，单击轴中部带键槽轴段转向轮廓线，向下拖动鼠标后单击鼠标中键确认，结果如图 11-96 所示。

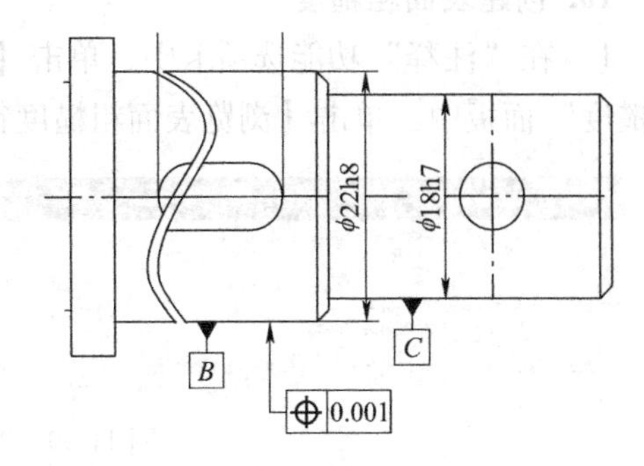

图 11-96 创建几何公差

2）单击步骤 1）创建的几何公差，弹出“几何公差”面板，“几何特性”选择“同心度”◎，数值设置为 0.015，单击【从模型选择基准参考】按钮，单击图形显示区的“基准 D”“基准 F”，结果如图 11-97 所示。

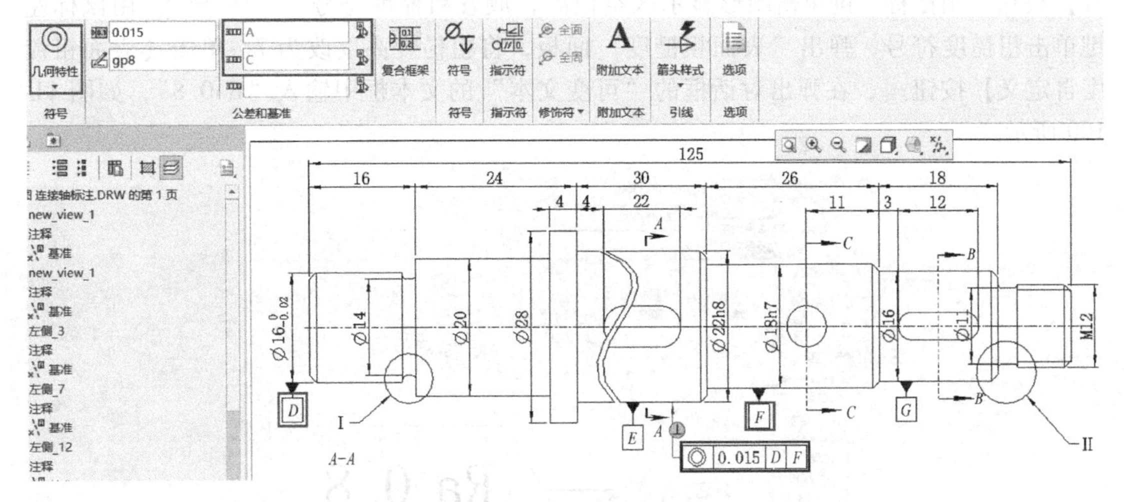

图 11-97 完成几何公差创建

3）按照上述方法，完成其余几何公差的创建，结果如图 11-98 所示。

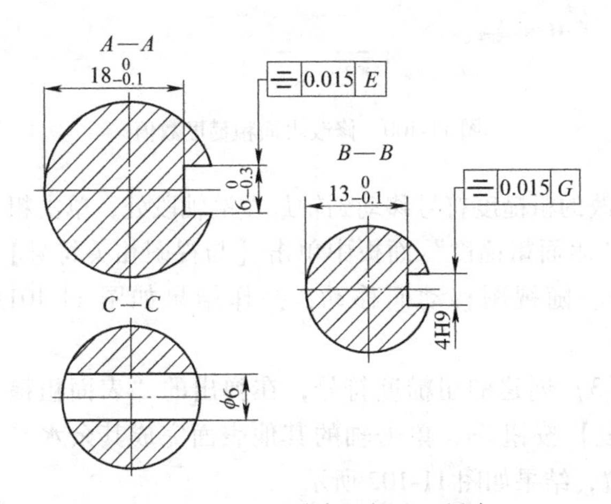

图 11-98 完成其余几何公差创建

10. 创建表面粗糙度

1）在“注释”功能选项卡中，单击【表面粗糙度】按钮 表面粗糙度，在弹出的“表面粗糙度”面板中，单击【浏览表面粗糙度符号】按钮，如图 11-99 所示。

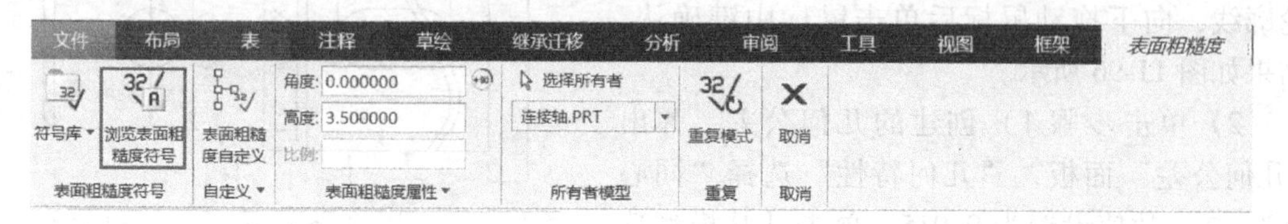

图 11-99 “表面粗糙度”面板

2）在“打开”对话框中找到本书配套资源中的文件“粗糙度 . sym. 1”，单击【打开】按钮，用鼠标左键单击图形显示区空白处，放置粗糙度符号 roughness_height。用鼠标左键单击粗糙度符号，弹出“表面粗糙度”面板，将粗糙度高度改为 7，单击【表面粗糙度自定义】按钮，在弹出对话框的“可变文本”的文本框中输入“Ra0. 8”，如图 11-100 所示。

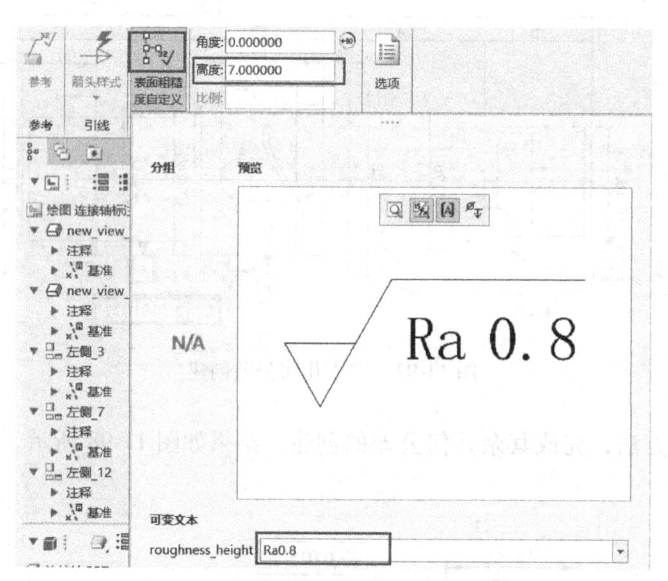

图 11-100 修改表面粗糙度数值

3）将步骤 2）修改的粗糙度符号移动到轴最左端轴段处，单击粗糙度符号，在弹出的“表面粗糙度”面板中单击【与视图相关符号】按钮，粗糙度符号将随视图移动而移动，操作结果如图 11-101 所示。

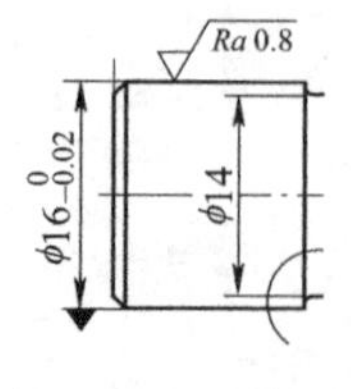

图 11-101 放置粗糙度符号

4）继续单击步骤 3）创建的粗糙度符号，在弹出的“表面粗糙度”面板中单击【重复】按钮，单击轴的其他表面完成其余水平方向粗糙度符号的放置，结果如图 11-102 所示。

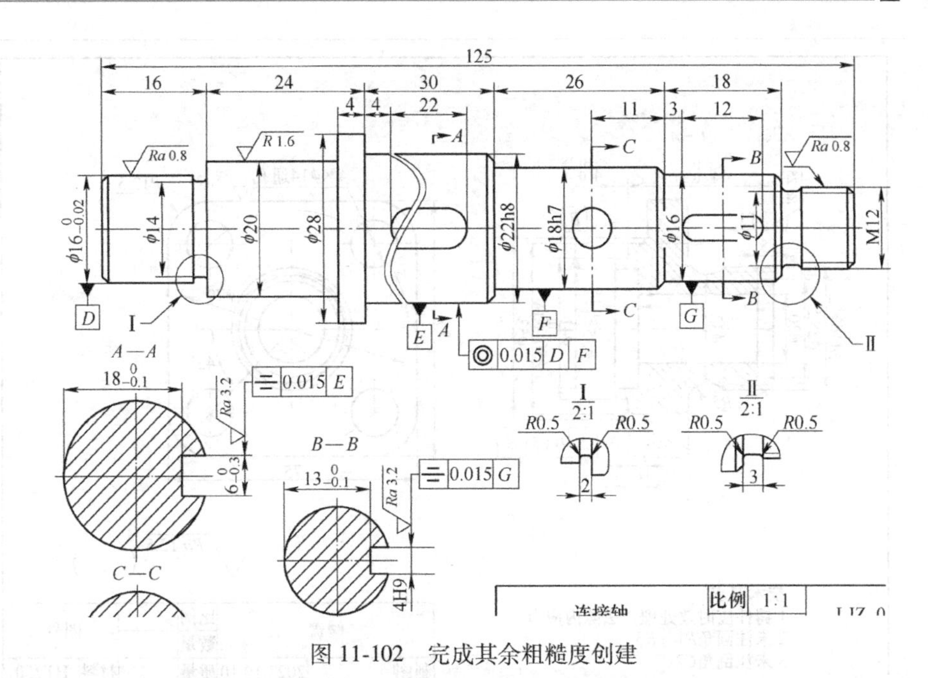

图 11-102　完成其余粗糙度创建

📖 创建竖直方向粗糙度符号时，需要对水平粗糙度符号进行角度调整，可单击“表面粗糙度”面板中的【+90】按钮，如图 11-103 所示。

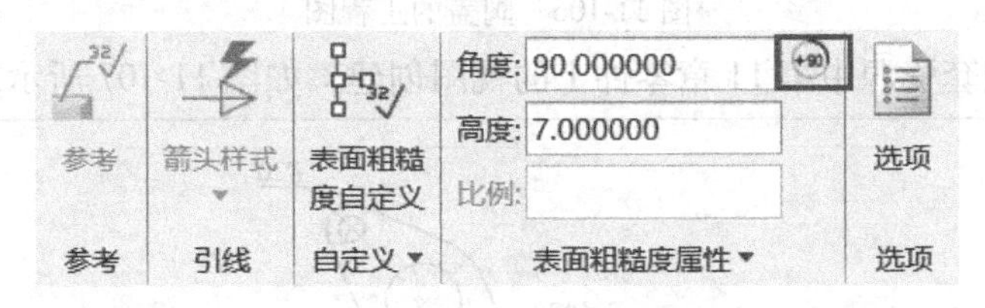

图 11-103　粗糙度符号角度调整

11. 创建技术要求、其余公差

1）在“注释”功能选项卡中，单击【注解】按钮 注解，在图形视图显示区单击放置注解，在注解中输入技术要求内容，将字高调整为 5mm，结果如图 11-104 所示。

2）在技术要求右边插入其余表面粗糙度要求，如图 11-105 所示。

技术要求
1.调质硬度为220～250HBW。
2.未注倒角半径=2mm。

图 11-104　技术要求　　　　图 11-105　其余表面粗糙度要求

12. 保存工程图文件

单击界面顶部快速访问工具栏中的【保存】按钮，完成轴的工程图创建。

11.4　习题

1. 完成本书配套资源中第 11 章阀盖的工程图创建，如图 11-106 所示。

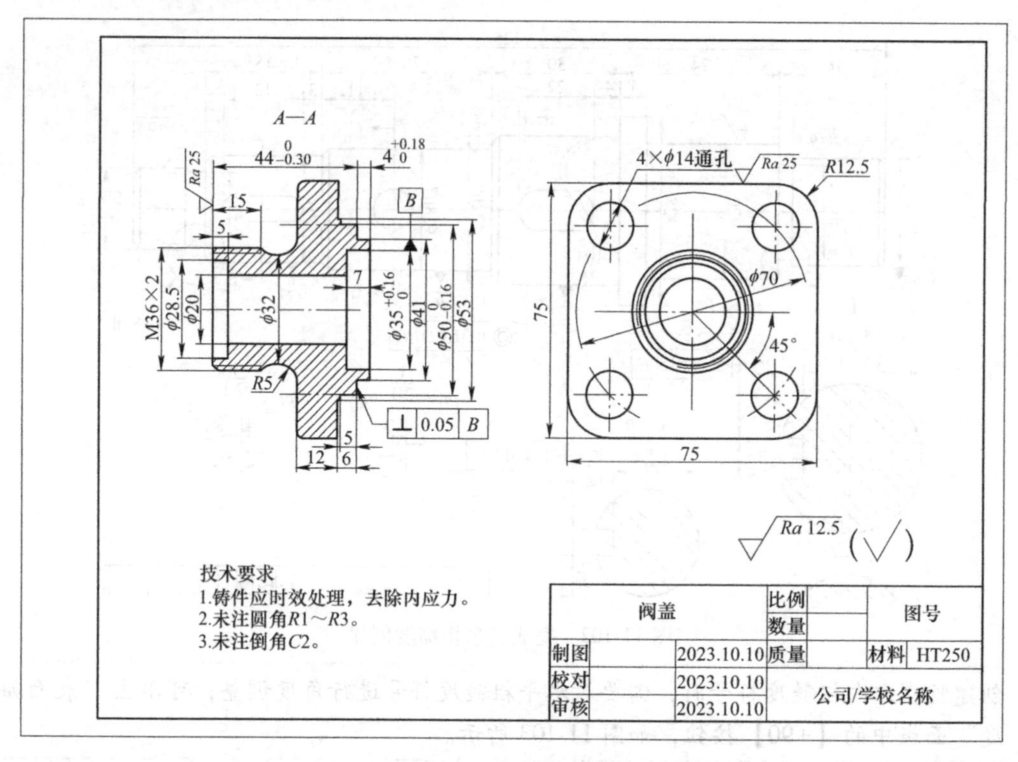

图 11-106　阀盖的工程图

2. 完成本书配套资源中第 11 章零件 1 的视图创建，如图 11-107 所示。

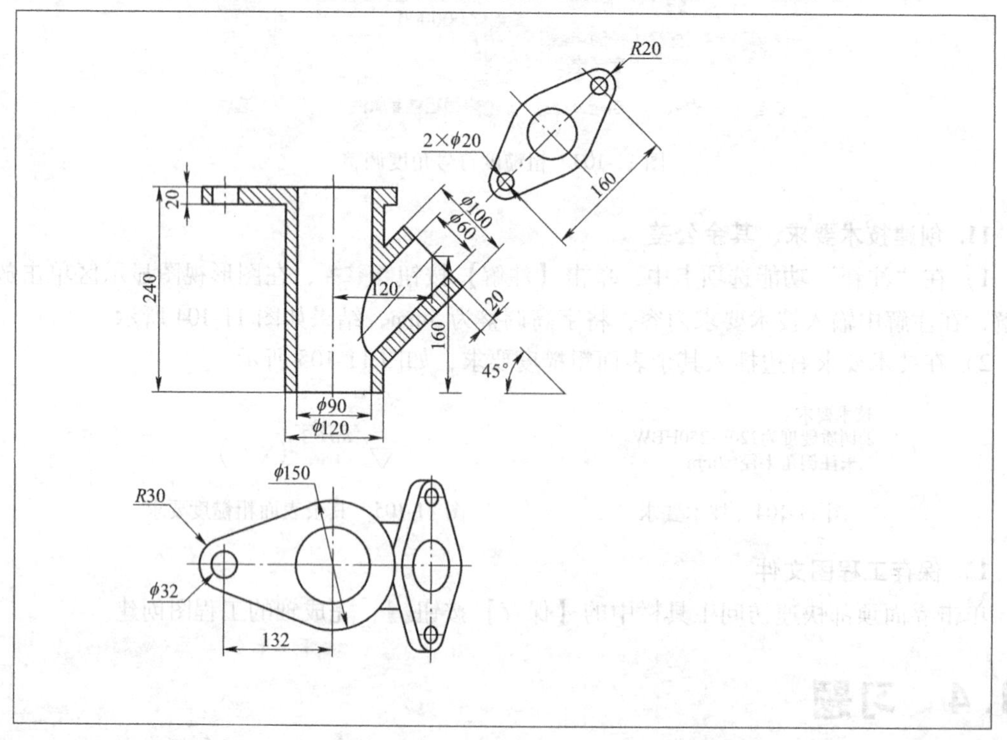

图 11-107　零件 1 的视图

3. 完成本书配套资源中第 11 章支架的工程图创建，如图 11-108 所示。

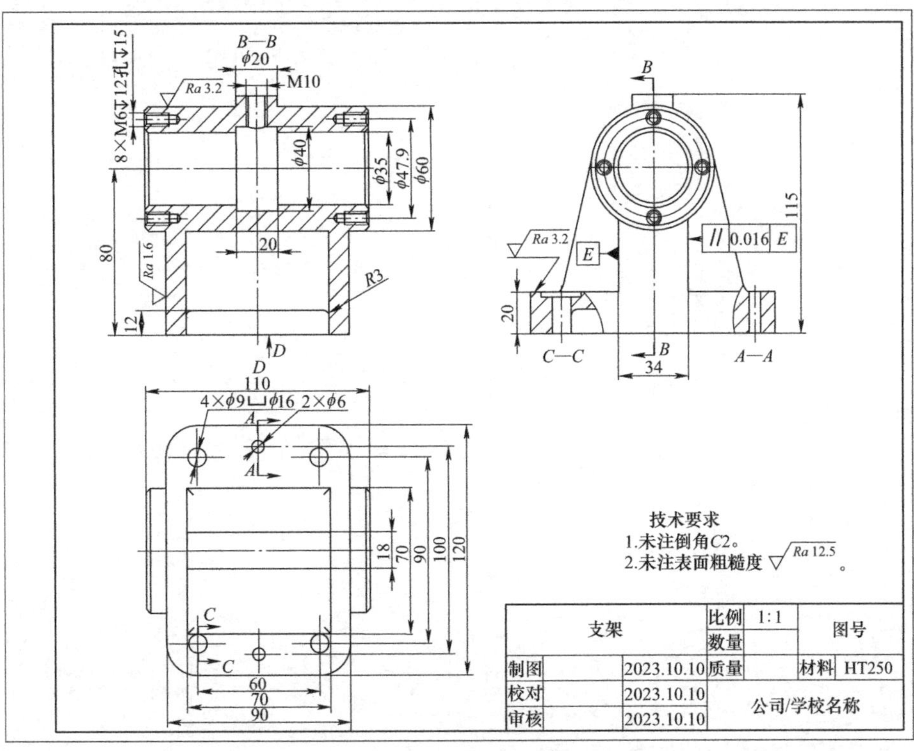

图 11-108　支架的工程图

4. 完成本书配套资源中第 11 章阀体的工程图创建，如图 11-109 所示。

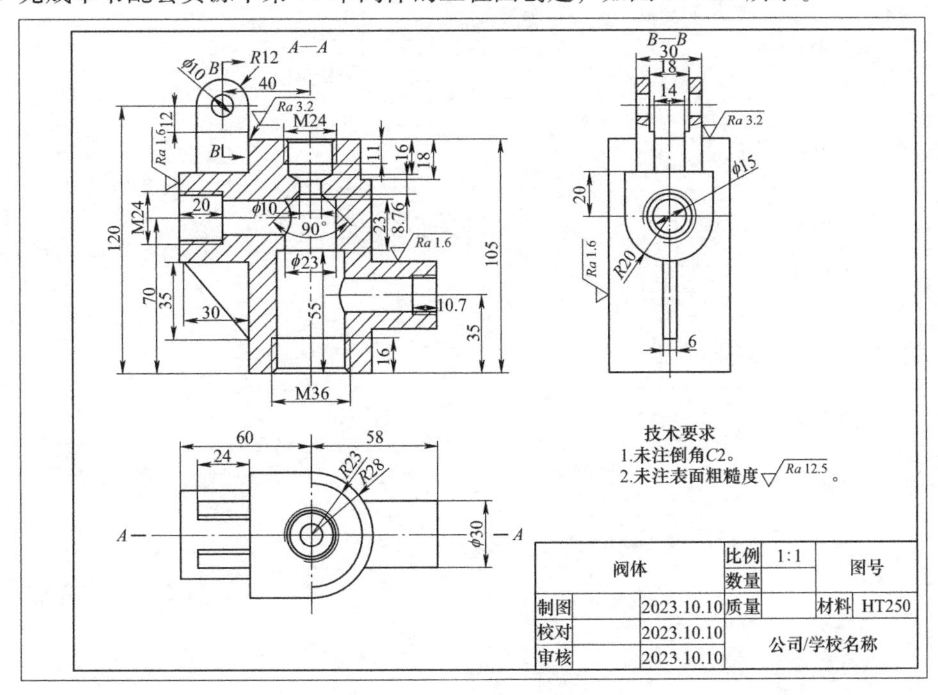

图 11-109　阀体的工程图

3. 完成本书所附零件图中第 11 套支架的工程图创建，如图 11-108 所示。

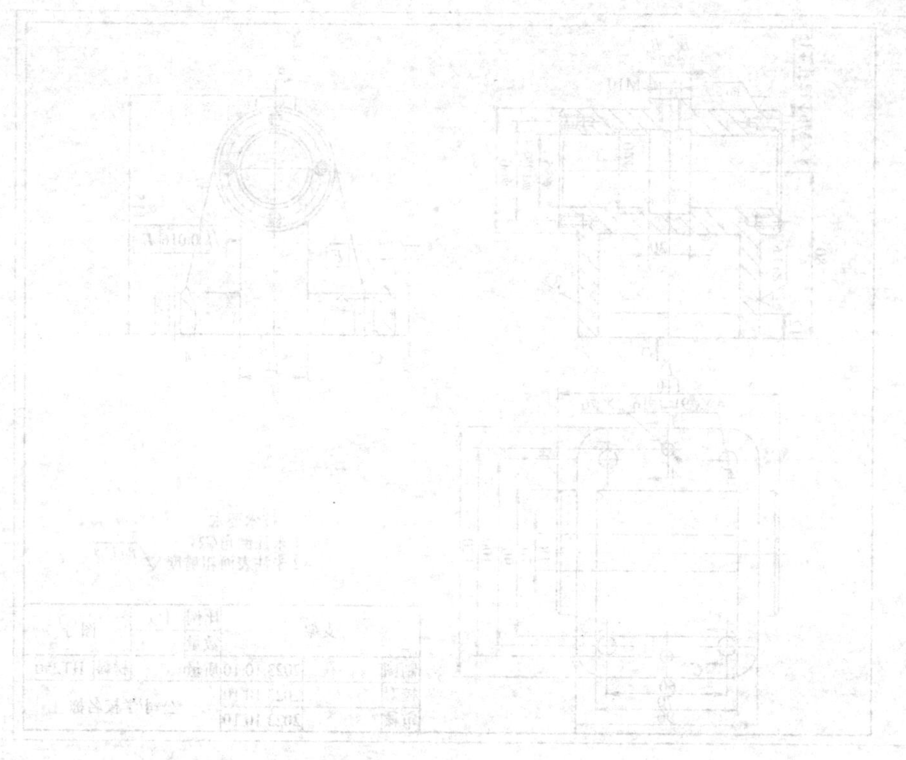

图 11-108 支架的工程图

4. 完成本书所附零件图中第 11 套阀体的工程图创建，如图 11-109 所示。

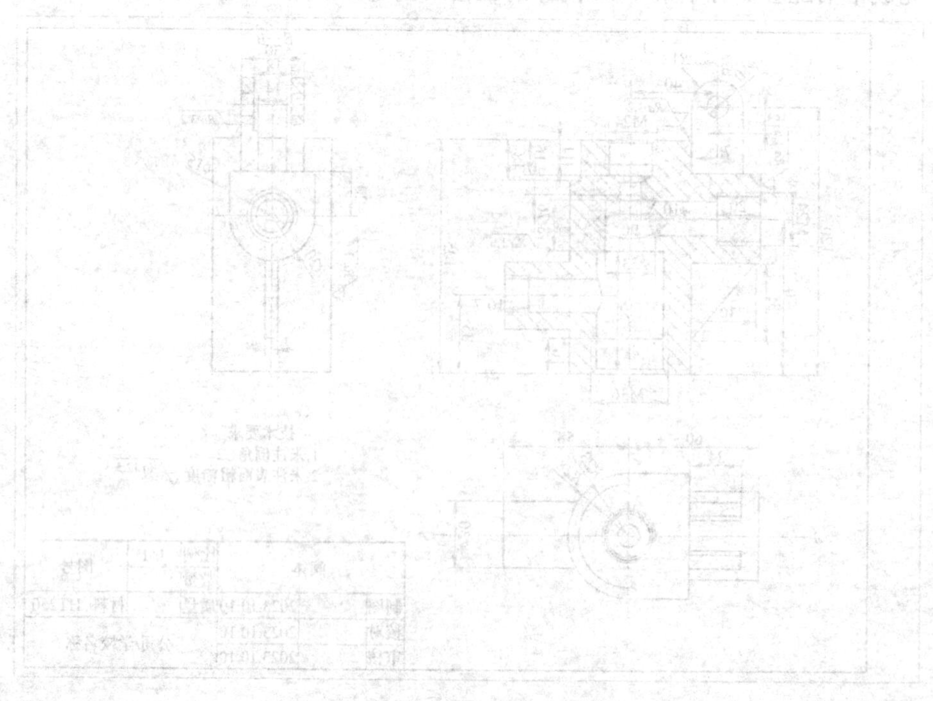

图 11-109 阀体的工程图